An Introduction to
Humanities as
Geisteswissenschaft

精神人文学导论

胡伟希　著

北京大学出版社
PEKING UNIVERSITY PRESS

图书在版编目（CIP）数据

精神人文学导论／胡伟希著. -- 北京：北京大学
出版社，2025. 5. -- ISBN 978-7-301-36218-1

Ⅰ. B82-061

中国国家版本馆 CIP 数据核字第 2025VV9171 号

书　　　名	精神人文学导论
	JINGSHEN RENWENXUE DAOLUN
著作责任者	胡伟希　著
责任编辑	魏冬峰
标准书号	ISBN 978-7-301-36218-1
出版发行	北京大学出版社
地　　　址	北京市海淀区成府路 205 号　100871
网　　　址	http://www.pup.cn　新浪微博：@北京大学出版社
电子邮箱	zpup@pup.cn
电　　　话	邮购部 010-62752015　发行部 010-62750672
	编辑部 010-62750673
印　刷　者	涿州市星河印刷有限公司
经　销　者	新华书店
	965 毫米×1300 毫米　16 开本　27.25 印张　341 千字
	2025 年 5 月第 1 版　2025 年 5 月第 1 次印刷
定　　　价	128.00 元

题　记

综观人类伟大的精神文明传统,各自都有其保存并流传下来的人文学读物与经典。然而,它们对人类精神文明的发育意味着什么？这是本书所要思考与解答的。或许问题也可以反过来问:假如说人类具有普遍的道德意识与精神实践的话,这种道德意识与精神实践的动力来自何方？对此问题的思考,触发了作者对人文学文本研究的兴趣。故本书可视为对人类的精神性道德实践之可能以及人文学文本存在之意义的双向"寻根性"追问。而作者得出问题的答案,与其说是源自西方人文学科研究的经验,不如说更多源于对中国古典人文学问的思考。

目 录

导　论

精神·人文理性·精神间性
——精神人文学如何可能

精神人文学是研究"人是什么"的学问。这种关于"人"的研究之所以称作"精神人文学"或"精神的人文学",就是因为它是从人的"精神性"存在立义,从而与通常的人文学科对人的理解区别开来。[①]　精神人文

① 学界对"精神"与"精神性"的看法有多种理解,它也是各种哲学思想,包括宗教哲学经常讨论甚至发生争论的话题。抛开具体细节不论,总的来说,经验论哲学将"精神"理解为人的心理现象,因此,人的"精神"或者说"精神性"即为人的心理过程及其表现;而观念论者则认为精神是与物质相对立的存在论概念。但作为与物质区分开来的概念,不同思想派别的观念论者对"精神"的含义却有不同的解释。如新柏拉图主义者将其视为超越现象界的"理念",康德之后的德国古典哲学更多强调"精神"的普遍性,视之为世界发展的动力与世间一切事物运行(转下页)

学从作为宇宙终极实在的"天理"之处寻求人的超越的精神性存在的依据。在这方面,它与强调有宇宙之最高存在者与造物主的"上帝"、而人的超越精神性亦是来自上帝的基督教神学思想有相通之处。但"精神人文学"对人的精神性的理解又是"人文的"而非"神学的"。这样一门既是"精神",同时又是"人文"的关于人的学问,其对于人的精神性成长与教化来说意味着什么,这是本书要探讨的。而这一切,都要从对这个问题的历史溯源开始:关于"人的科学"的研究为何要关注人的精神实在性? 如何理解以人的"精神性存在"作为研究对象的"精神科学"?

一、引论:《实用人类学》与现当代的"精神科学"研究

无论从何种意义上说,康德哲学对于现当代哲学的影响都不容低估。甚至可以说,迄今为止,我们的时代哲学依然被康德哲学所笼罩。这表现在:无论是否同意康德哲学的具体观点,我们所讨论的哲学问题或者哲学话语都与康德思想有关。然而,即便如此,康德哲学对于后人最值得重视与发掘的思想遗产是什么,这却也是一个仁者见仁、智者见智的问题。不过,有一点在学术界可以得到肯定:虽然康德的哲学内容恢宏庞大,似乎囊括了天地宇宙以及世界的一切问题,但他毕生关注的问题其实只有一个,即"人是什么"。为此,他曾将他的著名的"三大批判"视为对"人是什么"这个问题的一种奠基

(接上页)"法则"。的对于宗教神学家来说,精神不仅是超越于现象界的终极存在,而且是作为世界之创造者与最高绝对存在者,如"上帝"的化身与别名。本书所说的"精神"乃是具有超越性的宇宙的终极实在,而人的"精神性"则指人的具有超越于现象界生存的形而上学本性。本书视"精神性"为人的本质规定。关于以人的"精神性"为研究对象的"人文学"与一般作为学科概念的"人文学科"的区别及其论证,详见本书的第一、二章。

性研究。① 而到生命的晚年,他终于身体力行,花费如许心力撰写了《实用人类学》一书,系统地来展示其"人类学"的思想。

但是,《实用人类学》传递了康德关于"人类学"思想的何种信息呢?该书开篇写道:"在人用来形成他的学问的文化中,一切进步都有一个目标,即把这些得到的知识和技能用于人世间;但在他能够把它们用于其间的那些对象中,最重要的对象是人:因为人是他自己的最终目的。所以,根据他的类把他作为具有天赋理性的理性生物来认识,这是特别值得称之为世界知识的,尽管他只占地上的创造物的一部分。"②这说明:康德是将"人类学"的知识视为最高的知识,甚至是理解其他一切"世界知识",包括哲学知识在内的"钥匙"。他接着写道:"人能够具有'自我'的观念,这使人无限地提升到地球上一切其他有生命的存在物之上,因此,他是一个人,并且由于在他可能遇到的一切变化上具有意识的统一性,因而他是同一个人,也就是一个与人们可以任意处置和支配的、诸如无理性的动物之类的事物在等级和尊严上截然不同的存在物。甚至当他还不能说出一个'我'时就是如此,因为在他的思想中毕竟包含着这一点:一切语言在用第一人称述说时都必须考虑,如何不用一个特别的词而仍表示出这个'我

---

① 1793 年,康德在致卡·弗·司徒林的信中总结他一生从事学术研究的关切时说:"在纯粹哲学的领域中,我对自己提出的长期工作计划,就是要解决以下三个问题:1. 我能知道什么?(形而上学)2. 我应做什么(道德学)3. 我可以希望什么?(宗教学)接着是第四个,最后一个问题:人是什么?(人类学)二十多年来我每年都要讲授一遍。"(转引自〔德〕康德:《实用人类学》,邓晓芒译,上海:上海人民出版社 2002 年版,"中译本再版序言",第 2 页)海德格尔对康德的"三大批判"到底"言说"的是什么这个问题也作过专门的讨论。详见《海德格尔选集》上,上海:上海三联书店 1996 年版,第 98—99 页。

② 〔德〕康德:《实用人类学》,孙周兴选编,"前言",第 1 页。

性'。因为这种能力(即思考)就是知性。"①这段话点明了康德在《实用人类学》一书中对"人是什么"的基本看法,即认为"人之为人"的核心元素是"自我";而人之所以能够产生出"自我"的意识,是因为他具有一般动物所缺少的"知性"。这说明《实用人类学》是从"知性"出发来对"人之为人"加以界定的。② 如果说开篇这段话与康德《纯粹理性批判》的思想内容还衔接得上的话,那么,书中接下来对于"实用人类学"思想的具体发挥与论证,就与前面康德本人所说的对"三大哲学问题"的思考完全无关了。关于"人类学"的著作应当如何撰写,康德本人其实也有清楚的意识。他认为:"一种系统地把握人类知识的学说(人类学),只能要么存在于生理学观点之中,要么存在于实用的观点之中。生理学的人类知识研究是自然从人身上产生的东西,而实用的人类知识研究的是人作为自由行动的生物由自身作出的东西,或能够和应该作出的东西。"③这里,尽管康德提到"实用的人类知识研究"要以"人作为自由行动的生物由自身作出的东西",但事实上,从《实用人类学》的内容来看,它只是一本从经验现象的角度出发来对作为"社会人"的"人"所作出的描述与说明,而非像他所说的那样是关于"世界公民在人类学方面"的"总体

---

①　〔德〕康德:《实用人类学》,第3页。

②　康德在他的《实用人类学》一书中,虽然也分别对人的认识能力、愉快与否的情感以"欲望能力"作了分析和讨论,但这些问题的讨论与论述却是将其与人的其他动物性生存的生物性特征以及作为群体动物的社会性特征混杂在一起或者相提并论。从这点上说,《实用人类学》对人的道德情感以及审美趣味的理解,并非将其视为人的独特的精神性存在的禀赋。倒是关于人的"认识能力"的论述,在全书中占有相当多的篇幅并且非常突出,这说明《实用人类学》对"人"的本性的理解是"知性存在论"取向而非"精神存在论"取向的。

③　同上书,"前言",第1页。

知识"。①

这就带来一个问题：在《实有人类学》中，为什么康德不沿袭他写作"三大批判"的一贯思路，从先验而非经验的角度来对"人"作为地球上的"类存在"加以审视，却反然沿着传统的或者说一般的经验描述甚至通常人类学的经验收集方法，满足于实证的甚至简单的材料归纳的方法，对"人是什么"这个他关心的重要问题加以论述呢？显然，这个问题不能简单地归结为他的哲学思考的方法论原则发生了变化，而只能说是他晚年关于"人是什么"这个问题的看法与写作"三大批判"时的观念相比发生了变化。对于晚年的他来说，"人"已经不是那个具有"形而上学"冲动的"有限的理性存在者"，而纯粹成为一种虽然具有"知性"，甚至也具有"愉悦"情感以及"道德欲望能力"的社会人的存在，但这种从社会人的视角来透视或者说认识人之行为、心理与意识的看法，与"三大批判"中强调人之自由精神的观念相去已远。一句话，虽然《实用人类学》也采用了"三大批判"中的一些名词用法，但其含义与"三大批判"中的思想观念已发生了断裂。也可以说，在后期康德对"人是什么"这个问题的认识上，他本人的思想已有了转变：假如说在"三大批判"中，康德设想的"人"由于是"有限的理性存在者"，这意味着"人"是一种追求形而上学的动物，是具有超越的精神性向度的人之概念的话，那么，康德在《实用人类学》中

---

① 海德格尔认为康德的《实用人类学》只能算得上是"某种经验的人类学，而不是什么纯粹的、即足以解决先验困惑的人类学"（《海德格尔选集》上，第97页）。但他由此取消了任何一种哲学人类学之可能，而代之"此在的形而上学"的做法却为本书难以苟同。其实，假如说任何从人出发的"形而上学"都需要或者离不开一种"哲学的人类学"的解释的话，海德格尔的"此在的形而上学"也可以说是站在某一种哲学立场上的关于"人是什么"的"哲学人类学"的解释或回答。本书尽管认为康德的《实用人类学》称不上是一种真正意义上的"哲学人类学"，但依然肯定他从"哲学人类学"出发来寻求"人是什么"这一问题的思路；同时，也充分肯定海德格尔从康德的"三大批判"出发来寻找"人是什么"之答案的问题意识。

出场的"人",却是一种在知性水平上不同于地球上其他动物,而其生存状态完全处于现象界之生存中的关于人的概念。

后期康德关于"人"的这一看法,对于后来追随康德思想的研究者来说影响深远。我们看到:康德的后学们一方面继承了康德关于"人是目的"以及人是具有自由意志的动物的这一早期思想路线,强调哲学是关于人的哲学,重视道德哲学以及实践哲学的研究,并且开创了以研究人之精神性为主题的"精神科学"的新康德主义哲学路线。另一方面,这个学派同时亦继承和发展了康德在《实用人类学》中将人之"精神性存在"理解为人之心理过程或者意识活动的这一经验现象性描述的研究方法与路线。这方面,影响颇大并且被视为具有学术"典范"意义的有卡西尔与狄尔泰等人。应当说,虽然卡西尔和狄尔泰分别从"符号学"与"精神科学"的角度关于"人"的研究深化了我们对"人"的认识,但终极地看,这种对于"人"的研究之前提假设,却依然以康德《实用人类学》的问题意识与学术范式为限,即将人视为"现象界的存在者",而非真正的"精神性的存在者"。从这种意义上说,尽管以狄尔泰为代表的新康德主义者开创了一门以研究人的精神作为对象的"精神科学",但这种"精神科学"却未必是"三大批判"中关于人的精神性存在,而仅成为康德的《实用人类学》中的思想观念之延伸或余绪。这种关于人的精神性现象的研究,无论其内容与角度如何多变,却一无例外满足了经验现象层面的实证式的资料收集与概括之类的研究。即便像狄尔泰这样的精神科学研究的开创者如何强调精神科学在方法论上与自然科学的方法有别,但他在具体精神科学的研究中采取的方法其实也只是一种改头换面的自然科学研究方法及其扩展,而与从哲学的高度对人之精神性研究的维度相差已远。

也许,海德格尔(M. Heidegger, 1889—1976)是当代少有的真正从哲学意义上而非一般经验学科的层面对康德"三大批判"作寻根式追问的思想家(这点与新康德主义者只知追随康德的《实用人类学》思想不同),他认为:康德所谓的《实用人类学》其实算不上是什么真正意义上的"哲学人类学"。他说:"一种人类学之所以能被称为哲学的,是因为它的方法是哲学的,例如在对人的本质考察这个意义上。所以这个考察的目的是把我们称为人的这个存在者与植物、动物和其他存在者的领域相区别,并以此来强调这一存在者的特定区域的特有的本质状况。这样,哲学人类学就成了一种人的区域存在论,而它本身仍然是和其他那些与之分享着存在者之共同领域的存在论相并列的。"又说:"但人类学也可以成为哲学的。只要它或是规定哲学的目的为人类学,或是规定哲学的开端为人类学,或是同时规定两者为人类学。如果哲学的目的在于世界观的制定,那么一种人类学就会有必要去界定'人在宇宙中的地位'。并且,如果人被看作这样一个存在者,他在建立某种绝对确定的知识时在次序上是绝对最先给予和最确定的东西,那么这样设计的哲学大厦就必定会把人的主体性带进自己核心的根基之中。这第一个任务与第二个任务是可以结合起来的,双方都能作为人类学的考察而利用人的区域存在论的方法与成果。"①以上这两段话的要义是:海德格尔提出:从哲学的角度对"人类学"的研究,其实就是寻找"人之为人"的本质根据问题;任何离开了关于人的本质的探讨而去着手"人是什么"的研究,都会陷于通常的其他各种实用人类学。即言之,"人是什么"的问题首先是一个存在论的问题,然后才是其他。于是,海德格尔从"存在"入手,要对康德的"人类学"思想重新加以澄清。可惜的是,当海德格尔放弃康德的《实用人类学》的写作思路,而慧眼独具地看到康德的

---

① 《海德格尔选集》上,第102页。

《纯粹理批判》其实是"给形而上学奠基"之作,并且试图要从中挖掘出康德真正的"哲学人类学"思想时,却又竟然将康德《纯粹理性批判》中包含的"人之精神性"这一思想精髓彻底加以抛弃,并将人的本体性存在归结为"时间性"。而所谓"时间性",其实就是将人的存在视之为个体的"偶在",也即将人理解为变动不居的现象界中的偶然之物。从这点上说,海德格尔从存在论的角度对康德《纯粹理性批判》中哲学人类学思想的挖掘,虽然其路径和方法与新康德主义者不同,但就将康德的人类学思想理解为现象界中的有限性存在这一点来说,实乃异途同归。换言之,海氏本人虽然是想通过对康德《纯粹理性批判》的"批判"来展开其关于"人是什么"这一问题的思考,其结果却将"人"的"精神性"定位于现象界之偶然的"定在"。这与康德《纯粹理性批判》中关于人是"具有超越的形而上学追求的动物"这一"精神性现象"的研究相距已远。

二、世界是"精神的存在"

由此看来,对康德一生关注的根本问题——"人是什么"这一问题的解答,只能重新返回康德的"三大批判",尤其是其中的《纯粹理性批判》,让我们从真正意义的哲学人类学的视域看其中言说了什么。

应当说,康德的"三大批判"并未正面回答或解释"人是什么"这个问题,他关于"人是什么"这个问题是蕴含于"三大批判"的一系列问题的讨论中的。具体来说,在"三大批判"中,康德关于"人"的规定展现为三个向度:知性的、意志的与情感的,它们分别对应于人的知觉能力、道德理性与审美批判力。但值得注意的是:与《实用人类学》仅从人之现象性生存的经验层面来挖掘与考察人的这三种"精神能力"不同,"三大批判"是从人的形而上学层面来追溯人的这三种精神能力之起源的。即言之,康德将人的知性能力归结为先验的感性与范畴,将道德理性归结为人的自由意志,将人的审美愉悦追溯到其无目的的合目的性,等等。在此,我们看到:康德的"三大批判"是从人的先验以及超验的精神层面对人的经验知性、道德理性、审美批判力予以分析与论证,从而说明:人从其天性上说是具有超越的精神性存在,其中核心的观念是自由。故抛开其关于人的理论知性、道德理性、审美鉴赏力之起源及其本性的具体论述不论,康德的"三大批判"应当是关于人的精神性存在的极好论证与阐明。即言之,人作为不同于地球上任何其他生物体的本质规定——科学理性、道德理性、审美批判力,皆属于人类所有的一种特殊的精神性。这种精神性,也就是只为人才会具有的超越于现象界生存的精神性维度。对于康德来说,一切科学,包括自然科学、道德科学,乃至于艺术审美以及其他人文科学之产生及其本性的研究,皆须沿着"人类特有的精神性现象"这一思路进行"寻根式"的研究。这是康德在"三大批判"中,试图通过冗长的论证告诉我们的。

然而,康德的"三大批判"中关于"人是什么"的话题暂时说到这里。我们看到:假如说"三大批判"包含着关于"人是精神性的存在"这一问题的思考,但关于"人是精神性存在"这个问题的全部哲学论证,康德是远未彻底完成的(像后来的《实用人类学》甚至走了弯路)。因此,关于"人是精神性的存在"的哲学思考与论证,这个问题还必须重提。而这方面的工作,与其说是对康德的哲学人类学思想的重新梳理与解读,不如说是从康德的"三大批判"中包含的关于人的"精神性存在"的思想出发,看看一种真正意义上的关于人的精神性存在的科学之建立,到底是否可能。虽然这种新的关于人的精神性存在的科学是从康德哲学出发,但不意味着对康德"三大批判"中的"人类学思想"的重新挖掘。毋宁说,它是通过对康德哲学的"批判"才得以建立的。即言之,经过对康德"三大批判"思想的重新审查,看看康德之未能建立一门真正意义上的关于"人的科学",其哲学思维中缺少的是什么。

通过对康德的著作,尤其是对其"三大批判"的研究,我们发现,康德展开其哲学视域以及进行哲学论证的一个根本出发点或者说哲学基础,就是关于人的自我意识和自由意志。而且,康德的自我意识,尤其是自由意志的概念包括先验与超验的维度,故属于人之超越的"精神性存在"范畴,此点是毋庸置疑的。更重要的是,康德明确将人定义为"有限的理性存在者"。在此看来,康德视人是具有超越的精神性存在者,此点亦无疑义。但是,我们看到:不仅在"三大批判"乃至后来的研究中,康德事实上也没有据此思想观念建立起关于人之精神性存在的思想体系。即言之,在康德庞大的哲学思想体系中,还缺乏一门关于人的精神性存在的哲学人类学或者说关于人的"精神科学"。之所以如此,在于康德将人的精神性仅仅局限于人的知性能力和自由意志。将一门关于人的精神性存在的思想体系仅仅建立在自我意识和人的自由意志的基础之上,是无法建构起真正意义上的关于人的精神科学的学问来的。何以如此? 这就要从何为自我意识,何为自由意志,以及康德心目中的自我意识以及自由意志与人之精神性的联系到底如何说起。

可以说,自我意识这一思想在哲学史上的出现相当久远,但自从笛卡尔以后,它才作为哲学认识论讨论问题的出发点。甚至可以说,如何看待自我意识,成为近代以来经验论哲学与观念论哲学展开哲学交锋的话题焦点。在这个问题上,尽管康德不满意笛卡尔将自我意识视为"经验的自我意识",认为它是一个关于"先验统觉"的概念,但说到底,它在康德哲学语境中,始终还是一个"反思理论"的概念。在这种反思理论的框架下,康德强调自我意识超出了单纯的知性认知的范围,并通过"知性的限制",发现还存在那作为"不可知之物"的"物自体"。从这点上说,人对知性的限制的认识,体现了自我意识具有超出经验现象的超越性。然而,我们认为:这种通过自我意识来发现自身限度的超越性始终限制在先验哲学的范围,严格说来,它还说不上是真正意义上或者说纯粹的人的精神性。或者说,它充其量只是人的超越的精神性的一个维度或一个方面。为了将人的超越的精神性存在的另一个维度——真正超越的精神性维度加以区分,我们将这种从人的知性或者说人的自我意识出发呈现出来的人的精神性存在称为"科学理性",而与这种科学理性相对立或者说并立的还有一种人的精神性存在方式。这种不同于科学理性的人的精神性,我们称为"人文理性"。所谓"人文理性",是从"人文"的视域来看待与理解世界的一种眼光与见识。之所以说它是"理性"的,是因为它是对"世界"的一种理解与认识,而且这种对世界的理解与认识具有普遍的方法论与认识论的意义,而非出于想象的,或者偶然的"灵感",甚至纯粹的"直觉经验"。一句话,由于它与知性一样是人类特有的心智性的思维活动,具有一定的理智思维结构,从这点意义上说,它代表着人类特有的一种理性能力。但这种人文性的理性思维能力与仅仅诉诸人类的知性能力的知性思维或者说科学理性的区别同样是明显的。它们之间的差异,并非是根本的心智思维器官上的不同,而是说同样运用这些心智思维的器官,它们运用与驾驭这些心智思维器官的方式和方法有着根本的不同。这种不同表现在哪里呢?首先就是对心智之"本体"的认识,以及随之而来的如何掌控与运用心智的能力。为此,下面让我们先从何为人类的认识这个基本问题说起。

首先,我们说:人类任何真实的认识活动都是指向对"世界"的"真实"的认识。这意味着了解人类的认识活动,离不开对世界是怎么回事的了解。但是,对世界是什么的了解或知识,又反过来须追问人类的认识到底是怎么回事。那么,如何打破这种认识活动与认识"对象"之间的彼此缠绕与循环论证呢?海德格尔提出"没有世界,只有世界化"这个观念。而世界化意味着什么呢?所谓世界化其实就是人在"认识"世界之前,对于人与世界的关系的一种"先行筹划",这种先于任何认识论的对于世界的一种"筹划",决定了人如何去理解世界的方式。从这种意义上说,它属于存在论而非认识论的领域。它先于人类对世界的认识而又决定人类关于世界的知识及其认知活动。为了与通常的认识论的认识区别开来,我们将这种关于世界的认识称为世界"观"。这种关于世界的认识,或者说世界观,对于世界的认识具有总体性。所谓总体性,首先是说它不是关于外部世界个别的、零碎的知识,而是从根本上决定世界全体是什么的认识。其次,这种对世界的总体认识还具有"人格性",也即由人的"精神性存在"所决定。因此,为了与通常作为科学认识论之前提与出发点相联系的"自我意识"相区别,我们将这种决定人之认识论与思维方式的关于世界之观的先行领悟称为人的"精神性存在领悟"。一旦从人的"精神性存在领悟"的视域对世界加以审视,我们发现:人的精神性存在,或者说对世界的认识的人格性,其实体现为两种思维方式,即前面所说的"科学理性"思维与我们现在所要谈的"人文理性"思维。这两种思维方式的根本不同在于它们分别据于不同的世界之"观"。所谓"观"是对世界的一种根本看法,它取决于我们与世界共在的"关系"。从目前学术界研究所普遍达到的结论来看,我们人类与世界的共在关系无非是两种,即"天人二分"的关系与"天人合一"的关系。① 与之相应的,

---

① 关于哲学有两种"天人关系观"的提法,正如张世英如下这段话所作的总结:"关于哲学之为物,或者说,哲学的最高任务,有两种观点:一是人与存在合一、协调,一是把存在当作人所渴望的外在之物加以追求。"见《走向澄明之境》(北京:商务印书馆 1999 年版,第 53 页)

人类关于世界的"观"也就无非两种,要么是天人"二分"的世界观,要么是天人"合一"的世界观。这两种不同的"观"对世界总体的看法差别甚大。通常的科学理性思维,就是从这种天人二分的"观"来看待世界的。或者说,正因为是从天人二分的思维方式来看待世界万物,才有了我们常说的科学理性思维及其世界的各种现象。这种科学理性思维的特征是重"分别"。所谓二分法思维最基本的"分别",就是指将世界划分为主体与客体。故在科学理性思维中,所谓对世界的认识其实是从认识主体出发将世界理解为被认识的客观对象(客体)。其结果,人与世界共在的关系也就被理解为以认识主体为一方,以及要去被认识的客体为另一方的主客观分裂的世界。不仅如此,在二分法思维的视域中,世界上的万物也都被彻底地加以分别:它不仅表现为主客的二分,还表现在作为世界总体或者说宇宙全体的二分,此即现象界与超验界的二分。而让这种二分法思维一直贯彻下去,不仅主客二分,形上与形下世界二分,而且物与物分,人与人分。总之,世界作为总体通过二分法思维成为一个有分别与有差别的世界。假如用一个名词加以概括的话,这就是一个"有观"的世界。这个有观的世界也即科学面对的世界,或者说是人类运用科学理性可以加以控制与利用的世界。这种有观的世界之所以被人类所认识与利用,是因为人类具有科学的理性。总的说来,科学理性属于人类的精神性的一种,此乃因为它采取一系列知性的范畴思维,其中体现了人类特有的,而地球上其他动物所不具备的先验能力与精神。从这种意义上说,科学理性具有超越的精神性维度。

但是,科学理性的二分法思维并非人类把握与认识世界的唯一思维方式,更不能代表人类的精神能力的全部。我们发现:人类作为具有"自由意志"①的"有限性的存在者",除了从科学理性的角度对世界加以认识之外,却还有另外一种与世界打交道或者说与世界共在的能力,此即非二分法思维,或者说"天人合一"的精神力。这种"天人合一"的精神力表现为对世界只有一个,即人与外部世界合一的世界的认识。在"天人合一"的世界观中,世界并无所谓主体与客体的严格区分。或者说,所谓主客二分仅仅在科学理性的运用上具有认识论的意义,而从存在论的角度看,世界本来就是人与世界的合一。当然,这种合一是在存在论意义上说的,而非指实体上的同一。因此,天人合一对于非二分法思维来说,也就是从精神学意义上说的,是指从人的精神性存在的角度看,人与世界共有同一种精神性。而且,这种精神性是从超越的维度看普遍宇宙精神。为了将这种基于天人合一观的思维与科学理性思维加以分别,我们将它称为人文理性思维。从这种意义上说,人文理性思维实乃指一种不同于科学理性之二分法思维的天人合一思维模式或者说世界"观"。

三、人文理性思维的本质规定

通过以上所论可知,人文理性作为人类所特有的,并且与科学理性思维相对立的思维方式,其基本特征是指对世界的理解是"天人合一"而非"天人二分"。但是,这里除了要避免对"天人合一"作实体性的理解之外,还须注意的是:天人合一虽然是精神性的,但这种天人合一的精神性存在却又不能脱离人的肉身以及自然之天的联系。

---

① 康德对"自由意志"的理解过于狭隘,仅将它从道德实践的意志上加以解释,认为它是一种道德选择或者说服从于"最高绝对律令"(道德律令)的自由意志。其实,人类最高的自由意志是其选择与世界以何种关系相处,或者说如何与世界"共在"的自由意志,这种自由意志属于存在论层次而非存在者层次的自由意志。

从这种意义上说,人的精神性的"天人合一"其实是寄寓在天人二分的人的肉身上的。即无论是作为个体或者群体,人其实都是作为现象性的存在者(主客二分的有限存在者)与超越的纯粹精神性存在("天人合一"的精神)的合一。从这种意义上说,所谓人与世界是精神性的存在,虽然人与世界从本性上说是纯粹性的超越性精神存在,但就具体的人与世界来说,它们却又是超越的精神性与作为现象界的存在者而存在(即便世界总体作为"自在之物"来说也是如此)。而人文理性作为认识论与思维方式来说,它要处理和面对的问题其实是:人生活于"实存"的"二分法"现象界时,如何去面对存在本身以及如何去追求和实现那超越的纯粹精神性存在("天人合一"之境)。一句话,如何在人的生存以及对世界的理解上,达到现象界与作为纯粹精神的最高本体的合一,此乃人文理性思维的使命。为此,我们要进入关于人文理性思维的本质规定的讨论。

首先,人文理性思维是一种精神,然后才是思维方式。即人文精神是作为人文理性的本体性存在,当它开始思维活动时,就呈现为人文性的理性思维。从这种意义上说,人文理性思维是人文精神在思维活动过程中的外化形式。因此,谈人文思维,首先要理解人文思维与人文精神的关系,即作为人文理性思维的存在论与认识论之间的关系。要言之,人文理性思维不仅在认识方法与认识手段上与作为科学思维的方法不同,而且在认识的目的与达成的认识效果上也与科学思维不同,即人文思维所获得的不是如科学思维那样对于世界与人的"客观知识",而是关于世界的"存在性认知"。而这种关于世界的存在论认知必然首先与人的存在问题联系在一起,并且由人的存在状态所决定。从这种意义上说,人文理性思维对世界是什么的考察其实也就是关于人是什么的认识。由此看来,人文理性与其说是关于人与世界的客观知识,不如说是关于"人能够认识什么,人应当做什么,以及人希望什么"的对于人的一种终极性理解。即人文理性思维其实是关于"人是什么"这一问题的存在论认知与理解。

其次,人文理性思维对人与世界认识的总体性与类型性。这种总体性是与科学思维的分解性或分别性相区别而言。科学理性的思维对世界(包括人在内)的认识是分解为各种不同的学科,采取分析的方法加以分门别类的研究。而人文理性从总体上对人与世界作通观的认识与研究。而这种通观的研究与其说是对研究对象不作分门别类的区分,不如说是指对研究对象该采取什么方法加以观察,即人文理性思维强调研究方法的"通观",以达到从整体与全貌上对研究对象的理解。所谓类型性,是指人文理性其实是划分为各种类型的。就基本的类型而言,人文理性的思维可以归纳为三种,即史学的、诗学的与哲学的。而之所以划归为这三种类型,乃着眼于人的精神性存在是以这三种方式呈现。这与科学理性思维虽可以划分为各种不同的学科与研究迥然不同。而后者虽然有不同的学科群,但其方法其实属于同一种类型,即采取数理的方法对人与世界作分别的与分解的研究。

再次,作为存在论的思维方式,人文理性思维与其说是认识世界与人的"方法",不如说是人展示其生存状态的方式与方法。从这种意义上说,人文理性思维是即认识即存在,集认识论与存在论于一身的。这种集认识论与存在论于一身的思维方式说明人文理性思维与人之精神性存在状态有关。故作为一种精神现象,人文理性思维其实是通过人的"精神性质料"与世界交往并进行思维。即言之,关于人文理性思维之研究,不仅是关于人类认识世界的方法论研究,而且是对人的生存状态以及关于人的精神性存在方式的本性的阐明。换言之,关于人的精神性质料存在其实通过人文性理性思维机制的揭示才得以认识。从这种意义上说,假如不考察人文理性思维,则无法了解人的精神性存在的实际内容。可以这样认为:关于"人的精神性存在"的奥秘,其实就蕴藏于对人文理性思维的研究之中。

最后,人文理性思维被称为"思维",是在与科学思维相对立的意义上使用"思维"这个术语的。但从人文理性思维的本性上说,它不仅与科学理性思维处于不同的类型,而且就其本质而论,它属于人类认识世界的一种"精神性"活动。从这种意义上说,它的思维活动形态呈现为"精神性"。而人类的精神性不仅表现为超越于现象界的超越性,而且体现为思维方式上超越知性思维的方法论上。因此,严格来说,它与科学理性思维在思维方法上的区别,是指它是一种非主客二分的思维活动与方法。这种非二分思维方法建立在"天人合一"的存在论基础之上。因此,它与通常的科学思维的区别,是"存在论"的差异而非"存在者"的差别。这种存在论的差异也即世界究竟是以"天人合一"的方式还是"主客二分"的方式存在的区别。由此,从存在论出发,这种非二分思维的思维机制与其说是像科学理性思维那样去认识作为"客体"的外部世界,不如说是如何通过人之精神性去把握"天人合一"的宇宙本体存在。人类特有的这种以精神性方式去把握与达到那"天人合一"的存在论与本体论境界的思维方式,我们这里可以称它为"天人感应",以便将它与通常的科学理性思维从思维的方式方法上区分开来。即言之,"天人感应"其实就是人以精神性存在方式去把握与达到"天人合一"那种作为宇宙之终极实在的人文理性思维方式。

根据以上所论,从下面开始,让我们来具体研究与分析作为"天人感应"的人文理性思维的内容及其过程。

(一)史学思维。人文理性思维当中有一种可以称之为"史学思维"。当然,这种史学思维是在人文思维的意义上加以使用的,即将史学思维视之为人文性的思维而与通常非人文性的史学研究方法区分开来。之所以将史学思维作为人文理性思维，是因为作为人文学而非其他一般学科意义上的"史学"研究及其撰写活动，可以很好地体现人文理性思维的特征，揭示人文理性思维不同于科学思维的特征。而这种不同于科学思维的特征，又有与作为人文理性思维的其他思维类型的区别之所在。故在"人文学"的意义上，史学思维仅只是人文理性思维的一种，而不能代表与代替其他类型的人文理性思维。那么，史学思维(下面不作特别说明时，都是指作为"人文学"的精神学意义上的"史学思维"而非其他)作为以"精神性"的方式而非其他，是如何去把握与达到作为宇宙之终极本体以及呈现人之超越的精神性存在本性的呢？这就要从史学思维过程及其思维所得的"结果"到底是什么说起。

人文学的史学思维追求的是对世界以及人类社会作为历史的事实真相的把握与了解。这里，我们区分出历史的"事情"与"事实"。所谓事情，是指在人类以往的历史流转中真正出现过的事情。所谓"出现"过，是指这些事情在人类历史上虽然真的发生过，但出现过并不等于它永远存在，更不等于这些历史上发生或者说出现过的事情就能被我们真正理解。从这种意义上说，人文学的史学思维的目标与理想，就是如何将这些历史上出现或者发生过的事件定格下来，并且发现其中的意义，以便为我们后人所理解。这种由历史学家撰写并且对其意义加以定格的史学文本中所记载的历史事迹及人类活动，方才称得上是历史中的"事实"。从这种意义上说，任何历史文本的撰写，都是为了从历史的"材料"中整理或提炼出历史的"事实"。但人文学的史学文本区别于其他非人文学的史学文本的地方，就在于其在提炼历史事实的过程中，其所依照的意义参照系，是作为最高存在者的天道。这种最高天理具有绝对性与超越性。而按照"天人合一"的思维模式与要求，作为人文学的史学文本的构成，其最基本的历史撰写方法或者说思维过程,就是思考如何从人类之现象界活动与行为中去发现这种超越的天理之道;或者反过来,将超越的天道原理与理想体现或者说贯穿于人类的现象界历史活动与行为之中。从这点上说,史学的人文理性思维或者说人文思维的特征也就表现在它对于历史"事实"的构造以及如何进行历史叙事上。与通常仅仅关注世界之现象界中的人类活动与行为,并且从现象间的经验因果律("规律")寻找人类历史活动的动机,以及解释人类历史活动的原因与结果作为人文学科的史学思维方法不同,①作为人文理性的史学思维,它将人类的精神性存在视为人的本质,并且强调人的精神性存在对于人类与世界存在的意义。从这种意义上说,人文学的史学思维要呈现的不仅是关于人类历史上作为精神性存在的人类活动与行为,并且要从人的精神性存在的意义上对历史上发生过的种种人类活动与行为进行评价。故人文学的史学文本的撰写不仅是对历史现象的描述,而且这种对历史的描述同时是评价性与诠释性的活动。人文学的史学撰写方法论原则在具体的史学文本中体现为"以事见理",就具体风格可以有"事理宗"与"理事宗"。而人文理性的这两种史学风格类型皆属于"转喻思维"之运用,其作为思维方式之所以可行,乃基于存在者与存在之间存在着"意义结构的同一性"。②

(二)诗学思维。除了史学思维之外,人文理性思维的另一种重要思维方式是诗学思维。诗学思维典型地体现于人文学的诗学文本所采用的意象之形成过程中。人文学的诗学文本的基本单元是意象。就诗学意象来说,它是以形象的东西来表达那超出形象之外的

---

① 准确来说,这种人文学科的史学思维仍然是一种运用"科学理性"的历史思维,只不过其思维的对象是人类以往历史的活动与行为,与一般科学思维多以自然现象作为对象不同,但这两者作为科学思维之运用,其方法论据于"二分法"的世界观,并且其认识论在满足获得关于世界的现象界的知识与规律这点上完全相同。

② 具体论证见本书第四、五章。

东西,这种超出形象之外的东西,就是诗学文本的意味。故同样是运用形象,诗学意象不同于史学思维的事实。作为史学文本的事实尽管也具有形象性,但这种形象性是客观真实的现象性的东西的刻画或描述,而诗学的意象则是对客观存在的现象性之物的超越。故诗学的意象具有二重性,一方面是现象界的真实世界的描写之真实,或者是想象或虚构出来的现象界之事情或情景;另一方面,这些无论是真实的或虚构出来的现象性世界中的情景,却有其超出这些现象性的情景或事物的象外之象或形外之旨,从而与单纯立足于对于现象界经验事物的刻画与描写的史学文本之事实区分开来。另外,人文学文本的意象严格说来属于人文意象。所谓人文意象,是指这种意象表达的象外之象或者形外之旨是形而上的超越世界。一句话,通过具有形象性的事物或情景来达到表达或呈现那超越了现象界的世界大全或者宇宙终极实在,这才是作为人文学的诗学文本意象运用之目的。这也是它与普通的诗学文本创作中运用的诗学意象相区分开来的标志。那么,人文理性思维的诗学究竟是如何通过意象之运用来表达与呈现其关于“天人之际”以及形而上的精神性的呢? 尽管作为人文理性思维的基本单元是意象,这种意象虽然具有形象性,其中形象之运用乃为了表达或传达出那超越了具体形象的形上之理,但这种形上之理的表现或呈现又是通过意象之运用所调动或激发出来的情。故构成人文学的诗学文本或者说诗学思维之张力,实乃诗学文本或者诗学思维中的“情”与“理”(“天道”之理)。从这种意义上讲,假如说史学式的人文理性思维是“以事见理”的话,那么,诗学的人文理性思维的特征表现在“以情通理”。依据诗作者或读者的个人精神气质之不同,以诗学意象来表达或诠释那超越于现象界的“天理”的方式的诗学人文理性思维可划分为“情理宗”与“理情宗”。这两种不同风格的诗学人文理性从思维的本性来看,皆属于“指喻思维"的运用。诗学的指喻思维方式可行的存在论依据,乃基于现象界和本体界"本质的同一性"。①

（三）哲学思维。人文理性思维的第三种方式是哲学思维。人文学的哲学思维区别于史学的、诗学的思维在于它的抽象性。从这方面说,哲学思维是借助于具有抽象性的观念进行思维活动。但与作为科学思维的纯粹抽象性的概念思维以现象界之物作为研究对象不同,人文学的哲学观念思维是对世界之大全以及宇宙的终极实在的总体把握,因此,其思维的运用强调其对现象界事物的超越性。从这种意义上说,作为人文理性思维的哲学思维不仅具有形而上的超越性,而且是关于现象界与形上世界之合一的观念性陈述。这种既具有超越性,同时又具有现象性的观念及其范畴,与康德以后的德国古典哲学的代表人物,如费希特、谢林、黑格尔等人追求"绝对同一"或概念辩证法的概念、理念虽然有相似之处,但这种相似是表面的。事实上,后康德的德国古典哲学的概念辩证法追求的是概念的自我辩证发展,强调的是概念的自我同一,而作为人文学理性的哲学思维强调观念的辩证运动始终是否定意义上的。从这种意义上说,人文学的哲学思维是彻底的"否定辩证法"。

从这种"否定辩证法"出发,人文学的哲学思维对世界以及宇宙的终极实在的理解是"即现象即本体",而且这种即现象即本体的关系是以悖论方式呈现的。从而,人文学把握与理解世界及宇宙终极存在的哲学思维以及哲学语言,亦是以悖论的方式展开的。一句话,作为人的精神性存在以及宇宙的终极实在的哲学观念语言,其实是一种"即现象即本体"的悖论表达方式。应当说,从哲学的终极思考而言,大凡将经验的现象界与超验的本体界同时统一地加以思考的

———————————

①　详见本书第六章。

话,必出现悖论,故悖论思维可以说是关于"天人之学"的哲学思考问题的常态。从这种意义上说,西方的概念哲学思维亦可以是悖论式的,这一点从康德关于"二律背反"的论述可以概括。但真正的悖论式哲学话语及其思维运用,无疑以中国哲学所使用的"本然陈述"与"经验陈述"最为典型。因此,通过对中国哲学文本的考察,我们可以进一步获得作为悖论思维的人文学的哲学思维的特点。对中国哲学而言,无论其表达关于人之精神存在抑或宇宙之终极实在的存在感悟时,都是采取即现象即本体、同时亦非现象非本体的哲学话语方式的。这种即现象即本体、非现象非本体的悖论式哲学语言表达,有其作为世界之大全与宇宙之终极实在的存在论根据,即世界与宇宙终极实在既是"一即一切"的现象界之存在者,同时亦是"一切即一"的绝对本体存在。从这种意义上说,人文理性的哲学思维对人之精神性存在以及宇宙之终极实在的思考与悖论式理解与把握,强调的是作为现象界之物的存在者与形而上的物自体之间的"存在论的同一性"。这种哲学悖论思维方式之运用,从思维结构与思维机制看,可名之为"讽喻",它分别以"理道型"与"道理型"的话语风格加以呈现。①

四、论"感应"与"精神间性"

以上,我们从史学的、诗学的、哲学的思维特征的分析入手,对人文理性思维的本性与思维方法作了阐明。选择作为人文学的史学的、诗学的、哲学的思维方式加以讨论,并非说人文学的理性思维就仅有这三种,而是说:通过对作为人文学的史学、诗学与哲学的思维过程及其特征的梳理,人文理性思维的方法论原则可以很好地得以

---

①　详见本书第七章。

揭示。这些人文学思维的方法论原则对于人文学来说具有普遍意义。即言之,一切可以归之于"人文学"的关于人的精神性以及宇宙的终极实在的研究,无不服从于这些原理。① 从这种意义上说,它们是关于人文学理性思维的具有普适性的先验原理。然而,我们看到:对于人文学研究来说,虽然这些方法论原则是先验的,但任何关于人的精神性以及宇宙的终极实在的探究又都是具体的。所谓具体的,是指人文学的理性思维虽然是从人的精神性视域出发对人自身的精神性以及宇宙终极实在的认识与把握,但作为人类的一种精神实践活动,它毕竟有具体的心理活动内容,并有其不同于一般的心理活动的心理机制。人文理性思维的这种具体的心理活动特点与心理机制,就是我们前面提到的"天人感应"。现在,我们要提出这样一个问题:作为具有精神性主体的人为什么能够天人感应?或者这个问题也可以反过来问:动物为什么不能与外部世界发生天人感应?假如问题如此提出,我们发现:人能够以天人感应的方式把握天道,不仅在于人是具有超越的精神性的存在者,而且在于人能够将这种超越的精神性存在发展为一种能够天人感应的能力。由于这种天人感应的能力只是具有精神性的人才会具有,我们将人的这种能够天人感应的能力称为"精神力"。与史学的、诗学的、哲学的人文理性思维相对应,人的天人感应的精神力有三种:感知力、感遇力、感悟力。或言之,作为人文学的理性思维活动,必由人的这三种精神能力所发动。

（一）感知。人作为精神性存在对宇宙终极实在的重要感应方

---

① 广义的人文学思维不限于史学、诗学与哲学的思维,还包括文学艺术的其他许多种类,比如:艺术绘画、雕塑造型、音乐戏曲等。但这诸多文学艺术种类,就作为人文学的理性思维而言,最后无不可以归纳或化约为这三大类型。或者说,诸种文学艺术的形式,只要它们具有人文性,其思维方式无不是这三种人文理性思维的特殊化形式或其延伸。故考察人文学的史学、诗学与哲学的思维,对于理解其他人文学的理性思维具有典范性与基础的意义。

式是感知。说起感知，我们立即会想到作为知性能力的感知。的确，人们通常是在作为知性的感知的情况下对这个术语加以使用。但作为精神性存在的人对宇宙终极实在的感知与对作为认识客体的感知在认识"对象"方面是不同的，即一者是对宇宙之终极实在的存在性感知，一者是对外部世界的现象界之物的感知。这两种感知不仅在认识的对象上不同，而且认识的思维机制与调动的人的心智能力也有不同。作为与宇宙之终极实在发生感应的存在性认知，虽然它如同普通知性的感知一样也要借助人的感觉器官与外部世界打交道，但这种存在性的感知要认识的是作为"物自体"的宇宙之终极本体。这样的话，它意味着人的存在感知要有一种能够"穿透"世界的"表象"，而看到世界与事物作为"精神性存在"的感知能力。这种将世界感知为"精神性存在"的能力，与通过感觉经验知道世界是"客观实在"的"统觉能力"不同，我们可以称之为"知的直觉"能力。知的直觉也不同于智的直觉。如果说智的直觉是对超验的形上世界的直觉把握的能力的话，则知的直觉是对于现象界的真实的直觉把握能力。这意味着：知的直觉关心或面对的是现象界而非本体界的真实。但现象界的真实到底是什么呢？从世界之"观"来看，现象界之真实可以有两种真实：一种是从二分法之"观"出发的关于世界是客观对象的真实，另一种是关于现象界乃理念界之"模仿"的真实。前一种真实，是康德研究过的运用人的"统觉"能力获得的客观真实。而后一种则类似于柏拉图关于"理念"在现象界之"投影"的真实。而这种关于理念的投影的真实，就只能从超验的角度来看待现象界之物才有可能获得。因此，所谓知的直觉或者人文学思维对于现象界的感知，就是如何运用人的这种"知的直觉"去捕获或把握关于现象界之"真知"，而不是像科学思维那样从二分法出发去获得关于现象界的客观知识。为了与作为科学理性的感知区别开来，我们可以将它称为"德性之知"，而通常科学理性的感知所得乃"闻见之知"。对于精神性的德性之知的运用来说,它并不脱离闻见之知的经验材料,却又超越了闻见之知的所得。区别在于:它不满足于以先验范畴对感觉材料的统辖,而是从价值论的立场出发,运用超验范畴与超验原理对普通知觉到的经验材料加以提炼与综合,从而形成作为存在者的现象界之物的总体认识与评价。从这种意义上说,作为人文理性思维的对世界的感知能力,实乃运用人的精神性对世界现象界的一种改造与重新解释的能力。因为我们知道,人的精神性存在从终极上看,其实是一种超越了单纯的感觉材料的先验综合的精神力,它包括像善恶、公平、正义、自由等一系列价值论的诉求。而对于人类所能感知的世界来说,它将这些超验的价值范畴运用于感觉经验材料并且加以综合,正体现了人的精神力作为人文理性思维的本质。否则,它就谈不上是人文性的理性,而仅只能是先验范畴之运用的单纯知识理性。我们看到,人的这种精神性的感知活动,在作为人文学的史学研究及其撰写当中体现得最为明显。也可以说,作为人文学的历史研究,或者说作为人文学的史学文本的写作,就是这种关于人之具有精神性的感知能力的极好范例与实证材料。

(二) 感遇。除了人文性的感知之外,人还有另一种认识与把握宇宙终极实在的方式。人的这种有别于感知的感应世界的方式,我们将它称为"感遇"。顾名思义,这里的感遇有"遇"的意思,因此从字面上或词义上,更能感觉到它是人的一种与世界以及宇宙的终极存在打交道或交往的方式。因为从根本意义上说,既然世界万物,包括人与世界的关系在内,都是一种"天人合一"的关系,那么,从认识论而非存在论的角度讲,所谓"认识世界"就是"天""人"的彼此"相见"与"相遇"。这里的相见与相遇,不仅是没有作为认识论的主体与客体的区分,它还意味着彼此作为熟悉者与依赖者而非"陌生者"的相逢与相遇。从这种意义上说,对"世界"的认识完全可以脱离,或者说不必非要依赖于像传统知识论那样认为的人的感觉器官作为与外部世界打交道的工具。反过来，"感遇"作为人的精神性力对外部世界以及宇宙的终极存在的认知把握，从根本上说是反传统知识论的。即是说，它不再唯一地依赖人的感觉器官去获得对世界的真知的认识，而是从人的精神力的其他方面，去寻找人之可以认识与把握人之精神性存在以及宇宙之终极实在的认识工具。这种工具在哪里呢？这就是人的情感。① 因此，所谓"感遇力"，其实就是人以"情"的方式与作为"天理"之"天"相遇的一种精神能力。在这里，要避免对作为天人感应的感遇方式的"情"作简单化理解。首先，这里的情不是指单纯的作为现象界存在的人情，而实乃包括那体现宇宙之终极存在的"天情"。因为根据"天人合一"的存在论，或者根据"存在通过存在者呈现，存在者呈现存在"的精神存在学原理，此处作为"天人感应"的人之情，即是"人情"，同时也是"天情"，它是天性与人情的统一。或言之，其中并无严格的天情、人情之分，而只在情以天情方式与人情方式呈现之别，而在天人感应的方式中，它们得以相遇并且终于合而为一。要言之，所谓感遇，其实就是作为现象界之中的"人情"与作为宇宙之终极本体的天情找到或发现"自己"之后，终于达到彼此认识，并且共为一体。其次，天人感遇中的人情，不止于是人的自我意识中可以感受到的人情，还包括那不为人的意识所感知，甚至于超出人的意识范围的情绪。即言之，在人与世界以情相遇的过程中，除了有人的意识活动的参与之外，它更多是一种情感，这种情

① 关于人的"情感"的认识能力，当代西方哲学对这个问题已有很多的研究。如法国哲学对"身体哲学"的理解就涉及人的"情感认知"问题。而情感可以是一种认知活动的理解，更多地可以从当代心理学的研究，如弗洛伊德、荣格和马斯洛的心理学研究及其理论中得到实证的理解与说明。中国哲学自来有"情感认知"的传统，而对中国传统哲学中情感认知问题的研究，也愈来愈受到当代中国哲学家的注意，其代表人物是李泽厚，他公开地主张"情本体说"。但哲学意义上的"情"的含义究竟是什么，目前学术界意见不一致。对于本书来说，所谓人的情感其实就是人的一种以"感遇"方式沟通天人的反思判断力。

感往往不被人的自我意识所察觉,它深埋于人的"潜意识"之中。从这种意义上说。感遇还意味着人的潜意识中的精神力与作为宇宙终极实在的精神性的相遇。它突破了知性对世界的分割化的理解,展示的是一个一无差别的或者说"无我之境"的世界。这种以情相遇的人的精神力的作用与心理机制,在作为人文学文本的诗学创作与阅读体验中表现得最为明显,故我们也可以将这种以感遇与世界打交道的思维方式称为"诗学思维"。

(三) 感悟。除了以上两种精神力之外,人类还具有第三种感应人的精神性存在与宇宙的终极实在的精神力,我们可以将它称为感悟力。顾名思义,这里所谓感悟是指对存在的感悟,而非某种对于现象界事物的知识性的真知或者说醒悟与豁然大悟。从这种意义说,人的这种对于存在的感悟颇有似于康德所说的"智的直觉"。① 但何为智的直觉是一个值得讨论的问题。康德就认为:智的直觉只为上帝所具有,人类由于缺乏智的直觉,所以无法获得关于宇宙终极存在方面的知识。反过来,牟宗三则认为智的直觉属于人的精神性的存在认知,这也就意味着人可以把握天道之原理,获得关于性与天道的真知。但是,人的这种智的直觉,作为一种思维活动,其

---

① 关于"智的直觉"的问题由康德首先提出,他认为这种认识宇宙终极存在的智的能力属于上帝,它超出了人类认知的范围。之所以如此,是因为康德对"智的直觉"能力的理解囿于"二分法思维"。假如将人的认识能力仅看作是认识主体为一方,客观实在为另一方的话,那么,人的认识始终会停留在作为现象界存在这一面,其结果当然无法认识超出现象界的关于"物自体"的知识。其实,从非二分法思维来看,世界万物,包括人在内,都是以"天人合一"方式作为其终极存在。这种天人合一的宇宙终极存在,假如用海德格尔的哲学语言来加以表达的话,其实说的就是"存在呈现为存在者,存在者呈现存在"。故可以说,从海德格尔哲学来看,存在者与存在的关系其实就是"天人合一"的关系。因此,建立在"天人合一"之存在论基础上的人的精神力,天然地就有从存在者出发去认识与确证存在之天理的感知能力。人的这种精神感知能力对世界的把握不是像科学理性那样运用知性的先验范畴,而是借助于存在感知的超验范畴去达到的。

精神学的发生机制究竟如何？它是一种人类特有的理性思维活动，还是一种人类理性无法通达的类似直觉的神秘心理现象？牟宗三始终"语焉不详"，他只能认为当人类获得关于"性与天理"的知识时，必须诉诸人的这种智的直觉。但是，从精神学意义来看，我们发现：与其说将智的直觉追溯到人的神秘的或灵感一动的心理现象，不如说它是人类特有的一种可以感悟天道的精神力，这种感悟天道的精神力并不神秘，作为人文理性思维的一种，人还可以将这种精神力把握天道的精神过程与思维机制予以描述与阐明，此即为哲学思维。可见，哲学思维不是其他，它就是关于人之感悟"性与天道"的精神力如何发生作用的现象学观察及其阐明。

一旦如此来理解作为哲学思维的感悟，我们发现：真正意义上的哲学感悟思维必须借助于观念而非概念的语言加以表达。观念与概念都具有抽象性，但与概念的抽象是来源于经验现象界的所得，是以"得自于经验而还治经验"不同，哲学观念并非对经验世界的抽象所得，其观念之内容始终是从超验的本体世界中加以提取。因此，从本质上说，观念是关于世界之大全以及宇宙之终极实在的认识。但是，与人文学的诗学思维"意象"始终居于形上世界不同，哲学的观念思维始终面对的是"两个世界"：本体界与现象界。而从本书前面论述可知，本体界与现象界始终是以悖论的方式存在的，因此，作为对世界之大全或宇宙终极实在的认识，人文学的哲学思维也就始终只能是悖论式的。这种悖论式的哲学思维以观念的否定辩证法方式加以表达。在这点上，或许很容易将它与德国古典哲学的观念论的思维等同起来。人文学的哲学思维虽通过观念的分析得以进行，但其思维方式的出发点实着眼于人的精神性。即是说，它不是通常人们所理解的通过逻辑推理或者纯粹观念思辨的概念性思维，而是立足于存在本身的人类特有的精神性思维活动。它本质上是对人的精神性存在以及宇宙的终极存在的一种"存在性感悟",然后再根据"具体的思维"与存在的统一性原理,反推于人类之精神性活动,并终于发现它乃人类特有的一种认识与把握人的精神性与宇宙的终极实在的可以名之为"哲学思维"的活动。而这种精神性的哲学思维活动,属于人类特有的一种精神力。这种精神性的思维能力,以观念思维的方式在人文学的哲学文本中得以很好体现。

综上所述,我们分别对史学的、诗学的与哲学的思维的方法论特点及其精神力的运用作了讨论与分析。那么,在以上这三种思维方法中间,能否找出它们的共同点呢? 假如有的话,这种共同点对于人文理性思维来说,又意味着什么? 这是我们这里要进一步回答的。

应当说,若论人文理性思维的总体特征的话,根据前面的论述,我们首先想到的会是人的精神性存在这个问题,即将人的精神性理解为这三种思维的共通性。但共通性不等于共同点。所谓共通性是指不同事物或不同存在者在某一方面可以共同达成的东西,这种共通性着重在不同存在者之所以成为一种更大的"集"时被包含其内的共通与共融。从这点上说,人的精神性存在与宇宙的终极存在的精神性可以作为人文理性思维的共通性,即人的精神性与宇宙终极存在的精神性是作为人文性的史学的、诗学的与哲学的理性思维的共同性,这种共同性为人文性的理性可能的存在论的根据。但我们注意到,这种存在论的根据仅说明人文性理性思维成立的条件与依据,它还不足以揭示人文性理性思维如何思维的具体机制与过程。从这个意义上说,我们在知道了人文学思维的存在论根据之后,还必须进一步去分析与研究人文学思维如何进行的发生机制的条件的共同点。

建立在人的精神性存在与宇宙终极存在的精神性基础之上的人文理性思维之所以能进行,其实是由于在人文理性思维过程中,人的精神性存在与作为宇宙终极存在的精神性彼此之间在精神方面发生了"感应"。这种精神感应现象的出现,除了因为产生感应的彼此之间皆属于超越的精神性存在之外,"感应"的发生还说明它们作为"精神"发生了流动与变化,这种流动在方向上表现为彼此在精神上的"占有"或"交融"。这种情况说明:人的精神性存在与宇宙终极实在的精神性之间可以发生联系,并且产生共感(彼此感应),实乃由于它们作为精神性的存在具有"精神间性"。所谓"精神间性",是指具有同样精神性的存在者之间能够产生或出现"共感"或"感应"的功能效应。我们知道,同样是具有精神性的事物或存在者,它们之间未必发生共感。即言之,它们可以是各自独立的作为精神性存在的个体。这种作为独立精神个体的存在者具有它们各自的精神性存在的不同维度。因此,同样是具有精神性,假如精神性的维度不同,或者精神性的层次不同,则它们未必产生感应。举例来说,不同的两个人,其中一个人具有精神性,另一个人不具有精神性,则这两个人走到一起或有了接触,甚至可以开始思想与精神的交流,但他们之间却无法产生真正意义上的精神感应。同样的例子是:即使两个人都具有精神性,但假如一个人的精神性存在是以史学思维的方式呈现,而另一个人是以诗学思维的方式呈现的话,则这两个人走到一起或者说试图交流思想与精神,由于他们各自的精神性世界与视野不同,他们之间也难得发生真正意义上的精神上的彼此感应。从这里来看,无论史学的、诗学的或哲学的人文理性思维,其作为思维机制之发生,与其说有赖于人作为精神性的存在方式,不如说取决于人的这种精神性存在的精神维度。换言之,精神间性是人作为精神性存在的具体化。这种具体化的人的精神性,或者说人的精神间性,才是人文学理性思维过程中人与宇宙之终极存在在精神上产生感应的前提条件。这样,我们看到,当我们说史学的、诗学的、哲学的人文理性思维得以进行与发生的时候,与其说它们具有精神性,不如说它们具有精神间性更为恰当。当然,假如一种事物或存在者不首先具备精神性的话,则它的精神间性也无从说起,故精神间性是精神性之具体显示过程,而精神性则是精神间性存在的内在根据。假如借助中国哲学的术语来加以表达的话,精神性是"体",而精神间性则是"用"。虽然从认识论的机制来说精神性与精神间性有所区别,但从存在论的角度看,它们并无实质上的区分,此即中国哲学所说的"即体即用"。这种存在论的即体即用,用海德格尔的说法来表述的话,即"存在者呈现存在,存在通过存在者呈现"之意。而回到关于人文学的理性思维这个问题,可以看到:人的精神性存在与宇宙的终极实在可以通过人文学的理性思维加以把握,不仅是指人具有精神性,而且指的是:假如这种关于人的精神性存与宇宙的终极存在是以"精神感应"的方式得以呈现的话,则它们必然具有"精神间性"。①

五、人文学文本的阅读与精神呈现

迄今为止,我们都是从人文理性思维的角度来谈人的精神性存在与宇宙之终极实在,并且通过人的精神思维过程的研究来揭示人文理性思维的机制及其本质。这个方面,我们主要援引的,是作为人

---

① 于此,我们可以看到"天人感应"思维与德国古典哲学的"思辨哲学"在解释"同一性存在"的区别。德国古典哲学家也承认存在者的同一性,或者说宇宙之终极同一的原理,但其借助概念的辩证法加以完成,这种概念辩证法无法落实到人的心理层面或者说人的精神思维之实处,也即难以从人的认知心理方面得到经验检验。而作为人文学思维的"精神间性"在人文学的诗学创作与阅读过程中体现得最为明显,因此可以说是人文学诗学的"思维与存在相统一的原理"的存在论依据。但作为"精神间性"的"精神"元素,不仅是情感,像知性、智慧等人类个体的思维活动也是属于精神性的。而在不同个体的精神性之间要出现交流并产生感应,则其精神性必寓有精神间性。只不过在没有交流之前,其精神间性未能显现。故精神性必蕴藏有精神间性,精神间性意味着精神性在发生作用。此两者关系是"未发"与"已发"的关系。

的精神性存在之表征的史学思维、诗学思维与哲学思维。而前面,当我们对人文理性思维机制作进一步探讨时,又十分强调人具有的三种精神力研究。这里给人的印象似乎是:史学的、诗学的与哲学的人文学文本,只是作为印证与说明人具有精神性以及人可以通过人文学文本的研究来理解人的作为精神性存在的向度,以及人如何通过人文学的思维去把握那超越的天道。于是,很容易得出这样的结论:像史学的、诗学的、哲学的人文学文本在人之精神性存在以及人对宇宙之终极实在的把握方面,只是作为认识论或者方法论的"认识工具"来加以使用。然而,这并非对史学的、诗学的与哲学的人文学文本的本性之"本真"的理解。其实,与作为人的精神性存在与宇宙终极存在一样,人文学文本是作为存在论意义上的具有精神性的本体存在。究言之,当我们说人作为精神性存在与作为宇宙终极存在的最高精神性存在打交道的时候,这种人的精神性存在与宇宙的终极存在之交往或产生感应,表面上看似乎是人的精神性与宇宙的终极存在之间的彼此直接交往,但仔细深究一下,可以发现:人文学文本在这种精神性交往中具有先在性。这是因为:作为人文学的文本是人类历史上的精神性存在的留传物。我们每个人,无论世代与环境,都必须通过对人文学文本的学习或研究方才能获得关于人的精神性存在的理解与认识。从这种意义上说,我们作为人的精神性存在与其说是天然生成的,不如说是由人文学文本所塑造的;或者说,至少是人文学文本的内容为我们提供了进一步深入去获得人的精神性存在的认识的前提条件与支援意识。其次,就人与天道或宇宙终实在的精神性交往来说,这种精神性交往之所得也有赖于通过人文学文本的形式方才得以定格并且得以保留。即是说:就一种精神性存在的交换的具体过程来看,如果离开了人文学文本这种形式的话,那么我们作为人类与天道的交往即使可以进行,但这种人与天道之交往的所得却无法保留,从而也就难以成为一种能够被他人所知与了解的人的精神性存在。因为在这种情况下,它仅会成为宇宙时空中的一种暂时性与偶在的个体心理活动事件与过程。因此,虽然人是具有超越的精神性的动物,但人的这种超越的精神性存在及其意识,其实是有赖于或者说离不开人文学文本的精神性存在的。所谓人文理性或者说人的精神性,其实是一种由人类历史上流传下来并得以保留的精神性存在的传统,而这种精神性传统不仅有赖于人文学文本得以保留,而且在事实上,我们人类在与世界以及宇宙的终极实在作精神性交往的时候,也脱离不了人文学文本的这种精神性。① 这样,结论只能是:在人的精神性与宇宙终极实在打交道的过程中,人文学文本的精神性或精神间性远不止于是作为人的精神性存在与天道的精神性之"中介"或"桥梁"在发生作用,更重要的是:人对人文学文本的阅读与研习,这本身就成为人的精神性形成与得以挺立的前提条件。换言之,假如不经过人文学文本的阅读与研习,作为现象界中的存在者的人之个体,很难成为一种具有超越的精神性人格的独立个体,就更遑论如何以人的精神性存在之方式去与作为宇宙的终极存在的精神打交道或产生感应。这样看来,阅读与研习人文文本,不仅是人与宇宙的终极存在打交道的必由之路,而且人文学文本的阅读与研习本身,实已构成人作为精神性存在的存在论奠基。

　　要了解人文学文本阅读如何为作为人的精神性存在提供了奠基,不仅要了解人文学文本的阅读与研习过程,更重要的是要懂得我们为何需要通过人文学文本的研习去掌握人文学的知识,此也即追问人文学文本研习的存在之理。而一切关于人文学文本的阅读与研

---

　　① 　由此明白苏格拉底为什么会强调"德性"首先是一种"知识",以及康德在论述道德问题时会将道德意识与自然情感加以区分。这点只能从人文理性的角度才得理解,即人类的道德是通过人文学文本的教化才得培养与塑造的。

习的心理与精神机制的研究,也只有建立在这种关于人文学之理的基础上才能获得更明确与更本质性的阐明。在前面的讨论中,我们已经知道人必须通过人文学的学习与研修,才能获得关于人的精神性与宇宙的终极实在的知识与理解。但仔细分析,我们会发现:从人文学文本中可以学习到关于人的精神性存在以及宇宙的终极存在的知识,这种答案其实是"后验"的。即我们是经过人文学文本的研习之后的"有所得",才知道这种"有所得"的知识是关于人之精神性存在和宇宙的终极存在的知识。但这种有所得的人文学知识对于我们来说到底意味着什么? 我们究竟为什么要学习人文知识,它到底满足了我们人类精神上的何种需要? 较之于人文学文本研读来说,这种对人文学阅读的本性的追问才是最为根本的,而此种追问也即是要回答作为人文学文本阅读的存在之理。但假如问题追究到这里,可以发现:这个问题的解答跟人作为"有限性的理性存在者"的"希望"有关。从本体论或存在论的角度来看,人能够希望什么呢? 当康德说"人是有限性的理性存在者"的时候,已经给出了问题的答案。这里康德所说的"理性存在者"是指他在《纯粹理性批判》中所说的"物自体",此种物自体从本体论的角度看也即是作为世界或宇宙之大全的终极本体。因此,所谓"人是有限性的理性存在者",从人的生存论的角度看,意味着他虽然是"有限性"的个别存在,但却想要成为具有永恒性或者说"不朽"的"宇宙之终极本体"。故追求不朽或者永恒是人作为有限性的存在者的期望。而人类之需要人文学文本或者说要去进行人文学文本的研习,其最根本的原因或者说动力,除了是想从中获得和了解关于人之精神性存在的知识之外,更深刻的精神冲动,实乃追求"不朽"的意识与冲动。追求不朽与永恒的冲动源自人是具有"精神性的自我意识"的动物。通常的物理性存在物不具有像人一样的精神性意识,当然谈不上有追求永恒的意识;动物还没有达到人的那种精神性存在的标准,也不会有这种意识。假如一个人完全缺乏"精神性"的话,也不会有这种意识,而只会有"求生"的本能的冲动。① 故从某种意义上说,追求"不朽"是人作为精神性存在者的"天性"。当然,这里的"不朽"不是指人在肉体上的不死。人类从远古时期就意识到人作为有限性的动物,终会有一死。因此,所谓追求不朽,是从精神学意义上说的,是指一个人在他的肉体消失之后,其精神"永在"或者说"不朽"。应当说,追求不朽的希望是人类精神发展的动力,也是人类宗教产生的根源。综观人类各大文明,人类将这种精神上不死的希望寄托于宗教。我们看到,各大宗教无论其教义如何不同,但在关于"人可以希望什么"这个问题上,不仅找到了是希望"不朽"或者"永生"的答案,而且都是从"精神不死"或"灵魂不灭"的角度对"不朽"加以理解与解释。无论是基督教、伊斯兰教、佛教以及其他宗教,都是如此。不仅如此,我们看到,在追求"精神不死"或"灵魂不灭"的"希望"之下,不同的宗教派别在具体的宗教实践与修行方式方面各不相同,甚至于显得形形色色,但它们几乎不约而同地都会确立有一个作为宇宙的终极存在的"最高绝对者"并加以崇拜,并且将能够实现精神永生的希望寄托在这个最高绝对者身上。从这种意义上说,宗教之所以称之为宗教,不仅在于它承诺给人们以"永生"的希望,而且从根本意义上说,还在于它要确立有一位像基督教"上帝"那样的作为宇宙之终极实在者,来给人类之"永生"提供保证和使"希望"有实现的可能。从这种意义上说,一切宗教哲学或者说宗教神学无论采取何种论证,都是关于人能获得"永生"或"不朽"之担保的宇宙的终极实在的解答或教理阐明。

---

① 真正的"不朽"只能是一个"精神学"的概念,即追求不朽就是追求精神学意义上的不朽。否则的话,它就只能是现象界中的物体可以"不腐烂"或者生物体可以"不死"的概念。

当然,人类追求"不朽"也未必非得采取宗教信仰或者宗教神学的方式。像康德这样重视人类"理性"的哲学家,就别出心裁地提出:从人类具有道德理性这条公理出发,可以推断出人类何以需要上帝。但我们看到,康德对这个问题的论证并不成功。这种不成功,并非指康德的理论过于思辨,也不是说他的理论缺乏实证的支持与依据,而是说,康德在论证上帝如何可能这个问题上,从前提的设定开始就偏离了论题:本来,承认"上帝存在"是为了解释与论证人之"永生"何以可能这个问题,但康德不这样认为。他说,人的希望是获得"德福一致"。由于这种"德福一致"的"幸福"在人类的现象性生存中无法实现,因此,就只能寄希望于它在"天国"实现,而基督教所称的"上帝存在"则为人类的这种"希望"提供了可能。综观《单纯理性限度内的宗教》这本书,康德采取的就是这种"单纯理性内的宗教"的思路。这种关于上帝存在的论证,非但不能从理论上证明上帝存在,更没有从人的"精神性存在"的角度,解答人何以获得"永生"这个精神人类学的根本问题。对《单纯理性限度内的宗教》的清理发现:康德之所以从"道德理性"的角度立义,说明道德必然会导致宗教,其思想动因除了是受近代以来人文主义思潮的影响与限制,试图从理性(道德理性)的角度对人之超越的宗教信念加以解释之外,其思想上的陷阱出在对"德福一致"中的"福"作了经验主义的理解,这就显得与从精神学意义上对人之追求或"希望"的"德福一致"的解释思路相差太远。一句话,康德肯定宗教(基督教)是一种具有超越的精神性的存在信念,认为对宗教的信仰与皈依体现了人对超越的宇宙之终极存在者的信念,从这点上说,康德承认人需要宗教乃出于人是具有自由意志的动物,并试图从道德理性的角度对人的这种宗教超越性加以论证,这显示出康德对"人是具有超验的精神性的动物"的远见卓识。但是,在《单纯理性限度内的宗教》这本书中,对"人可以希望什么"这个问题的理解,康德论证的思想起点就与他关于"人是精神性的存在"的这一大前提有了距离。

　　尽管如此,但康德提出的关于"上帝"为何存在,以及他关于人类希望追求"德福一致"的看法,对于我们思考"人可以希望什么"这个问题仍然有其意义。只不过,他提出的关于"上帝存在"以及基督教神学观中关于"德福一致"的某些解释与论证,必须置于"人文学"的视野,而非一般的道德神学的视域,其精神学的意义方才能够得以彰显。此种思路即是:通过人文学文本的研习,人可以与作为宇宙之终极实在的天道合一,并且收获德福一致,亦即成为"不朽"。而这就是我们所说的作为人文学文本之研习的存在之理。

　　通过对人文学文本的阅读机制的研究,我们发现:人之精神与宇宙之终极实在合一是在人文学文本的阅读过程中实现的。而要了解这种人文学文本研读的过程,首先要了解人文性研读以及人文学文本的结构。任何一般意义上的人文学科文本的研读,包括史学的、诗学的、哲学的文本研读,都涉及以语言符号形态存在的文本(以下简称"人文学文本")、文本之精神学的含义或意义(即"性与天道"),以及作为阅读者的文本接受者(本书中即"人"这个精神主体)这三者。但是,作为精神学意义上的人文学文本的阅读或研习,其阅读原理区别于其他非精神性的一般人文学科文本的阅读的方面在于:在人文学文本阅读中,文本的符号形态,文本的意义,文本的阅读者,此三者都是作为"超越的精神性存在"同时出现于阅读过程当中的。或者说,假如没有进入阅读状态或阅读过程时,则此三者虽具有精神性,但无法实现我们前面所说的与作为超越的宇宙之终极存在的精神交往或者说"天人感应"。因为前面所说的作为人与宇宙终极实在之间产生的"天人感应",是指人与宇宙终极实在之精神性之间发生了感应。但这种感应在通常情况下,或者说在普遍情况中,是需要经由某种"精神中介"加以完成的,而这种精神中介在人文学文本的阅读中,就是我们所说的"人文学文本"。从存在论的角度看,人文学文本既是人的精神性与宇宙的终极存在的精神性之间交往或者说"感应"的中介,同时也是作为精神性的独立存在。那么,既然说人是精神性的存在,宇宙终极实在也是精神性的存在,为何它们彼此之间不能直接感应,而非得通过像人文学文本这样的精神性存在作为中介呢?这岂不是显得有点多余?在此,我们说:人虽然是具有超越性的精神存在,但人作为有限的理性存在者,同时也是作为现象性的存在。那么,这种人性或者说蕴藏在现象界之人性中的精神性,是无法与作为宇宙终极实在的最高精神性存在发生直接感应的,①它们之间需要一种既具有现象界之人性,同时也具有纯粹精神性的存在者,在以人性(神性蕴含于其中)方式呈现的人的精神性与最高的宇宙终极实在的纯粹精神性(神性)之间起到精神桥梁作用。对于人文学文本的阅读来说,这种作为中介与桥梁作用的精神存在者,就是人文学文本。人文学文本在人的精神性与宇宙终极实在的精神之间的作用,有似于基督教的"三位一体"神学观中的"基督"的位格。对于基督教来说,上帝是超越的最高存在者;而基督则是既具有上帝"神性",同时亦具有"人"的"人性"的人神性的存在者;圣灵则是人所具有的超越性的自由意志。从这里看来,人文学文本的阅读虽然有类似于基督教的"三位一体"观的精神性结构,但从对精神性的理解,尤其是对作为宇宙之终极存在的"位格"的理解来说,人文学的精神"三位一体"

---

①　通过本书前面所论,可以知道,人文理性思维的机制是"天人感应"。而在人文学文本的阅读中,这种天人感应是通过阅读者的心理机制表现或呈现出来的,因此,假如离开了作为现象性存在物的阅读者的心理感受与心理表现,则所谓精神性的终极实在内容也就无法呈现。故从这点上说,人文学文本阅读中的对精神性存在的感应,其实是作为现象界生存的阅读者与同样是作为现象性存在者的人文学文本之间发生的,而非两个单纯抽象的"精神性存在"之间的感应。

与基督教的"三位一体"却有着本质的区分。这就是：在基督教的"三位一体"思想中，无论对"三位一体"中的"圣子"作何种解释，总会认为它有不同于上帝的"人神性"位格，但假如基督教神学理论要自圆其说的话，则"圣子"的这种"人神性"中的"神性"，对于上帝而言，终究是"派生"的；也即它是由上帝所赋予的，或者是作为上帝的"替身"而"在场"的。而在人文学文本阅读的精神结构中，同样也有相当于基督教中的"上帝"那样的超越的宇宙终极存在者，但这个宇宙的终极实在是一种纯粹的精神性存在；它不仅是纯粹的精神性，而且是唯一的，永恒的与绝对的精神性。这种唯一的与绝对的纯粹精神性，使它无法直接与普通的具有精神性的人之存在者直接感应，而需要凭借具有"人文性位格"的人文学文本与人的精神性存在发生感应。由此，作为宇宙之终极实在的纯粹精神就通过人文学文本阅读展示出它的位格的"时间性"。这种时间性在人的生活世界中，即体现为人的精神性存在的历史性。故而，人文学文本的阅读，也就成为超越的宇宙终极存在在人的生活世界中的展示方式。从这里我们看到人文学文本在人文学阅读过程的这种"三位一体"中的精神位格上的不同：假如说基督教的"三位一体"结构是以"上帝存在"为中心，则在人文学研习中，人文学的精神结构却是以"文本"为中心的。

这种重大的差异，导致人文学文本的阅读与基督教的经典研习或者说"圣经研修"不同。基督教非常重视《圣经》的阅读，甚至将它视为基督教信念与皈依的必由之路，但它认为《圣经》阅读是"启示性"的。所谓启示性，即认为《圣经》宣示的是上帝发布的真理或绝对命令，而对于这种绝对命令是只可以信，而不能质问。即使有的宗教派别承认人的理性，主张对《圣经》要加以理解，但这种理解也服从于信仰，是"先信仰而后理解"。这与人文学的文本阅读方式迥然有异。人文学的文本阅读既不是像基督教之《圣经》研修的那样建立在信仰之上的启示式阅读,也不是如同普通阅读一般的人文学科文本那样的纯粹心理体验式的阅读。通常的人文学科的文本阅读模式是建立在读者的心理体验基础之上的。所谓读者的心理体验,是指阅读者在阅读文本的过程中,尽量把文本中的叙事、情景或思想观念以"当事人"或"见证者"的身份见证的方式将其内容"心理化",并进行"同情化的体察与体验",它有似于狄尔泰(W. Dilthey, 1833—1911)所谓的作为人文学科的"精神科学"之阅读的"移情"方法。而这种移情之所以可能,乃是由于人生来具有的一种与人文学文本中寓寄的精神性可以发生"共感"或"共情"的精神体验能力。① 因此说,虽然人文学文本的精神体验方法也类似于通常人文学科读物的阅读心理体验,但这种体验的"心理"其实是人的精神,这与狄尔泰等人强调的普通人文学科阅读心理体验有着本质的区别。也就是说,作为精神人文学的阅读体验虽然在表现形式上是一种心理体验,但由于其所得或者说所追求的目标,是获得对文本中人之精神性与宇宙终极实在之精神性的了解与把握,因此,对这种精神性的获得与把握,只能是通过人的精神活动而非单纯的心理活动才能达到。但同样是人之"精神性",还可以区分出两种不同的含义。通常,人们所说的"精神性"是指将它理解为或者说限定在人的现象性层面的"精神性",这种精神性包括:人受现象界生存刺激所产生的种种心理活动,如各种喜怒哀乐、悲欢离合的情感表现,以及由现象界生存所激发出来的种种欲望、意志,甚至包括道德情感,等等。人的这些心理现象或者

---

① 康德在《判断力批判》中谈到审美鉴赏之所以可能的时候,提到人天然地具有审美判断力乃由于人与审美对象有"共情"的能力。其实,人在阅读人文学文本的时候之所以能够发生共感与感应,也是因为人天生与人文学文本中的精神性能够产生"精神性感应"的共感或共情的能力。就人之为人的本质或本性来说,它是天生或与生俱来的。但从历史发生学的角度看,它得自人类的文化遗传以及一种"习得"的人文学训练。

人受外部世界的刺激而在心理上引起的变动,都可以将它们归之于人的普通的"精神性活动",它也就是人们在一般日常生活中常见到的情感现象或人的内心的心理活动。但我们看到:尽管这些心理活动或者说情感表现,其中不少是地球上其他动物所没有的,或者属于人类才有的精神现象,但人类所呈现的这些心理活动及精神活动,还不具有超越性,因此不属于我们这里讲的人的作为超越性的精神性存在所具有的精神性。而作为人文学文本的阅读我们称之为"精神体验",强调的要以精神性的体悟方式去领会与把握那寄寓于人文学文本中的具有超越的精神性存在或"天理"。这里的"天理"就是我们所说的人文学文本的精神性。但是,我们要注意,这种具有超越的精神性维度的"天理"在人文学文本阅读过程中的展开与呈现,却始终又离不开或者说须借助于人的现象界的精神表达方式。也就是说,一切关于人的超越的精神性存在的表达与诉求,在人文学文本的阅读中,都是以现象性的人的种种心理活动以及行为加以呈现。或者说,人文学文本中的人之超越的精神性维度以及宇宙之终极实在的精神性存在,其实是通过现象界中的人及其各种行为与活动,包括心理活动以及思想观念活动,才得以呈现的。这种通过现象界之人的活动表现出来的人的超越性精神品格以及宇宙之终极存在的精神性,我们将它称为"具体的精神性"。故人文学研习的目的,就是通过精神阅读的方式来获得与把握文本中的这种"具体的精神性"。

正因为对于人文学阅读与理解来说,其中的精神性是以具体的方式加以呈现与把握的,所以,人文学的文本作为超越精神的呈现方式,也就是"具体的"。所谓具体首先是指文本之分类的具体。这种文体分类的区别,远不止是一般意义上作为学科的划分的区分,而是说这种学科的分类首先是从"精神学"意义上加以鉴别并进行分类的。因此,假如是从精神性存在的意义上来看待的话,这种区分其实也就是不同的人文学精神类型的区分。本书前面将人文学文本区别为三种类型：史学的、诗学的与哲学的。表面上看，这似乎只是文体风格上的区别与划分，其实这种风格划分的根据乃在于人文学文本中的"具体的精神性"。或者说，是对在文本阅读过程中体现或展示出来的人的精神性存在与宇宙的终极存在的精神性在"质料"方面不同的划分。那么，这三种不同的精神质料如何加以概括呢？通过阅读的精神体验，我们发现：史学文本的阅读给人带来的精神体验是"追求崇高"。这是由史学这种人文学文本的内容及其叙事风格所决定的。我们知道，人文学的史学文本以将历史上真实发生过的事情从精神学的意义加以理解与认识，并以史学的"事实"或叙事的风格和方式加以呈现，其中包括有从人之精神性存在以及宇宙之"天道"的角度对历史事实的评价。这当中，组成历史事实与构成历史叙事的历史先验逻辑一方面体现了人的超越的精神性存在以及宇宙终极存在的精神，另一方面，这种超越的精神却又是以人类以往历史中发生过的现象性活动加以呈现的。人的超越的精神性存在以及宇宙的终极实在的"天道"一旦落实或下降于人类活动之现象界，它就不再是绝对的或终极性的天道，而表现为具有人间性的人类行为之立法与伦理。这些人类历史与社会立法与伦理原则，体验了史学文本展示出来的人的超越的精神性与宇宙终极实在的"天道"，但它们同时又是"具体的"，即是以现象界中的人类活动与行为的具体形态加以呈现的。而在这些具体的历史形态中蕴含关于人类历史理性的先验原理，比如说：公平、正义，尤其是善恶价值观之间的冲突与对抗。当我们研读这些史学的人文学文本的时候，不但会被人类历史上发生过如许之多的善与恶之间的斗争所激动，还会被历史上那些为争取人类社会公平、正义的英雄人物与仁人志士的行为与事迹所感动。阅读这些文本的内容，从精神体验的角度看，它使我们明白：人作为有限性的理性存在者,其最重要的精神禀赋是"理性"。这里的理性不限于科学理性。史学文本给我们的启迪是:所谓人是理性的动物,本质上应当说人是具有"人文理性"的动物。而这种人文理性在人类的历史活动中,就具体体现为对公平、正义的追求,以及明白是非和抑恶扬善等人类历史理性的诉求。从这种意义上说,史学文本的具体精神性就是指具有人文关怀以及价值诉求的历史理性。所有称得上是人文学的史学文本的阅读,所希望获得的无不是本来就寓存于史学文本中的这种"具体精神性"。

同样地,在人文学的诗学文本阅读的精神体验中,也同样存在着这种基于不同文体风格所形成的具体精神性。与史学文本中主要通过现象界中表现善恶之间的冲突之人类活动与业绩来呈现其具体的精神性不同,人文学的诗学文本尽管也描写现象界,但与史学通过事实与历史叙事的方式来展现历史上人类种种善与恶之间的冲突,以及人类为争取社会公平与正义的种种动人事迹与业绩不同,作为人文学的诗学文本以描写与刻画处于现象界的人们对于那超越的宇宙之终极实在与人超越之精神境界的追求为依归。从这种意义上说,尽管作为人文学的文本也可以展现人类现实生活中的种种生活内容与主题,甚至其描写的人物与场景也千姿万态,但所在这些现象性的描写与内容乃只是作为那超越的天道出场之铺垫。甚至可以说,人文学的诗学文本的奥妙之处,乃在于以现象界之在场者来表现或衬托那不在场的或者说那形而上的作为宇宙之终极实在的绝对精神或绝对理念。但这种宇宙之绝对精神或绝对理念在诗学文本中有其独特表现形式,这就是关于"圆善"或最高善的观念。对于诗学思维来说,人之精神性存在与宇宙终极实在是具有道德意义的绝对存在,这就是最高善,而这种最高善在人的现象界生存活动中以"善良"或"善行"的方式呈现。故作为诗学文本之呈现的"具体精神性",实乃善良意志,这种善良意志是人间生活中道德行为与伦理的依据与根源。

人文学的哲学文本以展示人类的思维现象作为内容,而人的这种思维现象及其思维过程也体现人类超越的精神性的"具体性"。通过对人类哲学思维的研究可以发现:哲学思维的具体性体现为它的"悖论性"。所谓悖论性其字面意思是"似非而是"或者"似是而非"。而当人思考问题,尤其是思考形而上学问题,或者说追求对宇宙之终极实在的认识时,往往陷入这种"悖论"的局面。但人文学的哲学思维认为,恰恰是这种表面上"自相矛盾"或者说"二律背反"的思维,揭示了人类生活,尤其是人的精神性存在以及宇宙终极存在的真实面目。故对哲学思维来说,悖论不仅是认识世界与宇宙终极实在的方式,同时也是世界与宇宙终极实在的存在方式。从存在论的角度看,宇宙本来是以"一即一切"与"一切即一"的方式呈现的,故从宇宙论以及存在论的角度看,宇宙之终极存在的悖论是无法化解的。而人之精神性存在也是如此:人一方面是具有超越的精神性存在,但另一方面,人却又和地球上其他的动物那样,是"有限的存在者"。这种集超越的精神与有限的存在者于一身的人的生存活动,其所作所为也必会出现悖论。这种悖论既然与生俱来而无法化解,人文学的哲学思维则教人对人与宇宙的这种本体论的或本根性的悖论要以"中观"的法眼观之。也就是说,既承认人的超越精神的无限性,同时也承认和肯定人的现实生存境遇的有限性。这样,人文性的哲学思维其实是通过对人的思维活动,或者说人的精神活动的分析,要求人对这种悖论性存在状况有清醒的认识。正如同史学的、诗学的人文学文本的阅读一样,人文学文本的阅读不仅给人理解人的精神性存在以及宇宙终极实在的知识,它同时也是实践的。也就是说,人文学的阅读既是对于人的精神性存在以及宇宙的终极存在的认识论,同时亦是作为人的精神性存在的养成的实践论。从这种意义上说,作为人文学的哲学文本阅读,其"具体的精神性"体现为"智慧"。所谓智慧,是认识与体认天道的原理,然后循天道而行。对于人文学的哲学文本来说,人的精神性与宇宙终极的天道以悖论的方式出现,故人文学的哲学作为"智慧之学",乃是如何化解与面对人的精神性与天道的"悖论"问题。作为人的精神教化之学的基督教神学同时也会遇到这个问题。但基督教神学将人生与宇宙终极实在的悖论留给上帝来解决。而对于不承认有宇宙之造物主的人文学研习来说,它乃通过人自身的精神性对世界与宇宙过程的悖论予以应对与化解之。

六、余论:人文教化与精神学的审美与宗教

康德的"三大批判"除了《纯粹理性批判》与《实践理性批判》之外,还包括《判断力批判》。康德自述《判断力批判》是为了解决"从自然诸概念的领域达到自由概念的领域的过渡"[1],而特意提出审美判断力这个问题并加以思考的。但他思考审美鉴赏问题时遇到了思想的障碍,这表现在他对《判断力批判》这部书的轮廓构想中:他一开始是想对审美鉴赏方式作专门的分析,但到后来,他却又试图从自然是具有"实在的(客观的)合目的性"[2]这个论题来展开,将审美问题引向自然历史是从自然王国走向自由王国的目的论论证。其实,他本可以直接从对审美鉴赏这方面入手,对人的精神性存在方式作更深入的挖掘与探讨。可惜的是,关于如何在两个领域之间实行"过渡"的问题代替了他对审美鉴赏作纯粹的精神学意义上的思考。对于他来说,即使承认人的知性理性与道德理性具有超越的精神性向

---

[1]　〔德〕康德:《判断力批判》上,宗白华译,北京:商务印书馆1964年版,第16页。

[2]　〔德〕康德:《判断力批判》上,第32页。

度,但审美鉴赏对于人的这两种精神性的综合与过渡,其作用依然只是工具性的。换言之,审美在康德关于人之精神性研究中没有独立的本体地位。但通过对人文学文本的阅读过程的思考,我们发现:人的审美能力如同人的其他精神力,比如说,知性的,道德理性的,等等,可以是具有超越之精神性的。而这一审美作为人之精神性存在,不仅对于"人是什么",而且对于"人可以希望什么"这个问题的思考与最终解决,具有重要意义。

让我们还是先从康德的审美观念说起。康德认为审美判断可以在人的感性与理性之间架设起桥梁,就在于它一方面是感性的,另一方面又是超出感性的。他说:"判断力能够从自己自身获致一个原理,即自然事物和那不可认识的超感性界的关系的原理。"①本来,对于审美的这种认识,假如换一个角度看,审美作为一种具有本体论或者说存在论形态的存在,从精神学意义上说,是可以解决人的有限性与无限性的冲突,也即使人的这种悖论性生存得以化解或取得"和解"的。但是,康德同时又认为,作为审美的感性经验不能是超越的,而只能是现象界的,因此,审美之作为人之感性存在与理性存在之间的过渡,就只能从"无目的的合目的性"这个角度加以论证与展开。其结果就是我们所看到的:《判断力批判》分为前后两个部分,这两个部分之间并无观念上的联系。它们分别讨论的是审美研究中两个截然不同的问题,前者讨论的是审美鉴赏的问题,由于康德发现这个问题无助于解释人的感性存在向理性存在如何过渡,于是就转入另一个课题,即对自然何以具有"客观的合目的性"这个问题作全幅的论证。但依我们看来,正是在这前一部分的内容中,可以发现:人的审美鉴赏力可以作为人的精神力的一种,而且其重要性在于:它最终为

---

① 〔德〕康德:《判断力批判》上,"序",第6页。

"人可以希望什么"提供解决问题的新的答案,从而,康德在《作为单纯理性限制中的宗教》中希望解决未能解决的问题,反倒可以通过对人的审美能力的重新认识得以解决。当然,当我们这样说的时候,还得对康德美学思想中的概念运用加以澄清。

康德认为:审美是感性的。换言之,审美是与感性的自然美与艺术品打交道。这点并无错误。但康德同时又认为:审美鉴赏是对审美对象的"形式"的鉴赏。因此,康德开始关于审美对象的"形式"的分析,就完全抽离了审美对象物的任何可以感觉经验到的感性内容。这样下去,康德关于"形式主义的审美"就成了可以脱离审美对象物的任何质性规定,而纯粹关注于审美对象的"形式"的审美。按康德这种形式主义的审美观推论下去,不仅现象界的许多本来可以作为审美鉴赏的对象物被康德排除于纯粹审美的范围,而且这种形式主义的审美难以解释与理解作为人文学文本阅读的审美经验。通过对人文学文本阅读过程的分析,我们发现:人文学文本之所以可能,是因为其阅读可以增进人们对人之精神性存在以及宇宙之终极存在的认识与理解,可以提升人的精神性品格和有助于人的德性培养,它作为一种人文精神教化的实践之道,是审美的。这种精神性的审美享受在人文学文本的阅读过程中之所以可以得到确证,是因为任何关于人文学文本的阅读审美与其说是关于其文体之形式方面的审美,毋宁说是关于寄寓于这些文体形式中的"精神质料"的审美。所谓精神质料,是指人文学文本通过其文体形式所表达的精神性存在内容。对于作为精神教化之学的人文学来说,其"精神质料"是指人的超越的精神性维度以及宇宙之终极存在之质性内容。关于这种"精神质料",舍勒曾经加以论证过,他将其称为"价值的实在"。对于人文学的精神教化来说,人文学的文本阅读是这种具有形上意味的"精神质料"向阅读者敞开的方式,它伴随着人在阅读过程中的审美享受。人文学文本虽有多种多样的形式,但就其审美鉴赏的"精神质料"来说,综合起来无非两种,这就是"优美"和"壮美"。关于对优美与壮美的审美精神鉴赏及其对于人类之精神之教化意义这个问题,席勒在《美育教育书简》中曾经有所论及。但与作为人文主义者的席勒纯粹从一般审美或者说经验审美的角度分析人之审美能力与审美愉悦不同,作为人文学的文本阅读之审美鉴赏与审美冲动却是宗教性的。所谓宗教性的审美,乃指对超验的终极实在的认知或临在时感受中的审美冲动与愉悦,这种审美冲动与愉悦的心理感受与审美冲击,其心理感受与审美强度的确与通常的或者说纯粹的感性审美相似,但其审美之对象或指向却非通常的感性存在者,而是超验之终极实在,故这种指向超越的终极存在者的审美可以说是一种"宗教性的审美"。这种宗教性的审美冲动在人文性的审美阅读中得以充分体验。它也是任何通过阅读人文文本进入人文世界的阅读者的一种内心体验,从而这种对超验之物的审美心理体验是真实的存在。当这种真实的审美体验强度达到一定程度的时候,阅读者往往会出现一种类似于宗教皈依者得道时的心理状态。从人文学文本之阅读心理看,当通过文本阅读发生天人感应,并且到一定程度直到天人合一的状态时,阅读者心理往往会产生一种得以宗教皈依的强烈的高峰体验,与之伴随而来的,是一种极度的心理能量强度之变化。按照精神分析学家荣格的解释,这种心理能量的改变有其精神人格心理学的基础。① 就人文学的文本阅读来说,这种超验之物的心理体验及其心理能量的变化有三种,即这种心理能量是从外到内的,这是由史学阅读对"一即一切"的宇宙终极本体的心理体验,这种心理状态唤起的审美冲动是"崇高",诗学的:这种心理能量的变化是从内到外的,这

---

① 荣格在《心理类型学》(西安:华岳文艺出版社 1989 年版)中,曾将人的精神人格区分为若干类型,并对不同类型的人格的心理能量的变化流向作了分析。

是由诗学阅读是对"一切即一"的宇宙之终极实在之体验而来的审美体验,它伴随而来的审美愉悦是优美;而哲学阅读给人带来的常常是这两者兼而有之的审美冲动,它可以名之为幽默。所谓幽默,作为对超验之物的审美鉴赏,乃因为它发生了崇高心理体验与优美心理体验及其能量之间的碰撞与融合,因此,它的心理状更多地表示为心态的"平和"与"宽容"。①

综上所述,我们说,在人文学的文本阅读过程中,人的精神对超验之物的认知与感受是以审美的方式完成的,并且这种精神审美始终与心理上情感的变化相伴随。故假如说这也是一种宗教性体验的话,那么,它属于一种"情感皈依型"的宗教信念:对人之精神性存在以及宇宙终极实在的精神体验使人相信通过人文学文本的阅读与研习可以通达"天人",并且最后获得"永生"。这也就是为什么作为精神人文学的中国儒家传统文化可以没有"宗教",却宁可将"三不朽"奉为类似于宗教信念那样的"最高真理"或者说"绝对真理"一样。其中,立德、立功都是具有人文性精神追求的人的人生目标与方向,之所以可以不朽,乃来源于它是人文学文本的内在精神诉求,也即是作为"人为什么存在"以及"人可以希望什么"的终极价值理想。但在现实社会生活中,无论立德或者立功,都还有具体的因缘际会的限制。就是说,即使有立德与立功的理想与目标,但人作为"有限性的精神存在者"来说,这两者或许都由于有其现象界内的限制而无法达成。通过以上对人文学阅读的考量,我们发现:唯有"立言"这一种"做人"的精神性存在方式,它是任何作为"有限的理性存在者"的人都可以"希望"并且达到的。"立言"不是要求每个人都像"圣人"那样通过著书立说而使其名声获得不朽,而是指按照人文学文本的指

---

① 　关于对作为人文学文本的史学、诗学与哲学文本的阅读体验的分析,详见本书第五、六、七章。

引那样去生活与行动,也即通过自己的精神行为追随与人文学文本的合一,这种精神上的合一即意味着将人之精神与人文学文本之精神打成一片,或者说"合一"。前面我们业已论证过:人文学文本由于其具有超越的精神性从而是不朽的,而通过人文学文本的研习,由于其精神间性,人文学文本的"不朽"的超验精神必会与人作为个体的精神融合,个体的精神从而也就会获得不朽。此外,立言意味着对人文学精神永远的追随,并且将人文学的超越精神发扬光大。这种发扬光大除了身体力行,体验与践行人文学文本的精神之外,传播人文学的知识,并将人文学的知识与精神加以传播与普及也是一个重要的方面。而这意味着"立言"要做一个人文精神意义上的"信仰者",还要去传播人文学的教义与文本。这种作为传承与传播人文学知识的立言活动不仅人人可达,而且它是中国人文学研习追求的目标,是"立德"与"立功"的起点。因为任何立德与立功之事,都首先要认识到立德与立言究竟为何物,然后才能身体力行,而去做立德与立功的事功之事。在这点上说,立言,也即人文学文本的研习,对于人之可以希望获得"不朽"来说才是最重要的。以此来看,人文学文本的阅读与研习就不仅仅是对作为认识人的精神性存在的"知识的学问",同时也就成为一门关于人之精神性教化的实践之学;或者说,既传授关于人之精神性存在的教化知识,同时也以研读人文学文本的方式对人之作为精神性存在的生命加以实践,这就是人文学作为一门人的精神教化之学的真谛。

第一章

人文学与中国哲学传统

　　作为一门独立的学科知识谱系,人文学不同于自然科学与通常的社会科学,它具有自己独特的学术传统与研究方法。它是一门研究人的"精神性存在"的学问,这与单纯以客观的自然现象与人类社会生活现象的自然科学方法与社会科学方式区分开来。人文学存在的价值与意义在于它主要不是知识的学问,而是关于人类生存的"智慧"的学问。人文学的研习不仅能使人获得关于人类生活与生命之本性的觉解,而且人文学文本的学习本身可给人带来审美的享受,从这点上说,人文学是通过审美方式达到人的道德培养的精神教化之学。人文学的这种精神教化之学主要以文本阅读的方式进行,它依托的是对作为精神教化之经典的学习与诠释。对于中国的人文学传统来说,它是以"道"为中心的。简要概括的话,所谓中国的人文学不是其他,而是如何通过对经典的研习而达道的学问。

一、何为"人文学"?

"人文学"作为一门学问,其中的"人文"由"人"与"文"合成。由于"人文学"这一概念的定义目前在学术界还没有得到很好的澄清,它还有一个"正名"的问题。为了"正名",这里,我们参照《不列颠百科全书》第 15 版中"人文学科"的提法,先提出一种关于"人文学"的定义:"人文学研究人的价值和人的精神表现,从而形成了有别于科学的范围。"①

但在以往甚至当今,人文学、人文学科、人文科学,这三个概念经常互用。这里采用"人文学"的说法,这一概念尽管在外延上与人文学科以及人文科学会有所交叉,但它却有不同于前两者的特定含义。为此,首先须从词源上对"人文学"一词的来历作一番辨析。

从词源看,英文名"the humanities"(通常解释为"人文学科"),来源于拉丁词"humanitas"(人性,人情)。西塞罗(M. T. Cicero,前106—前43)在《论演说家》中首先使用"humanitas"来指一种独特的教育大纲,后来拉丁语语法权威奥拉斯·哲利阿斯证明它同义于"paideia"——一种为了培养自由的成年公民而实行的一种全面的文科教育,也即"自由主义教育"。这种教育源自于公元前 5 世纪中叶,

---

① 转引自尤西林:《人文科学导论》,北京:高等教育出版社 2002 年版,第 190 页。

当时第一批巡游的诡辩论学者就在希腊各城邦国家以家庭教师的身份对年轻人进行这种全面教育。后来,经过希腊、罗马修辞学家的发挥,"humanitas"就成为古典文科教育的基本大纲。①

后来,由圣奥古斯丁和其他教父利用它来为基督教服务,它又成为中世纪基督教徒的教育基础。总之,当时"humanitas"原指一种教育大纲,构成了称之为"artes,bone artes"("通艺")或"artes liberaies"("自由艺术")的研究领域,其中包括数学技艺和语言艺术,还包括某些自然科学、历史学以及哲学。

文艺复兴时期,人文学受到意大利人文主义者的重视。他们在与神的研究对立的意义上使用该词,并强调对希腊、罗马的古典文化的研究。他们把研究的重点放在语言和文学研究上,强调这种教育的目的是培养一个多才多艺的人,使其作为人的各种能力达到顶峰。

从以上考察可以看出:人文学最早是作为一种学科群而被提出,它指的是关于人文教养的诸多学科,其中包括:文学,艺术、语言学、修辞学,等等。这些迄今仍被视为人文学科的重要内容。

但人文学作为一门独立的学科体系的建立,则是 19 世纪的事情。其中,德国哲学家狄尔泰首先在与自然科学相区分的意义上使用"Geistes-wissenschaften"("精神科学")一词,他写了《人文学科导论》(在汉语学术圈又被译作《精神科学引论》),试图建立一种不同于自然科学方法的人文学科的方法论。新康德主义者李凯尔特则更愿意将"kultur wissenchaften"或者"文化科学"译作"人文学科"。与此同时,另一名新康德主义者卡西尔还撰写了《人文学科的逻辑》(*Logik der kulter wissenschaften*)一书。

---

①　以上关于人文学科的提法见于《不列颠百科全书》第 15 版中关于"人文学科"的词条。此处所论以及以下所论关于人文学科历史发展的论述,多引自此词条。词条内容转引自尤西林:《人文科学导论》,第 190—196 页。

在 20 世纪,人文学的理论研究获得长足的发展。其中可以举出四种有代表性的观点:(1) 否认人文学与自然科学之间的根本区别,认为人文学适用于大量的学科和各方面的尝试,它应当被视为一般的艺术或技艺。(2) 理解人文学的最好方法是语言分析,认为科学的语言与其说是表达的,不如说是指示的;而人文学的语言更多是表达的、评价性、非认识性的。(3) 认为人文学与科学是两种根本不同的,甚至对立的看待和理解世界的方法;人文学与其说是科学,不如说是艺术和方法。(4) 人文学与科学的区别不仅限于方法,而且涉及它们所关心的对象的性质;人文学来源于人的一切最普遍的经验。

总括历史上的用法以及各家各说,可以认为:首先,人文学作为一门学科,包括文学、艺术、哲学、历史学、语言学、宗教学、人类学等在内的传统人文学科,而广义的人文学还涉及一些社会科学的领域。其次,人文学有其不同于自然科学的研究方法,从这种意义上说,将人文学与自然科学区别开来的,与其说是研究对象和研究领域,不如说是研究方法更为恰当。最后,研习人文学的目的与自然科学的研究目的不同。如果说研究自然科学的目的是认识自然(客观对象),那么,人文学研习的目的就是理解生命的意义。

综上所述,人文学可以与人文学科或人文科学等词互用,那么,这里为什么不用人文学科以及人文科学的提法,而采用人文学的说法呢? 这主要是因为:第一,采用人文学的"学"之一词,是为了更好地突出它作为一门学问而非诸种学科门类的整体性。"人文学"的"学"的意思,是强调它对人文学的特性作总体性的研究,而不是将它仅仅视为各门人文学科的内容或者方法论的叠加。第二,人文学中的"学"字,还有突出它作为一门学科的理论特征的意味。迄今为止,人文学作为一门不同于自然科学以及其他社会科学的独立学科,其理论与方法都还在建构之中。因此,采用人文学而不是人文学科或者人文科学的说法,会使我们将注意力集中在这门学科的总体特征以及根本涵义上,而不是汲汲于它作为具体学科的细节。由于人文学在含义与用法上有此特点,这里,我们也可以用一个英文新词"humanlogy",来对人文学加以命名,并且将它与"the humanity"以及"human sciences"的含义加以区分。

世界上没有可以脱离具体的人文学科的独立的人文学的理论与方法。事实上,对于人文学的理论与方法的探究,就具体体现在对于某种或某些人文学科的理论与方法的探索之中。虽然它也不是这些人文学科的理论与方法的叠加。打个比方,人文学与人文学科的关系,就有似于海德格尔所说的"存在"与"存在者"的关系:存在须通过具体的存在者来呈现自身,但诸存在者并不等于存在本身。因此说,某种或某些人文学科的理论与方法能够体现人文学的理论与方法,但它们毕竟不是人文学的理论与方法本身。从这种意义上说,任何人文学科的理论与方法,只可以说是用来呈现人文学的理论与方法的某种"视界"。

二、人文学的本性

综上所述,我们对人文学的定义作了讨论,那么,为什么会有人文学,或者说,在人类社会中,人文学究竟承担着何种功能呢?由于人文学从本性上与自然科学或者说科学(包括自然自学与社会科学)不同,下面,我们以与科学相对比的方式,来对人文学的使命与功能加以探究。

首先,人文学是一种"智慧之学",它是对人的生命的意义以及人生的价值的探究。这对于人类社会来说相当重要。人类的学问无非两种:一种是认知性的,它告诉我们:外界事物的性质如何?外部世界的客观规律如何？等等。可是，除了这些关于认知性的学问之外，还有一种学问是非认知性的。它要问的问题是：人到底是什么？人从何处来，又向何处去？等等。显然，这些问题是无法通过科学的研究方法来寻找到答案的。即使科学可以给我们提供某种解释（如进化论关于人的起源的解释），它们也不是我们想要找的问题的答案，因为我们想找的答案要解释的是生命的意义，它们已超出了科学的范围，科学对此无能为力。有谁能说科学能够解释人的生命的意义呢？关于人生意义问题的解答，是非认知性的。但是，这种非认知性的知识对于人生来说相当重要，甚至可以说，它的重要性远远超出了认知性的知识。我们平常之所以认为认知性的知识相当重要，甚至误以为它是唯一性的知识，舍此无外别无知识，乃是因为我们受到生存条件以及生活环境的限制，我们将"谋生"，或者维持人的肉体生命的存活视为生命的全部或者说根本内容，从而将这类认知性知识排到了首位。认知性知识的重要性无可讳言，可是，对于生命来说，它虽然重要，甚至是生命存活的基础，但对于人的生命来说却不能说是根本性的。无论如何，人活着不是仅仅为了生存，人的生存本身不是最终目的；人能生存下去，必须有一个超出了生存本身的目标。这个目标可大可小，可高可低，但无可否认，它是超出了生存本身的。而人要追问这种人生目标的意义与内容，则需要有超出认知性知识的另一种学问，这就是关于意义的学问，也即我们这里所说的人文学。人文学的具体科目很多，研究手法多端，但无不以对于生命意义的追问为根本内容。从这种意义上说，人文学的功用实莫大焉。我们的人生离不开人文学。

其次，人文学还能增加我们对于宇宙万物以及人生的理解。以上说人文学不同于自然科学，不是认知性学问，但这不等于说它不是"知识"。什么是知识？凡是对于世界以及宇宙万物（包括人生）的正确理解都是一种知识。因此知识其实不止一种,不仅仅是自然知识(指用自然科学方法得来的知识),还包括人文知识。人文知识除了使我们能理解人生的意义之外,作为"知识"本身,它可以提供给我们一幅完全不同于自然科学的图景。就是说,在人文学的视野中,自然世界会显示出它不同于在自然科学视界中的另一面,这也就是庄子所说的"天地有大美而不言"的一种自然审美图景。其实,对于自然世界而言,无论是自然科学或者人文学,它们提供给我们的都是这自然世界的图景,但在这两种不同的视野里,自然世界的图景确实大不一样。我们无须从价值论的角度厚此薄彼,认为其中一种图景比另一种图景好,它们都只是自然世界当中的一景,反映自然世界的一个方面或者一个侧面而已。因此,从了解自然世界之全貌甚至宇宙之大全出发,我们理应关注不同于自然科学视野的另一种自然图景与宇宙图景。更何况,人类社会中以及人的精神生活中许许多多的现象,都超出了科学的视野,无法用科学的方法来理解与解释,这当中包括宗教、文学、艺术等;而人类的精神生活更无法化约为任何自然现象,它们只能运用一种不同于自然科学研究的方法——人文学的方法来加以理解与研究。因此,从全面与深入理解自然世界以及人类社会,尤其是人类的精神生活起见,我们需要人文学。

最后,人文学可以给人带来精神性的审美享受与愉悦。如前所述,人文学可以提供给我们一幅不同于自然科学的宇宙和人生图景,这种宇宙和人生图景除了可以从不同于自然科学的角度反映宇宙以及人生之真实之外,它还可以唤起人的美感,给人以愉悦的享受。人活着不仅仅是为了生存下去,也不仅仅是为了寻求生活以及生命的意义,人的生活以及生命本身还有追求"满足"与快乐的冲动,而生命的极度满足以及快乐,其实就是一种对于生命的愉悦感,它可以包含物质方面的享受,但不必非要包含物质方面的享受。从这方面说,生命的最高级以及最纯粹的愉悦感,是"精神性"的。而人文学的研习,恰恰能为人类提供这种生命本身所需要的精神愉悦感。可以这样认为:一种生命形态发育得愈是高级,一种个体生命愈是健全,它对于这种精神性的愉悦感的需要就愈是强烈。经验告诉我们:虽然某些人或者极少数人从自然科学的研究中也可以获得这种愉悦感或找到这种愉悦感的源泉,但对于人类的绝大多数成员来说,能提供这种精神性愉悦感的,不是自然科学,而是人文学的各门具体学科;而且,经验告诉我们:对于人文学的精神愉悦感的追求与满足虽然与个体的经验以及特异性质有关,但通过人文学的研习,的确可以普遍地唤起或者催生社会大多数成员的这种精神性愉悦感。这就是为什么在任何社会与环境中,只要有基本的文化水平和教养,人类社会的大多数成员都愿意并喜欢接受人文学的熏习。

三、人文学的方法:经典与诠释

上面谈到对人类社会生活,尤其是人类精神现象的观察与研究,自然科学的方法有其局限性,更多地需要运用人文学的方法来加以理解。那么,就有一个问题:什么是人文学的方法? 其实,将自然科学与人文学区分开来的与其说是研究对象,不如说是研究方法更为恰当。这就是为什么方法论问题在人文学科研究中具有特殊的重要性。事实上,有"人文科学之父"称号的狄尔泰,对于人文学科的研究与界定,就是从方法论上着手的。他宣称,存在着一门不同于自然科学的学问——人文科学。人文科学采取了不同于自然科学研究的方法:自然科学采取的是对象化的客观研究方法,讲究观察与实验;而人文科学强调非对象性的研究方法,强调体验与体认。自狄尔泰以后,人文学研究一度沿着重视方法论的方向发展,发展出一门以人文学的特有方法为研究对象的学问——诠释学。狄尔泰认为：自然科学研究的方法是说明，而人文学研究的方法是理解；而理解则与理解者本人的心智有关，它需要的是对于研究对象的"同情的了解"。为此，狄尔泰专门发展出一套人文学的方法论，其中强调生命、理解、移情，等等。他还将人文学的对象视为一种"符号表达式"，认为人文学研究的使命，不在于对研究对象作客观的认知，而是主体对客观的介入。

可以看出，狄尔泰虽然提出人文学有不同于自然科学的研究方法，但他对于方法的理解，仍然受到自然科学研究方法的影响，这就是强调方法的万能，并且在方法论上沿袭了自然科学研究方法的主客二分原则。除狄尔泰之外，与他同时代的其他人，尤其是新康德主义者，如李凯尔特、文德尔班、卡西尔等人，虽然他们强调人文学不同于自然科学，并且致力于人文学方法论的建立，但一无例外，在方法论原则上，都继承了这种主客二分的思维方式。从这种意义上说，以上西方人文学研究的方法，大抵尚未超出自然科学的"科学方法"的范畴，这就是为什么他们心目中的"人文学研究"，我们将它们称为"人文科学研究"来说更有道理。

20 世纪以后，对人文学研究的看法发生了根本改变，这就是以海德格尔为代表的诠释学研究方法的兴起。一反狄尔泰式的主客二分方法，海德格尔宣称：对于"存在"的研究与理解，不仅不能采取自然科学的方法，而且要从根本上对以主客二分为基础的思维方法决裂。他提出：不存在可以脱离人的存在而独立存在的"存在"，真正的"存在"与人的"此在"密切相连。因此，海德格尔将对于存在的研究重点转移到对于人的"此在"的研究。海德格尔思想对于人文学研究的意义在于：从此，人文学的研究一改其对于方法的重视，而将重心移置于探究人的存在自身。海德格尔的诠释学不是一种关于方法论的学问,而是关于存在的学问。

20 世纪 60 年代以后,德国哲学家伽达默尔(H-G. Gadamer, 1900—2002)正式提出"哲学诠释学"这一名称,他宣称:诠释问题不是方法论问题,而是存在论问题。在其著名的《真理与方法》中,他从美学、语言学以及历史学出发,进一步探讨了这种哲学诠释学的重要问题,否认"文本"有所谓的"原义",而认为文本的意义仅存在于文本的视界与读者现时视界的融合当中,并且强调一种所谓"历史效果"意识。看得出,伽达默尔不仅继续了海德格尔生存论的诠释学路向,而且对语言问题予以了极度的重视,语言在其哲学中已具有本体论的地位。但是,就诠释学而言,由于对读者作用的强调,尤其是突出历史效果意识,他的诠释学与其说是一种文本的诠释,不如说是要通过文本的诠释来表达其关于存在的真知灼见。

在 20 世纪 60 年代以后西方的诠释学思潮中,还出现了与伽达默尔齐名的另一位哲学家——利科(P. Ricoeur,1913—2005)。一反海德格尔、伽达默尔等人强调存在论的哲学诠释学倾向,他认为:诠释学主要是方法。因此,他强调对文本作细致入微的具体分析。在《人文科学与诠释学》这本著作中,他探讨了象征在诠释学的作用,并提出了建构人文学方法论的一些具体原则。

以上,我们对西方近代以来人文学以及哲学诠释学的发展作了简要回顾,看得出:西方人文学与哲学诠释学关心的根本问题是如何诠释文本的意义。在这个问题上,近代以后的西方诠释学发展为两支:重视方法论的方法论诠释学和强调存在论的哲学诠释学。但无论是重视方法还是强调存在,文本及其意义始终是它们关心的中心问题。可以这样说:哲学诠释学就是一门以文本的意义为探究对象的学问。这门学问目前已成为西方学术界的"显学",而且它具有极强的"浸透性",除哲学之外,影响及于文学、史学、人类学、社会学等人文学科与社会科学;甚至在自然科学方法的研究中,也有人提出要创建一门"科学诠释学",以解释科学发现的本质。

诠释学从方法论向存在论的转向,以及目前方法论与存在论的并存的情况,对于我们理解人文学到底是什么具有重要意义。上面我们曾给人文学下了一个定义,认为它是研究人的价值以及精神表现的,而在讨论具体的人文学科时,我们又发现,它的主要科目包括:哲学、文学艺术、史学、语言学,等等。这样看来,当我们谈人文学时,其实包括两个不同的向度:一个是强调对人的价值以及生命的意义的探究,另一个是以人文学科的具体文本作为研究对象。"人文学"由"人"与"文"这两个字合成,恰恰说明对于人文学而言,人与文可以合起来使用,从而成为一个整体。换言之,对于人文学而言,对"人"的理解必须透过"文";反过来,研究"文"的目的,是为了认识"人"。这样,对于人文学而言,人即是文,文即是人。而诠释学取向中的方法论与存在论之争,不过分别突出了人文学研究中的人与文这两个不同方面罢了。

为什么人文学必得包含人与文? 换言之,为什么说在人文学的视界中,人可以是文,而文也可以是人? 这是因为:对于人文学而言,人的价值问题不是抽象的,它必须通过文来加以表达;反过来,文要表达的东西很多,但就人文学而言,它通过文本来表达的,无非是人生的价值以及生命的意义等,这是它不同于科学之文本的所在。也正是在这个意义上,亚里斯多德才提出:"人是逻各斯的动物",卡西尔才提出"人是符号的动物",而当代哲学诠释学兴起以后,终于有人提出"语言是存在之家"。以上这些说法,都从不同角度阐明了人与文(语言)的关系。现在,我们既已明白"人文学"由"人"与"文"组成,就可以给"人"下一个更经典的定义了:"人乃(经典)文本的动物。"我这里要补充一下的是:这里的"文"乃特指一种文本,即经典文本。为什么必须是经典文本呢？这是因为：我们在运用语言进行交往的过程中，有各种各样的文本，这些文本担负着不同的功能，其中有的仅仅具有认知或者工具性意义，而唯有经典的文本，才指向人本身。因此，只有经典文本才代表人的本体。从这个意义上说，我们还可以对卡西尔的说法加以修正，提出"人是意义符号的动物"。这里的意义符号，乃区别于其他工具性或纯粹认知性符号之意。

通过意义符号来认识人与理解人，是人的一大发明，也是人文学的使命。可以说，人文学得以存在的本体论根据，就在于它是人的意义的符号表达方式。为什么只有经典文本才可以称得上是"意义符号"呢？这是因为人类运用符号来表达的意义多种多样，其中有的意义仅具有暂时的意义，适用于一时一地，或者指向个别的、特殊的事物，而唯有经典文本表达的符号意义，才指向人本身，是对人的本性以及生命价值的提示。从这种意义上说，经典文本作为意义符号，具有它的普遍性与永恒性，它揭示与关注的，是普遍与永恒的人性。这也就是为什么我们虽不是英国人，也不生活在 17 世纪，当阅读莎士比亚的作品时，却能在人性上引起共鸣一样。

当然，说经典能够表达与传达普遍的人性，这里相当关键的一点是看我们如何去对它们加以诠释。经典作品虽然提示的是普遍的人性，但对于不同的读者来说，从这些经典中获得的关于人性的感受可能完全不同。这说明不同的读者对于同样的经典文本，会作出完全不同的诠释。因此，对于人文学来说，重要的问题不在于确立哪些属于经典文本，而在于我们如何去面对经典本身。在人类文化历史的长河中，留传下来的经典文本不止一种，内容与形式也丰富多样，如何从这些众多的经典文本中去寻求普遍性的意义（或人性），或者不同的读者如何面对同一个经典文本来获取这个文本的真实意义？这个问题历来成为诠释学研究的中心问题。如前所述，不同的哲学家在解决这个问题时的思路并不相同。比如说,海德格尔的哲学诠释学是以人为中心的,伽达默尔的哲学诠释学是以语言为中心的,而利科则强调要以文本为中心,等等。总之,在如何获得经典文本的真正意义这个问题上,显示出不同学派、不同思路的种种交锋。无论这些争论如何纷纭,都可以归结为客观主义——主观主义之争、方法论——本体论之争,或者文本——读者之争,等等。而这些不同学派的思考进路,在具体解决诠释学问题时,似乎都无一例外地遇到"诠释学循环"或"诠释学怪圈"这个问题。这说明:迄今为止,西方诠释学家对于诠释学难题尚未获得一种满意或有效的解决。看来,问题是出在这些诠释学家理解与解决问题的根本思路上。应该说,西方近代以来的诠释学家将诠释学从对于《圣经》诠释的狭隘思路中解放出来,这极大地推动了诠释学作为一门具有普遍性意义的学问的发展,但与此同时,这种近代以来的诠释学研究取向却也意味着对于经典传统的颠覆。就是说,近代诠释学对《圣经》权威的否认,其影响是两方面的:一方面大大拓展了诠释学的研究对象与领域,但另一方面,它也带来一种将文本"泛化",从而否认有经典文本的研究思路。就是说,对于近现代诠释学来说,无须确立经典文本,任何文本都有其意义;而诠释学的任务就是面对所有文本或者各种文本,去发现与寻求其意义。此外,近现代这些诠释学者在面对文本这个问题上,往往各执一端:或重文本,或重读者,或者强调语言,等等,而未有找到能将这种种对立的思路加以调和融通的一贯之道。这种状况,使我们不得不将解决问题的方向与思路转向中国传统,看其对于似乎陷于死结的西方近现代诠释学问题是否可以寻找到一种可取的解决办法。

四、人文学的中国哲学视界——以道为中心

　　中国学术自古以来就有悠长的诠释学传统。其他不说,作为儒家学派开创者的孔子,就认为学术的使命是"述而不作"。他精心整理研习"六经",认为学问之道不在创作己意,而在如何去阐发"六经"中的普遍义理。中国传统儒家学术的主干是"经学"。所谓"经学",其中心话语,也就是如何面对古代流传下来的经典文本,去认识与诠释其中的普遍义理。与儒家相似,作为中国传统学术重要分支的道家与佛学,它们都有自己各自的经典。因此可以说,假如说有一门具有中国特色的诠释学的话,那么,这门中国式的诠释学就是以经典文本为对象的。这种紧扣经典文本的研究进路,将中国诠释学与西方近现代诠释学区分开来。

　　除了以经典作为研究对象之外,中国人文学的另一个极其重要的特点,就是它是以"道"为中心的。以中国哲学为例,无论儒家、道家还是佛学,它的最高观念都是"道"。金岳霖在谈到中国哲学的特点时说:"中国思想中最崇高的概念似乎是道。所谓行道、修道、得道,都是以道为最终的目标。思想与情感两方面的最基本的原动力似乎也是道。"①对于中国诠释学来说,道既是经典文本的真实,也是学问追求的方向与目标。所以,道对于中国诠释学来说,具有终极的意义,它贯穿于中国诠释学的始终。道作为宇宙本体以及生命之极终意义的确立,有助于解决西方诠释学遇到的"诠释学循环"的难题。此点将在别文中详说。

---

　　①　金岳霖:《论道》,北京:商务印书馆1983年版,第16页。

现在,我们要问为什么中国诠释学要将经典作为对象,而且以对道的追求贯穿始终呢? 这是因为中国传统学问认为学术的目标就是求道,而道则体现于圣人创制的经典之中。因此,要求道,舍研习经典这条道路之外,莫有他途。这也就是中国学术的所谓经典诠释学传统,它在中国学术中很早就已形成。《礼记·王制》中说:"乐正崇四术,立四教,顺先王诗书礼乐以造士。"孔子更是突出了经典在教化过程中的作用:"孔子曰:'六艺于治一也,《礼》以节人,《乐》以发和,《书》以道事,《诗》以达意,《易》以神化,《春秋》以道义。'"①其实,对于经典"文本"的自觉,是人类文明得以传承以及发展的基本前提。人类文明(尤其是人类的意义世界)是通过"文本"得以流传开来的,这点已成为学术界的共识。作为人类文明载体的"文本"有许多种形式,比如说,建筑就是人类文明的重要载体之一,而在这许许多多的人类文明的文本中,只有以语言形式流传的文本最为重要。这是因为语言除了承担指称具体事物的工具性功能之外,人类还赋予语言以极强的表达意义的功能,可以通过语言的言说来表达与传达作为人生意义与生命价值之表征的"道"。

语言虽然具有这种极强的意义表达功能,但中国学术同时又认为,要运用语言来表达以及传达道,其实又是极其不易的,这中间充满风险。也就是说,语言既可以用来表达与传达道,也可能会造成对于道的遮蔽。更确切地说道是必须通过语言来表达与传达的,但道一旦采取了语言的形式,它却又不再是道本身,而是对于道的一种言说;道与道言之间,是有着一段距离的。对于这点,古人早有所知,它也就是老子所说的"道可道,非常道;名可名,非常名"的意思。但是,

---

① 《史记·滑稽列传》。

对于中国诠释学来说,它不满足于仅仅承认道与道言之间有着距离,更强调的是如何通过道言以见道。可是,道言与道本来就不是一回事,如何能够通过道言来见道呢? 换言之,道如何以道言的方式得以表达,然后又如何从道言来达到道呢? 前者,是道能否以及如何用语言来表达的问题;后者,则是如何从语言以见道的问题。这两个问题分别构成中国诠释学的两大主题。

讲到这里,我们要提到中国语言的特点。其实,语言能否把握道这个问题,不仅仅是中国哲学的问题,也是自古希腊以来的西方哲学一直面对的问题。对于这个问题的解决来说,由于西方哲学采用的是概念语言,而概念语言是很难把握形上之道的。因此,西方哲学对于用语言来把握道这个问题的看法总体上是消极的,即认为语言无法达到形上之道,形上之道超出了语言的范围。当然,这里的语言是指西方哲学惯用的概念语言。而西方哲学采用概念语言,从根本上说,又是由它的对本体式的思维方式所决定的。反过来,中国哲学由于运用自本体的方式来思考哲学问题,也包括形上之道,故认为形上之道是可以用语言来把握的,当然,这种语言就不再是对本体思维所用的概念语言,而是作为道自道的意象语言。① 因此,当我们研究中国诠释学的时候,首先要明确一点:中国哲学认为道是通过意象语言来表达的。当然,即使是这种意象语言也不是道本身,它终究还是一种语言。因此,贯穿中国哲学诠释学的话题与西方诠释学一样,仍然是语言与道的关系问题。只不过对于西方诠释学来说,它所指的语言是概念语言,而中国哲学所指称的则是意象语言。

总的来说,中国传统学术有重视经典文本的传统,认为经典研究

① 关于对本体思维与自本体思维的区别以及意象语言的特点,详见胡伟希:《自本体与对本体:中西哲学的诠释学基础》,载《孔子研究》2005 年第 3 期。

的目标就是明道(传道与得道),而且,中国哲学在把握形上之道这个问题上,认为要借助于意象语言。看来,如何理解与把握经典文本中的意象语言,是构成中国诠释学的基本关切。所谓中国人文学传统不是其他,而是如何通过经典文本中的意象语言的运用与理解以达道的问题。

第二章

人文学与"精神科学"——兼论中国人文学术传统

　　人文学以探究人的超越精神性存在为依归,在研究宗旨上与通常的"人文科学"研究区分开来。人文学作为实践智慧,既是精神教化之学,亦是精神教化之道。中国学术有悠长的人文学术教化传统,它认为人文学从本质上是关于"性与天道"的学问,并追求人道与天道的合一;作为人文教化之学,中国人文学术是即哲学即宗教的,其特点是讲究知行合一,提倡修行,并将人的超越精神性存在归结为存在信念。中国人文学术强调文、史、哲合一,其广义的经学不局限于儒学的经典,并且是囊括诸子百家以及融文学、史学、经学于一炉的综合性学问。

一、何为精神科学

（一）关于"精神科学"的译名、来历及使用情况

关于"人文科学"（human sciences）和"精神科学"（Geisteswissen-schaften）的译名与解释，学术界曾有过不少的争论，从中也折射出对人文学科（humanities）的"本质属性"应当如何理解的问题。兹事体大，本书拟作如下讨论。

"精神科学"（德文作"Geisteswissen schaften"）一词的最早出现，是德国人在翻译英国人穆勒的《逻辑学》，对其中出现的"道德科学"（moral sciences）这样以"人"作为研究对象的学科时使用的术语。①后来英国人将德文的"精神科学"回译为英文时，则称之为"人文科学"（英文作"human sciences"，这也是汉语在翻译德文"Geisteswis-senschaften"一语时译作"人文科学"的依据；也有人根据此词的德文原义而汉译为"精神科学"）。对于像指称"道德科学"这样的以"人"为研究对象的学科，其德文与英文在称谓上的变化，反映出德、英学术传统在理解关于"人"的科学之涵义上的不同。其实，将"道德科学"这样的以"人"作为研究对象的学科称为"人文科学"或"精神科学"皆有其道理：前者强调它是关于"人"的科学，后者则认为它是关于人的"精神"的科学。那么，到底像"道德科学"（其实不限于狭义的"道德科学"，而是包括现在通称为"人文学科"这一大部类中的其他学科或学问，像文学、艺术、历史学、哲学，甚至宗教学、法学等）这样的"人文学科"是应当采用"人文科学"还是"精神科学"的说法？

---

① 参见〔德〕伽达默尔：《真理与方法》（上卷），洪汉鼎译，上海：上海译文出版 1999 年版，第 3 页。

此问题与其说是一个简单的译名问题,不如说是关于如何理解像"道德科学"这样的人文学科的本质属性及其特征的问题。只有弄清楚了"道德科学"究竟以什么作为其研究对象,以及它作为一门学科或学问是如何进行这种研究的,其研究在方法论上有何特点,关于译名的问题才会获得合理解决。也可以这样认为:只要我们弄清楚了像道德科学这样一些人文学科的属性,那么,即使是保留像"人文科学"或"精神学科"这样的说法也未尝不可。此即是说:假如强调对"人文学科"的研究关注的是人的精神性维度的话,那么,采取"精神科学"的说法为宜;而假如我们将人文学科的研究理解为以"人"为对象的研究,那么,将"道德科学"这样的一些人文学科冠名为"人文科学"亦有其道理(所以,英文干脆将这样的学科称为"human sciences",即"人的科学")。这样看来,表面上似乎只是一个关于"人文学科"的称谓或者说译名之争,其背后实在是关系到对"人学"的理解问题,即我们将"人"以及人类社会现象作为研究对象时,首先要考虑一个研究角度或研究旨趣问题,这是说在我们的研究视野中究竟是如何理解"人"的:是将人理解为人的"精神性存在"呢,抑或是将其理解为一般意义上的"人"。一般意义上的人的说法太过笼统,在这种意义上说,所谓"人学"是与"物学"相对而言。所谓"物学",不仅是以自然物为对象的科学,也包括将人理解为自然物,或者就人的自然属性来研究的学科(像医学、生理学等这样从人的自然生理现象的角度来开展对人的研究的科学)。因此,当我们在谈论人的不同于其自然属性的那一面,并且将其作为主要的研究对象的话,那么,对人的研究显然就不应当是一般意义上的所谓"人学",而应当给它一个更适当的名称。从这种意义上说,与人的自然属性相区别的人的本质,假如只能够选取一个名称的话,那么,就只能够是人的精神性(从哲学基本概念划分的话,与物质相对应的,只能是精神而非其他),也正因如此,所以我们在讨论人的精神性问题,或者说以人的精神性维度作为研究对象,并建立这样一种科学或者学科的话,自然就应当将其理解为关于人的精神性存在的学问而非其他,这样,假如给它或它们一个适当的名称,恐怕就是关于人的精神科学,简称为"精神科学"。

(二) 关于"精神"的理解

以上我们虽然把以人的精神性作为对象来研究的学问称为精神科学,但是,何谓人的精神,或者说,作为精神科学中的"精神"的含义是什么,却依然是一个问题。对此一问题的理解,其分歧之大并不亚于关于人的理解是着眼于人的自然属性抑或精神属性。因为关于人的自然属性或精神属性的区别容易理解,而关于人的精神性究竟为何物,人们在理解上的差别就彼此相差甚大。比如,有人在谈到人的精神性存在时,会将精神等同于心理活动。其实,心理活动的说法相当笼统,重要的是心理活动的内容。而就心理活动的内容来说,有人会将人的心理活动的所有内容都视为精神性的。其实,无论从心理活动或心理内容出发对人的精神性的定位,都受限于现象界中人的有限性存在这一事实。从哲学的角度看,虽然人的精神性存在可以表现为人的心理活动并在其心理内容中得以反映,但从存在本性上说,它绝不仅仅是现象界之物,而是对于现象界之物的一种超越。因此,当我们谈到人的精神性存在时,其实是指人从本性上具有的对于现象界的某种超越性;所谓人的精神性存在就是指人的超越现象界的超越性维度而言。

那么,什么是人的精神的超越性之维呢? 在此,人的精神超越性维度是指人作为地球上的有限性的偶然存在者,却不满足于将自己仅仅视为如同世界上其他物种那样的有限性存在,他意识到他是

"人";而作为人,他自有不同于其他物种的独特禀赋与本性。那么,人这种不同于其他物种的人的本性究竟是什么呢? 他找来找去,发现只有在追求超越的精神这一点上,才是人所具备而任何其他动物或物种所不具备的。这也就是康德将人定义为"有限的理性存在者"①的道理。然而,说到这里,问题还有进一步诘问的必要。我们要问,即使承认人的精神性就是指人的超越性,而超越是对人的有限性的超越,那么,具体而言,超越是指超越人的何种有限性? 其实,超越或者说超越性是一个相当宽泛的字眼,在某种意义上,可以说人的任何行动都具有一定的超越性。② 因此,所谓超越是一个层次上的概念,即我们是在人生境界的何种层次上谈超越。打个比方,当某人有饥饿感的时候,他不会看到别人在吃饭,就马上去抢,而会转念想去挣钱,然后买他想吃的食物;又比如,他为了谋生想要挣钱,但挣钱的方式五花八门,挣钱的手段也形形色色,这时候,有人可能想到去偷去抢,或者去做非法买卖,而有人则会想到挣钱的手段与方式是否"正当",然后选择其认为"正当"的方式挣钱。再比如,当挣到钱之后,有的人只为一己的吃喝玩乐,而有的人则会考虑用这些钱来行善

---

①　关于康德的"人是有限的理性存在"这一说法,学术界有不同的理解。比如,有人把这句话的意思理解为"人的理性的有限性",此种看法为本书所不取。本书同意牟宗三对康德这一命题的解释,即认为人是有限的存在,却又追求无限。本书认为只有这种解释才是康德这一命题对于"人"的理解的"哲学化"解读而非经验实证的说明。

②　海德格尔在论到"超越"这个词的原初用法时说:"超越意味着超逾(Überstieg)。实行这种超逾、在这种超逾中逗留着的东西,是超越的(超越着的)。这种超逾作为发生事件(Geschehen)为存在者所有。在形式上,我们可以把这种超逾把捉为一种'关系',一种'从'某物'到'某物延续的'关系'(Beziebung)。于是,超逾就包含着它所要实现的东西,这种东西往往不确切地被称为'超越者'(das Transzendente)了。而且最后,在超逾中一向有某种东西被超逾了。这些环节是从这个术语首先意指的一个'空间性的'发生事件中得知的。"见《海德格尔选集》上,载 168—169 页。

或者举办"公益"。如此等等。可见,人在世间的任何活动,其实都有超越的成分与内容,只不过其超越的层次不同、超越的方式方法有别而已。就人的精神性存在而言,虽然不能否认这些具体的行为与做派也是一种超越,或者说其可能体现出人作为精神性存在的某个层次或某种侧面,但就人的精神性存在的总体而言,其最高义或者说终极性的超越,应当是指对于人的有限性存在的总体性超越,而这种总体性超越又是就精神层面而言。所谓人从精神上对人的有限性的总体性超越,是指人不甘心于接受像地球上的其他动物或物种那样被动地受限于现象界的因果律摆布这一事实,而要努力去确立人生的价值。即人作为一个理性存在者,他要去追问这样的问题:我是谁?我从何处来? 又到何处去? 生命存在的意义为何? 如此等等。说到底,人作为理性的存在者,他要去探求生命的"真实"与意义。因此,所谓精神性的超越,从根本上说就是要回答人为何而活以及如何去活这样的生命存在的价值与意义。当然,说起对于人的生命存在意义的理解,不同的人会有不同的答案,而且这些回答往往千差万别。但通常意义上,人们都是用生活追求的具体目标来代替关于生命意义的答案。其实,生活的具体目标的选择与对于生活意义的理解是完全不同的两类问题:前者属于存在者差异的问题,后者是关于存在论差异的问题,①而只有达到从存在论的差异而非存在者的差异的角度来看待与审视人的之生活目的以及人生意义问题的时候,人才真正地是一个具有超越的精神性向度的人。我们谈人是具有超越的精神性向度的时候,也是从这种具有存在论差异的人的精神来谈。

———————————

① 海德格尔将一切"差异"区分为两种类型,即"存在者的差异"与"存在论的差异",认为"存在者状态上的真理与存在论上的真理各各不同地涉及在其存在中的存在者与存在者之存在"。海德格尔关于有"存在者状态上的真理"与"存在论上的真理"及这两者之区分的论述,见《海德格尔选集》上,第162—166页。

看来,真正的精神科学与其说是关心支配人的行为与活动的心理活动或者心理内容,不如说还应当去进一步追问蕴藏在这些心理活动与心理内容背后,并且构成这些心理活动与心理内容基础的东西——对生命存在的意义与价值的理解。海德格尔认为追问"存在"的问题对于理解"存在者"来说是最广泛、最深刻、最原始的问题。①对人的精神性存在维度的了解对于认识一个人来说,其重要性与海德格尔所说的理解存在问题对于弄清楚存在者究竟为何物的重要性同义。即只有充分了解一个人是如何去思考生命存在的意义,我们才可以说真正地从精神上了解了这个人;否则,我们在精神性向度上对这个人全然没有认识。或者说,人的一切行为活动,包括各种心理与思想只有从其精神性存在方式中才能找到根据与获得阐明。

(三) 精神科学是关于存在以及"性与天道"的学问

以上谈精神时,是从人作为精神意义上的人立论,指出人的精神性才是人的本质规定。这一说法还没有触及人何以会有这种精神性本性的问题。因此,对人的精神性存在的深入思考,必然要求我们进一步追问人为什么是精神性的存在。此一问题不是从人的精神性本性如何形成以及如何成长来说,而是就人的精神性生命何以如此来谈。这样的话,对人的精神性生命的探究就成为对于人的精神性存在的存在论根据追问。一旦如此发问,我们发现人的精神性存在问

---

① 海德格尔论到"存在"为何是哲学的最广泛、最深刻、最原始的问题时说:"这个问题是最广泛的问题。它不会为任何一种在者所制限。这个问题涵括所在一切在者""这个如此这般最广泛的问题因而又是最深刻的问题,究竟为什么在者在……? 为什么,这就是说,根据是什么? ……它离弃所有的表面和浅层,而深入到底层。""作为最广泛、最深刻的问题,它又是最原始的问题……这个问题在三重意义上是第一位的,即:在这个问题以给出尺度的方式敞开的奠基的领域内,这个问题依其等级而论在发问的秩序上是第一位的。我们的问题是所有一切真正的,即自身向自身提问的问题的问题。"见〔德〕海德格尔:《形而上学导论》,王庆节译,北京:商务印书馆1996年版,第4—8页。

题假如再深究下去的话,其实是宇宙存在之本体论或者说宇宙的终极存在的问题。何以如此?这是因为人的精神性尽管是对人而言,但这种精神并不限于人类的精神。即言之,精神之存在,或者说超越的精神并非只为人所具有,它其实属于宇宙这一大生命体。也可以这样说:追求超越不仅仅是人之为人的本然天性,而且也是宇宙之为宇宙,或者说世界之为世界的终极存在根据。此话怎讲?当我们讨论宇宙或者说世界这个概念的时候,往往认为宇宙和世界或者是"物质"的,或者是"精神"的。这里的所谓物质,指自然界自然而然形成的物质体以及各种生命体;而所谓精神,则往往用来指人的主观精神或人类这一主体的人类精神。但宇宙作为一个整体,却是既包括整个自然界,也包括具有精神性存在的人类在内的"物质—精神"的共在。从这种意义上来说,宇宙生命体或者说世界是既物质又精神,即物质即精神的。这种既物质又精神、即物质即精神的存在,假如换一种更概括性的说法,可以说宇宙是以"一即一切、一切即一"的方式存在。或者说,"一即一切、一切即一"是宇宙作为"本体"或最高存在者的终极方式。① 假如认可这点的话,那么,人的精神性就不仅仅为人所有,而且成为宇宙存在的终极方式。这里不是说人的精神性存在会成为宇宙的终极存在方式;而是说,人的精神性存在可以体现为宇宙的终极存在,反过来,宇宙的终极存在也可以通过人的精神性存在表现出来。这种关于人的精神性存在与宇宙作为最高终极者之存在的"同一性"问题,用陆象山的话来说,即"宇宙即是吾心,吾心即是宇宙"②。而对这种人的精神与宇宙合一,以及如何合一问题的探

---

① 关于宇宙生命体何以以"一即一切、一切即一"的方式存在及这种方式如何体现出宇宙作为一个大生命体的超越品格,拙文《中观作为形而上学何以可能》(《社会科学》2008 年第 10 期)有专门的讨论与分析。

② 《象山先生全集》卷十二。

讨,在中国哲学中成为特有的形而上学话题,这也就是中国哲学所说的"性与天道"的问题。这里的"性",指人的精神性存在本性,而"天道"指宇宙作为最高存在者的本性。显然,中国学术不仅有追求性(人的精神性)与天道(宇宙的终极存在)合一的传统,而且自始至终将"性与天道"问题作为传统学问的最高义或者说终极性的问题。而它也是精神科学之为精神科学所应当追问并加以解答的问题。

二、作为"精神科学"的人文学

(一) 何为"人文学"

以上讨论的是何为精神科学,以及精神科学的含义。我们现在转入另一个问题,即何为人文学,以及人文学与精神科学的关系问题。如前所述,在学术界,有"人文科学"或"人文学科"的提法,人们往往将文学、艺术、历史学、哲学、宗教学、法学等这样一些以人或人类社会现象作为研究对象的学问称为人文学科或人文科学。其实,"人文学科"与"人文科学"在用法上应当有所区别:人文学科是指以人以及人类社会作为研究题材与研究对象的某种学科部类的总称,它是一个外延性的概念,通常采取"复数"(指一个学科群)形式,包括文学、艺术、哲学、历史学、宗教学、法学等;当然它也可以指称人文学科群中的某个或某些具体人文学科类别,比如文学或者其他。但人文学科除了在外延上有其指称之外,它一旦进入人的研究视野而成为研究对象,就会被赋予一定的含义,成为内涵性的概念。而"人文科学"这一说法除了在外延上可以与人文学科相对应之外,它主要是人们站在某种学术立场对人文学科这一学科对象加以认知的结果,它通常蕴含着某种学术态度与立场,故"人文科学"是一个内涵性的概念。下面,为明确论题起见,我们的讨论从目前学术界关于"人文学科"与"人文科学"的说法开始。

应当说,目前流行的对于人文学科与人文科学的研究,在研究对象的定位上是相当模糊甚至不恰当的,这表现在没有将"人文学科"的研究从内涵上作进一步细分。事实上,从内涵上看,作为科学的研究,对人文学科的研究可以包容人文科学的研究,但人文科学的研究却无法囊括,更无法取代关于人文学科的研究。即是说:人文学科的研究具有广大的研究域,而人文科学的研究只是这广大的人文学科研究域中的一个区域而已。此话怎讲? 就目前的研究状况来说,人们对人文学科的含义仅从外延上加以理解,并将所有以"人"为对象或表现题材的学科或学问称为"人文科学"。而事实上,对于像人文学科以及人文科学的"研究"这个问题,只有从内涵的区分入手,先弄清楚到底什么是"人文科学研究",以及什么是普遍的"人文学科研究",然后才决定我们该采取何种研究"方法"(广义的方法不限于自然科学的"方法")来对人文学科进行研究,并随之对人文学科的具体研究方法与路径加以阐明。即言之,关于人文学科的研究方法的选择,首先是一个关于"人文学科研究"立场的定位问题。

一旦如此思考问题,我们发现人们之所以将人文学科与人文科学混为一谈,并且将人文科学的方法等同于人文学科的研究,是因为人文学科研究这一术语的含义不清所致。人们在试图对人文学科进行科学研究的时候,首先是从外延上来预设研究对象,即将文学、艺术、历史学、哲学以及宗教学,乃至于法学等这些以人以及人类社会现象作为题材与研究内容的学问统统归之于"人文科学"的研究对象,并试图探讨理解这些人文学科的法则(这里的"法则"指不同于自然科学方法而只适合于人文学科本身的方法论原则)。这方面,不排除有主张人文学科应当与自然科学划界,人文科学自有其不同于自然科学的研究方法与学科范式的观点,如狄尔泰等人;也不排除有鉴于狄尔泰对人文科学方法论的强调仍然没能摆脱科学方法论的影响,转而反对"方法",认为对人文科学的理解应诉诸像艺术审美判断那样的"共通感",甚至认为人之存在问题才是理解人文科学的特点与奥秘所在,如伽达默尔等人的观点。然而,无论其心目中认为人文科学的特点是什么,他们都无一例外地将对人文学科的内涵式研究向人文学科的外延延伸,而没有试图从"内涵"上对作为"研究对象"的人文学科的实质加以反省,更没有意识到其所采用的"人文科学"研究方式与范式有着某种学术态度与立场的预设。本人不否认目前的"人文科学"研究方法有其合理性,然而,目前"人文科学"的研究方式与路径就代表整个人文学科研究的全部么?否。我们发现:在人文学科这一学科部类中,有一种人文学科的研究类型是无法被纳入目前的"人文科学"研究范型的。或者说,从目前的人文科学研究的方法与路径入手,是难以捕捉到这种类型的人文学科的特点以及理解其存在的意义的。这种被目前的人文科学研究方法与视野所遮蔽的人文学科研究,它的独特之处何在?而对于不同于其他人文学科研究的这种人文学科研究类型,其方法论特征有哪些呢?这是我们下面要回答的。

(二) 人文学与精神科学

其实,作为一个关于"人"的学科概念,用人文学科这个词来泛指诸如文学、艺术、历史学等学科组成的这样一个学科群是可以的,但假如将这个学科群的概念等同于关于人文学科研究的内涵性概念,则对人文学科的研究有从方法论上误导的危险。这是因为:人文学科作为一个学科群,虽然在外延上包括诸如文学、史学、哲学、宗教学、法学等这样的学科"对象",但就人文学科的研究来说,我们对它们的理解与其说是从外延上了解,比如对文学的研究,对历史学的研究等,不如说更应当从内涵来识别。从内涵来识别,是说构成人文学科研究域的并非人文学科的外延范围,而是由其内涵来决定。所谓内涵,是指具体的人文学科研究是如何来理解人以及人的精神之存在的。一旦如此从内涵方面来分析,我们看到,通常的人文学科的研究域可以划分为两类:一类限定在对人的行为与精神(如人的心理活动、心理活动内容)作现象界层面的经验研究与分析;另一类与其说是立足于对人之现象界的行为与精神的现象界层面的经验研究,不如说是定位于对人的超越的精神性存在的研究与阐明。这里值得注意的是:所谓对人之超越的精神性存在的研究,并非说人有可以脱离现象界之心理活动与心理内容而处于另一世界的所谓"精神",而只是说:人的超越精神性存在绝不等同于人的具体心理活动、心理内容,但却会通过人的这些心理活动与心理内容呈现出来。因此,所谓内涵式的关注人的超越性精神存在之研究,其实就是透过人的外显行为、心理活动以及心理内容等来观其超越的精神性存在之本质。

就目前人文学科的研究状况来说,学术界不仅未能将两种不同的人文学科研究立场从内涵上加以识别,而且误认为从现象界出发对人的活动与生存状况的经验性分析就是人文学科研究的全部内容,这表现在所谓"人文科学"(human sciences)这一提法及其研究路径上。尽管目前人文科学研究的硕果累累,其中不乏引人入胜之思,但同样值得注意的是:关于人文科学的研究应当采取何种"方法"的争论不仅没有减少,引发的争论反倒愈演愈烈。究其原因,是忽视了人文学科的研究首先应当从内涵上分为两类,即止步于对人之存在状态从现象界层面的经验分析与研究,以及从人的超越之精神性维度对处于现象界的人之存在状况加以观照与分析的研究。为了更好地区分此二者,我们可以将前者称为涵义式的人文学术研究,而将后者称为意义式的人文学术研究。在区分这两者的情况下,作为学术的自由探讨,涵义式的人文学术研究自可以有观点与方法的多元,①犹如意义式的人文学术研究亦可以采取多种方法与观点一般,谁也无法在观念与方法上定于一尊。但是,意义式的人文学术研究与涵义式的人文学术研究在方法论原则上的差别应当像"存在论的差异"那样从"本质"上加以区分,绝对无法将它等同于或混同于涵义式的人文学术研究内部各种方法论之间的"存在者差异"。② 为了从观念上更好地将这种意义式的人文学术研究从目前笼统的"人文学科研究"中分离出来,我们干脆给予它新的命名,称之为"人文学研究";而将以一般意义上的"人"(这里的一般意义上的"人"指属于或处在"现象界"层面的人)作为研究对象的人文学科研究,称之为"人文科学研究"。

人文学科的研究离不开文本,或者说,人文学科关于人的理解最终会以文本的方式加以表达。因此,人文学科研究也包括对这些以人作为研究对象的人文学科之文本的研究。对于作为研究对象的人文学科文本,我们也应当从内涵上将其加以区别:以呈现或传达人的超越的精神性存在理念作为其研究宗旨的人文学科文本,可以称为"人文文本";舍此之外的则仍称为人文学科文本。要指出的是:这里并不是认为有独立于诸种人文学科文本之外的另一种"人文文本",而是说:假如一个人文学科的文本被从人的超越的精神性存在的角

---

① 按照这种区分,无论伽达默尔与狄尔泰在理解人文科学的观念上如何不同,但就其研究视角与研究路径而言,他们皆是运用现象界层面的经验分析方法以及经验性范畴来对人文学科的内容加以理解与说明,从这种意义上说,他们的"方法"(广义的"方法")皆可归纳为涵义式的人文学科研究,这也是目前西方的人文科学研究中普遍采取的方法论原则与学术立场。

② 对于"存在论差异"与"存在者差异"的解释,见本书前面"关于'精神'的理解"一节的脚注。

度加以观照,并且其中传达的是关于人的超越精神性存在的内容,那么,这种人文学科的文本则可以称得上是"人文文本"。这样看来,人文文本与非人文文本之别,与其说是从作为研究对象的文本来加以区分,不如说是从研究视野与研究角度来加以区分。比如,同一个人文学科的文本,我们可以将其从人的超越的精神性存在加以解读与研究,也可以视之为一般的"人文学科文本"。准确地说,人文学科文本可以包括"人文文本",而"人文文本"则无须包容所有的"人文学科文本"。我们这样区分"人文文本"与"人文学科文本"的理由,固然是有感于"人文文本"被湮没于目前的"人文科学"研究这一事实,更主要的是因为采取目前的"人文科学"的研究方法与视野,从根本上说无法获得对"人文文本"的本质认识。因此,当务之急固然要认清楚"人文文本"与"人文学科文本"的区别,更重要的是要从理论上将"人文文本"的研究方法与一般的"人文科学"研究方法加以区分。因为只有先从方法上与学术立场上明确何谓"人文文本研究",才能真正做到将人文文本与非人文文本区分开来。这种从学术立场以及方法论上着眼于人文文本研究的学问,我们称之为"人文学研究"。"人文学"与其说是有一成不变的人文学研究对象,不如说是解读与研究人文学科文本的一种学术立场与方法。从这种意义上说,人文学研究是因其在解读人文学科文本时采用的新视野与新方法才使其同通常的人文学科研究(通常的人文学科研究主流即目前流行的"人文科学"研究)区别开来。

　　人文学研究的这种新视野与新方法,有其独特的学术立场与态度。这表现在它视人为超越的精神性存在,而且视人文文本为表现人的这种超越的精神性存在的方式。因此,它将自己的研究课题定位于对这种人文文本的解读,以揭示其对人类生存的意义。由此,如何解读与诠释人文文本成为人文学的重要主题。不同于普遍诠释学的地方在于：对于人文文本的解读与诠释，它的研究策略是着眼于人的超越精神，并且强调这种文本诠释对人类生存的意义。

三、人文学与精神教化

（一）论"教化"

论说至此，关于"人文学"的含义还只做了一半的说明。因为假如将人定义为精神性的存在，并且立足于从超越的精神性存在立场来对人文学科文本加以观照与解读，我们也完全可以将这样的学问命名为"精神人学"（相当于前面所说"精神科学"），为什么偏偏选用了一个"文"字，而且"人文"连用，用它来定义以人的精神性存在作为研究对象的学问呢？应当指出：这里的"文"不是指"文化"的"文"，而实乃"文教"之文。此中"文教"的"教"有"教养"的意思。有文化不等于有教养，所以，文化知识的学习不能代替文教。文教之文也不是文明之明，因为文明教化的说法过于笼统，指涉的范围过大，既包括物质文明、制度文明以及科学技术等，也包括精神文明（通常指良好的社会风俗与道德伦理，等等）。应当说，文教一词中的"文"的含义与通常所谓的"精神文明"意思相近，但相近不等于相同。文教在要达到其社会效果的方面或许与精神文明的概念相近（即要达到"美风俗"的效果），其不同点在于：精神文明是从社会风俗与伦理道德方面说，而"人文学"中的"文教"除了要达到美风俗这一实用的目的之外，更重要的目的是要通过"教化"来确立前面所说的人的超越精神性存在。人文教化的目的就在于以"文教"的方式来拓展与提升人的精神性境界，使之达到人与天地合一。故人文学实乃关于人的超越精神性存在的教化之学，此也即中国古人所说的"性与天道"之学。

其实,关于人文学科应当以教化作为其核心思想理念,这一观念也为伽达默尔所认可。他说:"精神科学之所以成为科学,与其说从现代科学的方法论概念中,不如说从教化概念的传统中更容易得到理解。"①"精神科学也是随着教化一起产生的,因为精神的存在是与教化观念本质上相联系在一起的。"②伽达默尔之所以提出教化概念作为精神科学之本质要求,不仅是为了与自然科学的方法相对立,而且认为教化从根本上说不是一种方法,而是一种"普遍的和共同的感觉"③,这样的话,就从根本上取消了人文学科或人文科学的研习有所谓"方法"这个问题。而对于我们来说,教化固然是人文学的本质属性,但它又体现为人文学的方法,或者说,人文学正是通过教化的方法来呈现其本质。即言之,离开了教化的方法论,我们无法理解人文学是如何成为一门关于人之精神性存在的学问的。伽达默尔认为教化的目的是可以达到一种"普遍性",④正是这种普遍性构成人文学科的内容。而在我们看来,人文学的教化与其说是为了获得某种普遍性,不如说是为了达到精神的超越性。前者的普遍性局限在形而下的世界,而后者的精神超越性则属于形而上的世界。伽达默尔将"机敏"与教化联系起来,认为教化是一种以"机敏"的方式(方式不同于方法)去把握对象的能力,并且将"机敏"与趣味、艺术审美与"天才"联系起来。但对于我们所说的人文学的教化来说,它固然是方法,这种方法区别于自然科学方法的地方并不是"机敏",而在于它首先是践履。这种践履功夫的实行并非要借助趣味、艺术的审美或

① 〔德〕伽达默尔:《真理与方法》上,第 21 页。
② 同上书,第 14 页。
③ 同上书,第 21 页。
④ 同上。

"天才"等,而是凭借德性的修养与磨炼。其四,对于伽达默尔来说,教化除了自身之外没有目的,它只是一个过程;在这方面,他将教化过程与"成型"联系起来。而对人文学的教化而言,它固然并非一步到位,而是表现为一个过程,但这个过程却是目的论的,它指向其超越的精神性存在。因此,与其说人文学的教化是一个过程,不如说它是一种永不歇止,却又不断朝向与追求终点的践行。从以上所论看到,我们所说的人文学的教化概念与伽达默尔所说的作为人文科学本质属性的教化概念存在着方法论、目的论、实践论、趋向论方面的差别。这些差别不仅将人文学的教化概念跟伽达默尔所说的教化概念区分开来,同时也成为作为精神科学的人文学研习的本质规定。这方面,我们所理解的人文学的教化概念与黑格尔在《精神现象学》中谈到的教化概念倒是十分相似。更为重要的是,我们以上所谈的教化概念是限制在人文学的思想框架来说的。这里的人文学是指以人之超越的精神性存在为依归的人文学科研究,因此说,这种人文教化之学实乃离不开人文学之"文本"。从这种意义上说,人文学的教化其实是通过对人文学的文本意义解读、传授以及应用得以进行的。可以说,人文学的精神教化之学也是关于人文学文本的诠释学。而这种人文学的诠释学的内容与特征是什么,后面我们可以用中国哲学作为典型范例来加以阐明。

(二) 人文学与实践智慧

　　人文学是人文精神的教化之学;作为研究的方法,它属于一种"实践智慧",是这种方法论的特征将它与人文学科的其他研究方法,比如目前流行的"人文科学"研究方法从根本上区别开来。人文科学研究虽然强调人文科学要与自然科学的认识方法区分开来,甚至也重视实践,但从本质上说,这种实践还属于一种"实践之知",而非"实践智慧"。比如,伽达默尔就曾经提出实践及"应用"在人文科学研究中的重要,认为"道德知识就是某种他必须去做的东西"。① 但与伽达默尔从"效果历史"的角度来理解实践与应用的重要性不同,人文学的实践智慧与其说是实践与应用,不如说是"践履"。实践是把理论运用于实际,"应用"是在实践过程中认识理论,它虽然包含了用实践来检验理论的意思,这当中,理论与实践、理论与应用仍然是分为两截,至少它们二者有先后之分。人文教化的"践履"不然,它认为对人文文本的研习本身就体现了实践,反过来,人的实践也必然成为人文教化之呈现。故而,人文精神之教化意味着"化理论为方法,化理论为德性"②:前者(化理论为方法)是人文教化的践履的一个方面,后者(化理论为德性)则同时体现了人文教化的另一个方面。它们二者之合,方才体现了人文学教化的实践智慧与实践品格。

　　然而,化理论为方法,化理论为德性还只是分析的说法,我们要问:在人文教化过程中,这种"化理论为方法,化理论为德性"究竟是如何实现的呢?假如采取像目前"人文科学"研究的方法与路径,人文教化的文本与接受教化者往往主客二分,其结果则人文科学研究的理论归理论,方法是方法,德性不属于理论研究的范围,在理论与方法、理论与德性之间是难以过渡的。而人文精神教化之学的教化从精神教化立言,此种精神教化强调人文教化文本与人之精神主体性的双向互动,故人文教化与人的精神在教化过程中可以合一,而且

---

　　①　〔德〕伽达默尔:《真理与方法》上,第 403 页。

　　②　冯契认为学习哲学(人文学科之一种)的要旨乃"化理论为方法,化理论为德性"。他说:"智慧使人获得自由,它体现为化理论为方法,化理论为德性。这里的'理论'指哲学的系统理论,即以求'穷通'(穷究天人之际与会通百家之说)为特征的哲学的智慧,它是关于宇宙人生的总见解,即关于性与天道的认识,以及对这种认识的认识(此即智慧学说)"。见冯契:《智慧的探索》,上海:华东师范大学出版社 1994 年版,第 642 页。

彼此相互为用,在这种人文教化过程中,并无孰是施以教化的主体,孰是接受教化的客体;人文教化本身既是主体,又是客体,而从破除主客二分的角度来看,它们皆为"本体"。因此,化理论为方法,化理论为德性,从人文精神教化的实践过程来看,则呈现为"化本体为方法,化本体为德性"。

其实,作为一种实践智慧,人文教化与其说一种"学",不如说是一种教化之道更为合适。道者,道路也。与通常将"学"理解为知识的传授或运用不同,作为人文教化的实践智慧主要是一种行道、践道的活动。人要去行道、践道,与其说是通过对道的知识性的了解,不如说是对道的身体力行与践履。但是,能够促使人去行道、践道,并最终能"凝德成道"①的,实在离不开人之求道、从道的信念。而人的这种求道、从道的信念的形成,又与人文教化密不可分。相对于人文教化的知识传授,人文教化之目的也可以说就是培养与增进人文教化的信念:它不仅贯穿于人文教化的整个过程,而且既是人文教化的始点,也是人文教化的终点。从这点上说,作为一种实践智慧,人文教化从根本的意义上说是"化理论为信念"(关于人能行道、达道的信念)。

---

① 冯契先生在《〈智慧详三篇〉导论》中说:"通过实践基础上的认识世界与认识自己的交互作用,人与自然、性与天道在理论与实践的辩证统一中互相促进,经过凝道而成德、显性以弘道,终于达到转识成智,造就了自由的德性,体验到相对中的绝对、有限中的无限。"(《智慧的探索》,第643页)此中"凝道成德"指的是:在实践的性与天道的相互作用过程中,天道逐渐凝结而成德性,并通过德性得以彰显。此说法属"顺讲"或就天道之"下行"讲。本书的"凝德成道"说的是在人文精神教化中,通过"践道"而达到性与天道的合一,并且可以"德性自证",此乃"逆讲",讲的是人道"上行"而归于天道的过程。

四、中国人文学术传统——以中国哲学为例

前面说过:中国人文学术是关于性与天道的学问,认为人从本质上说是精神性的存在,追求天道是人之本然天性以及人之为人的使命,其人生最高境界与终极目标是实现性与天道的统一,从这种意义上说,中国人文学术的内容与旨趣体现了人文精神的教化之道。然而,作为一种既是人文精神教化之学,又是人文精神教化之道的中国学问,它到底有何思想特质,其核心思想观念有哪些呢?下面以中国哲学为例,对此问题加以说明。

首先,中国人文学认为人可以实现天道与人道的合一,对人能成为超越的精神性存在持一种乐观的观点。其理论根据在于人是具有"性智"的动物。这里的性智指人先天地具有向往与趋于精神性超越的潜能。故中国哲学主张人与天地"参"。关于人如何具有性智的讨论成为中国哲学理论探讨的重要内容。熊十力将"性智"与"量智"作了区分:性智是人的能把握宇宙大全与最高本体的能力,量智是人运用其理智把握自然世界的能力,这两种能力都为人所具有;而对于人的精神性生长来说,性智更为重要。在中国哲学中,性智又称为"德性之智",而量智则属于"见闻之知"。张载说:"见闻之知,乃物交而知,非德性所知;德性所知,不萌于见闻。"①中国哲学不仅强调人具有性智,而且认为人具有把握宇宙最高本体的"智的直觉"。关于智的直觉,牟宗三说:"智的直觉所以可能之根据,其直接而恰当的答复是在道德。如果道德不是一个空观念,而是一真实的呈现,是实有其事,则必须肯认一个能发布定然命令的道德本心。……本心呈

---

① 张载:《正蒙·大心篇》。

现,智的直觉即出现,因而道德的形上学亦可能"。① 总之,通过对性智与智的直觉的肯定,中国哲学认为追求性与天道的合一不仅符合人的本然天性,而且人具有成为圣人(在中国哲学中,圣人是达到天人合一之境的人)的可能性。

其次,除强调人具有性智之外,中国哲学还重点探究了人实现"天人合一"的方式与途径。这种天人合一的方法与途径,中国哲学称为"转识成智"。这里的所谓"识"指后天习得的知识;"智"则指超越了知识层面的做人的境界与德性。故转识成智意味着人从经验知识出发向超越的精神性世界提升的努力与过程。因此,它并非纯粹的理论知识,而是实践智慧,此中重要的是践履与功夫,而连接"识"与"智"的则是"知行合一"。王阳明说"只说一个知,已自有行在;只说一个行,已自有知在"②,因此他强调"在事上磨练做功夫"③。由于功夫在转识成智的过程中如此重要,中国儒家干脆将其称作"功夫工夫":"心无本体。功夫所至即其本体。"④可见,对于中国哲学来说,性与天道的学问绝非见闻之知,而是德性之知,它主张"知行合一",以实现"化理论为方法""化理论为德性"的过渡,此与西方哲学在探究形上问题时采取思辨方式或重理论理性的思路适成对比。

此外,在追求精神超越的途径上,中国哲学强调"人文教化"。中国哲学虽然认为人天生具有成圣成贤(这里指道德上的圣贤)的潜能,但成圣成贤并非一蹴而就的,而需要道德的修行与意志的磨炼。此中,对超越之境的精神向往与追求是十分重要的。因此,中国哲学

---

① 牟宗三:《智的直觉与中国哲学》,台北:台湾商务印书馆 1980 年版,第 346 页。
② 王阳明:《传习录》上。
③ 王阳明:《传习录》下。
④ 黄宗羲:《明儒学案·序》。

强调精神意志与诚、敬功夫。比如,孔子提倡"祭如在,祭神如神在"①与"畏天命",②孟子认为"诚者,天之道也;思诚者,人之道也"。③ 到了宋明理学阶段,更将这种对天命的敬畏感与诚敬观念发展成一套关于诚敬的思想系统,并将诚意功夫确立为良知本体。刘宗周说:"心无体,以意为体;意无体,以知为体;知无体,以物为体。"④而强调"良知"重要性的阳明学派更将这种良知之学的理解编成"四句教",称"无善无恶是心之体,有善有恶是意之动,知善知恶是良知,为善去恶是格物"。可见,在追求精神超越的道路上,中国哲学强调道德的践行与磨炼,并且着力弘扬人对超越精神性存在之信念。此中不是将超越的实现寄托于某个外在的最高存在者,而是要凭借人的良知理性。故中国哲学作为人文精神教化之学实兼具宗教性的品格,此与西方在探索形上智慧的道路上将哲学与宗教分判为二:形上世界的理论探究属于哲学形而上学,而追求精神性的超越之实践则交付给宗教的方式迥然异趣。

最后,极其重要的是:对于中国哲学而言,教化还有一个不可或缺的维度,即"文"的维度。故中国哲学的教化实乃"文"的教化,假如仅谈"教化"而不与"文"联系起来,那么,这可以是关于"人"的教化,而未必是"人文"的教化。人文教化有两层含义:一方面,"文"包含着关于"人"的本质规定,从这种意义上说,人是历史文化意义上的人。故而,中国的人文教化重视历史传统与礼乐教化。另一方面,"人文教化"还有着另一层重要含义,即人的教化有待于"文",或者说是通过"文"来实现的。这里的文与前一层意思的文(广义的人文

---

① 《论语·八佾》。
② 《论语·季氏》。
③ 《孟子·离娄上》。
④ 刘宗周:《刘子全书·学言下》。

文化,包括历史传统、礼乐教化等,也即通常所说的"文教"之"文")的涵义不同,是特指文献或"文本"。这里的文献或文本,不是一般的历史文献与通常的图书典籍,而是指有助于实现或用之来拓展与提升人的精神境界的经典,即我们前面所说的人文学中的文本。中国哲学历来有以文载道、以文传道的传统。孔子"删诗书、订礼乐、著春秋、系易辞",并在此基础上形成后来儒家的经学。为了传承圣人之道,儒家一直将如何传承经典中的智慧作为一门专门的学问。由于经学在中国哲学中享有的尊荣,有人甚至将中国哲学等同于经学,或者认为经学代表中国哲学。然而要指出的是:对于中国人文学术而言,广义的经学不仅仅是儒家的经典,而且是包括诸子百家以及融文学、史学、哲学于一炉的整体性学问。这就是为什么在历史上,凡治中国人文学术者总是文、史、哲并提,以及同一种人文文本可以从文、史、哲的不同角度加以研究与理解;合而言之,文学、史学、哲学等不同文体形态的文本皆可以作为"性与天道"的学问得以统辖的道理。

第三章

人文学研究之域：文本与经典

人文学以人的超越精神性存在作为研究对象。在人文学文本中，人的这种超越精神性存在以如下三种方式呈现出来：(1) 以普遍性方式展开的对人的有限性的超越。(2) 以永恒性方式展开的对人的有限性的超越。(3) 以无限性方式展开的对人的有限性的超越。人文学经典文本典型地体现了人文学文本作为"性与天道之学"的这一特点。人文学研习是人类实施精神性教化与德性培养的重要方式，而人类的精神传统亦通过人文学的研习得以保存与留传。人文学研习的先验方法论原则是化本体为方法、化本体为德性、化本体为信念。就人文学研习而言，道与学无法分离，道即是学,学即是道。它本身就包含着道(本)、文(体)、学(用)三者,而人文精神教化过程体现了这三者的统一。

一、人文学文本中人的精神性存在的呈现方式

这里先应明确的是:当我们谈到人文学以人的精神性存在作为研究对象时,这里的精神性是着眼于人的超越精神,而与一般或通常的人的停留于实用或感觉层面的心理活动内容区分开来。而且,所谓人的超越精神指的是对人作为有限性存在的总体超越。在人文学文本中,人的这种对人的有限性存在的超越通常以如下三种方式表现出来。

首先,人文学文本中,最普遍与最通常的人的精神性存在,是以普遍性方式展开的对人的有限性的超越。所谓以普遍性方式展开的超越,是指人作为独特的具体个人,他不满足于作为一个个单独的偶然存在物,而试图将他自己与更普遍的存在者联系起来,视之为其中的一员。这种普遍存在者,可以是某个社团、国家,也可以是人类,甚至还可以将宇宙中其他物种视为与人同"类"(如宋代理学家张载所说的"民胞物与")。故而,所谓以普遍性方式对人的有限性的超越,是指人将自己与地球上的其他存在者视为同"类"而对自身有限性的超越。对于个体而言,这种普遍性的超越从对类的层次的超越开始,即类的范围由小而大,而最大的类之存在,无非是整个的人类,甚至地球上的其他生物,乃至于所有存在者。人正是通过这种对"以类相属"的突破从而使自己提升为具有普遍性的存在者,而超越了他自己的有限性存在。而最终极的普遍性存在,可以达到与天地同体,或者说与宇宙合一。关于这种以普遍性方式展开的人对自身有限性的超越,正是伽达默尔在论述人文科学的教化作用时所阐述的主题。他

说："人类教化的一般本质就是使自身成为一个普遍的精神存在。"①
在这种以普遍性方式展开的超越中，人作为个体不仅认识到他与他
人、他物本属于同类，而且从本性上认为他与其他存在者本是一体，
于是，他视其他存在者是与他一样的存在，这种普遍性方式展开的超
越不仅仅是认知性的，而且是评价与参与式的。即是说，人通过普遍
性的超越认识到他与其他存在者本是一体，于是，他会去关爱这些与
他本是同类的其他存在者，为其操心并且尽责。我们看到，大多数的
人文学文本正是通过对这种普遍性方式展开的超越人性的观照与阐
明，使人产生了对他人、他物的同情心与共感，这也是人们为什么常
将道德教化与人文教化相提并论，并视人文教化之学为道德教化之
学的原因。

其次，以永恒性方式展开的对人的有限性的超越。人不仅试图
以"类"的扩大的方式来展开其对个体有限性的超越，而且还试图以
一种个体获得永恒的方式来展开其对自身有限性的超越。即是说，
人作为有限性的个体，他虽然意识到他会"死"，即他知道他作为有限
性的存在物，他的肉体终会消失，但他却试图将他个体的精神性生命
设法延续下去。这种精神性生命的延续或长存，其方法多种多样。
例如，通过生育后代进行种族的绵延，让其个体生命在历史中被后人
"记忆"。或者通过事功、著书立说甚至成为道德楷模的方式让其精
神可以在后来的时空中得以长存，这就是中国古人所说的以"三不
朽"（"太上立德，其次立功，其次立言"）。可以看到，与前述以普遍
性方式展开的超越是从个体活动空间的扩大不同（类的空间大于个
体的空间），以永恒性方式展开的对人的有限性的超越，是通过时间
这一维度得以进行的，即个体的生命虽然在具体的时间中只会作短

---

①　〔德〕伽达默尔：《真理与方法》上，第 14 页。

暂的停留,但他却可以通过种种世间的活动(如立德、立功、立言)使其精神生命在人类历史甚至整个宇宙间得以延续。可以看到,这种在时间轴上来实现其精神性"不朽"的超越,通过人类的"记忆"而使人的个体的有限性活动得以留存和绵延,并给人以"瞬间即永恒"的感觉,其作为人的超越的精神性存在,给人的感觉是"审美"的。事实上,人的审美意识从本质上说就是"化瞬间为永恒",即任何可以将瞬间的偶然存在物化作永恒存在者,都会给人以美感。这就是为什么在人文文本的阅读与研习中,人们不仅能被其中的内容所感动,而且常常能获得一种"瞬间即永恒"的审美愉悦和心灵宁静的感觉。

再次,以无限性方式展开的对人的有限性的超越。人除了从空间与时间上来展开对自身有限性的超越之外,还有另外一种超越个体的有限性的方式,此处名之为以无限性方式展开的超越。这是指人作为个体的存在,是一有限存在者,但是,通过人之种种活动,包括其精神上的追求,他可以实现无限。这种无限不同于以上所说的通过空间的拓展来获得的普遍性,也不同于以时间的绵延来获得的永恒性,这里的无限纯粹是就人的个体的精神境界而言。即是说,假如一个人仅仅满足于像地球上其他生物或动物那样地存活,而脑海中从未出现为何要如此活的问题,那么,我们说,他只是具备了"人"之外壳,而非作为具有"精神"的"人"而存在;假如他不满足于像动物那样毫无自我意识地生存,而要确立生活或生命追求的目标,这时候,他的精神性生命就出现了,即他要思考人应当如何生活,他的生命该如何度过这样的人的生存意义的问题。但是,同样是追求人生的目标与价值,有的人视野小,有的人视野大。这种对生命意义与价值"觉解"的不同,即构成人的精神性视域,冯友兰称为"人生境界"。他认为人生境界有自然境界、功利境界、道德境界、天地境界这四种,而最高的或者说终极的境界当属天地境界。他说:"天地境界的特征是在此种境界底人,其行为是'事天'底。在此种境界中底人,了解于社会的全之外,还有宇宙的全,人必于知有宇宙的全时,始能使其所得于人之所以为人者尽量发展,始能尽性。"①可见,以天地境界之方式展开的对于人的有限性的超越,是就人的纯粹精神性存在立言,它代表了人的精神性超越的本来面目,即人的本质或者就终极的人性而言,人本来就是一种追求精神性超越的动物,而其精神性超越的归宿或者说"最高境界"则是要达到与天地合一或宇宙同流的天地境界。无独有偶,人本主义心理学家马斯洛通过对人的心理观察的实证研究,也证明人具有追求精神性超越的冲动与取向,他将这种追求精神性超越的趋向视为人的本能,或者说是人的本己性生存状态,因此,马斯洛又名之为人的对于"存在价值"的基本需要。② 而人类精神生活中的宗教信仰,更是这种以永恒性方式展开的对人的有限性超越的典型方式。可以看到,以无限性的方式展开的对人的有限性的超越代表了人的真实的本体存在或者说属于人的存在价值需要;而对这种人的真实的本体存在的了解,在人文学文本的研修过程中,是通过人的自我反省意识而达到的。或者说,人文文本展现了或者说反映了人的以无限性方式展开的对人之有限性的超越本性,它为人运用理性反思能力对自我本性的反省提供了文本的依据。

综上,我们通过对人如何超越自我的有限性的方式的分析,说明人的精神性存在乃是人对于自身有限性的超越。故而,人的超越性与人的精神性同义。说到这里,要补充的是:说人是以超越的精神性方式而存在,并非说这种精神性存在只限于人的个体所有,而是说精神作为超越的活动或理念,不仅仅为人所具有,它其实也是宇宙作为

---

① 冯友兰:《贞元六书》下,上海:华东师范大学出版社1996年版,第556页。

② 〔美〕马斯洛等:《人的潜能和价值》,北京:华夏出版社1987年版,第162—168页、第216页、第224—232页,等等。

一个生命总体的终极存在方式。具体来说,宇宙作为一个大生命体,它是以"一即一切、一切即一"的方式来展示其超越性的。换言之,我们所看到的宇宙生命体,包括地球上所有物种与生物体,无非都是"一即一切、一切即一"这一宇宙大生命体的具体展开方式。于是,从宇宙的大生命体与宇宙大化流行的过程中,我们得以窥见宇宙与人类生命的奥秘所在,即"一即一切、一切即一"实乃包括人类在内的宇宙生命总体的终极存在方式。① 故而,当我们说"天人合一"的时候,其真正含义是:宇宙与人在"一即一切、一切即一"的意义上合一。这里,一即一切、一切即一乃超越之意,故所谓天人合一,实乃天道与人道在追求超越这一点上的合一。超越,既代表宇宙与人的精神,同时也成为联系天人关系的纽带。也就是说,追求超越才是天人之道可以合一的存在论根据。

然而,我们注意到,以上所论,是从作为人文学的文本内容构成的角度来谈,指出人的超越的精神性存在到底在人文学文本中是如何展开或呈现的。也可以反过来说:眼前的一个人文学科的文本,假如我们经过研究,从中发现了人如何超越其有限性的精神存在的有关内容,那么,我们即可将其视为一个人文学文本。② 这样看来,人文学文本不是既定的,而是我们如何看待与研究人文学科的结果。而人文学科文本则是既定与现成的,它属于一个特定学科群的概念,只要是纳入人文学科群的文本,即成为人文学科文本。人文学文本与人文学科文本,其中一字之差,却有作为研究结果与作为研究对象的人文学科研究之别。

----

① 关于"一即一切、一切即一"是宇宙存在的终极方式的论述,此处不作展开,详见拙文《中观作为形而上学何以可能》所作的阐明。

② 关于"人文学"与"人文科学"的区别,以及"人文学文本"不同于"人文科学文本"的分析,详见本书第二章。

二、"经典"在人文学研修中的地位

至此为止，我们是从人文学科文本中人的精神性存在的展开方式来谈何为人文学文本。即言之，眼前的一个人文学科文本，假如我们从中看出或者说发现其中表达的是人的超越性精神存在的内容，则我们可以称为"人文学文本"，否则非是。这就带来一个问题：要看出某个人文学科文本是否容纳有人文学文本的内容，首先需要我们有关于人的精神性存在的眼光与见识，否则，我们无法知道或者判定眼前的这个人文学科文本究竟是否具有"人文性"，即是否表达的是关于人的精神性内容的。也即是说，任何一个既定的人文学科文本都无法说出或者表白它究竟是否人文学文本，人文学文本的判定取决于我们作为研究者的主体的眼光与见识，否则的话，即使眼前摆着的是一个在其他人看来属于人文学文本的文本，我们却因为缺此"慧眼"而无从鉴别。这样看来，人文学研究的第一步或"初阶"，还不是随意找到某一个人文学科文本就去加以研究或研判的事情，而是首先要去锻炼与培养我们对于人文学文本的鉴赏力，或者说培养我们对于人文学文本的"敏感度"。当然，人文学文本的鉴赏力与敏感度的培养与提高并非单纯阅读人文学文本的事情，人文学的修养除了要在阅读人文学文本的实践过程中逐步得以养成与提高之外，通常还须伴以其他的途径，譬如，道德人格的培养以及在社会实践中增加对现实中人性的了解，等等。事实上，在社会生活的实践中，不少人正是通过这些人文学文本研习之外的途径，来获得关于人文学以及人文学文本的知识，进而在人文学研修的实践中不断增进其对于人文学文本的鉴赏能力。本书不否认以上所说的这些道理，然而，人文学文本的鉴赏水平与感受力如何提高是一回事，而人文学文本该如何去阅读与把握却又是另一回事。而就后者来说,这其实是一个对人文学文本为何物的追问。故这一问题还须回到人文学文本本身。

回到人文学文本本身,这并非说通过一般的人文学科文本的阅读与研究,对人文学文本的真正本质或本性就自然而然会有所了解。它指的是:对人文学文本的本质属性的了解与把握,要求我们与之打交道是人文学科文本中的某一种特殊部类。这种特殊部类的人文学科文本具有人文学文本的本质属性,但无论从外延或者内涵来看,较前面所说的人文学文本都更容易识别。这种具有人文学文本的本质属性,却更容易被人们所识别的人文学文本究竟是什么呢? 这就是"经典"。

所谓"经典",顾名思义,是指某个学科中具有权威性("经"之原始义乃"经线",有"经正而纬成"之意)且最能代表这一学科的本质属性("典"乃典型或典范的意思)的文本。就人类文化活动或学术活动而言,每个文化领域与学术领域都会形成代表这一领域面貌,且作为文本典范的经典。再者,不同的文化传统甚至不同的学术流派,也都具有各自不同的经典。比如,就宗教传统来说,佛教文化与佛学有它自己的经典,基督教文化与基督教神学有它不同于其他宗教文化的经典;就人类人文学术活动而言,历史学研究有它自己的经典,文学艺术有它自己的经典,哲学也有它自己的经典,等等。这样看来,各种文化传统与学术传统都各有它们不同于其他文化传统与学术传统的经典(这不排除有的经典具有共享性,即不同的文化传统或学术传统都将它们尊为经典,但这些不同的文化传统与学术传统对这些共同的经典的领会却有不同。换言之,它们是从各自不同的文化传统或学术传统来看待这些可以共享的经典)。由此可见,某个文本被人们或某些共同体视之为经典,具有"自明性",即:人们即使没有对这些文本的内容有所了解或研究,却也能区分出哪些是某种文

化传统、学术传统的经典。这种自明性，不来自对这些文本本身内容
的研究，却来自"传统"。所谓传统，代表着历史的传承，就是说：这些
文本能成为经典，是从历史上流传下来，而且其被认可为经典，也有
一个历史的过程。即言之，经典的形成，以及对其内容的了解，都是
在历史上形成与发展的。既然是历史上形成与发展的，因此，经典能
成为经典，就不是历史上某个人所能钦定，而是经由人类作为精神共
同体在历史的长河中淘汰与积淀而成；而它一经形成之后，其经典的
地位却也不是那么可以被某些个人所随意取消得了的。从这种意义
上说，经典不仅具有历史的传承性，也具有它作为经典的相对稳定
性，即在某个文化传统与学术传统中，它具有被共认的性质，而且这
种被共认度是超时空，甚至超出其文化传统与学术文化的。也就是
说我们即使不认可这些经典的权威性或者适用性，但我们也从其在
某个或某些文化共同体或学术共同体中的影响与传播，知道它们属
于哪种文化传统（文化圈）或学术传统（学术共同体）的经典。这种
经典的自明性，使我们在对某种文化或某种学术进行研究的时候，首
先会选择来作为研究对象的，不是属于这种文化或学术中的一般性
文本，而是强调对其中的经典加以研究。对于人文学的研究来说，也
是如此。经典的历史性还表现在：经典作为经典也在历史中流传，而
流传的重要方式是对它的钻研与解读。或言之，经典的历史性表现
为对作为经典的文本不断加以解读与诠释的过程。因此，在历史上
与经典一起流传的，还有许许多多关于经典的诠释及研究这些经典
的方法论的著作，这些著作或文本也构成经典的历史性的一部分，正
是历史上这些对经典的解读与方法论研究的著作，为我们提供了明
了经典文本的意义的可能与途径，此也即伽达默尔所说的"效果历
史"。经典的"效果历史"不仅使经典的流传更深入人心，增强了其
作为经典的信服力，也许其最重要的功用，是通过历史上这些研究与

诠释经典文本的著述的解读,会使经典的内容、意义及研究方法更得以彰显。从这种意义上说,要研究与了解经典,同时也意味着对这些解读与诠释经典的著述的了解与钻研。因此,结论是:所谓经典其实代表了某种文化或某个学科的历史传承。经典即传统,学习或研究经典,即是学习与研究传统;反过来,要了解某种文化或某种学术(包括学科),即可以从学习与研究代表这一文化或学术传统的经典入手。对于人文学科,尤其是人文学的研究来说,也是如此,即人文学的经典于人文学研究来说,具有"道(人文教化之道)—学(人文教化之学)—教(人文教化之教)"三位一体的性质。

然而,除了以上谈到的经典具有的自明性、历史性以及相对稳定性之外,人文学经典之为经典,其更重要的特点是:它以极其浓缩或经过"锤炼"的方式对人的精神性存在方式作了阐明或"照明"。也就是说由于它以表达或阐述人的精神性存在作为其思想主题与内容是如此的明显与"耀眼",以至于将它置于众多的人文学文本当中,我们很容易就能将它与其他的人文学文本区分开来;而且,这些经典可以被我们反复地诵读、钻研与体会,甚至百读而不厌倦。换言之,经典之为经典,就在于它的思想内容不仅深刻,而且值得反复体会,就犹如一口泉井,其泉水总会不断地涌现而不枯竭。这正如朱熹在《观书有感》一诗中所写的那样:"半亩方塘一鉴开,天光云影共徘徊。问渠哪得清如许?为有源头活水来。"是的,人文经典之为经典,其耐读性就在于它不仅仅是关于人之精神性存在的表达,而且它本身就是人之精神性存在之呈现。或言之,经典不仅是文本,它就是道本身。而经典之可以被后人不断传诵、学习与观摩,就在于它本身具有的"道"的永恒性与创生性。

总而言之,通过对作为经典的人文学文本及其历史流传物的研究,我们发现:人文学经典具有"文以载道,道以文显"的特征。这里

的所谓道,是指人文教化之道。按照我们的理解,人文教化之道乃人
之超越的精神性存在之形成与培养之道。因此,所谓文以载道是说
经典以表达与呈现人的超越的精神性存在为题旨与依归;所谓道以
文显,是说人的超越的精神性存在必须通过经典文本加以表达与呈
现。假如将人的超越的精神性存在理解为人的终极本性或人的本体
存在,将经典理解为表达与呈现这种人之终极存在的存在者的话,那
么,经典中文与道的关系,就恰如海德格尔所说的是"存在通过存在
者呈现,存在者呈现存在",经典在人文教化之道中的本体论地位由
此可见。

三、人文学文本研习与人类精神传统

以上,我们对人文学文本呈现人的超越的精神性存在的方式以
及人文经典的形成的问题作了探讨。现在,我们接着而来的就产生
这么一个问题:即使说人文学文本是呈现人的精神性存在的方式,但
人的精神性教化以及德性的提高是否必得以人文学研修的方式进
行? 此一提问要问的其实是:(1) 人文学文本的研修对于人的精神
性教化来说何以必须? (2) 这种人文学文本的研习与人类的精神文
化发育与德性培养究竟是何关系?

应当说,关于人文学文本,包括人文经典的研习,主要是一个如
何"阅读"(广义的理解与解释)文本的问题。因此,关于人文学研习
为何是人的精神性教化所必须这个问题也须扣紧人文学文本来谈,
而非仅仅从人文学文本对于人的精神性发育与道德的增进的效果的
现象方面来谈。因为通过人文学文本的研习之后,人的精神性维度
以及德性得以提高,古今中外这方面的例子比比皆是。但这种从现
象界方面来列举的再多,也只是现象界方面观察到的事实,它们还无

法说清人文学文本的研习是人的精神性存在以及人的德性培养不可或缺的根本道理。显然,关于人文学研习能够成为人类的精神教化之道也应当回到人文学文本本身。即对于人的精神性存在来说,人文学文本到底意味着什么?

对人文学文本到底是什么的追问,让我们首先从观察人文学的文本的语言符号表达的是什么开始。文学文本离不开语言文字(广义的语言文字乃符号),它是思想的载体(而非工具)。人文学的语言不同于人类作为工具使用与运用的语言,其最重要的区别就在于它是一整套价值意义符号。因此,人文学文本其实就是由这些价值符号组成的语言系统与意义系统。而作为人文学价值符号所代表的,就是我们所说的人文"经典"。人类的这些价值意义符号不是杂乱无章的,它们作为指导人们生活与活动的行为规范,可以称为"道德"或"德性",而这些道德或"德性"的核心价值,可以用一个词来表达——"道"(不同的文化传统有不同的表述符号与说法)。由此看来,人文学文本就语言符号行为来看不是其他,其实就是一套人类所特有的用以指导与规范人们之行动与活动的道德规范及其说明。

说到这里,问题的解答还没有全部完成。因为我们还要问:即使承认人文学文本是由承担着人类的价值意义的符号组成,但我们看到地球上有多种多样的民族,这些不同的民族由于生活环境以及历史条件的不同,对人类的各种社会现象难免会形成不同的价值判断,也就是说:生活于不同社会环境与历史条件下的民族与社区人群,其会有适合或适应于他们的环境与历史条件的社会道德风俗。但我们要注意的是:同样是言说道德,有时我们是在作为一种社会习俗的意义上来使用"道德"这个字眼,但真正意义上的道德,或者说"纯粹道德"却有其不同于作为社会风俗的"道德"者。这种不同于一般类似于社会习俗或风俗的纯粹道德是什么呢? 这就是超越了只适用于一时一地的普遍作为社会风俗，而可以普适于所有人（不同时空的所有人类：包括不同肤色、人种、民族与地域及文化的人群在内）的道德。这种道德的区别仅适用于个别或特殊的人们的道德，是超越所有人并且具有普遍性的。而由于这种普世性与普遍性，假如追溯其来源的话，它必有其超越性，否则的话，它难以具备其普遍性与普世性的。从这种意义上说，真正符合人类本性的道德一定是普世性（否则只是社会习俗），而道德的普遍性的源头必在其超越性。由此看来，人类的道德具有两重性：它一方面要能运用于人类的社会生活环境之中，具有现实性的实践品格；另一方面，它又来源于超出现实的超越品格。而在追溯道德的这种超越性时，世界上的不同民族都不约而同地将它的超越性源头归于世界的终极存在本身，这个世界终极之存在在不同的文化有不同的命名，在本书的用法中称之为"道"。通过以上的论述，我们终于看到：所谓的或者真正意义上的人文学文本，与其说它以语言符号的形式来宣读人类之道德与对人们的社会生活加以道德规范，毋宁说它更是一套关于人类之终极价值与关于"性与天道"的言说。这里，假如我们将作为人类之行为规范的具有普世性的道德称为"人道"，而将那人类道德之具有超越性的"源头"称为"天道"的话，那么，人文学文本其实是关于天道与人道的言说。由于人道来源于天道，天道又须通过人道呈现，故对于人文学文本来说，天道与人道又是统一的。或者说，它们二者之间是"体"与"用"的关系。

以上所论，我们是从人文学文本作为人类道德以及天道之意义表达符号这个角度来谈人文学文本的必要性与重要性。现在，我们转到谈人文学文本研习这个问题，即何为人文学文本必须加以研习、其意义何在？从道德上讲，这个问题不仅仅是一种道德意识，而且是一种道德实践。假如将道德视为实践的道德的话，那么，人文学文本的研习无疑是人类发现的迄今为止最常见、最普遍,也最有效果的道德实践方式。假如不拘泥于某种宗教教义与宗教传统的话,我们发现广义的人文学精神教化应当或者说可以将宗教的道德教化囊括其中。其道理是:假如我们将宗教不局限于对其具体教义的解释,教义的传播"圣经"的研习方式,以及承认道德具有超越性源头的话,则人类各大宗教都兼具"作为精神科学的人文学"的品格。就文本构成来说,这种文本的语言表达与两种因素有关:(1)必须有文本或者经典文本;(2)肯定文本是关于道的言说。

人文学的精神教化或德性培养必须以文本研习的方式进行,这与其说是人文学进行精神教化的方法论上的特点,不如说是人文学教化之所以可能的先决条件。即言之,假如没有人文学文本,则谈不上人文教化。或者说,离开了人文学文本的教化,不能称之为人文的教化而是其他。由此看来,人文学文本在人文学教化过程中不只是作为教化的工具或手段来使用与运用的。人文学文本与人文学教化是一而二、二而一的事情。由此来看,当我们将人类的精神教化作为提升人的精神性存在作为人的德性培养手段与方式来看待的话,人文学文本实处于本体论而非工具论或认识论的对象物的位置。人文学文本这种文本体的地位,对于整个人类的德性培养以及人的精神性生长来说,功莫大焉。我们看到在人类精神文明的演进中,不同的民族各有其不同的文化传统。其实,当我们使用"文化传统"这个词组来表述各自不同民族的精神文明传统时,所谓"文化"这个词是不太准确的。恰当的说法是不同的民族文化与文明各有其不同的"人文学文本"传统。道理在于处于不同文化氛围中的各大文明,都各有表达与传播其精神文明(此处与人的精神性存在世界等义)的人文学文本,也就是说,将各自不同文化传统的表达与传播其精神文明相区别开来的,并非其各自不同的文化,而是其各自所具有的不同的人文学文本，尤其是其中的经典。此不独像基督教、佛教这样的世界各大宗教为然，即使像一些宗教中的各种派别，在传教过程中，也曾经并且以后都还会出现一些由其中分化出来的独立教派，这些教派之所以能够独立出现与存在，其中最重要的一点是它们在分裂或发展过程中，或者产生了自己独有的经典文献，或者是说原来的经典经义有了新的解说，并且根据这些新的解说又产生了新的经典或者经典文献。由此看来，包括像各大宗教在内的世界不同民族在致力于人的精神性教化与实践的过程中，无不重视经典的书定、整理、研究，并且在传播其教义中都脱离不开文本与经典。

四、人文学研修的本质规定与方法论特征

通过以上对人文学文本和经典的分析，我们得出这样一个结论：人文学经典典型地体现了人文学文本作为"性与天道之学"的特点。在这种意义上可以说研究人文学经典就是对人文学的研究，而人文学的研究离不开对人文学经典的钻研。这样看来，人文学研究与人文学经典的研究是一而二、二而一的事情。那么，人文学研究是否就限定于人文学经典的研究，或者说，经典研究就可以等同或取代人文学研究呢？又不尽然。当我们说研究经典就是对人文学的研究，而人文学的研究离不开对人文学经典之研究时，其意思是从内涵或意义上说，即经典的研究相当于人文学研究，但就研究的对象域或作为研究对象的外延来说，经典研究却不等同于人文学研究。即是说：在外延上，对经典文本的研究无法代替对一般性的人文学文本的研究。其实，经典的研究对于人文学研究来说，其最重要、最根本的意义并不在于代替或取消对于其他人文学文本的研究，而是相反，可以通过对经典的研究而掌握研究其他人文学文本的方法与途径，以及增进

对一般性的人文学研究的意义及本质的认识,这才是人文学经典研究在人文学研究中处于中心地位的意义之所在。那么,人文经典的研究对于一般的人文学研究会带来哪些启示呢?

应当说,人文经典的研究首先是一个人文学文本的阅读问题。也就是说,假如不去阅读人文学文本,则对文本的内容不了解,也就谈不上人文学的研究。不过,人文经典的阅读不同于一般的阅读,否则,作为文体,它就与通常的或一般的人文学科意义存在的文本无异。由此可见,阅读问题不仅是理解人文学文本内容的关键,而且是人文学文本是否成为人文学文本的方法论检验。人文学阅读服从于人文之精神教化,因此,这种阅读的准确名称应当是研修,以便将它跟通常作为人文学科的文本阅读方法区别开来。人文学研修或者说人文学文本的阅读遵照如下原理。

1. 化本体为方法。"方法"是一个含义容易混淆的概念,按照成中英的意见,"方法"包括四个层次的内容,而人们往往是在不同层次上理解"方法"一词的含义:或者偏重方法的根本性,即方法的"本体"层次,或者偏重方法的"原则"层次,或者偏重方法的"制度"层次,或者是将"理论"运用于实际的过程、程序、做法理解为"方法",即方法的"运作"层次。① 而就人文学科及其文本的研究而言,在这一研究领域中,"人文科学"作为一门"科学"已确立起它自己的方法论原则,并且提供了不少具体的研究范式(尽管这些研究范式彼此之间观点分歧而且差异甚大),而通常的见解是将这些方法论原则归结为"理解"与"诠释"。但在本书看来,人文学的方法论原则虽然可以包含理解与诠释,但传统的人文学科关于文本的理解与诠释的方法

---

① 成中英关于"方法"的理解,见其所著《本体诠释学》,武汉:湖北人民出版社 2006 年版,第 12 页。

论原则却不完全适用于对人文学文本之意义的理解与诠释。换言之,关于人文学文本的理解与诠释应当是区分于传统人文科学的另一种关于理解与诠释的范畴。传统的人文科学关于理解与诠释的方法论原则基于主客二分或者说研习者与文本之二分,然后在这种主客二分的基础上,借助一系列诠释学原则或范畴,比如说:移情(狄尔泰)、应用(伽达默尔)、隐喻(利科)来消除这种主客二分带来的"诠释学循环";而人文学的方法论原则则基于天人合一、性与天道合一的思路,它在人文学文本意义的理解上就是文本与研习者在性与天道上彼此合一,故而人文学文本的研习本身就是文本与研究者在性与天道上合一的过程,在这种意义上说,文本与研习者皆体现为性与天道,它们本来就不相隔,也无须引入其他任何诠释学原则来消除这种隔阂。禅宗云:"本来无一物,何处惹尘埃",说的就是人文学文本研习过程中这种本来就无主客二分的情景。故人文学的"化本体为方法",指的就是在人文学文本研习过程中,让文本与研习者各自恢复到其"性与天道合一"的本真状态。这里的"化"不是一方将另一方的消化与吸收,乃是二者的彼此化合、融合以及相互呈现之意。所以,这里的"化本体为方法"实乃"方法即本体,本体即方法",它既可以是存在论的,也是方法论的。就人文学文本的研习来说,它其实就是本体论与方法论的合一以及彼此转化。①

2. 化本体为德性。人文教化的最终目的是培养与增进人的德性,此中道理相当清楚。问题是:为何说人文教化之道可以归结为"化本体为德性"呢?此问题可以就人文教化之学或者人文教化之道依其本性是"实践智慧"而非"实践之知"来谈。所谓"实践之知"是

---

① 人文学文本研习的这种"化本体为方法"的过程,我们可以称为"境界交融"。关于"境界交融"的具体机制的讨论,详见拙文《论"境界交融"——人文学作为求道的学问如何可能》,载《探索与争鸣》2010 年第 9 期。

指通过实践而获得真知,或者说是强调实践出真知,其主要目的或重心在于知。这里,实践是达到知(认识)的手段与过程,故实践是从属于知的。而实践智慧中的实践是本体而非为达到认识的手段与方式,它作为本体是自足与自我完成的。这也就意味着在人文教化的过程中,作为教化主体的人的德性是自我完成的,此即化本体为德性。它的真实意思是:在人文学的研习过程中,人文教化之道本身就是目的,此外它更无其他目的,故作为人文教化之道的人文学研究,无任何外在的功利性目标,但是,尽管无外在的功利目标,它却天然地符合并且有益于人的德性培养与造就。人之行为自然而然地符合道德与人的有目的性地去做有道德的事情,此中的分野,从孟子在区分"由仁义行"与"行仁义"中说得相当明白。① 从这种意义上说,在人文教化过程中,人的德性是自我完成的;它出于人的本然之心,而这种人的本然之心,是通过人文学文本的研习被激发出来的。故在人文学的研习中,"化本体为德性"的"化"乃"融化"之"化",指的是将包含于人文文本中的超越精神之道融化于或外化为作为人文教化之主体的人的德性。② 关于"化理论为德性"的机制,冯契先生曾引黄宗羲的话有很好的说明。他说:"所以黄宗羲的话是对的:'心无本体,工夫所至,即是本体。'心本来是用而不是体,但是精神随着功夫而展开,在性和天道的交互作用中成为德性的主体,成为性情所依持得,那么它在千变万化中间有一个独特的坚定性、一贯性,这种个性化的自由精神就有了本体论的意义。这就是化理论为德性。"③人文学文本的研习作为人文教化之道本身是一个"化本体为德性"的过

---

① 《孟子·离娄下》:"舜明于庶物,察于人伦,由仁义行,非行仁义也。"

② "化本体为德性"中的"化"之机制的实现,依赖于"共感"。关于"共感"的说明,见拙文《论"境界交融"——人文学作为求道的学问如何可能》所作的分析。

③ 冯契:《人的自由和真善美》,上海:华东师范大学出版社 1996 年版,第 325 页。

程。要注意的是就人文教化之道而言,此处的德性乃天人合一之德性,它包括却不限于人的道德;德性的最高目标是天人合德,即指人道与天道合一的德性,它其实也就是人的一种追求超越的精神性存在的德性,而人文学的研修就是此种德性之本体的自我运动,它体现了"无目的的合目的性"。正因为人的德性完成是在这种无目的的合目的性中完成,故教化体现为教化之乐。中国哲学中有不少关于人文教化之乐的典故,此正如程颐所说的"读论语,有读了全然无事者;有读了后,其中得一两句喜者;有读了后,知好之者;有读了后,直有不知手之舞之足之蹈之者"①。读《论语》可以达到"手之舞之,足之蹈之",原因无他,对人文学文本的研习到了真正的化境(化本体为德性之化),实可以达到如康德所言的"德福一致"的圆善之境。此也正如《毛诗序》所说的"诗者,志之所至也。在心为志,发言为诗。情动于中而行于言,言之不足故嗟叹之,嗟叹之不足故咏歌之,咏歌之不足,不知手之舞之,足之蹈之也"②。人文学文本可以给人带来的"教化之乐",由此可见一斑。

3. 化本体为信念。人文精神教化之道中的"道"的含义有三:(1) 道的原始意或最基本的含义是道路的"道"。这里的"道"有行走须遵循规则之意,在"人道"中它用来表示某种要遵循的行为规范。(2) 道路是用来供人们行走的,故这里的"道"有普遍适用义:它适用于所有人,凡人皆莫之能外。(3) 道路的"道"还有方向性:指向一定的目标或终点,道的目标是精神性的超越。我们说,在人文学的研修中,"道"的这第一种含义体现为"化本体为德性";"道"的第二种含义体现为"化本体为方法";而"道"的第三种含义则体现为"化本体

---

① 朱熹:《四书集注》,长沙:岳麓书社 1985 年版,第 68—69 页。

② 阮元校:《十三经注疏》,北京:中华书局 1980 年版,第 269—270 页。

为信念"。这里的本体指作为人文学之道的经典文本,而信念则指对于人能践道、行道的信念。所谓"化本体为信念"指的是在人文学研修的过程中,人作为人文教化的主体对于文本中的"道"的自证与体悟。这种道的自证与体悟,使他体会到"道"作为终极存在者的"真实不妄",从而更鼓舞了他继续追随"道"的信念。另一方面,更重要的是:人作为人文教化的主体在研修人文学文本的实践中,对人文学文本会产生一种痴迷和"欲罢不能"的感觉,即他通过人文学文本的研修,感到他与人文学文本已连接为一个整体,无所谓孰为研修者主体,孰为研修文本的问题。这种研修的感受通常在阅读人文经典的时候发生。也就是说:人通过研修人文经典,发现他与本来是研修对象的文本已结成一体,他不仅对文本的内容有感同身受的感觉(即上面所说的德性自证),而且使他感到自此之后要他放弃研修人文经典为不可能。这种对人文学文本或经典的迷念无论在其迷恋的强度上,抑或在其对于人的精神人格的影响上,都不是通常所说的对某种事物产生了兴趣或暂时的迷恋所能比拟的。这是一种类似于皈依了某种"宗教"似的迷恋。由于这种迷恋导致他自此之后不仅对人文研修难以割舍,而且会从根本上改变他的人格,即他不仅以追随"道"作为天职,而且视之为他的生命真实,这种通过研修,最终将文本中的"道"呈现为他的生命真实,似乎使他会产生一种"道附于身"的感觉。这种情况通常只有在人皈依了某种宗教时才会产生。而人在研修人文学文本,尤其是研修人文经典的过程中,在某些时候或某种状态下会产生这种感觉。由于这种得道、信道的感觉是在人文学文本研修的过程中产生的,我们称之为"化本体为信念"。人文学研修过程能使人不仅体会到文本中"道"之真实,而且会让人对人文学研修这一精神教化活动产生皈依。从这种意义上说,人文学文本的研修不仅仅是一种精神教化，而且发挥着"精神宗教"的功能。①

　　通过以上对人文学经典研修的分析，可以将人文教化之道从道理上概括为"化本体为方法、化本体为德性、化本体为信念"。其实，这既是人文教化的实践之道，同时也是人文学研修的方法论原则与本质规定。就是说根据具体的人文学文本的不同，以及作为研修者主体的人之境况的不同，在具体的人文学研修过程中，它体现为各种不同的人文学文本的阅读过程当中。自会应用多种多样的具体方法，并且新的方式方法也会不断产生，但无论具体的方式方法如何多变，只要是作为人文学研修的人文学科文本的阅读与研究，则无不体现或呈现这些方法论要求与原则。从这种意义上说，化本体为方法、化本体为德性、化本体为信念作为人文教化之道的方法论原则，其实是先验的。所谓先验是说在人文学研修的具体方法背后，总会体现这些方法论原则，或者说以这些方法论原则作为支撑。因此，化本体为方法、化本体为德性、化本体为信念既是人文教化之道，而此教化之"道"在教化过程中亦成为人文教化之"学"。道与学无法分离，道即是学，学即是道。或言之，作为人文教化之学，它本来就包含着道(本)、文(体)、学(用)这三者，而人文教化过程则体现了这三者的统一。

---

　　①　在中国古代，我们可以找到许多这种迷恋经典文本的阅读与研修的例子，这种对人文经典的迷恋与执着一点不亚于西方基督教徒对其宗教经典《圣经》的痴迷与执着。

第四章

文体·风格·话语与"喻"
——论人文学文本的构成

人文学文本把握世界的方式是"喻"。与中国人文学的史学文体、文学文体与哲学文体相应的喻有三种：转喻（metonymy）、提喻（synecdoche）与讽喻（irony）。

史学文体以转喻的方式构造出历史的"事实"与"叙事"，其最终目标要"通古今之变"。转喻的运用基于天地万物当中的"结构同一性"。作为人文学文本的史学叙事风格有"事理宗"与"理事宗"。文学文体由意象组成，意象之本质是"提喻"。提喻的运用基于万事万物之间存在的"本质同一性"。人文学的文学文体的旨趣乃"穷天人之际"，其风格类型有"情理宗"

与"理情宗"。哲学文体对"性与天道"的认识以"悖论"的方式加以表达,此可名之为"讽喻"。讽喻之运用以宇宙间万事万物的"存在同一性"为前提。作为人文学的哲学文体的终极关切是"性与天道",并表现为"理道宗"与"道理宗"这两种风格类型。

一、人文学文本与"喻"

从"作为精神科学的人文学"的角度来看,人文学应当是对人之超越的精神性存在进行研究的学问,而人文学研究则是对这种以人之超越的精神性存在进行研究的文本所作的研究。为此,我们在前面一章把以呈现人之超越的精神性存在为依归的人文学科文本称为人文学文本。现在,我们将论述人文学文本得以展现其自身的符号形式——文体。人文学文本的符号表达形式不限于语言符号,还包括人类用以表达意义的其他符号形式,比如:视觉艺术、听觉艺术,等等。为使问题简明起见,这里的讨论将人文学文本的符号形式限定于语言符号形式,而用来表达人文意义的最常见亦最为普遍的语言符号形式,有文学、史学、哲学这三种方式。①

虽然文学、史学、哲学这三种文体是人们经常或者说最普遍的传

---

① 海德格尔在论述以"语言"为载体的"作品"何以可以用来传达关于"存在者之存在"的功能时说:"语言的使命是在作品中揭示和保存存在者之为存在者。"(见《海德格尔选集》上,第 313 页)"语言不只是人所拥有的许多工具中的一种工具;唯语言才提供出一种置身于存在者之敞开状态中间的可能性"(同上书,第 314 页),"语言不是一个可支配的工具,而是那种拥有人之存在的最高可能性的居有事件(Ereignis)"(同上书,第 314 页)。这里,我们将文学、史学、哲学文本视为以"语言"为载体来传达关于"存在者之存在"(人作为精神性存在之方式)的典型"作品"来加以论列,并把以"作品"方式存在的这些文本分别称为文学文体、史学文体与哲学文体。故这里关于"文体"的说法不同于通常从文学或修辞学的角度对文体的区分,比如小说体、散文体、诗歌体等。

达与表达人类之意义世界,以及包括用它们来传达关于人的超越的精神性存在的最常见语言符号方式,但是,人类为何会选择或者说创造这三种文体,而不是其他文体形式? 换言之,文学、史学、哲学这三种文体作为人文学文本,其存在的合理性究竟如何? 这是我们首先要辨明的。换言之,只有待我们弄清楚人文学文体存在的本体论根据之后,关于人文学文本的本质特征,以及具体的人文学文体的特点及其运用方式才能得以阐明。

所谓从本质上对人文学文本特性的辨明,是说对于人文学文本的特征的了解,不是简单地对各种现有的文学、史学、哲学等各种文体呈现出来的样式进行比较与分析,然后归纳出其所具有的文本共同特征;而是说,从人文学文本作为人文学文本的要求出发,即人文学文本要以文体的方式来展现其超越的人之精神性存在的话,究竟需要何样的文体形式。换言之,假如将人文学文本所要表达的关于人之超越的精神性存在的意义称为文本的"意义"的话,那么,文体就是以文本来把握与传达其意义的样式。这样看来,文本与文体的关系,其实是说人文学作为人文学的本与体的关系:人文学文本是人文学文体之本,反过来,人文学文体是人文学文本之体。这样说好像有"绕圈子"和"同义反复"的味道,其实不然。因为就哲学概念来说,虽然本与体两字常常连用,合称为本体,其实,这一本体包含两个方面的内容:一指本体的本质规定,即本体之"本";而本体的这种本质规定要以其可见、可感的形式加以呈现,是谓本体之"体"。可见,简单来说,文体作为文本的外观样式,其实就是文本把握形上本体的方式。这样看来,就人文学研究而言,只有通过对具体文体的分别研究,才能对人文学文本是如何来呈现与表达其中的意义有更具体的认识与更感性的了解。这就是我们除了一般地谈论人文学文本之外,还要就具体的文本,即已经以文体化方式展开的文本来对人文学的研究方法加以研究的道理。

一旦对人文学文本从文体的角度加以研究,我们发现任何以文体形式(包括文学、史学、哲学)展开的人文学文本都具有一种先验的或本质的结构:"喻"。或者说,人文学文体存在的依据,只有从"喻"的角度才能得以理解。

喻,又称作"隐喻"(metaphor),①作为一种文学修辞手法,它早已为人们所熟悉。其最简单、最通常的说法,是将"喻"理解为"以此代彼",即以一种事物来指代另一种事物。这种以一种事物来代替另一种事物的根据,着眼于彼此可以相互替代的事物之间存在着的"相似性"。② 问题在于为什么不同的事物之间会存在"相似性",如何理解这种相似性? 迄今为止,人们从修辞学的角度加以理解与研究,并且总结出隐喻作为修辞用法的不同方式与类型。其实,喻虽然作为文学修辞手法得到广泛的使用,其本质属性却不能从"文学修辞"的角度加以理解。即言之,所谓喻,从存在论的角度看,它是人类发明的把握世界,或者说将周围环境"世界化"的终极方式。应当说,人类认识世界的手段与方法多种多样,而这些认识手段与认知方法的背后,却有其终极的本质结构——"喻"。所以,当代的法国诠释学家利科在谈到"隐喻语言的本体论意义"时,引用理查兹的话说:"我们的世界是被谋划的世界,它充满了源于我们的生活的性质……在明显的语词隐喻中我们所研究的词义间的交流被强加给感知的世界,这个

---

① 学术界对隐喻的定义与用法有多种理解。这里视"隐喻"为"隐喻族",其中包括转喻(又称为"换喻")、提喻与讽喻。关于隐喻理论的内容及其历史沿革的讨论,参见〔法〕保罗·利科:《活的隐喻》,汪堂家译,上海:上海译文出版社2004年版。

② 利科引亚里士多德的话说明隐喻成立的前提在于事物或观念之间的"相似性"时说:"作出贴切的比喻(这里指的是'隐喻'——本书作者按)就是发现相似性。"见《活的隐喻》,"前言",第4页。

世界本身乃是以前的自发隐喻的产物。"①这里点明了人类对世界的认识或者说世界观与语言使用隐喻的关系,语言作为隐喻的使用导致了看待世界的不同方式即"观"。

就隐喻的认识论功能及其存在论根据而言,利科有着深刻的洞见,他还就"文本"与隐喻的关系作了讨论。② 他说:"理解一个文本,与理解一个隐喻陈述是严格一致的。"③可惜的是,利科未能就隐喻如何会以转喻、提喻与讽喻这三种方式呈现这一问题加以讨论与分梳;而且,其对文本中"隐喻"的运用仍囿于从通常的"人文科学"而非"人文学"的角度加以理解,这样的话,其对"隐喻"的认识也就最终无法突破"新批评派"的樊篱。这里,本书将从利科关于人类对"世界"的认识与理解离不开语言,而且语言从本性上说是一种"隐喻"这一基本观念出发,对人文学文本是如何来呈现"世界"这一问题加以重新讨论。

二、论三种"文体"

应当说,就作为人类认知世界的根本方式来说,喻有三种:转喻(metonymy)、提喻(synecdoche)、讽喻(irony)。所谓转喻,作为隐喻中的一种类型,按照修辞学的说法,是"以此物代彼物"。所谓以此物代彼物,是说此物与彼物不同,但是,它们之间却存在着相似的关系,所以才可以在意义上彼此代替。问题在于"转喻"的这种相似性或者说可以彼此相互代替的根据或理由在哪里呢? 通常人们将转喻理解

---

① 〔法〕保罗·利科:《活的隐喻》,第 112 页。
② 利科的有关观点及其详细论证,参见〔法〕保罗·利科:《解释学与人文学》,陶远华等译,石家庄:河北人民出版社 1987 年版,第 176—187 页。
③ 同上书,第 180 页。

为彼此不同却有相邻关系的事物,直接用喻体来代替本体的修辞方式;而丰塔尼埃则将转喻理解为对应关系或符合关系,并且考察了这种对应关系或符合关系的多种形式。[1] 但无论相邻关系也罢,对应或符合关系也罢,都没有用"结构的同一性"对转喻的多样性的概括来得准确。所谓结构的同一性不是说不同事物在外形上的相似,也并非说它们在性质或质料上的相似,而是指它们具有同样的或相近的结构。这里的结构或许接近于柏拉图所说的理念,或者亚里士多德所说的形式。但理念或者形式的成立是建立在具体事物的种属类差之分类基础上的;而结构的相似,却基于不同事物之间的结构上的同构性,这种结构乃抽象的。但是,正是这种抽象意义上的结构同一性,使我们能够发现不同事物,甚至不同事件之间的同一性,从而不仅将它们相互比较,而且在意义上可以将它们彼此互换或者替代。而后者(替代)正是转喻的功能。让我们举这样的例子:"时间像流水一样逝去。"这里,时间是时间,流水是流水,两者之间似乎毫无关联,但这句话之所以能被人们所理解与接受,是因为人们通过将"时间"与"水"这两者进行比较,发现它们在"变化"这一点上存在着相似性;反过来,假如说"时间像石头一样",这句话就让人不好理解,因为人们根据常识,发现石头与其他事物,包括"水"来比较,是不容易发生变化的;因此,只有像"水"这般的事物在"变化"这一点上才可以与同样是"易变"的"时间"作比较并且彼此借代。这也就说明:就"变化"这一点来说,时间与水在"结构"上具有同一性。

但这里只是修辞方面的事例,其转喻之运用只限定于以某个事物代替另一个事物。实际上,转喻不仅是修辞方式,而且是人类特有的把握与理解世界的一种方式,即人类对世界的认知与理解,尤其是要将这种认知与理解加以表达与传达的话,通常是以转喻的方式进

---

[1]　丰塔尼埃关于"转喻"的说法,参见《活的隐喻》,第76—77页。

行的。① 即言之,转喻是人类将外部环境予以世界化加以把握时的思维呈现方式。从这种意义上说,转喻也可以说是一种世界观:通过转喻的方式,人类的外部环境才得以"世界"的方式存在;而当人们要将这种以转喻的方式所认知与把握的"世界图像"加以传达与表达的时候,也必得借助转喻。可见,作为世界观的转喻是第一位的,在此基础上,才派生或形成了修辞学的转喻;而这种转喻方法在人文学科的某种特定文本,比如,历史学的文本中得到发展,并且呈现为一种转喻式的文体结构。② 那么,我们接着要问的是:"转喻"这种文体结构是如何形成的,它有何种特征呢? 这是我们下面须进一步辨明的。

通过对历史学的文体的研究与分析,我们发现任何以史学方式呈现的人文学科文本,不管其表现的历史题材如何,其描写的具体历史场景如何,就呈现或表达主题来说,都采取了一种历史叙事的方式。而构成这种历史叙事的基本单元,是"事实"。换言之,任何史学文本都是以呈现或表现事实,或者说让事实说话才得以有其存在的合理性,否则的话,人们不会将其视为历史文本而是其他。问题是这种作为历史基本素材的"事实"到底从何而来呢? 它们又是如何通过文本的方式加以表达的呢? 通常情况下,人类将其通过感觉器官能

---

① 人类对"世界"的认识与理解离不开语言,而语言从本性上说是一种"隐喻"。其中,"转喻"作为隐喻中的一种,是最基本的。从这种意义上说,是转喻的运用为人类日常的生活世界以及后来的科学世界的出现提供了基础;像作为自然科学基础的因果律等范畴,也只能从转喻的角度才能得以理解。本书从史学文本的角度对转喻的使用作出说明,而关于转喻在其他语言文本,比如科学文本中的运用则不作讨论,但这不说明人类对转喻的运用仅以史学文本为限。

② 利科在谈到"文本"的建构与"隐喻"的运用以及彼此的"相互发明"的关系时说:"从一种观点看,隐喻的理解能作为对更长一些的文本,如一部文学作品的理解是一种指导。这个观点就是说明的观点;它只涉及我们称作'含义'的意义方面,即话语的内在模式。从另一个观点来看,对作为一个整体来看的作品的理解为隐喻提供了一把钥匙,这种观点就是解释的观点。"参见〔法〕利科:《解释学与人文科学》,第 176 页。

够感知的东西称为事实。即言之,事实来源于对外部世界的感觉;没有感觉,则无所谓事实。从这种意义上说,感觉之知即是事实(尽管这当中不排除概念的作用,康德于此点论之甚详),然而,感觉是感觉,感觉的内容与结果在未被表达与呈现之前,仍属于心理的内容。那么,我们是如何将这种感觉内容加以表达与传达的呢?这里,排除其他方法(如视觉图像),我们首先想到了语言文本,即是说语言文本是人类表达与呈现事实的基本方式之一。问题是语言文本不等于事实,后者是感觉的内容,感觉内容要通过语言文本的方式传达与表达,这当中,涉及感觉内容到文本之间的过渡。而谈到过渡,则必有过渡的中介与方式。这里,假如说语言由于其"可会意性"而承担着两者之间过渡的中介或者说媒介的话,那么,对于这中介或媒介的运用,还有一个方式方法的问题,即我们是如何来使用这种言语媒介的。一旦如此发问,我们发现语言之可以将本来只存在于心理内容的事实加以呈现或表达,同样是采取或遵循"结构同一性"原则。换言之,人们之所以能将本来只存在于人的心理内容的东西加以呈现,是因为可以以语言作为媒介将其要表达的意义内容与作为心理内容的事实以结构上一一对应的方式加以呈现与传达。比如说,作为心理内容的"树",它本来是作为感觉器官所把握的外部世界的具体感觉经验,要通过语言将这种心理内容表达出来,必须用"树"这个具有特定含义的概念;这里,树的概念与作为心理内容的对树的感知通过"结构的同一性"而彼此连接。树的概念如此,其他概念可以类推。除了概念的表达之外,关于事实,甚至具有因果关系的其他事件,假如采取了结构同一性原则的话,其意义同样也可以通过语言文本的方式得以呈现与表达。应当指出,这里的所谓结构严格讲来,是指描述不同的事件或事实的概念之中包含的意义结构。① 比如,在历史上曾发生过的某些事件,对于当事人来说,他以语言文本的方式将其记录下来的话,必采用意义结构的同一性原则,否则的话,则其不会进入"历史"或者成为史学研究的素材;而后人假如根据这当事人的历史记载再来整理与研究这段历史的时候,也必采用历史事实与运用概念的语言文本——对应的意义结构的同一性原则,否则的话,其文本呈现的不会是历史研究。从这里我们可以总结出作为文本的转喻的存在论根据:历史文本作为普遍的转喻方式的确立,乃由于人们从"喻"的角度发现了世界万物之间存在着"意义结构的同一性"。

但人类用来认知与理解世界的思维方式除了转喻之外,还有提喻。所谓提喻,按照以往修辞学的理解亦属于"以此代彼";但与转喻不同,此处的"此"与"彼"存在着局部与全体的关系,故这里的"以此代彼"其实是"以局部代全体"。举例来说,"孤帆远影碧空尽"这一诗句中,诗人是用"帆"来代替"船",帆与船的关系就是作为船的局部与全体的关系。其实,提喻之所以能够用局部代全体,这里的局部与全体的关系不是任意的,其中暗含着"本质"上的可以彼此替代。

---

① 意义结构不同于普遍的图形相似的结构,如两个不同大小的圈之间的相似结构。这种意义结构其实是概念之间的相似性或同一性。比如说:我们发现历史中两种或者几种不同的事件之间有相似性,这种相似性只能从概念的意义结构或意义脉络具有共同性才能得到理解。假如根据概念的这种意义结构的同一性而将这两种或几种不同事件彼此替代,则是运用了转喻。举例来说,历史学家认为西欧国家在16、17世纪出现了"文艺复兴运动",乃因为"文艺复兴"是可以用来涵盖这一历史时期的西欧国家中发生的以"人的解放"为宗旨的重要社会运动以及思想文化事件的"意义概念"。同样地,西欧国家在17、18世纪以后兴起的思想文化运动,历史学家惯用"启蒙"这个概念来加以解释或概括,也是着眼于这些不同国家的思想文化运动事件都包含着同样的意义结构,即它们提倡的是关于自由、平等、博爱的思想理念,否则不会被称为启蒙运动或启蒙事件。可见,历史学家要理解发生于不同历史时空中的事件并且将它们以"概念"的方式加以概括与表达,甚至彼此代替或比较(比较的前提是具有共同性)时,普遍遵循的是概念的意义结构同一性原则,也即这里所说的"转喻"思维。

比如,我们之所以可以用"帆"代表"船",是因为在古代,船在江河中能航行,主要依赖于风帆;故帆从本质上揭示了船的属性,因此可以用帆来代替船,而不会用船上其他部分来指代船。所以,提喻与其说是以局部代全部的关系,不如说在代替者与被代替者之间存在着"本质的同一性"关系更为恰当。① 问题在于何者才能真正代表或揭示被摹状者的本质? 换言之,我们如何知道被我们选取来的摹状者是可以代表被摹状者之本质属性的呢? 答案是:摹状者是否具有被摹状者的本质同一性的确立或发现,一依当时的情境而定。以前面"孤帆远影碧空尽"的诗句为例,船的帆要发挥其作为"帆"的作用,是由于船在水上航行,并且航行时要有风的缘故。这样看来,帆可以用来指船,脱离不开船在水上航行以及当时有风这种存在境遇。更有意思的还可举前面提到的"时间像石头一样"这句话为例,这句话假如从"转喻"的角度,我们会觉得难以理解,因为仅仅基于结构的同一性的话,时间与石头这两者不会有可比性;但是,假如换个角度来看问题的话,这句话却能被人们所理解,它的意思是说:时间似乎停止了,就像"石头"一样"凝固"不动。但这句话能以这种方式加以理解的话,乃因为阅读者曾经有过时间似乎停止了的存在境遇,而在看到眼前这块石头时突然发生了时间似乎已不再流动的这种联想。因此,所谓的本质同一性,乃基于两种不同事物或事件对于体验者或"阅读者"来说,具有"境遇"上的相通性。因此,从发生机制上说,提喻的这种本质的同一性又可名之为"境遇

---

① 通常,人们将提喻中能喻与所喻的关系视为局部与全部,或者说以局部代替全部的关系,但这只是对于提喻的较狭义甚至片面的理解。像利科就指出,除了全部与局部的关系之外,提喻还包括:质料和事物的关系、单一性与多样性的关系、种与属的关系、抽象与具体的关系、类与个体的关系,等等。因此,他将提喻定义为"观念之间的联结关系"。但本书认为,联结关系的说法过于笼统,还不如将其表述为本质的同一性要得恰当。利科关于提喻的看法,参见《活的隐喻》,第76—77页。

之同一性"。即本来全然不相干的事物,假如通过"联想"唤起了阅读者或体验者主体的情感共鸣,则它们可以彼此相互指代。这种指代不是以此物代彼物,而是以此境遇来代替彼境遇。此种情况在诗词歌赋中运用相当普遍。比如白居易的诗句"同是天涯沦落人,相逢何必曾相识",便是这种提喻的境遇同一性的很好写照。

应当说,提喻不仅是人类认知与把握世界的方式,同时也是表达与呈现对世界的认知与理解的普遍方式之一。这当中,以诗歌最具有代表性。此点,海德格尔表现出惊人的洞见。他在谈到语言如何通过"命名"(其实即"隐喻"之运用)的方式建立起世界的方式时说:"由于语言首度命名存在者,这种命名才把存在者带向词语而显现出来。这一命名指派存在者,使之源于其存在而达于其存在。这样一种道说(Sagen)乃澄明之筹划,它宣告出存在者作为什么东西进入敞开领域。筹划是一种投射的触发,作为这种投射(Wurf),无蔽把自身谴发到存在者本身之中。"[1]他还明确将诗作为这种道说的代表,称"诗乃是存在者之无蔽的道说"[2]。他甚至将所有其他言说"道"的艺术作品也视为"诗"。所以,他说:"作为存在者之澄明和遮蔽,真理乃通过诗意创造而发生。凡艺术都是让存在者本身之真理到达而发生;一切艺术在本质上都是诗(Dichtung)。"[3]

那么,作为一种文体而言,诗歌的这种提喻之运用有何特点呢?应当说,从理解与呈现世界图景的角度看,作为诗歌本质的,并不是其具有韵律或便于吟唱的特点,而是其中大量采用了"意象"[4]作为

---

① 《海德格尔选集》上卷,第 294 页。
② 同上。
③ 同上书,第 292 页。
④ 这里的"意象"指头脑中想象出来的形象,而非现实世界中真实存在的以"事实"方式呈现出来的形象。为了与作为感觉经验的结果的具有"形象性"的心理内容区别开来,后者我们称之为"意象"。

其文本的基本单元;而且作为文本的整体,其文本亦可以被理解为一个大的意象组合。意象与事实不同。如前所述,事实作为史学文本的基本单元与叙事结构,从感觉经验而来。历史叙事者要将这种感觉经验以文本的方式加以表达,借助的是"概念",这种以概念作为基本单元的文本结构,其呈现的事实与感觉经验呈现的心理内容物——物象之间存着结构替代性的关系。意象不然,假如我们将来自感觉经验且通过概念加以表达的客观对象物称为"事实"的话,那么,以"意象"方式构造出来的心理内容假如仍须诉诸"形象"的话,则这种形象未必有感觉经验到的客观事物与其相对应:它可以是客观感觉到的经验世界中的东西,也可以是头脑中的想象物,或者是现实经验事物的"夸张"与"变形"。最主要的是它不像历史文本中的"概念"的运用那样基于事实的意义结构同一性对事物的描述,而是以提喻的境遇之同一性的方式对"世界"的感知与意义诠释,这种对世界的感知与诠释伴随着诠释者本人强烈的主观情感介入,以至于其对经验世界中的"所见"与"表达"在寻常人看起来会觉得是"夸张"甚或"不真实"。其实,提喻却正是以这种表面上"夸张"或"不真实"的方式发现或触及平常人所看不到或所忽视的隐藏在现象界背后的事物的本质或真相。或者说,是语言的"提喻"的运用为我们提供了生活世界不同于转喻方式的另一幅世界图景。①

　　除了借助转喻、提喻来把握与理解世界之外,我们发现人类还发明了一种运用观念范畴来把握与理解世界的方式。与事实以及意象

---

　　① 亚里士多德认为"诗"(文学)揭示的真理比历史更具有"普遍性"。而利科在谈到像小说和诗歌(包括悲剧)这样的"文学"体裁是如何以"隐喻"(神话"寓言")的方式来表现与揭示事物的"本质"与"真相"时说:"我用隐喻语言的例子说明了,小说是对于实在的重新描述的一条优越的道路,诗歌的语言是杰出的,它产生了亚里士多德在思考悲剧时叫做实在的模仿的那个东西。因为悲剧模仿实在是由于用神话'寓言'的形式重新创造了它,它接触到了实在的最深刻的本质。"参见〔法〕利科:《解释学与人文科学》,第146页。

具有形象性不同,观念范畴是非形象或者说超形象的。所谓超形象的,是说它既非像事实来自感觉印象那样,也并非像意象借助于人的想象却仍然有其想象中的形象成分那样,作为观念范畴的来源并非感觉印象或心理的联想,而纯粹是对感觉印象或者心理联想之物的理性反思。而这种理性反思的产物——范畴,不仅不用形象的方式加以呈现,而且从本性上说是脱离形象的,故谓之"超象"(超越形象)。人类对世界的把握与理解为何要借助超越形象的范畴来表达?这同人类为了更方便同时更好地理解世界的方式有关,更与语言作为文本来把握与理解世界的方式有关。因为语言除了采取事实语言与意象语言的方式来把握与呈现世界之外,同时还可以采用一种非事实与非意象的观念语言来表达其对世界的把握与理解。而在当人希望对世界的存在作总体把握时尤其如此。这是说当涉及追问世界到底何以存在,以及人为何而活,应当如何而活等关于存在的根据以及生命存在的终极意义的话题时,人们发现:仅凭借建立在现象界的经验基础上的事实语言或者诉诸想象的意象语言来陈述其中的真理还存在一定的局限,而观念范畴由于其超出现象界的经验以至于可以思辨的特点,恰恰可以用来表述关于存在的真理。

那么,这种能够表述关于世界的存在的真理的语言,即观念范畴,是如何对世界的真相加以呈现的呢?或者说,它是如何来表达或呈现其关于世界的理解的呢?这就是讽喻。① 通常,人们从修辞学的

---

① 这里所说的"讽喻"与通常修辞学所说的"讽喻"不同,后者的"讽喻"是一种狭义的修辞学的说法。如陈望道在《修辞学发凡》中所说的"讽喻是假造一个故事来寄托讽刺教导意思的一种措辞法"(陈望道:《修辞学发凡》,上海:上海文艺出版社1962年版,第122页)。本书所说的"讽喻",严格来说其实是"反讽"(irony),或者说"反语";其通常的解释是"说此指彼"或者"正话反说"。这是一种典型的"苏格拉底式的反讽"(Socratic irony)。本书认为作为人文学的讽喻的真实含义应当是对事物或者世界的一种"悖论式"认知与言说方式。

角度将讽喻的用法归结为"似是而非"或者"似非而是",这确实从认识论的角度把握了讽喻的特点。然而,讽喻对世界的把握与理解,何以要采取似是而非或者似非而是的方式? 这种方式是否能够表达其关于世界或者说存在的真理? 这问题只能从存在论的角度而非认识论的角度加以解答。原来,世界究竟是什么? 何者谓世界的本原或者说真实存在的方式? 这与其说是一个认识论问题,不如说是关于世界存在的根据的本体论问题。对这个问题的追问,人们发现世界或者说世界的终极存在是以"一即一切、一切即一"的方式呈现的。①换言之,一即一切、一切即一代表世界真实存在的本质。然而,人究竟应当如何来把握与理解这"一即一切、一切即一"的世界的真实存在呢? 通常,人们在用语言来把握世界的时候,其语言的使用往往具有相对固定的含义,其含义的表达要符合逻辑思维的规律,比如说同一律与排中律(事实语言不论,即使像意象这样具有想象成分的语言,也是有其相对固定的含义,即对其外延与内涵不可能无限地扩大,在词语意义的领会上要排除逻辑矛盾)。但我们发现用这样的具有固定含义的语言来指称或呈现现象界的事实或世界图景是不成问题的,但世界总体除了以现象界的方式加以呈现外,还有一个属于形而上的世界,而这个形而上的世界是以"一即一切"与"一切即一"的方式存在,这种存在方式本身就不是形式逻辑的矛盾律可以解释的。这时候,为了表达与描述这个形而上的世界,人类不得不在现有的语言框架(即目前通行的遵守形式逻辑的概念语言体系或框架)之内,将通常的思想范畴按照逻辑推理的方法推论到极致,并最终使其出现逻辑"悖论"。其中,最典型也最详尽者莫过于康德在《纯粹理性批判》中从逻辑范畴出发推断出人们认识世界会出现"二律背反"的

---

　　① 　关于世界是"一即一切、一切即一"的论述与论证,详见拙著《中观哲学导论》,北京:北京大学出版社 2016 年版,第 27—39 页。

例子。而这种康德式的"二律背反"恰恰是通过思想范畴来把握世界与认识世界所达到结果的真实写照。因为从形而上学的角度来看，我们发现所谓世界以"一即一切、一切即一"的方式存在，也即是说世界是以悖论的方式存在。所谓以悖论的方式存在，是说世界既可以是一，也可以是一切，这当中，"一"与"一切"是彼此互为悖论的关系。本来，从语言把握世界的一一对应方式来看，一就是一，一切就是一切，说一切即一与一即一切是不可理解的，但是，从存在论的角度看，这种悖论式的方式才是世界乃至宇宙的真实或终极存在方式。因此，为了表达与呈现这种世界与宇宙的真实存在，我们不得不以悖论式的语言（也即"似是而非，似非而是"式的表达方式）来将这种世界与宇宙的真实加以呈现。这里，作为摹状者的语言文本与作为被摹状者的世界真实存在之间的关系，也存在着同一，这种同一即"存在的同一性"。当利科在谈到作为西方哲学本体论核心范畴的"是"这个名词的使用如何包含着"悖论"时说："隐喻的地位，隐喻的最内在和最高的地位并不是名词，也不是句子，甚至不是话语，而是'是'这个系动词。隐喻的'是'既表示'不是'又表示'像'。"①又说："被一分为二的指称意味着系动词'是'最终包含着陈述所特有的张力。'像'既意味着'是'又意味着'不是'。事情原本是这样又不是这样。"②事实上，利科这里对"是"这个代表西方哲学存在论话语的分析，说明"讽喻"这种"悖论式"认知与言说方式的运用乃基于事物或世界作为"存在的同一性"的真实。类似的例子在中国哲学中也屡见不鲜。如《老子》谈到"道"这个术语中包含的"逻辑悖论"时说："道可道，非常道；名可名，非常名。"③这句话是以讽喻的

---

① 利科：《活的隐喻》，前言，第 6 页。
② 同上书，第 426 页。
③ 《老子注译及评介》，陈鼓应注，北京：中华书局 1984 年版，第 53 页。

方式对宇宙的终极本体及最高存在者所作的最好表达与诠释。

应该说,语言对世界的把握与理解由于可通过"悖论"的方式加以表达与诠释,从而可以被用来摹状与呈现世界与宇宙存在的真实。这种基于"存在之同一性"的语言,在中外哲学文本中得以大量运用。可以认为当哲学文本被用来描述或者说言说世界或宇宙的终极存在时,它使用的就是这种可以被纳入思想范畴,或者可以通过语义分析加以辨析的思想范畴语言的言说方式。思想范畴语言的运用具有思辨性。所谓思辨性,是说当运用思想范畴语言来描述与呈现世界的真实时,它并不排除知性概念与逻辑范畴的运用,但更强调的是这些知性概念与逻辑范畴之间的相互联结与彼此转化。而这些知性概念与逻辑范畴之间的相互联系与彼此转化,并最终导致"逻辑悖论",恰恰反映或者说代表了世界存在的"真实"。

通过以上分析,可以得出这样的结论:同为人文学文本,史学、文学与哲学之所以形成各自不同的"文体",乃基于它们分别以转喻、提喻与讽喻的方式来看待与理解世界并将其"图像化"的结果。

三、论"风格"

风格是"文论"或文艺批评中经常用到的概念,人们常常会根据其阅读的感受,将文学文本从风格上加以分类,并将风格视为文学作品中修辞方式与手法的综合运用与表现。

对本章而言,风格乃精神科学的概念,指文本呈现人之超越的精神性存在的样式。而人之超越的精神性存在能通过文体呈现与表达,亦同喻的运用有关。换言之,喻不仅是将世界图像化的方式,而且是表达与呈现宇宙的终极存在,包括人的精神性存在的方式。这话是说:假如一个文本是以表现与体现人的精神性存在为依归的,则它必然以喻的言说方式表达出来。而这种以喻的方式对人的精神性存在,包括宇宙终极存在的认识(此也即古人所说的"性与天道"问题),在人文学文本中称之为"风格"。故对于人文学文本来说,风格首先或主要是表现人的内在精神的,故属于精神风貌。既然是精神面貌,则文本形式虽不同,但其不同文本形式中,却有呈现同一种精神风貌者在。这就好比衣着式样不同,但不同的衣着服装却可以表达同一种风格似的。本章所论的风格,专指文体如何表达与呈现人的精神风貌的文本样式。从这一角度出发,具体来说,从如何表达与诠释形上本体加以划分,可将人文学文本的样式区分为两大类:诚明型与明诚型。这两种人文学样式都与文本中以"言说"(言)的方式来表达或呈现形上的本体(意)的"喻"的运用方式有关。这里所谓诚,指的是"性与天道"的真实无妄("性与天道"也即今人所谓的宇宙的终极存在方式以及人的精神性存在);而所谓明,是指对"性与天道"的认知与表达。对于人文学文本来说,诚与明有相互发明的关系:一方面,天道之真实无妄须通过对天道的认知与表达加以彰显或呈现;另一方面,对天道的认知与表达又建立在天道真实无妄这一前提之上。故而,就"性与天道"的追求来说,古人往往诚、明并重。但在人文文本中,诚与明却存在一种紧张关系。为了解决这种紧张,在具体的人文学诠释路径与方法上,对诚与明,或者说天道与人言的关系上,往往会有畸轻畸重之别。这种方法论的区别,表现在人文学求道的样式上,就有了明诚风格与诚明风格的区分。前者,是由明而诚;后者,是由诚而明。这两种样式都是人文学文本呈现"性与天道"方式,并且在具体的文风中形成风格。这里的风格其实就是人文学文本所展示的认知与表达人的超越的精神性存在的样式和方法。故《中庸》云:"自诚明,谓之道;自明诚,谓之教。"这里,无论道也罢,教也罢,对于人文学文本来说,就是所谓的风格。就人文学而言,究竟是采取由明而诚的进路呢,抑或采取由诚而明的进路? 此两者皆有其道理。这里,诚明型抑或明诚型的选择与取舍,与其说由人文学的本性而定,毋宁说取决于人文学文本的创作者的主体精神气质。也可以这么说:人文学文本的风格其实是文本作者的精神风貌与性情的写照。这也是人文学文本区别于其他文本,比如自然科学文本与通常的人文科学文本之所在。

然而,我们谈论的毕竟是具体的人文学文本,而非笼统的或一般意义上的人文学文本。如前所述,文本的风格是依附于具体的人文学文本的,人文学文本不同,其风格具体呈现的形态也就不同。某个具体的人文学文本的风格究竟为何,须待具体的人文学文本研究之后才可知道,但就文本而言,我们首先还是可以从文体类型的角度,将不同的人文学文本加以区分,于是出现了史学文本、诗学文本、哲学文本的风格类型。

史学文本:以上谈到的明诚型与诚明型这两种风格,在史学文本中,分别体现为事理宗与理事宗。所谓事理宗是指由事寻理。这里的事指历史事实,而理则指事实背后存在的超越之理;对于作为人文学文本的史学文本而言,理也可以说是人的超越的精神性存在。而所谓"由事寻理",即通过对史学文本中记载或描述的历史事实,去探究它表现的人的超越的精神性存在之"真理"。显然,对于史学文本来说,史事之"真"不等于人的超越的精神性存在之真,但人的超越的精神性之真理却又必得通过具体的历史真实细节加以呈现。对于事理宗的史学文本来说,它强调的是通过展示历史材料的真实具体内容,来将人的精神性存在的真理加以呈现。这样的话,具体史料的引用与事实铺陈自然成为这种史学文本叙事的重点,而且,它在叙事风格上,是尽可能做到客观与全面的。这种历史叙事给人以历史材料之丰富与翔实的印象,但它从骨子里对其所叙述的历史事实却依然有其价值判断,只不过这种价值评判是不露声色、隐含于其似乎客观的历史叙事之中的。

但与此同时,我们发现在史学文本中,还有一种可以称之为理事宗的历史叙事风格。顾名思义,理事宗包括历史叙事中的事与其通过事要表达的理。但与事理宗主要采取提供历史事实或"史实"来让读者体会其中的理不同,理事宗的历史叙事对理的表达虽然也离不开历史事实,然而,其对于历史事实的关切与判断却首先来自作为其前提预设之"理"。换言之,对于理事宗的历史叙事来说,理与事的关系是"理在事先",而非"理在事中"。因此,同样是关于历史的描述或叙事,事理宗与理事宗这两种不同的史学文本,在写作与叙事风格上表现为对历史事实的描述不同:前者是铺陈的、中性的、叙事颇为完整,讲究历史叙事之细节与平稳过渡的;后者的历史叙事则是较为简约的,其对于历史事件的叙述在内容上表现为较为松散或零碎,甚至在情节内容上较为跳跃的。但这种情节或内容的松散与跳跃,一点不妨碍其对历史之理的表达,恰恰相反,理事宗的历史叙事风格对于历史之理的表达与其说是蕴藏于历史叙事的故事情节之中,不如说更多是借助这些历史事实来表达其对于历史的看法与见解。也惟其如此,除了表面上似乎客观的历史叙事之外,理事宗的史学作品更多地包含着对于历史知识及其材料运用的解读与诠释,甚至还会以作者直接出场的方式发表其对于历史事实的价值判断与见解。① 无

---

① 近人严耕望在谈到史学文本区分为"类型"时,曾分别用"述证"与"辩证"这两个术语来表示。他说:"述证的论著只要历举具体史料,加以贯通,使史事真相适当地显露出来",而"辩证的论著,重在运用史料,作曲折委蛇的辨析,以达到自己所透视理解的新结论"(参见桑兵:《晚清民国的国学研究》,上海:上海古籍出版社2001年版,第190页)。就史学叙事风格言,这里所谓的"历举具体史料""使史事真相适当地显露出来"即我们这里所说的"事型宗";而"重在运用史料,作曲折委蛇的辨析,以达到自己所透视理解的新结论",即属于我们所讲的"理事宗"。有所不同的是:对于"人文学"的史学文本而言,这里的"理"特指"性与天道"(即"人之超越的精神性存在")之理,而作为一般人文学科的史学文本的"理",不必是"性与天道"之理,也可以是言说人类社会的现象界之"理"(包括历史事件的因果关系乃至社会历史发展的规律等)。

论在中国抑或域外,我们都看到可以称之为人文学文本的史学文本以这样两种风格迥异的方式存在。而就中国传统史学而言,这两种不同的史学风格类型,分别可以《春秋》中的《公羊传》与《左传》为例:假如说《公羊传》对于《春秋》的解说可以归结为借用史实材料来阐发"微言大义"的理事宗的历史著作的话,那么,《左传》则可以视之为事理宗的历史文本。对于学术史的研究也是如此。我们看到,在如何理解历史上流传下来的儒学经典文本这个问题上,儒学史上曾出现过"今文经学"与"古文经学"之争。这两个学派的分歧与其说是它们对这些儒学经典文本的"经义"在观念上有不同的理解,不如说是由于其对儒学经典的解释与诠释分别采取了事理宗或理事宗的研究进路所致。

文学文本:与人文学文本的诚明型与明诚型在史学文本中分别展现为事理宗与理事宗一样,在文学文本中,人文学文本的诚明型与明诚型分别以情理宗与理情宗这两种风格得以呈现。这里的情是指文本中流露或表达出来的情感。文学作品要以"情"动人,故情是文学文本不可或缺的要素;但除了表达情感、以情动人之外,作为人文学的文学作品还以表达或传达人的精神性存在为依归。这种表达与传达人的精神性存在的意义内容,在人文化的文学作品中,我们将其称为"理"。显然,文学文本表达其关于人的精神性存在的形而上关怀,不是如哲学文本那样借助于抽象的观念范畴与诉诸思辨的方式,而是以文学的形象(其中如小说那样还包括故事情节等文学要素)出之。但无论如何,对于人文学的文学文本来说,作为情感表达的情是其文本之用,而作为人的精神性存在的形上关切是其文本之体。而任何人文学的文学文本作为一个文本整体,就体现了这种情与理,或体与本的统一。但无论如何,在文学文本这个统一体中,其对于情与理的把握与处理,却有畸重畸轻之别。假如一个文学作品给人的感觉是以抒发情感为重点,其对人的精神性存在的关切是通过情感表达方式加以传达的话,那么,我们可以称之为情理宗,即在作为一个统一体的文学文本中,情表达理,理寓于情。假如套用海德格尔的话来说,情与理的关系可以说是"存在者(情)呈现存在(理)",这里作为文学文本的"在场"是以情为主。反过来,假如一个文学作品给人的感觉是其形上意味要大于其对情感的表达的话,那么,我们可以将其称为理情宗,套用海德格尔的说法,情与理的关系可以说是"存在(理)呈现为存在者(情)",这里作为文学文本的"在场"是以理为主而非情。这里要提请注意的是:无论情理宗也罢,理情宗也罢,作为文学文本的构成,它们无不是以形象为根本出发点。换言之,无论是情理宗抑或理情宗,假如它们离开了形象,则其不成为文学文本而是其他。而这里的形象,从本质上说是一种"想象"。所谓想象的,即意味着它是虚构的,这与史学文本中作为叙事要素的具体形象者不同。在一个文学文本中,哪怕它描写的场景或人物(包括人物的情感)是"实指"的,但这种实指其实已经过想象的加工,而非像史学文本中的形象那样是现实或曾经的历史时空中存在过的真实。因此说,假如一个文学作品中的形象跟史学文本中的形象那样,是在真实世界或曾经的现实世界中出现过的,并且被如实加以摹状的话,那么,以这种真实的形象(其实就是历史的"事实")作为文本的素材的文学作品,我们已无法将其称为文学文本,而只是一种具有文学的外表形式的史学文本罢了。

从这里也可以看出通常人们所说的文学作品或者说文学体裁,包括诗歌、散文、小说、戏剧等;更广义的文学作品甚至还可将艺术作品(如绘画、雕塑等)、音乐舞蹈等都囊括其中。作为表达或传达人的精神性存在的人文学文本来说,这些文学作品或者说文学体裁应当都有其共性,即就其借助想象的形象来表达其关于人的精神性存在的形上之思(理)的类型来说,或者属情理宗,或者属理情宗。但就广义的文学作品来说,像小说、散文、音乐、艺术等体裁除了表达其关于人的精神性存在的形上之思外,往往还承担其他方面的文学功能。比如说:表达普通人的各种复杂情感,刻画普通人多种多样的日常生活,等等。即言之,大多数文学作品,像散文、小说、绘画、音乐等,它们被称为文学或文学体裁,并非由于其一定要以表达或传达人的精神性存在为宗旨。从这种意义上说,它们可以是"人文学科"的文学文本,而非我们这里所说的作为"人文学"的文学文本。比方说,像《红楼梦》这样被视为文学经典的文学作品,大多数人是从人文学科的角度对其研究与理解,而鲜有人会像王国维一样看出它是一部言说人的精神性存在的文学作品,并从人文学的角度对其意义加以解读。这样看来,作为人文学的抑或作为人文学科的文学文本之划分,与其说取决于客观存在的文学作品这一"对象",不如说取决于对文学作品如何阅读与鉴赏的阅读者的阅读情趣。但这是关于人文学文本该如何阅读与鉴赏的另一个问题,此种姑且提出而不作申论。但无论如何,我们看到,就文学作品,尤其是作为文学的重要体裁之一的诗歌来说,古今中外都有不少研究者是从纯粹的"人文学"角度来对其特殊的文体风格与样式加以研究。这方面,王国维的说法颇值得注意。他将中国古代诗歌从风格学的角度区分为两种,即有我之境与无我之境。他说:"有我之境,以我观物,故物皆著我之色彩。无我之境,以物观物,故不知何者为我,何者为物。"[①]这里的有我之境,即相当于我们所说的作为诗歌的情理宗,而所谓无我之境,则相当于我们这里所说的理情宗。可见,当我们从人文学而非一般的人文学

---

①　况周颐、王国维:《蕙风词话·人间词话》,北京:人民文学出版社 1982 年版,第 191 页。

科体裁的角度来审视文学的风格类型时,当以诗歌这种体裁在表达情与理的关系上最容易区分。

哲学文本:与史学文本与文学文本在表达与呈现人的精神性本体时可以区分为事理宗与理事宗、情理宗与理情宗一样,哲学在表达与呈现其关于人的精神性存在这个问题时,可以区分为理道宗与道理宗。这里的道是指作为宇宙的终极大全的天道与人的超越的精神性存在的人道(由于中国哲学向来有天道与人道合一或天人合一的传统,故天道与人道合称为道),理则指对道的探究与追问的方式方法与具体言说。① 所谓理道宗是指哲学文本在言说或表达其关于宇宙的终极存在以及人的精神性存在这个问题的看法时,总是从日常的名词概念分析入手,采取层层剥笋的方法,透过对这些表现日常现象界的事物词语的含义的分析,去发掘隐藏在这些现象界事物或感性经验背后的形而上学意蕴;也有的是首先确立作为不可质疑的哲学第一公理,然后采用逻辑演绎或者概念层层推演的方法建立起逻辑严谨的哲学思想范畴体系。而无论前者或后者,这两种哲学文体皆表现为说理的、分析的,或是强调逻辑论证以及反复诘难与辩驳的,其特点是通过语义分析以及概念范畴的推证以明道。姑且不论这些哲学文本表达的具体哲学观点与观念如何,就其重视思想观念的推理而言,皆可以归结为理道宗。这种理道宗风格以西方哲学文本表现得最为典型。

---

① 道与理在不同的语境中有不同的含义。比如,理也可以用来指天理,如朱熹对道的解释就如此。在这种意义上说,理即是道。前面关于史学风格与文学风格中的理,就是从这一角度来看待理与道的关系的。而在其他语境中,道与理也可以分判为二,如金岳霖从分析哲学的角度对道与理加以区别,认为道是总体之理,理是分别之理。此处对哲学文本风格的分析,即采取将道与理分判为二的用法,并将道与理定义为:道代表宇宙的终极存在方式与人的精神性存在,而理则是对道的分梳与诠释。

但除了理道宗之外,哲学文本对于形上之道以及人之精神存在问题的追问,还可以采取另一种类型——道理宗。与理道宗讲究观念范畴的推演或者强调从观念分析以及澄清概念入手对形上问题的探究不同,道理宗的哲学家与其说强调对哲学名词的分析以及概念范畴的逻辑推演,不如说更重视对形而上学问题的"一语中的"。故道理宗的哲学文本对宇宙终极存在以及人的精神性存在问题的讨论,往往采取"高屋建瓴"之势,将道作为哲学的第一义,直接阐发道的含义、价值及其对于人类生存的意义。这里所谓"高屋建瓴"之态势,并非指其对于道的理解或诠释是完全脱离经验或超出于现象界的,相反,其对于道的理解反倒是异常的平易近人且富于人间性的。因此,所谓"高屋建瓴"完全是就其文本风格或者说言说风格而言,即与理道宗的哲学文本相比较,这种道理宗的哲学文本在言说方面常常是异常简洁或"言简意赅"的;其不屑于概念名词的分析以及逻辑推证的思考方式,也是有目共睹的。但这不意味着其不重视对于哲学名词观念的意义的解释,只不过,它认为仅仅从名词概念的逻辑分析入手,是难以窥见作为宇宙终极存在以及人的精神性存在之道的。或者说,它认为从分析日常名相出发,并非探究宇宙终极大全以及把握与理解人的精神性存在的恰当方法,更不能将它视为把握形上世界的不二法门。从这种思路出发,理道宗的哲学家发明了另外一种探究形而上学以及追问人的精神性存在的哲学研究路线,这就是哲学不仅仅是逻辑思辨与理论逻辑,更主要的是一种运用人的实践理性或者说通过践行才能获得答案的人生修养艺术。从这种意义上说,道理宗的哲学家对哲学文本的理解与理道宗不同:在他们看来,真正的哲学文本与其说是抽象的"谈玄说理",不如说更应当是教诲人去行道与践道的学问。因此之故,这种风格的哲学文本的内容更多是从道如何呈现为人间生活,以及如何在生活世界中贯彻宇宙终极实在之道等实践哲学与价值哲学的问题来展开。从这方面看,假如说道理宗的哲学文本也讲究理的话,一则其理是从道直接生发出来的,二则其对于理的理解与其说是借助名词概念的分析以及逻辑推演,不如说更多的是关于人生之理(比如道德规范)应当如何体现性与天道的说明。从这方面看,假如说西方的哲学形而上学文本大多以理道宗的面目出现的话,那么,中国哲学的文本则普遍地具有道理宗的风格特征。

然而,要指出的是:无论是理道宗或道理宗,作为人文哲学文本,其风格特征不同,却无妨于其作为人文学的哲学文本有其共性,即它们都是以"悖论"的方式来理解与把握作为宇宙终极实在以及人的精神性存在之道的。换言之,以"似非而是"的悖论式存在作为道的存在方式,才是理道宗与道理宗的以哲学文本出之的本体论根据。换言之,理道宗与道理宗的哲学文体,在言说形上本体时皆具有前面所说的"讽喻"之风格特征。① 正是此者,才将它们与作为史学以及文学的人文学文本区别开来,也将它们与其他非人文性的某些哲学分科的文本区别开来(后者也属于哲学作为一门总体学科研究的范围,不过此种非人文性的哲学分科不属于本书讨论的内容)。

综上所述,风格是一种以何种思维方式来看待与理解世界的眼

---

① 不同于西方哲学文本通过对哲学名词概念的逻辑分析来展示或呈现"逻辑悖论"的方式,中国哲学文本的悖论式话语更多是通过生活实践以及行道、践道、修道的过程来呈现,比如,先秦儒学关于"义利之辩"的讨论及其命题,道家如老子关于"道"与"可道"的区分,宋明理学对于天地之性与气质之性的分梳,尤其是其关于"性"与"情"之关系的研究及其命题等,无一不体现了这种悖论式的哲学表达方式。但无论如何,虽然哲学问题的设定与研究路径不同,这不排除从总体上看,中西哲学文本皆共享宇宙终极存在是以悖论式方式呈现(即"一即一切"与"一切即一"的方式)这一"构造"世界的隐喻图式。

光与方式,较之文体来说,它更具有呈现精神本体的意义,而文体则属于运用文本来表达精神本体的外观形式。就运用语言来表达或呈现精神本体而言,文体与风格相对,即不同的文体往往具有不同的风格表达方式。但这是对不同文体的人文学的文本进行分析而言。事实上,就某一个具体的人文学文本而言,我们有时很难将它作截然的划分,视它为史学文体、诗学文本或哲学文体;相反,某一个人文学文本,常常是既可以划归入史学文本的,也可以将它视为诗学文本或哲学文本的。这说明就人文学而言,风格与文体并非严格地一一对应的。相反,对中国的人文学文本来说,同一个文本常常是既可以视之为史学文本,也可以视之为文学或者经学文本。这时候,风格与其说是一个划分文体的形式的概念,不如说成为一个贯穿文、史、哲的观念。这是我们在研究中国的人文学文本时尤须留意的。

四、论"人文话语"

以上,我们分别从文体和风格的角度对作为人文学的文本作了分析。然而,就人文学文本来说,无论是文体也好,文本之风格也罢,它们最终都必呈现为语言。从这种意义上说,语言才是文体与风格的表现形式,或者说,语言才是文体的最终载体。然而,语言这一说法是泛称。广义的语言包括经严格定义并且符合形式逻辑法则要求的自然科学文体中使用的语言,同时也包括虽以"人"为研究对象,但其关注点却局限于人的现象界层面之活动及其思想的社会科学文本使用的语言。这里,为了与自然科学语言以及仅仅以人在现象界的存在及其活动作为研究对象的社会科学文本(也包括通常的人文科学)所使用的语言文体区分开来,我们将着眼于性与天道问题,并把以呈现人的精神性存在为归依的人文学文体语言称为人文话语。[①]这里，我们不是说有在语言符号的形式上区别于普通语言的另一种人文语言，而是说作为人文学话语的语言载体，它们在运用这些语言的时候，着眼于通过语言来表达其人文学的内容与意蕴。因此，我们可以说，所谓人文话语其实就是通过或运用现存的语言载体来表达与呈现性与天道，以及人之精神性存在的特殊言说方式。

与人文学的文体的风格相似，人文性话语对性与天道问题及人的精神性存在之呈现，通常采取如下三种方式：事实话语、意象话语、观念话语。风格是就人文学的文体而言，而话语是针对人文学普遍采用的语言运用方式而言。它们两者之间具有内在联系，并且在"喻"的运用这一点上具有"结构的同一性"，[②]这使得我们可以根据前面所说的文体风格的特征来加深对人文学话语的理解。下面，让我们先谈事实话语。

所谓事实话语，顾名思义，是指其言说的内容以事实为对象。但是，对于人文学来说，事实又是什么呢？从前面所论可以看到：所谓事实，是指现实中或者历史上真实发生过的事情或事态。这里，衡量真实与否，是以感觉经验作为判断的标准。即言之，假如现实中或者

---

①　学术界对"discoure"（中文翻译为"话语"）的解释相当宽泛。通常来说，"话语"指表达意义的基本语言单元，它可以是一个句子、文章的一个段落，或者某篇文章，甚至某部著作。人们甚至有将文体风格或文体本身就视为"话语"的，如称之为"文学话语""史学话语"等。本书此处的所谓"人文话语"是特指的，指作为人文学文本中用以呈现人之精神性存在或者说"性与天道"问题的一种言说方式。故这里对人文学话语的界定不从外延上分，而从内涵（即人文学的角度）上分，并且以此把它与其他种类的话语区分开来。

②　利科在谈到作为"风格"的文体与言说方式的"话语"之间的"结构的同一性"的关联时说："'文本'就是任何由书写所固定下来的任何话语"（利科：《解释学与人文科学》，第 148 页）。并且他视"隐喻"为联结文本与话语之间的津梁，认为"在含义的连接的层次上，理解一个文本，和理解一个隐喻陈述是严格一致的"（利科：《解释学与人文科学》，第 180 页）。

历史上发生的事情是通过当事人亲眼所见、亲耳所闻等感觉器官把握到的真实,然后将这些感觉器官所接触到的真实以语言文字的方式记录下来,则我们称之为事实言说。显然,前面所谈的历史文本中的记载,大抵就是我们这里所谓的历史言说形式。或者说,历史文本的文体主要采取的是事实话语。例如,历史上记载说拿破仑死于1821 年,这种历史话语记载的是当事人所见所闻的历史真实。又比如,当我们说法国大革命发生于 1789 年,也同样是根据当时人的所见所闻然后确定下来的真实。① 然而,除了是对现实中或历史上发生的事情的真实记录之外,我们这里使用的事实话语,还有更深一层的含义,即我们认为这些历史言说表达的是关于性与天道的问题,或者是关于人的精神性存在的表达或说明。此何以言之?对于人文学的历史言说的使用来说,它固然记录或记载现实中或历史上发生过的真实事件,但它之所以将这些事件记录或记载下来,其主要目的并非因为它们是真实的(即感觉经验到的真实),而是因为它们可以用来表达或呈现形上之理(也即我们上面所说的历史文本属于事理型或理事型,此两者的"事"皆涉及形上之"理")的缘故。问题在于,本来只是关于感觉经验中的真实,为何可以用来呈现或作为形上之理的表达?此中的奥秘乃在于"存在通过存在者呈现,存在者呈现存在"这一道理。所以说,任何具体的处于现象界的事件都可以用来呈现形上之理;反过来,超越的形上之理也必然呈现为现象界中可以被人们所把握的感觉经验。可见,以历史言说所呈现的事实来言说或者说表达形上之理,有其存在论的根据。然而,我们要再问:在历史

---

① "法国大革命"作为抽象的历史名词,虽然不是一个具体的感觉经验,但它是对当时无数的具体历史感觉经验的概括。即言之,像法国大革命这样的抽象历史名词,是对无数具体的历史事实或历史情境的概括,而这些具体的历史事件之所以真实,皆由于它们被当时的人们所共闻见与共感知。因此,作为历史言说,像"法国大革命发生于 1789 年"这种对历史事实加以概括的句子也应当属于事实话语。

言说中,作为感觉经验的真实历史事件究竟是如何来表达或呈现形上之理的呢?这就回到了我们前面所说的问题,即历史言说的表达形上之理普遍采取了"转喻"这一话语形式。这里,我们将转喻的运用称为话语,而不说是风格,其区别在于转喻作为以具体可觉知的感觉经验来表达或呈现形上之理的语言形式具有普遍性,它可以是构成言说的最小单位——句子,也可以是整个文章,或者文章中的某个段落,也可以是用来指以转喻形式表达或呈现形上之理的某种文体(即历史文本)。而作为风格的转喻则专门用来指称以转喻方式来表达或呈现形上之理的历史文本。

此外,更重要的是,由于历史言说以记录或记载现象界中可以感觉到的感觉经验为内容,在形式上看,它很容易与仅仅是描述感觉经验,或者说与仅仅记录或记载这些感觉经验内容以作为客观的科学研究的语言表述形式混淆起来。为了明确这种区别,这里,我们把仅仅客观记录或记载现象界(包括现实中以及历史上的现象)的感觉经验材料的语言表达形式称为事实陈述,而把通过现象界的感觉经验的记录或记载来表达形上之理的语言形式称为事实话语。从这里看出:事实陈述与事实话语的区分与其说在于它们记录或记载的内容与资料不同,不如说在于它们在记录或记载这些经验内容时要表达的意蕴不同:对于人文学的历史话语来说,表达与呈现形上之理是其话语的意蕴所在,而通常的事实陈述则仅仅是对于现象界或历史上的经验材料的客观记录或记载而已。但这也就带来一个问题:假如摆在我们面前的一个记载经验事实的语言形式(包括句子、段落或整个文章,甚至一部著作),我们是如何知道,或者是如何区分它们是事实陈述抑或事实话语呢?答案是:就语言形式或者体裁而言,它本身未必能给我们提供答案,区分这两者的最终标准,在于阅读者本身。也就是说眼前呈现的一种以记录或记载现实中或历史上发生过的感觉经验到的真实事件或事态,不同的人可能会有不同答案:有人认为这只是一种普遍的关于客观的经验知识的记载,有人则从中读出了形上之理(著名者如王国维阅读及解说《红楼梦》的例子)。此一问题关系重大,它既关乎如何将某个人文学文本从一般的人文学科文本中提取出来的取舍问题,更是作为人文学文本的史学文本该如何研读与诠释的问题。这一问题在此暂且点出,详细内容留待另文再作申论。

与意象作为人文学的文学文体风格特征表现形式相似,人文学文本的言说性与天道,还可以采取意象话语的方式。如前面曾说过的:意象与事实不同。事实是现象界中发生过的"真实",而意象既可以是现象界中发生过的真实事情或情景,也可以是现象界未曾出现过,而纯粹凭想象虚构出来的情景与事物;但无论现象界中出现过与否,意象在人文学文本中用来表达形上意蕴时起到"以此代彼"的作用,即通过经历到的或想象的情境或境遇来表达其关于性与天道以及人的精神性存在的真实。这种真实不着眼于存在者在现象界中真正存在与否,而关注的是作为终极存在者以及人的精神性存在之真。故而,意象话语在表述与呈现存在之真时的"以此代彼",严格说来是"以此说彼"。按照我们的说法,"以此说彼"是发现或者确认此物与彼物在本质上相同或相通,故属于"提喻"的运用,而与事实言说在表达存在之真时通过存在者本身来呈现存在转喻方式的"以此代彼"区分开来。说到这里,要注意的是:由于事实话语与意象话语在言说对象时都着眼于对事物的形象表达,因此,作为事实话语的形象与作为意象话语的形象往往容易混淆起来。就是说:当一个文本中有以形象出场的事物或事件时,它到底是事实话语抑或意象话语?这个问题与其说取决于言说中的形象本身,不如说取决于形象在整个文本中的风格定位。即言之,同样是一个关于现象界的事件或场景,假如它在这个文本中是作为一种客观的事实而被记载下来的话,那么,它可以被视为关于历史与现实中的真实事件的事实言说;而假如它在这个文本中的出场是虚拟的或脱离事实太远的记载,则它可以被视为意象。比如说,在《论语》中有不少关于孔子的言行方面的描写,由于经过历史学家的考证,大家认为《论语》中关于孔子的记载大多符合历史的真实,因此,其中关于孔子言行的记载或描写,我们可以视之为关于历史的事实言说。而在《庄子》中,也有不少关于"孔子"言行的描述。但由于经过历史考证后发现这种记载不符合历史的真实,这样,《庄子》作为人文学文本通常被归属于文学风格类型;这样我们读《庄子》时,也就无须过于关心或在乎其关于"孔子"的描写是否属于历史上的真实(这种考证或研究属于历史学家操心的事情),而只需关注其通过"孔子"的言行要表达或陈述的形上真理。同样的区分还表现在作为人文学文本的历史文本与抒情诗的区别:对于历史文本来说,其中关于人物(包括人物的情感)以及场景的描写,由于它们在文本中被视作事实话语,这样,我们关心的是这种描述与描写是否符合经验世界或历史中的真实。但对于诗歌文体来说,假如有同样的人物以及场景的描写,则我们关心的是其通过这些事情与场景表达的东西是否感人。故而,意象话语区分于事实话语的最重要方面,与其说是其描写的对象物与场景的真实,毋宁说在于其表达意外之意是否真切与真实。而这种意外之意的真切与否,在很大程度上在于意象的运用能在多大程度上激发起阅读者的情感而定。从这方面说,作为人文学的历史文本中的事实话语的人文教化之道是通过教人"明事理"(通过了解事情之真相而明白真理)达到的,而作为人文学的诗学文本的意象话语的人文教化之道则是教人"通情理"(以情动人,由情通理)。

但我们说,人文学文本之言说性与天道,除了采用事实话语与意象话语之外,还可以采取观念话语的方式。顾名思义,观念话语运用的语言单位是观念。所谓观念是抽象的或者概念化的语言,这种观念言说以哲学文本更为典型。比如说,中国哲学文本中出现的"性"与"天道"这样的名词,严格说来就是观念。所谓观念的观念性是与形象的形象性相对立的。即言之,观念无所谓形象。那么,这种观念究竟是如何来表达或者言说性与天道的呢?这就是本然陈述。关于本然陈述,金岳霖的论述颇为深刻。他认为"本然陈述"与经验命题在形式上相通,即在文法上有主宾词,而其表达的内容不同。① 即言之,同样是抽象的名词术语,通常以概念组成的经验命题对形而下或现象界普遍之理或事实之真作出判断,而由观念组成的本然陈述言说则是关于形而上世界的存在之真理。其实,此二者不仅表达或呈现的内容的意蕴有所不同,就言说的基本单位来说,本然陈述的观念本身就属于形上世界的理念,而通常的经验命题则由形下世界的概念组成。

　　既然是关于形上世界的观念而非形下世界的概念,而形上世界从存在论的角度看,是以"一即一切、一切即一"方式构成的悖论式或"二律背反"的世界,因此,作为人文学的哲学在言说这个形上世界的真实,也往往采取了"二律背反"的方式。这种二律背反,不仅是指它在直接言说形上世界时采取的二律背反的语言方式,而且包括在言说现象界之物时采取的二律背反的方式。质言之,真正的二律背反不仅是指形上世界以二律背反的方式存在,而且是指包括形上世界与形下世界的二律背反。因此,在言说形上世界时,这种观念话语固然会与形下世界的事物相联系,而且在言说形下世界时,也往往会与形上世界相联系,并且视形上世界与形下世界不仅相通,而且彼此对

---

① 金岳霖学术基金会学术委员会编:《金岳霖学术论文选》,北京:中国社会科学出版社 1990 年版,第 345 页。

立而又转化,此即"此既是彼又非彼"的二律背反与悖论方式。在哲学文本中,我们发现:凡言说形而上学问题者,无论何种哲学观点,无一不是采取了这种悖论式的话语方式。其中包括否认形而上学的维也纳学派,如维特根斯坦也曾言:哲学到了最后,也会沉默;或者说,哲学是以可说者道不可说。这些都是关于形而上世界的存在性感悟,其中采取的是悖论式的思考。而我们在前面说过:这种悖论式的观念表述方式上升到思考方式,其中运用的就是"讽喻"。对不同于作为文体风格的哲学文本来说,这里作为言说方式的单位可以是一个观念,也可以是由观念组成的句子,或者由观念句子构成的文章段落,甚至整篇文章,等等。

最后,值得提请注意的是:以上我们从语言使用的角度对人文学文本的语言现象作了事实话语、意象话语、观念话语的区分,如同人文学文本的风格划分一样,这种区分只是分析的说法。事实上,我们发现就现存的人文学文本而言,经常是在同一个文本中既有事实话语的成分,也有意象话语的内容,甚至也离不开观念话语。这种现象说明:具体的人文学文本事实上并非如我们上面分析问题时所说的那样,作为哲学的文本与作为诗学的文本,甚至与作为史学的文本那么地"泾渭分明"。相反地,我们看到在中国古代人文学传统中,往往是事实话语、意象话语与观念话语同时出现于同一个文本;或者说,同样一个文本,我们既可以将它视为哲学文本,也可以视它为诗学文本,甚至是史学文本。这种文、史、哲不分家以及彼此互融互通的人文学文本,既是中国人文学文本的特点,同时也从中可以既见人文学文本表达与呈现性与天道问题时的本质特征。因为人文学作为性与天道的学问,语言的运用只是其工具或形式。在一个人文学文本中,假如某种话语方式构成该文本言说方式的主干的话,则我们可以将其归为某种人文学文本;而对同一种文本的言说性与天道的语言方式再加以分判的话,则出现了文体。从这种意义上说,人文学之话语方式以及喻之运用对于理解人文学文本来说至为根本。即言之,只有经过对人文学文本的文体与风格作分析的辨明,文学文本、史学文本以及哲学文本的"本体"地位才得以澄清;并且在此基础上,就人文学作为精神科学的综合体来说,文学、史学与哲学何以可以"不分家"才能获得合理的说明。

第五章

转喻：论作为人文学的史学文本

人们要求历史的撰写必须反映历史的真实。对于人文学的史学文本来说，这种"历史之真"其实说的是人的精神性存在方式。因此，能够呈现与体现人的精神性存在的历史事件与活动，方才称得上历史"真实"。人文学的史学文本以"历史叙事"的方式呈现作为人的精神性存在的真实，它遵循人文学史学文本撰写的基本原理与规则。人文学的历史之真不仅以史学文本的方式呈现，而且与阅读主体对文本的"接受"有关。它要求阅读者具备"史学""史才""史识""史德"，其中"史德"尤为重要。人文学的历史学本质上是一种教化之学。这种教化固然由于"历史事实"中包含的"历史之理"给人带来的思想启迪，但其教化功能的实施却通过审美得以完成。换言之，人文学的史学文本将人类历史上争取自由与社会正义的种种活动及其业绩以"历史事实"的方式加以呈现，人们通过这种史学文本的阅读获得的审美鉴赏是追求"壮美"与"崇高"。

一、论历史之"真"

历史到底是什么？这是一个值得深入讨论的话题。人们通常会将以往发生过的事情称为历史，或者将对以往发生过的事情的记载称为历史。这两种说法虽彼此不同，却皆有诘问的必要。就前者而言，首先要问：何为"以往"发生过的事情？由于作为现时生活的人们，只能亲知在当下时间中自身经历或耳闻目睹的事情，因此，假如说能够知道在以往时间中发生的事情的话，那么，这种过去发生的往事只能来自他人的传闻；尤其是人类发明文字以后，这些关于历史的见闻往往来自文字的记载。这样看来，后一种说法，即将历史视为对以往发生过的事情的记载似乎有其道理。但是，问题在于：由后人记载的这些历史上的事情在以往是否出现过呢？或者说，假如这些事情以往曾经出现过，它们是否就如传闻或者文字所记载的那样所发生呢？对于这些问题，记载"历史"的文字自身是无法加以判明的。在这种情况下，通常的简单回答是：这些关于历史的记载，必得是当时历史中"真实"发生过的事情。但是，究竟如何判断后人关于历史的记载符合当时历史的真实呢？应当说，所谓用是否历史上发生过的事情来判断或检验后人记载或书写的历史真实与否，这一说法只是个虚词。因为，作为后人或历史的记录者，并不生活于以往的历史之中，他们无法像一位既处于现在时，同时又处于过去时的"神仙"那样,能够将后人的历史记载与以往时间中业已发生的历史现象加以比较,然后回答这些历史记载是否属于历史的"真实"。这样看来,对这后一问题的追问似乎又要回到前一个问题,即何以知道有"过去"发生的事情? 这样追问下去,只能是这前后两个问题的互相纠缠。

其实,所谓历史的记载是否符合当时的历史真实,与其说是将历史的记载与以往时间段中发生过的事情作比较,倒不如说是取决于人们对以往历史的整体认识与判断。这种对以往历史的整体认识与判断,并非来自人们的凭空设想或猜测,而是得自历史学家或历史的书写者带给人们的"历史知识"。只不过,这些关于以往历史的知识不同于单纯的或简单的关于以往历史中发生过的具体事情或事件的记录或记载,而是关于理解以往历史上发生过的事情或事件的真实与否以及真相究竟如何的历史背景知识。这种历史背景知识,对于人们理解以往时间中究竟发生过什么事情或事件,以及这些事情或事件对人类来说究竟意味着什么是如此重要,以至于可以说,是这种关于以往历史的背景知识,提供了以往历史事件与历史事实真相以及历史文献中的记载或记录是否真实可靠的检验标准。

那么,这种关于以往历史上究竟发生过什么,或者说判断与检验历史书写是否真实的历史知识是什么呢? 答案是:这种构成历史书写的先验基础,并且用于检验历史书写与记载是否真实的历史知识,是一种关于人的认识与知识。换言之,历史如何书写以及历史记载是否真实,甚至于以往的历史时空中究竟发生过什么真实的历史事件与事实,皆取决于人们如何认识与理解"人"这个问题。或者说,如何认识与理解人的本性与本质,构成了人们理解历史的先决条件,也由此构成了历史学家记载与书写历史真实的先验依据。

接下来的问题是历史学家究竟是如何来看待与认识人之为人的本性呢? 他们又是如何用这种关于人的认识与知识来研究历史并加

以书写的呢？这就需要从追踪历史学家是如何处理与理解作为历史研究之原初对象物——历史史料或历史资料问题开始。一旦如此追问,就会发现:作为历史研究"原料"或"素材"的,常常是一些历史资料。广义的历史资料包括传世的关于以往人类活动与事迹的记载、地下的出土文物,历史上人类活动留下来的一切遗址、遗迹,等等。从这一意义上说,首先进入历史学家研究视野并且成为历史学研究起点的,还不是历史上人类活动及其行为与业绩,而只是作为历史上人类活动与行动的痕迹或流传物的这些历史资料。

因此,所谓什么是"真实的历史"的追问包括两个方面:其一,是关于作为历史研究的素材或历史资料之"真"的追问。即作为历史研究对象物或者说作为研究对象的素材必须是真实可靠的。这种真实可靠,是指用作历史研究的历史流传物必须是在现实的时空世界中真正的存在,而非假冒或凭空捏造的,更不是随意想象出来的。其二,这些历史素材是可以供人们用来说明或阐明历史上的人类活动与事迹,而非与人的历史研究完全无关。就这一点来说,历史研究必须借助于考古学、人类学、民俗学等关于人的研究学科的成果,甚至离不开像历史考据学、历史文献学,以及更为细微的分支学科如校勘学、音韵学,乃至与自然科学有关联的用来判定历史流传物的历史年代的"碳 14 同位素测定技术"等。然而,以上这些学科的研究,虽然有助于历史研究或者可作为历史研究的辅助工具,甚至其中有的还可发展为历史研究的方法,但它们还不足以被视为历史研究本身。换言之,作为研究历史上人类活动与行为的学问,历史研究首先涉及的是一个关于人的定义的问题。只有先有了关于人的定义,或者说关于历史上的人是什么这一基本看法与认识,然后才会从人的观点而非纯粹物的观点来寻求历史研究的方法与进入历史研究的门径。否则的话,以上说的那些像考古学、人类学、民俗学等,实难以作为关于人的学科;而像历史考据学、历史文献学、校勘学也就流为见物不见"人"的纯粹关于文字与文献研究的学科了。①

这样看来,关于历史之"真"的追问,除了作为历史研究素材或历史资料之真实与否的追问外,更重要的还包括"人"的追问。即人们研究历史,无论是从历史考古出发,还是从历史文献研究出发,都首先有一种"人是什么"的预设。有了这种预设之后,才能从"人"的定义或人的可能性是什么的前提出发,来研究历史上人的活动与行为。如此说来,较之历史文献与历史研究素材之真的追问,后一问题更为根本也更能接触到历史研究真相。而且,事实上,许许多多像考古学、历史文献学、校勘学这样作为历史辅助学科的学问,只要它们涉及"人"的研究,或者说将它们用作历史的"人"的研究,都无不具有这种"人"的先行领悟。

那么,历史研究中这种"人"的先行领悟究竟是什么呢? 就目前五光十色的研究题材与林林总总的研究方法而言,无论其采用的视角与方法如何,其前提预设都是"社会人"的概念。所谓社会人是指将"人"理解为具有社会性的动物,而且其行为、思想皆由其社会存在决定。应当说明的是,这里所说的人的社会性,是取其广义的理解,即与人的精神性相对的人的社会性存在。人的社会性活动除了指人

① 柯林武德在谈到作为历史学家的考古学家与作为科学家的古生物学家在面对同一"分层遗迹"时会采用不同的研究策略时说,"考古学家对其分层遗迹的运用,有赖于他把它们设想为是为了人类的目的而服务的制成品,因此表达了人类思考他们自己生活的一种特殊方式;而古生物学家从他的观点出发,则把他的化石整理成一个时间的系列,所以他并不像历史学家那样地工作,而仅仅是像一个科学家(至多只可以说是用一种半历史的方式在思考)那样在工作"(〔英〕柯林武德:《历史的观念》,何兆武、张文杰译,北京:商务印书馆 1997 年版,第 299—300 页)。作为历史学家的历史考据学与作为纯粹版本学研究的考据学,在面对同一种历史文献各自开展研究时,其研究思路、研究策略的不同,与柯林武德所说的将作为历史学家的考古学家与作为科学家的古生物学家采取的研究思路对比,是一样的。

的种种社会行为与关系外,还包括人的心理、思想观念等,乃至于种种社会意识形态。简言之,一切相对于人的精神性向度的关于人的行为、思想、观念等皆可纳入人的社会性活动范畴。在这一意义上说,人的社会性活动就是人的现象性生存。人的纯粹现象界生存,服从于自然界的必然律以及从自然界生存法则衍生出来的种种人类社会学法则与原理。这就表明,通常以人的现象性生存为研究对象的历史学,实乃社会科学中的一种。这种社会科学式的历史学研究,不同于其他社会科学研究的方面,仅在于它研究的是在时间轴上已经成为"过去"的"社会人"的行为活动及其思想。因此,作为以社会人为研究对象的这种历史学研究,其研究内容与对人的理解实乃与其他社会科学相通,并且在研究方法上也常常借鉴或利用其他社会科学的方法。这种向社会科学看齐的历史学研究,实乃实证主义的史学;其研究旨趣,是关注历史事件发生的因果关联,并将人类总体上视为与地球上其他动物一样,是为改善、改良物质性生存而不断努力奋斗的动物。姑且不论这种实证式史学关于社会人的研究在题材上多么广博新奇,其所援引的历史理论多么繁杂变化,总的说来,其皆是局限于对人的现象界生存的研究,故其理论也只属于现象界之理,而非关乎人的存在的根本道理。在这方面,一些较有代表性的实证主义史学理论有:将人的进化归结为人种的生物竞争的社会达尔文主义理论;将历史前进动力归结为人类的经济活动所决定的理论及人与人之间的关系完全由经济利益所决定的理论,等等。

就历史研究视角与方法的多维性与多样性来说,将人理解为社会性动物的看法并不为非。正是因为视人为社会性动物的前提,才有了关于"人"的历史,才有了关于人的历史记载或者说历史书写——将人成为"社会性的动物"作为人类历史的开端。典型的例子是,将人类历史的早期开端定于从群居的类人猿生活向原始人的氏族社会生活转变的时期;并由此将人类学会使用工具并开始具有社会人的自我意识与身份认同,视为人类与地球上其他动物区分开来的历史性标志。然而,如果仔细探究的话,就人之为人的根本特性来看,人类的精神性存在才是作为人的本质规定,才是人与地球上的其他动物区分开来的根本标志。因为无论是从考古学还是从有文字记载后的传世文献看,人类很早就有了关于自身是精神性存在的意识,并且将有无精神性存在作为自己与地球上的其他动物相区别开来的根本标记,甚至也这样来看待人类自身的历史。当然,说以人类的精神性存在作为依据来进行人类历史的研究,并不是要脱离开人类的社会性或者其他属性(比如说人的"动物性")来对人的精神性之一面作单向度的研究;而是说即使承认以人具有了社会性存在的属性作为人类历史的开端,也应从一开始就将人的精神性存在或其精神性存在的历史作为人类历史叙事的中心话题。这里,关于人类历史的社会性活动内容是一回事,而对人类的这种社会性活动与行为从精神学意义上加以认识与理解是另一回事。假如将这两者结合起来,才会有真正的关于人类的历史研究,才是真正的关于人类历史的全部认识。

说到这里,也许会有一个问题:一方面,是人类历史的研究要容纳人的社会性存在内容;另一方面,关于"人"的历史研究又应当以人的精神性存在作为根据,那么,人的这种社会性与精神性在历史研究中该如何统一呢?或者说,在关于人类历史的研究中,该如何将这两者加以平衡呢?回答是,对于人文学的史学研究或者历史书写来说,并非有一种自外于或者脱离了人的社会性(包括动物性)的关于人的精神性存在的历史;当研究历史上人类活动及其业绩的时候,与其说是关注人的社会性外部行为,毋宁说更应当关注体现于这些社会性行为与活动中的人的精神性方面。而且,就人的社会性与精神性这两个维度而言,人的社会性是外显的行为,人的精神性则属于人的内在的本质规定。假如这样来理解的话,那么,对于人文学的史学研究及其书写来说,人的精神性存在是本,人的社会性存在是末。本末不可以倒置,也不可以分离,否则就无所谓本,也无所谓末了。因此,在人文学的史学文本关于人的社会性与精神性的关系的表述和叙事中,假如借用中国传统学问的术语来表达的话,它们二者其实是本末体用的关系;而用存在主义哲学家海德格尔的术语来说的话,就是"存在者(人的社会性)呈现存在(人的精神性),存在通过存在者显现"这样的互为表里,或者说"隐"与"显"的关系。但就目前的历史学而言,人们看到的往往只是将人的社会性存在作为人的本质规定的研究,鲜有自觉地从人的精神性角度来开展对人的历史的研究。其实,假如历史学真正是将"人"作为历史研究的中心、从人的本体存在出发的话,就没有理由不以人的精神性作为史学研究的根本内容。这种从人的精神性存在出发的历史研究,才是真正关乎人的、关于人的"本真意义"的历史研究;而这种从人的精神性存在出发撰写的历史,也才是真实的人类历史。①

　　为了与目前的以人的社会性存在为出发点的历史研究相区别,我将以人的精神性存在为依归的历史研究称为"人文学的历史研究"。它探讨的是人类以往的历史行为、活动、业绩对人类的精神性存在之"意义";并且试图以历史叙事的方式,将人类的这种精神性存

------

① 柯林武德关于"一切历史都是思想史"以及"历史学就是人性科学所自命的那种东西"的说法与本章关于历史乃人的精神性存在的历史的提法相通而非相同。相通之处是他认为历史上人类的种种行为与活动不过是人类内在的思想观念的表达与人性的呈现而已。不同之处在于:他关于人类的思想与人性的理解仍囿于人类现象界的生活范围内,而没有从人的超越的"精神性存在"方面立义。柯林武德关于历史的看法见其著《历史的观念》。

在之"真实"加以展示。如果离开了"人的精神性存在"这一设定,仅仅以人的社会性行为与活动作为人的存在的全部内容,哪怕这种历史叙事如何详尽与细微,它充其量只能告诉人们:人类以往的历史过程中曾经出现过复杂纷纭的各种社会现象。但这种或这些现象对人类或人类社会究竟意味着什么,它却根本无法说明。假如偏离了人的精神性存在这一维度,而仅仅去记载历史上曾经发生过的事情的话,哪怕这种记载与描写如何具体而细微,人们对人类历史的理解也始终是陌生的。由于目前学者们还没有深入到"人"的本质的历史探究,故无论是学习历史也罢,研究历史也罢,作为开始的第一步,首先要辨析的,是在哪种意义上来理解"人"的历史?而根据问题设定,只能是作为精神性存在的人的历史。这才代表人之为人的历史的本真。于是,如何理解与撰写这种精神性存在的人的历史,也就成为人文学的史学研究的主题。

关于人文学的人类历史应当从哪个世代开始研究的问题,历史学家尽可作为学术的具体问题加以讨论,但这种讨论丝毫不影响"人是作为精神性存在"的理解,更不会妨碍人的历史应当是人的精神性存在这一学术前提。这当中,最典型与最富有代表性的当属雅斯贝尔斯(K. T. Jaspers,1883—1969)。他认为人类的普遍历史应当以公元前 500 年前后的"轴心时期"作为开端。理由是:只有在轴心时期,人类才开始有了对自身的追问,并且从精神上自我认同。其历史证据是,在这个时期的世界各文明体系中,不约而同地产生了时代的"先知"人物,如古希腊的苏格拉底(Σωκράτης,前 469—前 399)、柏拉图(Πλάτων,前 427—前 347),印度的佛陀,犹太教的先知,中国的老子(前 571—前 471)、孔子(前 551—前 479),等等。[①] 其实,抛开人类历史究竟从什么时期开始这个具体学术问题不谈,关于人是精神性的存在,此种历史"见识"不独雅斯贝尔斯的看法如此,人类历史上留传下来的诸多"精神流传物"也能得以印证。在诸多中外思想家看来,人不仅仅是具有社会性的动物,而且是地球上具有精神性的生命存在。而人的这种精神性,严格来说,是指其精神的形上性,也就是人的精神对"普遍性"与"超越性"的向往与追求。而且,人类从很早就对自身这种精神性有了自觉的意识。正是这种精神性的自觉意识,才使人之为人,以及将人与其他动物(包括其他许多也具有群居习性的"社会性"动物)区分开来的根本标志。由此可以看到:假如要将"人"加以准确定义的话,人的本质属性应当不是其社会性,而是其精神性,即人是精神性的存在。另一方面,精神性虽是人的本质规定,但人作为地球上活生生的物种与存在者,为了生存需要,也会像其他动物一样将求生作为生命本能,并且发展了其工具性生存的技能。简言之,人除了是精神性的存在之外,同时又具有社会性甚至动物性的一面。这后者,正是人作为人的有限性的生存所在。这样看来,作为"历史性"的"定在",人其实既非纯粹的精神存在,亦非仅仅具有社会性或动物性,而是将精神性与社会性(包括动物性)集于一身的。或者说,这种集现实的工具性生存与超越的精神性生存于一

---

① 雅斯贝尔斯认为,"人"的"历史"起源应当从公元前 5 世纪前后的"轴心时代"算起,根据在于,人类从"轴心时代"开始才有了自我意识,这也就意味着人对自身应当是什么作出了本质规定。换言之,雅斯贝尔斯认为人的历史是关于"人应当是什么"的历史;假如人类对自我还没有自我认同的意识,则尽管其已经出现了较为高度的物质文明甚至社会管理结构,但从人的精神性存在的意义上,它还无法上升为"人的历史"(〔德〕雅斯贝尔斯:《历史的起源与目标》,魏楚雄、俞新天译,北京:华夏出版社 1989 年版)。雅斯贝尔斯关于人类历史究竟从什么世代开始的说法或许还值得讨论,但他将人是否能从精神学意义上"认识自己"作为划分人类历史与史前人类文明史的这一说法,却值得肯定与重视。

身,才是人之为人的特性。当然,其中超越的精神性存在乃是人之为人的本质规定。因此,作为以人为对象的史学研究,其关于人的研究虽然离不开人的现实性生活内容,但更应当把握住人的超越性精神存在这一根本维度。假如说真正的史学研究是以历史上的人之存在作为其研究对象的话,那么,关于人的历史性存在就必得将人的现象界生存与人的精神性存在这两方面内容都囊括其中。

从人的精神性存在出发来理解与建构人类历史,这种历史观的意义在于:人类之所以需要"历史",实出于人类从精神存在意义上的自我认同的需要,并希望这种精神性存在通过史学书写的方式得到留传与永续。从而,对于以往的人类历史上曾经发生过什么、出现过什么,或者说,什么才是历史上真正发生过的事实,作为人文学的史学与那些满足于客观记录与记载历史上发生过什么事情的历史叙事区别开来。对于人文学的史学来说,以往历史上发生过的事件或人类活动假如没有经过人的精神性存在角度理解与阐明的话,那其"意义"始终是昏暗的,只能算作人类在以往时间中曾经发生过的偶然事件。这些偶然事件即使在现象界出现过,也尚难以称得上是具有"历史意义"的历史"真实"。也就是说,假如历史中的事件仅仅是作为过去的事情而记录下来的话,那它们顶多是以往时间中出现的某种历史"事情",因而具有"事情"的易逝性,而这种"事情"之所以进入历史或被史学家加以记录,亦仅属于历史的偶然性。[1] 而唯有将历史上人类的活动与行为从人的精神性的维度加以透视与理解,而且以历史叙事的方法将其呈现并作出评判,进而,历史上曾经发生过的这些事情由于经过人文学之史学的精神洗礼方才得以"定格"而成为

---

[1] 人类以往历史上每时每刻发生的事情与事态千千万万,何者会进入历史学家的视野乃至于成为历史叙事的"素材",只能由历史学家根据其关于"历史"为何物的公设来决定。否则,历史资料的形成与收集仅具有历史的偶然性。

历史中的"事实"，并且由此具有了永恒的意义。这种具有永恒性意义的历史事实，不会消失于个别的、偶然性的历史事件之中，它们也才可以作为人文学的史学文本用以建构人类历史的真正"实事"。故对于人文学的史学来说，历史上真正发生过的"事实"到底是什么？它其实指的就是经过人之精神性角度透视并得以理解与评价的以往人类的历史活动、行为及其业绩。否则的话，关于历史上发生过的事情哪怕记载得再详细与具体，也就如王安石所讥讽的那样，是一堆"断烂朝报"而已。

二、历史叙事如何可能

这里说人是精神性的存在，以及人文学史学文本的基本单元是历史的"事实"，也仅仅可以作为建构人文学历史文本的思想起点；而就人文学的史学文本来说，历史书写还不止是展示这些历史上发生过的历史事实。其最终目的，是要将这些众多的历史事实加以组织与连贯。只有经过将历史上发生过的事实以叙事的方式组织起来，才是真正的历史书写。反过来，假如这些历史上发生过的情况仅仅是发生过，而未曾进入人文学之史学的叙事脉络中，则它们作为历史"事实"的意义就不会被理解，就还仅仅停留于历史发生过的"事情"层面，其关于人类精神性存在的意义也就未能被认识或照明，就尚难称得上是关于人文学写作的真正历史。

作为人文学的史学文本，所谓真实的历史书写，其实包括两方面要求：一方面，是作为历史上发生的事件的真实记录。不仅其所运用与采纳的历史材料是真实可信的，而且这些历史事件反映或折射出的是人类以往的精神性存在方式与活动。另一方面，这些历史资料用来表现历史上的人类活动与业绩是叙事式的。这里，历史叙事对于呈现历史之"真"的作用主要体现在三个方面:其一,历史的真相及其意义须以叙事的方式才能够使人明白,而非仅仅通过一个个孤立的历史事实或历史事件得以呈现。其二,就构成历史文本的基本单元——历史事实来说,其形成有赖于对某种历史叙事脉络的前见才能将其从历史的事情中加以"发现"与提炼。其三,就作为已成型的历史事实来说,其内在包含的意义成分必须通过历史叙事的方式才得以更好地揭示或理解。要言之,只有通过历史的叙事结构,作为人文学史学文本之基本单元的事实之意义(指体现人的精神性方面的要求的意义)才能被认识。由此看来,历史事实与叙事结构其实是人文学史学文本的一体两面:历史的事实只有在历史的叙事脉络中才能显示其意义;反过来,假如离开了历史的叙事结构,也就不存在所谓历史的事实。

由于历史叙事是作为"历史"的叙事,在这一点上,就应当把它与通常作为文学文本的叙事方式区分开来。像小说、散文、诗歌等体裁,其表现作品"主题"时也常常有"叙事"的结构,但这种叙事结构仅只是作为文学作品中的"情节"而被使用。文学作品中运用这些情节的目的,最终是为了达到"感染人"的效果。而且,这些情节中的事情或故事未必是现实生活或者历史上真实发生过的事情。从这方面说,文学作品中假如有叙事结构出现的话,还是为了表现"情"或调动读者之"情",故是"以情节感人"。而人文学的史学文本之所以能够以历史的叙事方式来打动人、感动人,是因为它叙述的是历史上真正发生过的事实。正由于这些事实是历史上真实的存在,因此,这种历史叙事或历史事实就具有了不同于文学叙事感染人的另一种感动。这种感动,可以称之为"被事实感动"。问题在于:为何历史上发生过的事实能使人感动? 答案是:缘于这些历史事实并不仅仅是作为历史上发生过的事情的真实,而且是包含着历史上人类的精神性的事件或事情的真实，人的这种精神性存在的活动与行为又必得以历史叙事的方式展开才能拓展其深度与广度。由此看来，史学文本之所以能够感人，与其说它借助的是历史上的事实，不如说是通过历史叙事才成为可能。一句话，真正的人文学史学文本不是关于历史上人物的各种活动、场景、结局、过程等各种历史事件的堆砌与罗列，也并非从现象界的规律来寻找对这些历史事件的发生、过程、结果作出自然因果律的解释（否则，它们就成为关于现象界的人的历史的研究），而是要从人的精神性存在这一关节点出发，来对历史上发生的关于人或者与人有关的历史现象、历史事件作出解释，并且把与之有关的各种历史事件与历史活动（包括场景）加以组织编排，形成一种具有思想线索的历史叙事。即作为人文学的历史叙事不是其他，而是将人的精神性存在在史学文本中得以展开的具体历史内容。

其实，历史的叙事除了在形成的方式方法上与作为文学体裁的文学叙事有不同之外，就历史叙事的本质来说，它的运用依然是为了达到历史之"真"。说到这里，还要将作为人文学的历史叙事与非人文学的历史叙事区分开来。就历史作为说出的历史话语而言，任何史学文本都是一种历史叙事。只要是将人类历史上发生过的事情或事件按照一定的思想系统与历史范畴组织起来，就可以说是历史叙事。由此看来，作为人文学的历史叙事与一般的历史叙事的分野，并不表现在是否要有历史叙事这种形式，而是采取何种方式来进行历史叙事、历史书写。这个问题之所以重要，是因为它不仅决定了人文学的历史如何书写，而且从究竟义看，乃直接决定了如何看待历史上出现的"历史事实"。

通过对历史书写中事实形成过程的观察可以发现：任何历史事实的形成，远不是从历史的研究对象——历史上发生过的事情出发，从中去发现这些事情背后的历史意义；而是反过来，先有了一套关于人类历史为何的看法,然后才根据这种历史观念来审视作为历史素材的历史上的事情或事件,并运用具有价值取向的历史范畴与构成原则将它们纳入整个的历史叙事框架。从这方面说,历史上的事实与其说是客观地摆在那里的,不如说是构成的。而说到历史事实的构成,则离不开历史事实构成的"道理"。这些"道理"无论对历史事实的构成抑或历史的叙事结构来说,都是先验的。也就是说,就历史叙事之可能以及历史事实的形成来说,都必须依赖于一整套关于历史为何物的基本范畴与叙事原理。否则的话,既无法将历史上人类活动与行为的事情事件加以提炼形成历史的事实,也无法将历史上以零星分散状态的历史事实加以连贯并从总体的意义上加以理解与把握。由此说来,无论就历史叙事抑或是作为历史叙事之构成的基本单元——历史的事实的形成来说,关于人的精神性存在是如何呈现为历史的,如何从人的精神性存在这一总体认识抽绎出关于历史书写的思想范畴与叙事原则,对于作为人文学的历史写作来说是首先考虑的。

作为人文学的史学文本的历史叙事得以形成,实有其不同于通常作为人文科学的史学文本的研究主题与思维逻辑。如果说,通常的人文科学的史学文本以研究现象界中人的活动与事件作为其历史研究内容的话,那么,作为人文学的史学文本,则是以研究历史中人的精神性存在及其表现形式为己任。这两种不同的史学研究,不仅在表达主题与内容上有所不同,而且它们的叙事方式各自据于不同的思维逻辑。前者以自然因果律("社会规律"也属于一种广义的自然因果律,即认为人类的活动或社会的发展不以人的意志为转移,服从于所谓"社会规律",这种社会规律是人类自身无法改变的)为线索,提供关于历史上人物之活动与行为的种种因果律解释(包括各种自然因果律、社会因果律的解释)。就这一点来说,人并非具有精神意义上的自由人格的人。惟其如此，作为人文科学的史学研究要采用一系列关于自然因果律以及社会因果律的范畴。例如，必然性与偶然性，客观条件与主观原因，经济基础与上层建筑，保守与激进，英雄与庸众，等等，用来解释历史上的人类活动及其社会行为。反之，作为人文学的史学文本则从人是精神性的存在这一基点出发，在建构人的历史时，采用的是截然不同于自然因果律、社会因果律的历史原理与范畴。

那么，贯穿于人文学的历史研究、史学文本之写作的这些思想范畴与历史原理又是什么呢？概括起来说，它包含五方面内容。

1. 自由原理作为人文学之史学书写的中轴原理。人是精神性的存在，意味着人作为精神性的主体是自由的，可以摆脱物质性强加给他的牢笼。这也意味着人可以自由选择，成为他想要成为的人。从这一点来说，人的精神性就是人的自由，而关于人的精神自由也成为人文学历史叙事的题中应有之义以及根本关切。强调人的精神自由在人文学之史学叙事中的地位，不意味着历史叙事仅仅以人的追求与实现自由的行为与活动为内容，也不意味着迄今为止的人类历史是一部自由不断增加的历史。人类的自由包含外部的自由与内部心灵的自由。如果说，人类的外部自由并非伴随历史的前进而同步发展的话，那么，人类总体上对于自由的渴望与追求却随着历史时间的推移而变得愈发强烈，其对于追求自由与如何实现自由的反省也愈来愈深刻。这体现了人类心灵的进步与心智的成熟。因此，作为人文学的史学文本，与其说是一味去追踪历史上人类为争取自由所作出的努力及其业绩，毋宁说更多是以自由观念为指引，对人类历史上的种种行为、活动、业绩加以深刻的检讨与反省。从这一意义上说，自由原理不仅是贯穿人文学的史学写作的主轴，而且成为评价史学文本中各种历史事实以及历史叙事的价值尺度。

2. 道义作为人的历史的本质规定及其充当史学叙事的中心主题。这里的"道义"指的是人作为历史中的人"类"所必须遵循的最核心的价值观念，也是贯穿于人文学的历史写作中的核心范畴。人并非像地球上某些动物那样独处而居，也并非如地球上某些有"结群"习性的动物那样纯粹出于本能的需要而"群"。相反，人类作为真正的群居动物，意识到作为个体的他只是人类之"类"存在中的一员，只有遵循某些公共的行为规范与生活原则，才能与这个类的大家庭中的其他成员和谐相处。为此，在人类进化史上，从很早开始，就有了关于人应当如何生活，尤其是人类个体作为共同体的成员应当如何彼此相处的道德规范意识。人类在历史进化途中形成的这种道德意识以及社会伦理是如此强烈，以至于从人类进化之初，就将它们视作人之为人，以及人类社会之所以是人类社会的标准。而且，正因为具有了这些道德意识与社会规范，作为"人"的人类历史也才真正开始。那么，在这些林林总总的社会道德与社会规范之中，有没有一个或一种最高的观念范畴，来将它们加以统辖或者说加以综合呢？有的，这就是关于人间道义的观念，所谓人间道义是关于人类社会之作为人类社会得以存在，以及社会中每个个体都必得认可的最高道德观念。人间道义不同于社会中所有成员必须遵循的具体道德纲目与伦理规范，却为这些社会道德与伦理规范提供价值支撑。从这一意义上说，它与其说是认知性的，不如说是评判性的；与其说是强制性的，不如说是自我认同式的。即作为社会中的所有成员，无分于种族、国籍、地域，也无分于教养与生存环境，无论作为个体还是群体，都会以它作为其行为规范的指导。严格说来，是将它作为具体的社会道德规范成立的根据。换言之，一切其他的人间道德以及社会伦理，都不应当违背这种人类共同体所遵循的道义。故而，作为衡量与评判其他社会道德伦理规范的观念，它其实是人类社会得以维系的最珍贵的核心观念,并且从中衍生出一系列值得尊重的其他社会道德。

那么,这种为人类共同体所尊重,并且被一代又一代的人类所持续保留与继承的人间道义观念有哪些呢? 综观自有人类以来的历史,这些人间道义最核心的价值包括:善恶观念、公平观念、正义观念。其中,善恶观念是人间社会中每个成员用以评价其他个体或群体最基本的道德与价值评判标准,同时也是社会中每个成员自觉与自律地遵守他所在的社会之道德规范的内在价值选择标准。公平观念主要针对社会作为人的共同体的道德与行为标准,即一个社会或者某个社会共同体,当它只有遵循公平原则,以公平原则来对待社会中每个成员,并且它的种种行为与活动都不违反公平原则时,才是合理与值得辩护的。从这一意义上说,公平为人类共同体的形成,以及不同的个体能够和平相处,提供了合乎情理与彼此都能接受的共同思想平台。与公平观念一样,正义观念也是社会共同体得以成立,以及社会共同体所应当遵循的行为与活动原理。迄今为止,人类社会尚是由各种不同的人类共同体的联合共同体或共处体,而在这各种不同的人类共同体之间,难免会有矛盾与利益冲突,为了调解或缓和这些矛盾与冲突,必须建立起人类作为人类共同体以及不同共同体之间如何相处和打交道的最高价值评判标准,这就是人间正义。显然,与公平主要施之于一个社会共同体内部成员不同,正义是不同群体或不同共同体之间的相处之道与最高价值判断原理。

3. 普遍人性作为史学书写的原则。善恶、公平、正义固然是关于人的精神性存在的历史叙事所包含的道义原则,但仔细追问下去,可以发现,像善恶、公平、正义这样的观念假如并非出于历史学家的主观想象,而是能够真实地体现于历史的人类的行为与活动之中的话,则它们必基于普遍的人性。普遍的人性包括人间的各种美德,其中重要的有爱(仁爱或博爱,亲情,等等)、和平的愿望、善良、锄强扶弱的天性等。它们是人类经过世代的长期进化所积淀而成并根植于人之作为人的心灵美德;它们既是将人与地球上其他动物与生物体区分开来的根本标识,也成为人类自我认同的根本标志。作为人文学的史学研究,正是看到了这种普遍存在于人类天性中的自然美德,将它们作为人之为人的精神性存在价值加以肯定,通过它们来观察与认识历史中的人的活动与行为,进而作出评价;而以上所说的善恶、公平、正义的含义与内容,也只有基于这种关于人性之普遍规定以后才能得以认识。在这一意义上,假如说善恶、公平、正义原则为人文学的史学文本提供了建构与组织历史事实的思想范畴的话,那么,普遍的人性观念则为史学文本之所以能够贯彻这些历史思想范畴提供了历史的真正基石。换言之,对于史学文本而言,一切关于善恶、公平、正义的历史叙事之所以可能以及可靠与真实,都基于在人类历史上存在着普遍而且真实的人性;而奠定于这种普遍且真实的人性基础之上的人类种种活动与行为,也才成为作为人文学的历史叙事的目标与内在要求。从这一意义上说,作为人文学的史学文本并非人类以往各种事件与事迹的事无巨细的罗列与堆砌,而是类似于关于人类应当如何美好生活的"先知"预言。事实上,作为人文学之母本的史学文本,在最早的时候就是这类关于人类应当如何生活,以及希望如何生活的先知律法书。例如,中国最早的史书《尚书》尤其是其中的《召诰》《汤誓》《顾命》等,《圣经》中关于"出埃及记"的记载等。通过对这些类似"律法书""先知预言"之类的远古史书(它们事实上成为人文学的史学文本"经典")的研究,会发现:对"正义""普遍人性"的追求,实乃人文学史学文本的写作基调。作为人文学史学文本的写作纲领,对"正义""普遍人性"的阐发,不仅决定与制约着史学文本对题材与内容的选择,而且事实上也成为史学文本撰写的构成性原则。简言之，任何真正意义上的人文学文本，其实都是关于历史上人类追求与表达对"正义"的渴望与相信存在"普遍人性"的历史叙事。

4. 抑恶扬善作为人文学历史叙事之核心内容。如果说历史的道义与普遍人性给作为人文学的史学文本提供了思想价值坐标与思维建构范式的话，那么，作为一种历史叙事而非思想道理之阐发（在这一点上，史学文本作为事理型或理事型的叙事方式，与哲学作为道理型或理道型的说理方式区别开来）①的文体方式，则还有它展开与阐明其思想主旨的叙事原则与中心内容，这就是抑恶扬善，即表彰与弘扬善良与美好的东西和事物，抑制与抨击丑恶与不良的东西和事物。但是作为历史叙事的原则，这种抑恶扬善是以一种叙事的方式出现的。即抑恶扬善是一种道义评价标准。这种道义评价可以叙事的方式出现，也可以采取道理的方式甚至以"讽喻"的方式出现。而史学文本作为一种不同于其他人文学文本如文学、哲学文本，就在于它是一种历史叙事。这种历史叙事的特点，是对历史上"发生"的事情或事件的记叙；而这"发生"不仅意味着一件事情或事件的产生、过程与变化，还意味着对事情或事件之发生的原因，尤其是其情景的过程描写与展示。即作为历史叙事，其实是人类现象界中种种事情与事件的刻画与展示；这之中不仅有美好、善良的，也包含着丑陋与恶行。故作为人文学的史学文本之历史叙事，虽然以道义与普遍的美好人性作为建构历史的叙事依据，但这绝不意味着它无视人类社会以及人类历史中的种种丑恶现象以及暴行。相反，不少史学文本正是通过其对人间暴行与罪恶的揭露和抨击，才具有不朽的史学价值，

---

① 关于人文学的史学文本划分为事理型与理事型，以及人文学的哲学文本划分为道理型与理道型的具体论述，参见本书第四章。

并进而成功地成为人文学史学文本的典范。可见,衡量一个史学文本是否人文学的史学文本,不在于其记载与刻画的内容是善良还是邪恶,而在于其对善恶所持的价值立场和态度。从这一意义上说,抑恶扬善既是人文学的史学文本的叙事内容,同时还成为区别一个史学文本是人文学的史学文本抑或仅仅作为人文科学的史学文本的价值判定标准。

5. 社会文明作为人类社会历史进步与否之标准。人类历史是人类作为群的结合的历史。这里的群,不仅仅指群居,而且主要指人为何群居以及如何群居。这种群居的方式或样式,体现了人类的社会文明。从这一意义上说,社会文明不仅是考量人类整体是否进步的标准,同时也是衡量与检验地球上不同的人类群居共同体是否成为真正意义上"人"之存在的群居动物的标识。这就涉及社会文明的指标问题。既然人类历史的构成是着眼于其精神性,因此,衡量人类社会文明是否进步,以及评定人类不同群居共同体文明程度的标识,也就是着眼于其精神性存在的方面,而非其他。这不是说人的社会性以及物质文明的进步(包括科学技术的成就)不是人类文明进步的内容,而是说,要看这些物质文明的进步、科学技术的发明,乃至社会生活的秩序安排和作为制度文明的法律与政治制度,是否符合人的精神性的发展和有利于促进人类的精神性生活,并且提高其精神生活质量。因此,社会文明不仅是检验与衡量人类历史是否"进步"的尺度,而且是衡量一种社会共同体是否值得人们信赖,以及是否"属于人"而非人的社会性标准。也因此之故,就人类历史的书写来说,对人类的不同社会文明体的研究、评价与判断,自然而然成为作为人文学的史学叙事的重要内容。

总括以上五点可以看到,区分人文学的史学文本与作为人文科学之史学文本的界限是明显的。就已成为"人文经典"的史学文本来说,它事实上是"替圣人立言"。这对于一般的历史学家来说,似乎显得"任重而道远",故清代思想家章学诚(1738—1801)有"千古多文人而少良史"之叹①。那么,历史学家如何才能达到撰写人文学的史学文本之要求呢? 章学诚以"史德、史识、史才、史学"这四个条件作为衡量标准。

三、论"接受史学"

历史之"真"作为一个命题,不仅是对作为人文学的史学文本的"事实"撰写或者历史叙事而言,更重要的是针对作为人文学的历史学而说的。历史之"真"不仅或不限于是人文学的史学文本的撰写原则,也应当是作为人文学的史学文本的接受标准与阅读原则。这里提出的问题是:当人们面对某个史学文本时,如何才能判断其是人文学的史学文本而非其他呢? 在此基础上,更进一步的问题是:作为阅读者,如何才能从人文学的史学文本中"读出"其中关于历史的"真实"(也即关于人之精神性存在的内容)呢? 对这个问题的思考,将引向另一个话题,即作为人文学的史学文本该如何"阅读"。

在学术界,关于广义的人文学科的文本该如何阅读或者说"接受"的问题,早已引起了人们的注意,它后来还发展成为一门专门讨论人文学科文本该如何理解的学问——诠释学。在诠释学者们谈论作为人文科学(注意,这是说的是"人文科学"文本,而非"人文学"文本)的"接受原则"时,都强调"阅读"与"理解"的重要,并且发表过不少精辟的看法与见解,其中有不少内容可作为借鉴。尽管诠释学强调文本阅读的重要性,但无论是狄尔泰、伽达默尔还是利科,其理论

---

① 〔清〕章学诚:《文史通义》,沈阳:辽宁教育出版社1998年版,第132页。

却未能很好地处理由文本之意义到阅读者理解之意义之间如何过渡这个问题,因此,诠释学的理论受到了"接受美学"的挑战。例如,姚斯(H. R. Jauss,1921—1997)就提出:文本本无意义,文本的意义乃"阅读的过程"。关于姚斯是如何展开他的论说与题旨的,此处不作详论。本章要说的是:与传统的诠释学家强调文本阅读的重要,认为阅读是对文本意义的理解不同,姚斯在思考问题时,将文本与读者的位置倒转了过来,强调的是读者的中心地位,并肯定文本的未完成性或未定性,认为文本的意义是通过阅读过程才得以展开或者说确立的。这样的话,不仅文本的中心位置被边缘化了,而且推论下去,文本是否存在也成为问题。即言之,按照接受美学代表人物的观点,假如说任何文本的意义都要通过读者的接受才得以确立,甚至视文本的意义是读者"创造"出来的话,那么,随之而来的问题是:任何一种读物,甚至是非文本形态存在的对象物,人们也可以通过如何阅读或者接受而将其视为"文本"。这样推论下去的话,不仅作为人文学的文本不复存在,而且连其他任何人文科学的文本也有从根本上被取消的危险。以史学为例,未进入史学撰写的任何历史文献,甚至地下发掘出来的考古实物,假如将它们视为阅读或"接受"的"对象"的话,则一样可以被视为文本。这样看来,经由作者撰写的人文学文本,也包括其他人文学科的文本就无存在的必要了;而即使它们存在的话,从接受美学的观点来看,也与其他非文本形态的可供阅读或接受的对象物无异。这样推导下去,不仅人文学研究,甚至其他人文科学文本的研究皆无可能。看来,就人文学研究而言,当强调文本的阅读是一个过程,并且文本的意义是通过阅读或者说接受才得以显现或彰显的时候,并非否定文本的独立存在,也并非将阅读等同于文本意义本身,而是说:作为文本的意义是存在的,它并非阅读者或接受者的发明或创造,更不可以将其归结为阅读或接受的"过程"。因此,尽管"接受美学"对文本如何阅读的思考与分析会给人们带来某些启迪与思想冲击，但是，从根本上说，"接受史学"不同于"接受美学"。"接受史学"的观点是：作为人文学的史学文本有其真实的意义，但这种文本意义要通过阅读才能获得理解。也就是说，接受史学的立场是既承认文本之中心位置，反过来，亦同时强调阅读者之重要。但这种阅读者的重要性，并非要否定文本的中心地位而代之以阅读者的主体性，而是要通过文本的阅读或者说"接受"来彰显文本的本体意义。这样看来，对于接受史学来说，文本的阅读与其说是一个阅读的过程，毋宁说是文本的意义在阅读中得以彰显的过程。简言之，对于人文学的史学文本来说，文本意义与阅读的关系，其实是体与用、意义之隐与显的关系。

正因为文本的意义及其彰显是体与用的关系，那么，体之彰显离不开用，而用乃为了彰显体，这当中就有一个如何"用"的问题。而如何用的问题，则彰显了阅读者的重要。或者说，假如离开了阅读者这个主体，不仅文本无法自行阅读或"打开"，而且从根本上说，它就无法成为文本意义之彰显。由此看来，对于人文学史学文本意义的呈现来说，阅读者如何阅读、如何彰显人文学史学文本的意义，其重要性丝毫不亚于作者创造文本的重要性。甚至可以说，当人文学文本已经成型或成为研究对象的时候，文本的阅读就取代了文本的中心位置。这里的意思是说，当一个文本被视为或公认为是一个"人文学文本"的时候，其文本的意义是否彰显，依赖于阅读者之如何阅读而定。

在阅读文本的过程中，文本的意义是否彰显或彰显什么，取决于文本的阅读。这就对阅读者本身提出了极高的要求。事实上，章学诚关于史学家要兼有四种品格素养的要求——史德、史识、史学、史才，同样适用于史学文本的阅读者。

　　这里的"史学",是指对具体历史资料的了解与掌握,其实它代表一个人对历史资料掌握的多少。由于历史或者说历史事实不是个别性的存在,具体的历史事件与事实往往相互联系,因此,了解的历史事实愈多,掌握的具体历史知识愈丰富,就愈有助于对个别历史事件及其呈现意义的掌握与理解。而这些历史知识的获得与掌握,必须学习与掌握具体的历史资料与文献,是谓"史学"。对于任何人文学史学文本的阅读来说,"史学"属于一种基本的史学阅读训练,在不断的阅读过程中,会积累起史学方面愈来愈多的知识。

　　但对历史的了解除了是学习与掌握许多具体的历史知识与历史文献材料之外,还需要"史才"。对于人文学的史学文本的阅读来说,"史才"可以视为阅读史学文本的具体方法与技巧,这种能力在读史的过程中会逐步得到提高;同时,它还代表一种选择与识别史学文本的能力。因为当人们面对一个史学文本的时候,首先要知道如何来区分眼前所见是人文性文本还是其他一般性的史学文本,然后才能根据史学文本的不同而采用不同的阅读方法。① "史才"作为读史之方法论的运用,还反映在具体的史学文本阅读过程中。即言之,人文学文本的阅读不是单方的被动接受或接纳,而是包括阅读者与文本之间的对话和交流。这当中,阅读者的"史才"会引导自己少走弯路。因此,所谓"史才"虽然是阅读史学文本的方法与本领,但它同时还代表"接受"或"接纳"人文学史学文本的能力,它意味着能够感悟人文

---

① "史才"除了作为一种阅读与鉴别史学文本的能力,同时还是一种辨认人文学史学文本最基本的辨别能力或领悟能力。即一个史学文本到底是人文学的史学文本,还是作为普通读物只给人们增加一点历史常识(历史常识还包括所谓的"史料",其可以满足人们的历史好奇心。读史有如旅游也有两种方式一样,一种纯出于好奇,一种则通过旅游的方式从所见所闻中学习到许多关于人的道理)。"史才"对文本这种发于"前见"的判断,会影响人们读史的口味。甚至于假如"史才"高明的话,可能一下子就能知道哪一本书或者说哪些著述是关于人文学的史学,而哪些历史读物只能作为一般增加点历史常识的读物而已。

学史学文本的某种"机敏"。

与"史学""史才"比较起来,人文学文本的阅读更重要的是"史识"。它是关于历史的一种"见识"或"洞见",相当于历史是什么的通观知识或历史观念。这种通观知识或历史观念,是超出对某种史实的具体看法,是指向关于人类历史之总体认识及对其中的历史义理、史学基本范畴的理解和认识。这种关于历史的通观知识,能引导读者如何去读具体的史学文本,既包括如何去理解其中的具体历史事实,也包括历史叙事中蕴含的价值评判与历史意义。"史识"之所以重要,是因为人文学文本的阅读从根本上说,是由"史识"所引领并受其规约的。假如没有"史识",面对史学文本中的大量历史事实与场景,面对错综复杂的历史事件及其联系,读者往往会无所适从,无法理解历史书写者为何如此撰写,甚至对其中历史意义之提炼会迷失方向,乃至于走向"南辕北辙"。这可以从读者阅读同样一本历史学读物,不同的人的阅读感受与"心得"有时是完全两码事这一阅读经验中所看到。"史识"的获取,并非单纯熟悉历史材料与历史知识就能得到,它更需要读者对生活世界以及人类的精神性生活有更多的理解与体验。就这方面来说,它比"史才"的训练要求更高一步。它除了需要对历史知识的"机敏"之外,更多来源于对人类生活世界的常识以及人的精神性存在的悟性。

当然,就四种史学阅读者的素质来说,最关键、最核心的还是"史德"问题。章学诚在其关于史学撰写的要求时,特别强调作史者要有"史德",并解释说:"德者何? 著书者之心术也。"[1]其实,对于阅史者来说,"史德"乃读史者之心术也。这里的"心术"是指通过它来发挥统领人的心智方面的其他功能。故对于学习与了解历史的人来说,

---

① 章学诚:《文史通议》,第 132 页。

"史德"在读史中实处于中心枢纽位置。因为,关于"史学"的资料功夫积累也罢,"史才"的机敏天分也罢,"史识"中的卓识的来临也罢,归根到底,都还有一个对历史学的基本价值评断与总体认识的问题,即在对历史学的阅读有了一种价值性的判断与认可之后,才能更好地去运用自己的"史学""史才""史识";否则,所谓人文学的史学文本阅读根本无从谈起。或言之,所谓史德,首先要从道理上与人文学的史学文本作精神上的认同。因此,有不同的史德,则有不同的人文学文本的认定。例如,一个人如果缺乏史德,对眼前的人文学文本可以"视而不见",甚至可以从根本上否认有"人文学史学文本"这一说法。这也就是为什么在面对同样一个文本时,会出现"仁者见仁,智者见智"的看法;以及为什么在评价同一个人文学文本时,不同的人之间会发生"风马牛不相及"的争论。从"史德"的重要性这个问题可以得出结论:要想真正理解或阅读人文学史学文本并且能从中受益绝非易事,因为文本的阅读超出了纯粹阅读本身,它已成为一个人的人格之磨炼与修养的过程。同样也可以反过来说:由于"史德"如此重要,对于人文学的"接受史学"来说,阅读史学文本也同时成为培养与增进"史德"以及磨炼人的精神意志、确立人的精神性存在维度的人格修养过程。

四、史学作为人文精神教化之学

事实上,无论是撰写或者阅读,人们将史学文本作为人文学文本而非其他人文学科文本来看待,除了它本身有着不同于其他人文学科的史学文体的书写规则与阅读要求外,一个重要的问题还在于:为什么需要这样的人文学文本?换言之,除了人文学史学文本有其成立的根据外,撰写与阅读人文学史学文本的道理与意义到底在哪里?

或者说,假如人文学史学文本成立的根据是基于人类从精神上自我认同的需要,那么,它是如何达成人类从精神上的自我认识的? 于此,就转入下一个问题,即人文学的史学作为人类的精神教化之学如何可能?

人文学史学文本的阅读,首先有助于人们认识人作为精神性存在之本身。从这一意义上说,人文学的史学属于一种精神教化之学。需要说明的是,这里用"教化"这个词,除了是肯定人文学史学文本有助于提升人的精神境界,或者说有助于对于人的精神性存在的认识与理解之外,更强调作为人文学的史学文本阅读是一种"理解"意义上的教化之学。关于人文学的史学作为精神教化之学,可以有两种理解:一种是重视它的认知教化功能。即通过阅读对人文学史学文本中的人的精神性存在道理有所理解与认识;在此基础上,理解了人之作为人自身,从而确立起人的精神性维度这一要求。在这种阅读过程中,对史学文本中人的精神性存在意义的体会与理解,主要凭借的是阅读者的理性。这种理性指的是一种理论理性。即阅读者在阅读史学文本中通过理性的思考,对史学文本中的历史叙事与内容能够体会出其中的道理,并且加以认同。① 从这一意义上说,史学文本的阅读教化须借助于理性的认知。即通过文本阅读不仅了解其中的内容(历史事实),而且掌握与体会其中的道理("人作为精神性存在")。应当说,这里的教化功能的实现主要是理性的,或者说是借助于人的理论理性。虽然这种理论理性的获得并非纯粹在阅读过程中产生,而与阅读者的主体的品格要素有关,但这些主体品格要素主要是用来帮助阅读者增加对作为人文学史学文本之意义的理解与体

---

① 人文学的史学文本以"事理宗"与"理事宗"这两种文体风格类型呈现,前者"以事见理",后者"寓理于事"。要之,这两种类型的史学文本皆教人通过事实来见其"道理"。

会,而这种理解与体会是认知性的。从这一意义上说,史学文本之人文教化可以通过对历史上的事实所包含道理的体会,来达到人的精神性教化之结果。

但是,作为人的精神教化之学,人文学的史学除了借助或诉诸阅读者的阅读理性之外,也如同作为人文学的诗学文本那样,还是审美的。也就是说除了是认知意义上的教化外,它还有一种精神意义上的"教化"。这里,为了强调精神性的教化活动,试将"教化"与"教育"这两个词区别开来。理由是:在关于人的道德培养或者说人的精神性存在提升这个问题上,人们普遍将教化等同于认知性的教育,或者认为谈论人格教育就是关于人格的认知。其实,就人的精神性教化来说,它除了是认知教育外,主要还是一种教化活动。这从"教化"一词的原初用法可以得到说明:真正的教化活动意味着"潜移默化",而潜移默化是指不知不觉地接受"熏陶"后自然而然地养成习惯。而这种熏陶的机制,除了诉诸理性外,同时还是一种审美的活动。按照伽达默尔的说法,真正意义上的教化活动主要是一种审美活动与审美过程。① 假如这样来理解的话,那么,对于作为人文学的史学文本阅读何以是一种精神性的教化之学,就会获得更充分、更本质的认识。

根据阅读经验,人们在阅读人文学的史学文本时,如同阅读人文学的诗学文本那样,是可以获得审美愉悦的。即是说,在阅读与研习人文学史学文本的过程中,人的精神性的提升,是在潜移默化的过程中自然而然养成的。这里所说的"潜移默化",不仅是指读者自愿的

---

① 伽达默尔谈到"教化"与"教育"的区别时指出:"教化本身根本不可能是目的,它也不能作为这样的目的被追求。因为,这样的目的只存在于人们所探究的教育者的意图中。"(〔德〕伽达默尔:《真理与方法》上卷,洪汉鼎译,上海:上海译文出版社1999年版,第13页)伽达默尔关于"教化"的具体论述,见《真理与方法》上,第10—12页。

追求,而且是在"不知不觉"中进行的。就是说:人们以为自己是因为喜爱读史或者对其中的内容感兴趣而去阅读,其实,在这"喜欢阅读"或"阅读享受"的过程中,人们是在接受文本的精神熏陶——接受熏陶而不自知。这意味着,人们在文本的阅读中是在做一种"游戏"。而"游戏"本身,给人带来的是"欢愉"。这种欢愉或快乐,是精神意义上的,严格意义上说是审美的。故而,人文学的史学文本阅读可以给人带来精神上的享受与满足;在这种享受与满足中,个体的精神境界也不知不觉会发生变化。这就是古人所讲的读书可以使人"变化气质"。看来,人文学文本的阅读与研习能使人精神气质得以提升,从本质上说是一种"审美阅读"。审美阅读不同于其他工具式的阅读。在人的一生中,会用很多时间和精力花在工具式阅读中。所谓工具式阅读,是将阅读视为一种为完成某种任务而必须去做的事情。这种"有用",不仅是指个人获得某种有用的知识与本领,也包括为了道德修养的提高而通过阅读书本去了解"道德"为何物并获得相关知识。这种预先抱有某种工具性立场去阅读文本的方式,很难称得上是审美式的阅读。就审美性阅读而言,作为人文学文本的阅读是预先不抱有任何目的的,或者说,是一种"无目的性目的"的文本阅读方式。这正是人文学文本阅读与其他功利性阅读的区别所在。

　　问题是现在谈论的是作为人文学的史学文本,而非其他人文学文本。于是人们会问:同为提升人的精神境界,同为"审美阅读",人文学的史学文本阅读与其他人文学文本阅读的区别点又在哪里呢?答案是:虽然是无目的的审美阅读,不同的人文学文本阅读与接受会带来不同的审美享受,而与这种审美享受相应的,人所获得的精神境界提升的向度也就不同。假如说人文学的文本审美接受与审美愉悦可以区分为壮美、崇高、优美、幽默这几种方式的话①,那么,作为人文学文本的史学阅读与接受,使人获得的审美愉悦是"壮美"与"崇高"。

所谓壮美既是一种审美方式与审美态度,同时亦是一种精神人格的表征方式。前人与时贤关于"壮美"的论述很多,大多不外乎与作为美的另外一种形态的"优美"相对举。如康德(I. Kant, 1724—1804)在论"壮美"②时就提出:壮美从审美形式上看,是指两种极端的对立。比如,人在极高大建筑物或极高的山峰面前感到自己的"渺小",从而产生的一种对对象物的惊叹之情。这种对壮美含义的揭示,是从审美的形式与审美机制上说的。其实,正是在这种审美过程或审美状态中,本来是作为无目的性的审美状态与个体精神性的人格发生了关联。比如,"风萧萧兮易水寒",这种本来是作为自然景色之存在的秋风肃杀气氛,给人带来的是一种壮美式的审美体验与经验,而与这种审美体验相伴随的,是"壮士一去兮不复返"的作为人格意义上的精神壮美。故就人文学的文本阅读来说,壮美形态的精神人格的熏陶,就是在文本阅读中,对其中有关"壮美"的对象物有一种壮美的审美体验而后完成的。就审美对象而言,假如说自然界的壮美形态会给观赏者带来一种人格壮美的体验(其审美体验根据"移情

---

① 作为人文学的史学、诗学、哲学文本阅读虽皆属于审美阅读,但其获得的审美体验各自不同。其中,史学文本阅读带给人的是壮美与崇高,诗学文本给人的审美愉悦是优美,而哲学文本给人的审美享受可以名为"幽默"。本处论述是人文学的史学文本的审美阅读体验。关于诗学文本、哲学文体的审美体验的论述,分别见本书第六、七两章。

② 康德在《论优美感与崇高感》中,用德文"erhaben"一词来表示"崇高"。其中关于"崇高"的说法,包含"壮美"("壮美"的用法为近人王国维译康德的美学论著时所采用,它的基本意思相当于"崇高")。其实,壮美的含义与崇高相近,却有其不同于崇高的审美机制。但在康德的有关论述中,未将二者加以区分。关于康德美学思想中"壮美"与"崇高"的分梳,参见胡伟希:《论美丽生活——兼对康德〈判断力批判〉的概念澄清与拓展性研究》,载《社会科学》2015年第5期。

说"）的话，那么，人的崇高的道德行为，尤其是历史上英雄贤人的人格，更是一种壮美。看来，通过阅读作为人文学的史学文本而使人的精神向往与沉醉于历史上发生的"壮丽动人"事迹，源于人生来就有的一种追随"壮美人格"的自然天性。因此，在这种无目的的审美阅读中，人会不知不觉地与文本中英雄人物与英雄事迹产生共鸣，而产生了以其为"楷模"的冲动。久而久之，开始时是不知不觉地在潜移默化的过程中被感染，继而是追随其人格行为与思想，最终得以完成精神人格上的"壮美"。

人们在史学文本的阅读过程中，能够被文本中具有壮美品格的英雄人物或英勇事迹所打动，从而潜移默化而不知不觉，会产生向这些英雄人物看齐的心理冲动；久而久之，这种心理冲动积淀下来，会影响我们人格的生成。从这一意义上说，史学文本中关于英雄人物的叙事的确具有教化功能。但这仅仅是史学文本教化功能的一个方面，而非问题的全部答案。因为说史学文本只是凭借对历史上英雄人物及其事迹的记载来打动人心，从而激发起人们去追随这些英雄的行为与事迹的话，那么，文学文本中塑造出来的英雄人物典型及其活动，作为虚构出来的文学形象，同样会让阅读者的心理受到感染，而达到想仿效与追随这些英雄人物事迹的教化效果。而且，由于文学作品中这些典型英雄人物的塑造及其英雄行为的描写借助想象的功能，并且经过艺术的加工处理，然后又以极富情感表达的文学体裁表现出来，就其激发与调动读者的情绪和情感而言，恐怕其感染力也未必逊色于史学文本如实记载英雄人物及其事迹者。这是在比较文学与史学这两类不同的文本阅读经验时都能感受到的。这样看来，说人文学的史学仅仅是靠关于文本中记载的英雄人物事迹来打动人心，或者说史学文本的教化功能是靠书中这类英雄人物的事迹来感染阅读者的话，还未能将人文学的史学文本的教化功能之实现及其机制全都说清。因为假如说史学文本仅仅通过记载历史上的英勇人物及事迹来达到其教化效果的话，那么，为什么许许多多人文学史学文本，固然会记载历史上的英雄人物及其事迹，但同时其中关于历史上人类行为之恶的记载也比比皆是呢？看来，对人文学的史学文本是如何对人的精神实施教化的问题，还值得作进一步深思。

其实，史学文本对人类的精神性教化，除了因其对历史上的英雄人物与事迹的描写可以给人带来精神性的鼓舞之外，更多是通过描写以往人类历史上发生过的善与恶之间的冲突，以及暴露人类历史上的恶行来完成的。这就带来一个问题：假如说人的精神教化总体上是应当使人向善的话，即便人类历史上有那么多恶，从人类应当趋向善的意愿来看，为何不选择人类历史上的善来作为史学叙事的主题，却偏偏要记载甚至于暴露那么多人类历史上的恶行呢？这岂不与史学文本教化应当使人趋善这一主旨相背离？其实，当人们这样想的时候，忘记了作为人文学的史学文本是如何来书写与暴露历史上人类之恶的。对于人文学的史学文本来说，它叙述的是历史的真实。所谓"历史的真实"不止是历史上发生过的事情，更主要的是历史的事实。所谓"事实"虽然其原初的素材是历史上真正发生过的事情，但它却是经过提炼的历史事实，其中包含着历史学家对人类历史的评价，尤其是其关于人类精神性存在之意义的道义评价。从这一意义上说，真正的历史事实其实就是运用普遍的人类道义对历史上发生过的事情作出的道义审判。而史学文本中的普遍人类道义又具体体现为历史中的道义原则。这种历史的道义原则是什么呢？就是关于人类历史书写的历史范畴与思想原则，也即史学叙事之中包含的"理"。从这一点上看，任何人文学史学文本的叙事，其中既有关于人类之善的记载以及人类历史上善与恶的冲突描写，而更有关于人类历史上的重大罪恶及其严重暴行的记录，其目的是让这些恶与暴行——在历史道义中得到审判,并被刻在历史的耻辱柱上,故对于人文学的史学文本来说,所有的历史事实中都包括着史学书写者对历史中发生过的人类活动与行为的道义评价。从这一意义上看,作为人文学的史学文本中关于人类历史上发生过的恶行与暴行的暴露与描写,不仅不会给人类高贵的精神性存在造成任何损伤,反倒由于它是以历史道义以及人类普遍道义的尺度对历史上发生的这些罪恶事件的道义审判,而且,这种史学记载的事实又曾经是历史上真实发生过的,具有作为历史上真正发生过的"事"所具有的"硬性"(指任何人都无法否认它存在过,后人也无法将它修改。假如"修改"的话,则已不成其为历史,故尊重历史事实以及不捏造历史事实是对任何有史德的历史学家的最基本要求),因此,较之文学文本通过塑造善恶之典型及其"讲故事"的真实来说,这种历史叙事中作为真正"实事"存在的"硬性",才是将作为人文学的史学叙事与人文学的诗学文本中虚构的故事情节区分开来的标识。

那么,这种历史事实的"硬性",又是如何塑造人的精神性的呢?根据阅读经验,文学作品中的典型之所以具有感染力,是由于它能调动与激发起人的情感,是以情感人。而史学的事实之所以具有感染力,在于它能激发人的理性考虑,即以事实打动人心。但同样是实施精神教化,文学文本与史学文本的审美教化对人之精神性塑造在方向上有所不同。作为文学文本的诗学作品之所以以情感人,主要基于其中描写与想象的是关于人间以及世界之美好的想象与愿望,它能够激发起人类天性中的优美情操,故就诗学来说,其对人的精神性教化通过优美的审美方式得以完成。史学文本不同,由于其叙事大量是人类历史上善与恶的冲突与搏斗,并且这种善与恶的冲突并非出于想象,而是历史中的"实事",因此,人文学的史学文本中这些关于善与恶冲突与搏斗的描写,更容易调动与激发起人们的"崇高"审美情感。①

审美意义上的崇高固然不同于优美,却也区别于壮美。"崇高"区别于"壮美"的方面在于:就历史文本的阅读而言,壮美指的是对历史上曾经出现过的英雄人物及其事迹产生崇敬的情感,并且在审美阅读中为其事迹所感染,产生了一种想追随与模仿英雄行为的冲动。就心理活动而言,这种审美体验是壮美的。而崇高感则不然,崇高感的审美机制是:在史学文本的阅读中,人们感受并且体验到人类历史以及现实生活中善与恶之间的激烈冲突以及罪恶给人类制造的苦难,而历史事实的"硬性"告诉人们的是,这种冲突与痛苦并非只是历史上偶然发生的现象,它作为"实事"乃基于人类的内在本性;因此,它或许还会在以后的人类世界中一再重演。由于在史学文本的历史叙事中,这种关于人性之善与人性之恶的冲突表现得如此强烈与鲜明,以致道德感迫使他会产生一种制止这种历史中的恶与暴行的强烈冲动。由此可见,所谓崇高感其实是面对历史之恶所激发出来的要维护与捍卫人类之善与美的道德尊严感与道义使命感。②

---

①　这里将诗学文本与史学文本的审美体验划分为两种类型,这种划分也是相对的。因为,诗学文本带给人们的主要是以"抒情诗"为代表的能唤起人们优美审美的心理体验,但这不排除诗歌中也有表达人生的壮美情怀,以至于能唤起人的崇高的审美心理体验者。然而,从形而上学的角度看,最高义或第一义的诗应当是以优美见长的。这从王国维将诗区分为"有我之境"与"无我之境",并视达于"无我之境"的诗为最高境界者可以概见。本章遵从王国维的看法,将优美之境定为人文学诗学文本的最高格;就形而上学的角度言,真正的诗或者说"纯诗"乃"无我之境"的诗。本人关于"诗"或"纯诗"的这种观点,在本书第六章会有所讨论。

②　这里将崇高感与壮美感相区别,是从审美对象的处理来划分。即引起壮美感大抵是观照壮丽的山河景色或雄伟的建筑物高大形体所引起,也可以由对有庄严道德感与高尚品格的人的行为与事迹的观照而引起;而崇高感的审美体验,与其说是以人(英雄人格)与物(自然景象与建筑)为对象,不如说是对两种极端事态或行为的对比在心灵中所引起的强烈震撼所触发。在这种意义上看,假如说这两种美都是直观审美的话,那么,壮美是对审美对象作形式直观的审美,而崇高则是对审美对象作质料直观的审美。这两种审美可以给人带来不同的审美享受。

综上所述,作为人文学的史学文本之所以能称得上是人文精神教化的文本,其实是通过其历史叙事中所包含事实中的善与恶的冲突所造成的。历史事实所包含的善与恶的冲突,从人的精神性存在以及宇宙终极存在的角度看,是现象界之事与本体界之理的冲突。而史学文本通过以人类之普遍道义原则去观照历史上曾经发生过的历史事件,将历史的"事情"改造为具有真实性的历史"事实"并进行历史叙事。因此,愈是出色的历史学家,就愈能以其所具有的历史知识并结合"史才""史识"之运用,将这种本就蕴藏于人类历史中的人类社会发展之天理与现象界中的理事之冲突,以历史之"真"的方式表现得淋漓尽致,从而激发起阅读者去追求人类的普遍道义与普遍价值的热情。应当看到,这种人类之普遍道义与普遍价值的追求,从历史与现实世界来看,如果想要得以实现,又必然是充满矛盾与冲突的。然而,作为人文学的史学文本的宣示却告诉人们:人是具有善良意志的,并且应当将其转化为行为。而这一意志力指向,是通过人在审美式的史学阅读中完成的。这种阅读与体验的审美心理状态,可以总称为"壮美与崇高"。司马迁说:"昔西伯拘羑里,演《周易》;孔子厄陈、蔡,作《春秋》;屈原放逐,著《离骚》;左丘失明,厥有《国语》;孙子膑脚,而论兵法;不韦迁蜀,世传《吕览》;韩非囚秦,《说难》《孤愤》;《诗》三百篇,大抵贤圣发愤之所为作也。"[①]陶渊明《咏荆轲》诗云:"其人虽已去,千载有余情。"文天祥《正气歌》写道:"天地有正气,杂然赋流形。下则为河岳,上则为日星。于人曰浩然,沛乎塞苍冥。皇路当清夷,含和吐明庭。时穷节乃见,一一垂丹青。在齐太史简,在晋董狐笔。在秦张良椎,在汉苏武节。为严将军头,为嵇侍中血。……是气所磅礴,凛烈万古存。"后人称《史记》为"史家之绝唱,

---

① 司马迁:《史记·太史公自序》,北京:中华书局 2006 年版,第 761 页。

无韵之《离骚》"①。无数先辈圣贤与仁人志士的往事,就这样通过史学典籍的记载一代一代地留传下来。千百年后,人们读其书,思其人,久远的历史事迹与历史叙事依然会给人们的心灵带来强烈的震撼与精神上的冲击,唤起内心追求壮美与崇高的冲动。人文学的史学文本,其以审美的方式熏陶人的性情与对人类实施精神教化的洗礼,其魔力实在大焉!

---

① 鲁迅:《汉文学纲要》,《鲁迅全集》第10卷,北京:人民文学出版社1973年版,第581页。

第六章

提喻：论作为人文学的诗学文本

诗以"意象"的方式敞开自身。就诗学意象来说，它具有比喻性、言外之意性与意味性。诗的形成机制乃作为提喻的"比兴"。衡量诗之为诗的标准是"诗格"与"意境"。诗格有"情理型"与"理情型"之分。而诗的境界有"有我之境"与"无我之境"之别。从"诗"以呈现形上世界以及追求"第一义"为目标这一点来说，无我之境方是作为人文学的诗词所应当追求的最高胜境。诗学文本意义的实现，是读诗者与作诗者共同参与的结果。读诗是心灵特有的一种心智功能的发动，可以称之为"感遇"。人文学的诗学文本的阅读与鉴赏不仅是审美的，同时也具有精神教化的功能，它使人的精神性存在趋向于"优雅"与"优美"。

一、论"意象本体"

"诗"①在人类精神的教化过程中承担着重要功能。几乎在所有主要的人类精神文明进化的谱系中，都曾经有过一个以"诗"的方式对人类精神实施"启蒙"的开端期。文艺复兴时期的意大利人维柯对人类早期的精神进化史做过细致的梳理，认为人类早期的历史其实是一个"诗性智慧"的时代。② 尽管历史发展到今天，人类与"诗性智慧的时代"渐行渐远，然而，作为人类精神文明遗产的积淀，有关诗与人类的精神发育这个话题始终没有被人们遗忘，它与人类精神科学的其他学科，比如史学、哲学等，一道进入"人文学"的领域，继续承担着从精神学意义对人类实施教化的重任。然而，什么是诗？诗能够承担人类精神的教化的根据何在？它的教化功能是如何实现的？它与其他的人文学教化到底有何不同？这是我们在这里要回答的。

让我们的话题还是从当代哲人海德格尔说起。也许是有感于现代文明，尤其是工业与科技文明的迅猛发展以及由此带来的对诗性智慧的遮蔽，晚年海德格尔认为必须以"诗学"的方式来重新塑造人

---

①　这里的"诗"指作为人文学文本的诗，而非仅仅作为一般文学体裁之一种的诗体。这里区别的标准是：前者（人文学文本的诗）不仅具有通常像人文学科文本的诗体裁形式，并且其表达或呈现的内容指向人的精神性存在以及宇宙的终极本体，故是关于"性与天道"的诗性语言表达方式；而后者则仅限于表现人在现象界生存的喜怒哀乐之情而无关乎形上之旨。关于人文学的与非人文学的诗的区分及其理论分析，见本书第四章："文体·风格·话语与'喻'——论人文学文本的构成"。

②　在《新科学》一书中，维柯对人类早期是一个诗性思维的时代的历史有详细的梳理。他总结说："在世界的童年时期，人们按本性说就是些崇高的诗人。"（〔意〕维柯：《新科学》，北京：人民文学出版社1986年版，第98页）"希腊世界中最初的哲学家们都是些神学诗人。这批神学诗人的兴旺时期一定早于英雄诗人们，正如天帝约夫赫库勒斯的父亲。"（同上书，第101页）

类的现代文明。其中，他重申"诗"在人类生活甚至整个宇宙世界中的"本体论地位"的言谈更是发聋振聩。他说："筹划着的道说就是诗：世界和大地的道说（die Sage），世界和大地之争执的领地的道说，因而也是诸神的所有远远近近的场所的道说。诗乃是存在者之无蔽的道说。始终逗留着的真正语言上那种道说（das Sagen）之生发，在其中，一个民族的世界历史性地展开出来，而大地作为锁闭者得到了保存。筹划着的道说在对可道说的东西的准备中同时把不可道说的东西带给世界。在这样一种道说中，一个历史性民族的本质的概念，亦即它对世界历史的归属性的概念，先行被赋形了。"①"真理的诗意创作的筹划把自身作为形态而置入作品中，这种筹划也决不是通过进入虚空和不确定的东西中来实现的。毋宁说，在作品中，真理被投向即将到来的保藏者，亦即被投向一个历史性的人类。但这个被投射的东西，从来不是一个任意僭越的要求。真正诗意创作的筹划是对历史性的此在已经被抛入其中的那个东西的开启。那个东西就是大地。"②诗"并不在于某种制造因果的活动"③"语言本身就是根本意义上的诗。但由于语言是存在者之为存在者对人来说向来首先在其中得以完全展开出来的那种生发，所以，诗歌——即狭义上的诗——在根本意义上才是最原始的诗。④"荷尔德林诗意地表达了诗之本质——但并非在永恒有效的概念意义上来表达的。这一诗之本质属于某一特定时代。但并不是一味地相应于这个已经存在的时代。相反，由于荷尔德林重新创建了诗之本质，他因此才规定了一个新的时代。这是诸神逃遁和上帝到来的时代。"⑤"真正说来，艺术

---

① 《海德格尔选集》上，上海：上海三联书店 1996 年版，第 294—295 页。

② 同上书，第 296 页。

③ 同上书，第 293 页。

④ 同上书，第 295 页。

⑤ 同上书，第 324 页。

（根据作者的上下文意思，此处"艺术"指"诗"——本书作者按）为历史建基；艺术乃是根本性意义上的历史。"①云云。

对海德格尔的征引就到此为止。仅从上面摘录的几段文字可以看到，海德格尔对什么是"诗"这一问题的论题域相当广泛，其中涉及：诗性思维与现代工具性思维方式（如注重"因果律"）的区别、诗的功能和本性、诗与人类生活及其未来走向的关系，乃至于诗人是如何"创制"诗的，等等。其中，最值得注意的有两点：其一是对"诗"之本体论地位的强调，即认为"诗"从本性上说乃"天人之学"，是关于"性与天道"的"道言"，而这种道言对于人类精神生活来说影响至为深远。其二是："诗"通过语言来谈论或者说"呈现"天道。因此理解诗及其本质离不开语言。

但是，仔细研究海格尔关于"诗"的论述后发现：海德格尔虽然对诗的功能与本质作了深刻的揭示和说明，而且点出了诗乃"语言"。但是，诗的这种语言特性何在，其究竟是如何呈现"天道"的？这一问题假如不从剖析诗的语言入手，那么，诗的存在论与本体论的地位尚难说已经最终解决。看来，海德格尔的见解尽管深刻，却还只是道出了问题。海德格尔的"晚年之问"，还须我们回到诗的语言。此也即是"作为'诗'的语言何为可能？它是如何呈现'天道'"的？

让我们先从西方文化传统对这个问题的理解入手。在西方，最早从语言上探讨"诗"之何为的代表人物是亚里士多德。在《诗学》这本书中，他不仅对"诗"的本质作了阐述，认为诗比历史更真实，而且还从语言学的角度对这种诗的真实性作了说明，这就是关于诗的"模仿说"。在他看来，诗对世界的真实的把握是由于诗的语言是可以对真实的世界加以摹写得以实现的。问题是：这种对世界或者说

---

① 《海德格尔选集》上，第298页。

现实生活中人物的模仿或描写,是否得到的就是世界或者说人间世的真实?对这个问题,假如我们通过对亚里士多德关于具体的人物描写的论述来看,他所谓的真实乃现实世界中的表象的真实。这种表象的真实无论在细节上如何逼真,都无法呈现出人的精神性的存在之真实。这是因为亚里士多德关于诗的真实,其追求的目标就在于现实世界的"现象之真",从这种意义上说,亚里士多德关于诗学的语言,实乃表象性的诗学语言。这种诗学语言无论多么富于形象性与想象性,其终究囿于现象界的模仿与描绘,而实难逃现象性的形象语言的巢穴。[①] 自亚里士多德以降,西方传统的诗论或文论谈论起诗的语言时,无不囿于这种亚里士多德式的"模仿说"的诗学观念。[②] 即以海德格尔而论,尽管他没有就何为诗的语言这个问题有过具体的讨论,但通过他对荷尔德林的诗所作的分析可以看出:他认为构成诗的语言学要素就在于其形象性,而所谓形象性实乃立足于对人处于现象界的存在境遇的表达与模仿。[③] 西方诗论中这种强调运用形象性的描写或想象来表现人的现象界的生存境遇及其追求,我们可以名之为"形象语言"。但这种语言是如何来表达与呈现人的超越的

---

① 亚里士多德关于"模仿说"的具体内容见其所著《诗学》(罗念生译,北京:人民文学出版社 1982 年版)。

② 由亚里士多德开创的关于"诗"乃"模仿"的诗学理论一直为西方美学家与诗评家所继承,其中典型者如莱辛,他在《拉奥孔》一书中总结诗是如何用"模仿"观念来指导其创作活动的经验时说:"诗在它的先后承续的模仿里,也只能运用物体的某一特征,所以诗所选择的那一种特征应该能使人从诗所用的那个角度,看到那一物体的最生动的感性形象。"(〔德〕莱辛:《拉奥孔》,朱光潜译,北京:人民文学出版社 1979 年版,第 182 页)

③ 海德格尔认为,诗的语言可以是道言的论证乃是根据他的哲学观念,即认为存在通过存在者"显现"。这与中国诗论中关于诗学意象乃追求"象外之象"以及"意在言外"的本体论解释完全相异。海德格尔对于荷尔德林这位"诗人的诗人"的诗歌作品所作的具体分析,见《荷尔德林和诗的本质》《如当节日的时候……》《……人诗意地栖居……》(《海德格尔选集》上),等等。

精神性维度以及穷达天人之际的,这对于仅仅局限于现象界之描述的形象语言来说似乎是一道难以把握的难题。①

也许,通过对中国人文学的诗学文本及其"诗论"的研究,我们可以发现诗的语言的真正秘密:真正的诗不是其他,实乃运用具有超越意味的诗性语言来表达或呈现那"天人之境"的形上世界的。故而,不是什么满足于或仅仅停留在对人类的现象性生存境遇的逼真描写或模仿,而是立足于那超越于人间的现象界的语言运用,才是诗之为诗性语言的真谛。这种语言运用,在中国古代的诗学传统及其理论中,称为"意象"。② 即言之,如果说中国古典文学文本的典范是诗的话,那么,"诗"其实是以"意象"的方式来敞开自身与把握本体世界的。其实,以诗的方式来表达或传达关于本体世界的信息,这种看法

---

① 应当说,在西方诗学传统中,尽管形象语言无法直接表达与呈现其形而上的终极关怀,但这种形象语言在表现其形而上的关切方面也并非完全无能为力。比方说:西方诗作中有不少关于宗教题材的诗歌作品,其中亦运用了诗学的意象,但是,这种意象用之于传达其形上之理或者表达其宗教的终极关怀时,采取的是"象征"的修辞手法,这与我们这里所讨论的诗之意象语言的提喻运用有本质区别,即一者(本书所论的诗学意象)之语言运用是本体论的,一者(作为宗教语言的象征性意象)属于文学修辞式的。关于诗性语言的提喻运用与象征运用的问题,这里暂不作展开讨论,而只须举中国的山水诗与西方基督教的宗教诗作对比就可见其彼此差异。不过,运用象征手法写作的诗在中国历史上也有,比如:佛教僧人的"禅诗"经常用象征手法来表达佛学的义理。

② 中国诗论关于"意象"的思想由中国最早的一部诗论作品——钟嵘的《诗品》开其滥觞。其中认为诗的语言本质要素是要有超出意象之外的"滋味":"五言居文词之要,是众作有滋味者也。""干之以风力,润之以丹彩,使味之者无极,闻之者动心,是诗之至也。"这里对"滋味"的解释乃通过形象性的"具象"(有具体形象的事物)而使人味至"无极"(形而上者)。而作为中国古代文论之集大成的《文心雕龙》则提出一切"文学"体裁源于"诗"(即"诗"乃各种"文体"之祖),而"诗"的创作的秘诀是"神思":"神用通象,情变所孕。物以貌求,心以理应。刻镂声律,萌芽比兴,结虑司契,垂帷制胜。"这些都是对于运用可见可感的具象物来表达那不可见、不可感知的形上世界的诗的创作手法的形象说法。而到了中国诗歌创作巅峰的唐代,"意象"一语正式进入各种诗论与诗评中,对诗的创作如何运用意象有了更深入的探讨。本章重点在对作为人文学的诗学意象理论的分析,有关中国诗学的"意象"思想发展史,此处不作展开讨论。

也并非中国独有。在西方,像赫伊津哈就认为:"任何地方,诗都处于散文之前;对于神圣事物的表达而言,诗是唯一的方式。"①他甚至指出,诗的语言的奥秘就在"存在与理念之间的永恒鸿沟只能靠想象架起虹桥。言不尽意的概念总是与生活的激流不相适合。因此只有意象创造或修辞语汇才能表达事物,同时给它们沐上理念的光辉:即理念与事物在意象中统一。"②这种说法尽管已接触到诗其实是运用意象来表达其形上之旨这个问题的实质,但就如何通过具体的诗学之"意象"来呈现那形上的本体世界这个问题,西方诗论,包括赫伊津哈本人仍然是语焉不详的。对这个问题的考察,还须回归到中国的诗学文本及其理论。那么,"意象"到底是什么呢? 应当说,中国早期的意象实乃"卦象",这是用一些如"—""--"等符号来对天象以及人事的意义加以表达与诠释的符号化活动;有了文字符号以后,象就与语言文字结合起来,成为我们现在所采取来作为中国语言文字表达工具的意象。③ 就中国的语言文字来说,可以说中国文学所使用的语言都属于广义的意象。④ 但我们此处的意象是特指的,是指在中国古代诗词中用来传达意义与表征意义的意象,它除了具有一般的以形象性的东西来表达意义与传达意义这一意象所普遍具有的特征之

---

① 〔荷〕赫伊津哈:《游戏的人》,杭州:中国美术学院出版社 1996 年版,第 140 页。

② 同上书,第 148 页。

③ 《易传·系辞上》关于中国古文字由象而卦、由卦而言的演变情况有这样的记载:"子曰:'圣人立象以尽意,设卦以尽情伪,系辞焉以尽其言'",这说明中国最早的卦象就是一种用来表达意义的意象文字符号。

④ 从早期的卦象到后来的象形文字,中国学术中所使用的意象语言都兼有其作为形象性的"所指"与其所表达的形上本体即"所是"的意义。广义来说,中国的人文学术(包括史学和哲学)使用的都是意象语言。对这个问题的讨论,详见本人有关文章,如《意象理论与中国思维方式之变迁》(《复旦大学学报》1986 年第 3期《文化研究专号》)以及《中国经验:哲学与人文学的沟通何以可能——兼论人文学的形而上学基础问题》(《社会科学》2010 年第 7 期),等等。

外，作为文学修辞来运用，它还有如下几个特点：

首先，比喻性。这里的"比喻"是"以此'说'彼"，即以这一种事物来说明或暗示另一种事物；而用来说明或暗示另一种事物的这一种事物，往往是具有形象性的。从这点上说，意象是用形象性的东西来替代另一种东西，故谓之"意象"。① 正是意象的这种比喻性将它与西方文论中通常所说的"临摹"与"描写"手法区分开来。临摹也具有形象性，这种形象性追求的是对于现实事物与场景模仿的"形象真实"。像亚里士多德在《诗学》中所说的通过人物的动作和行为来对人的性格加以模仿，这种模仿无论如何写实与追求形象的逼真，其理想的效果是一种教人通过对描写的事物与场景达到"身历其境"的作用。比喻并非临摹或描写，而且作为诗的意象的比喻，严格说来是一种"比义"：它指向的是具体事物背后的"意义"。这种"比义"与我们在史学文本中通常看到的"事实"之喻不同。事实的形成基于转喻，而事实形成之后，其内容则是实指的事实。这种以此事物来代替或比作另一种事物的"比"，通常说来是"比类"。② 作为人文学的诗学之比喻不同于"比类"的地方在于它作为意象本身来说，其意义指向不是"事实"，而是形上世界。因此说，作为人文学的诗学的比喻具有形上性。诗的意象的这种比喻的形上性，在中国的古代文论与诗论中有精到的论述。如《诗品》就讲得很明确："比"不是以此物喻彼

---

① "意象"不仅是"象（形象）"，而且包含着"意（意义）"，正是这种意与象之合，才将其与通常的"形象"以及仅仅作为"意义"符号所使用的抽象概念或者说"观念"区分开来。

② 作为人文学的诗的意象的"比喻"不同于一般文学作品以及史学文本中作为描写与夸张的"比类"修辞手法。刘勰谈到这两者之间的区别时说："故金锡以喻明德，珪璋以譬秀民，螟蛉以类教诲，蜩螗以写号呼，浣衣以拟心忧，席卷以方志固：凡斯切象，皆比义也。至如麻衣如雪，两骖如舞，若斯之类，皆比类者也。"（刘勰：《〈文心雕龙〉注释》，周振甫注，北京：人民文学出版社 1981 年版，第 394 页）

物,而是"因物喻志"。① 至于"志"的具体内容,《文心雕龙》更有进一步的说明与发挥。它强调"言之文者,天地之心哉!"②"日月叠璧,以垂丽天之象;山川焕绮,以铺理地之形。此盖道之文也。"③而"比者,附也"。④ 这里的附,是附理,故诗中"比喻"的真正用法是以比显道:"附理故比例以生。"⑤

其次,言外之意性。意象既然是一种"比喻",其意义的内容就不是从意象本身所能够直接看出或者推断出来的。这就是中国古人论诗时要强调的"象外之象""意外之意"的意思。《文心雕龙》论诗的作法谈到"隐秀",其中"隐也者,文外之重旨也"⑥。宋人欧阳修在《六一诗话》中引梅尧臣说:"含不尽之意,见于言外。"⑦诗学意象的这种言外之意性,在中国传统诗话中称之为"含蓄",认为"诗贵含蓄"。它要告诉我们的是,读诗与阅读其他文本,包括史学的、哲学的文本不同。就史学文本与哲学文本的阅读来说,即使我们对文本所想表达的真实含义未必能全然把握与体会,但这些文本所告诉我们的基本"事实"以及"概念",结合我们已有的学科知识,我们总不至于对它们的基本意思完全弄不清楚。但诗的文本不然,即使我们对其中的意象展示出来的"形象"或"情景"似乎十分熟悉,甚至对作者的身世及写作背景都很清楚,但诗中的这些形象或情景所表达的真实意义是什么,我们却未必能够懂得和理解,因此需要反复地寻求与耐心地

---

① 钟嵘:"因物喻志,比也。"(《诗品》,贵阳:贵州人民出版社 1990 年版,第 11 页)

② 刘勰:《〈文心雕龙〉注释》,第 1 页。

③ 同上。

④ 同上书,第 394 页。

⑤ 同上。

⑥ 同上书,第 431 页。

⑦ 此段话为近代周振甫注《文心雕龙·隐秀》时所引。同上书,第 436 页。

体会。

最后,意味性。与言外之意性有联系的是意味性。顾名思义,意味性意味着意义的"耐人寻味",这里的"寻味"有不断追索和反复回味的意思。之所以如此,乃因为诗学文本中的意义既然是"言外之意",这种"言外之意"指的是什么呢?(1)诗的意象的"意义"不像概念的"含义"那样具有明确性。(2)诗的意象意义既然是超出的、"言外"的,它必然具有超出语言可能范围的流动性与发散性。因此,即使读诗者自以为好像已了解了诗的意象的含义或"言外之意",但诗学意象作为一种具有发散性与开放性的文本形式,其意义永远给人以无穷探索和永远寻访的可能。正因为这样,《诗品》提出诗有三义:比、兴、赋,并且主张三者并用,以达到"使味之者无极,闻之者动心,是诗之至也"①。对于以言说"第一义"的诗学文本来说,强调通过意味来把握形上之道尤其显得重要。因为形上之道既然是"言外之意",因此用任何意象去摹写它都难免有其"在场性"。即言之,以"在场"的东西去表达或呈现那"不在场"者,总会有其限制。因此,通过意象去把握不在场的东西,只能借助其具有发散性与无尽性的道的意味。也就是说:"形而上之道"不仅表现为在场的意义,而且是不在场的道味。故中国的文论和诗论往往强调对道味的把握与体验。《文心雕龙》也强调道与味结合,并将"道味相附,悬绪自接,如乐之和,心声克协"②视为诗的基本特点。这样看来,读诗与读史和阅读哲学文本不同。对于读诗者来说,我们追求的与其说要穷尽其中蕴含的意义,不如说是感受与体会其中的道味。

归结以上几点,诗完全是一种运用意象语言的艺术。意象语言

---

① 《诗品》,第 11 页。
② 《〈文心雕龙〉注释》,第 463 页。

不仅对于诗的意义表达十分重要，而且它本身就决定了诗的意义。当海德格尔说"语言是诗，不是因为语言是原始诗歌（Urpoesie）；不如说，诗歌在语言中发生，因为语言保存着诗的原始本质"[①]时，就这句话将诗的语言理解为诗的"意象"而言，恐怕更为准确。

应当说，诗以意象的方式存在，这只是关于诗的本质的阐明。它还未告诉我们诗的这种意象是如何形成的。而假如离开了对于诗的意象形成的具体研究，则我们对于这句话的理解依然是幽暗难明。因此，下面让我们进入到对诗的意象如何形成的考察，看看意象对于诗来说到底意味着什么。

二、"诗可以兴"

让我们先从"诗人"为何要作诗，以及如何作诗说起。这里对"作诗"的考察，不是说去观察与研究某个或某些人为何去作诗以及他作诗的具体写作过程，也不是说要对这些诗人写诗的心得与过程从方法论与写作技巧方面进行提炼，以说明写诗要如何去琢磨"谋篇布局"，以及诗之辞藻该如何选择与运用之类。都不是的。所谓了解作诗的过程，首先是要研究与分析"诗之为诗"的构成条件。这些作诗的构成条件对于诗人作诗来说是先验的。换言之，大凡真正的诗人作诗，以及诗之文本的形成，都必体现这些原则与要求。反过来，假如作诗者偏离了这些作诗的原则要求，或者一首诗经不起这些原理与原则的评判与检验，则其不能成为诗，或未必是好诗。一旦把问题归结到这点，我们发现：真正的诗或者说人文学的诗作的形成，尤其是作为其核心要素的意象的形成，是与"比兴"这一语言运用分不开的。那

---

① 《海德格尔选集》上，第 295 页。

么,何为比兴、比兴对于作诗来说为何如此重要呢?

比兴本是中国古人论诗的创作的一个极其重要的文学范畴,但历来对它的解释不一。一般来说,人们常常将它理解为比喻。[①] 其实,这种简单化或仅仅从比喻的方面来定义比兴的看法,很难解释诗的意象形成。因为诗的意象虽然采取比喻的手法,但是,它为何要采取比喻的手法,以及即使它采取比喻的手法,这种比喻手法对诗来说意味着什么,仅仅从比喻本身来说是解释不清楚的。其实,对比兴的理解,其着眼点应当在"兴"。就是说,比喻的手法多种多样,而将诗的比喻与其他比喻手法区分开来的,并非比喻本身,而是兴。

兴与作诗有什么联系呢? 或者说,为什么诗的比喻离不开兴? 为此,我们先从字源上来考察,看看"兴"的本来意思是什么。按照《说文》的记载,"兴"字的出现相当古老,它在甲骨文中写为"𦥑",是对"众人合力做某种事情"的一种描写。这种对"兴"的看法相当古老,它成为"兴"字之意义的源头;后来关于"兴"的用法虽然多端,无一不跟这种起源义有关。这种起源义是什么呢? 就是众人合力在做某种事情时形成的一种气氛。[②] 所谓气氛要多个人在一起才能形成,假如单独一个人,无论他做什么事情,都无所谓气氛。而气氛代

---

① 关于"比喻"的用法,本处区分"比义"与"比类"。普通的比喻属于"比类",这是一般诗歌作品常用的文学表现手法。而结合"兴"的运用的比喻则称之为"比义",即以"比(附)"的手法表达与呈现其形上之旨("义")。后者才是作为人文学诗学文本的意象运用之方法。

② 关于"兴"字之起源义及其解释的有关研究见彭锋:《诗可以兴》(合肥:安徽教育出版社 2003 年版,第 52—68 页)。其中谈到有关"兴"乃"气氛"的观点及论证。举例如下:金文的"兴"字都加了"口"字,作"𦥑",商承祚释口为"举重物邪许之声",杨树达释口为"令举物齐一之发令声",陈世襄则明确释兴为"上举欢舞"指出兴"乃是初民合群举物旋游时所发出的声音,带着神采飞逸的气氛,共同举起一件物体而旋转"。他还指出"兴"与"现场气氛"的关联时说:"'兴'的呼喊于是在初民的群舞里产生",可见,"兴"之原始义乃众人共同工作或做某件事物时通过发声形成的共同气氛;而这种气氛发声出之于口,表达的是众人的"心情"。(参见《诗可以兴》,第 65 页)

表某种情绪,也即后来的情。于此,我们可以见到后来将比与兴连
用,将它作为一种诗的修辞手法,乃是为了传达某种气氛,或者为了
营造某种氛围。气氛是什么? 气氛的形成发之于"口",表达的是众
人的心情与性情。故又可以说,"兴"乃情之聚集而成也。于是我们
看到,所谓兴,其实是构造或者说营造一种气氛或氛围。而这种气氛
或氛围的扩大与扩散,可以通达世界。故对于兴而言,情乃世界的真
实呈现,世界就是情的世界。于此,我们可以说:比兴首先是以"兴
情"的方式为我们创造了一个新的世界,然后才通过"比"的运用以
"意象"的方式将这种"兴"的世界加以呈现与表达。① 这里,所谓创
造一个新的世界,并不是说这个世界原先不存在,而是说,在诗之兴
的眼里,世界乃情,情之所在,实乃世界。这就是以前我们曾经说过
的提喻给我们提供的世界或者说存在(包括存在者和终极存在)。②

　　那么,这里众人的情,或者说可以调动众人情绪的情到底是什么
呢? 这里的情兼有狭义、广义两种理解。狭义的情,它自然是指"人
情",即诗人以及普通人都具有的人之"常情",这当中可以是爱情、亲
情、种种人间之情,还包括对自然宇宙的悲情,等等,一句话,它出自
人的自然天性与本能。但情还有一种更广义的理解,即它不只是出
于人之常情,而是自然界乃至整个宇宙世界普遍具有的"情",这种情
不只限于人类,遍及整个宇宙世界,故可以说是"天地之情",但在作
为人文学的诗学文本看来,这种天地之情又是人所可达,并且可以通
过人之常情来表达与传达的,也正因为这样,它才可能调动起众人之

---

　　① 本处前面提到:"比者,附也","附理故比例以生",这里的"比例"即运用
意象。故"附理比例以生"说明了比与意象的关系:比是附理的方法,而这种方法通
过意象的运用("比例")得以完成。

　　② 关于诗学文本中"提喻"的用法及其说明,见本书第四章"文体·风格·话
语与'喻'——论人文学文本的构成"。

情,否则的话,它就是只限于个人的私情。① 而对于作诗者来说,他正是通过对天地万物的感应,感应到这种遍及于万事万物以及天下宇宙之中的情,并将其以言的方式道出。故诗人不是别的,就是能够以言说方式来表达与传送这种普遍于天下万事万物之间的情的宇宙精神的信使。而假如再追求下去,天地万物之情是什么含义,从逻辑推论的角度去推断与猜度,它只能是一种自由精神与自由意志所激发出来的情。因为惟自由方能无限,方能普遍于宇宙万物,也惟自由方能是为众人所能接受的情。由此看来,作为人文学文本的诗学文本,其实就是要通过诗人所具有或能够感觉到的天地之情来呈现与传达那在茫茫宇宙中似乎为肉眼所不可见的自由精神。这里,正蕴含着诗学文本可以运用指喻来表达与呈现形上本体与人的精神性存在的奥秘。所谓指喻是指通过诗人个体感受到的情来传达与呈现人类以及整个宇宙间的普遍之情。我们说,这种局部代替全体,是基于本质的同一性。② 这里所谓的本质实乃遍布于天地之情中的自由精神。因此说,对于诗学文本或诗之创制者来说,自由乃世界或宇宙万物本质的本质。这当中,我们通过中国古人以及古代诗词中大量对于自由以及自由精神的讴歌可以看出。惟这种对于自由的讴歌是以意象之方式表达的,故需要我们通过对诗中意象的寻味与体会方能得之,因为这种宇宙中的自由精神是以诗之意象的"比兴"手法加以表达与呈现的。于此,我们也进一步看到了诗的提喻思维与作为史学文本

---

①　关于情乃世界的终极存在方式或者是宇宙的最高本体,此种"唯情论"的看法古已有之,近人朱谦之、李泽厚等人也持这种看法。此处不拟对这些观点及其内容展开分析与评价,而仅从对诗学文本的讨论出发,对世界何以可以是情的世界作出诗学阐释学的一种理解与解释,故本书关于世界以情的方式存在的理解或许与学术界目前的看法有异。

②　关于什么是"本质的同一性"的讨论,参见本书第四章"文体·风格·话语与'喻'——论人文学文本的构成"。

的转喻的区别所在:对于史学的转喻思维来说,它看到的是一个"事实"的世界,这种事实世界是以建立在现象界的事实之为"真"的基础上的,它只具有特殊性与个别性,虽然这种特殊性与个别性真实,但也可能是茫茫宇宙中具有偶然性的此在。而诗学通过"比兴"以提喻的方式展现的则是一个超过了人间短暂历史以及万事万物的瞬间流转的自由世界。而且,通过与史学建立在"事实"基础上的转喻方式比较,我们发现自由世界与事实世界虽然是两个不同的世界,但它们彼此之间并不相隔,因为世界本是一个整体,两个世界的划分乃是基于采取转喻与提喻方式分别观看周围世界所导致的结果。而诗的出现的意义在于它在人们日常生活于其中的转喻式的世界中,提供了另一种喻的视野与角度,使人类发现或创制出另一个世界——纯粹的自由精神与自由意志的世界。① 在这点上说,海德格尔是对的。他说,世界是诗人创制的;因为有了诗,才出现世界。这里的意思不是说世界离开诗会不存在,而是说:有了诗之后,世界才呈现出它的本真面貌,这世界的本真面貌是诗所赋予的。这里,假如用兴来指代诗的话(因为兴已成了诗的本质),那么,在诗人的眼里,世界就是兴的存在。兴是什么,世界就是什么。也正因如此,孔子在指出《诗》可以为人们提供一幅完全不同于日常生活的世界新图景时说:"诗可以兴。"

三、"诗格"与"意境"

以上所说的是,通过托物起兴,诗人为人类创制了一个世界——纯粹的自由或者自由精神的世界。然而,这仅是就理想的状态而言。事实上,诗人毕竟是个人,个人天生具有此在的偶在性,因此,他对世

---

① "自由"一词有多种含义。此处的"自由"指"自由意识",比如人格独立、自由心灵等;而非政治学关于"自由"的含义。

界,包括自由精神的见识有着他生活于其中的环境的局限性,同时在创制诗的过程中也受到他驾驭诗性文字与运用意象的才能的限制。即言之,诗人写出来的作品未必是好诗,因此,作为体现自由意识与自由精神的诗,必有其标准与衡量的尺度。就是说,我们要用诗的尺度去衡量诗之为诗,以及诗人之为诗人。那么,诗的标准在哪里呢?

我们说,就作为人文学的文学文本而言,其语言之运用衡量诗之为诗的标准首先是要有诗格。① 诗格本是中国古典诗评理论的重要范畴。在《诗格》中,王昌龄结合具体的诗作从写作技巧方面对诗格的概念进行了讨论。从中可以看到,"诗格"要讨论的中心问题是诗歌创作中如何处理好"情"与"理"的关系。我们已经说过作为人文学的诗文本,它不同于一般的抒情诗的方面,就在于它是"寓理于情"或"由情达理",而此中之理,实乃天地之理或扩充于宇宙之理。故如何处理好情与理,如何在诗中由理至情或由情达理,对诗来说不仅是一门在诗的创作中如何驾驭与运用语言文字的艺术,而且主要关系到如何通过情来表达与呈现理。否则的话,这情再充盈,这理再超越,却也与作为人文学的诗学文本无关,或者在作为人文学的诗学文本体现中各执一端,而终失诗必兼顾情理之旨。就诗格来说,诗分唐宋。唐诗以情胜,当属"情理型";宋诗以理胜,是为"理情型"。② 要注意的是:这里区分唐诗与宋诗,不是以历史时代划分,而是以诗的写作类型区分。即言之,唐朝人的诗作,就有宋诗风格者;反之,宋代诗人的创作,亦可以唐诗风格出之。这点,近人钱钟书说得很清楚:

_____

① "诗格"指诗的创作所须遵循的格式和体例,以及诗所呈现出来的风格类型。自王昌龄的《诗格》以后,它成为品评诗的高下优劣的美学范畴。

② 关于"情理型"与"理情型"这两种人文学的诗文本的类型区分的讨论,见本书第四章"文体·风格·话语与'喻'——论人文学文本的构成"。

"诗分唐宋……余窃谓就诗论诗,正当本体裁以划时期,不必尽与朝政国事之治乱盛合。"①"唐诗、宋诗,亦非仅朝代之别,乃体格性分之殊。"②就诗体而言,唐诗与宋诗这两种风格的形成与其说是写作的技巧所致,毋宁说更多地体现了诗人的个体人格与性情。钱钟书说:"天下有两种人,斯分两种诗。唐诗多以丰神情韵擅长,宋诗多以筋骨思理见胜。"③就"情理型"与"理情型"的分判与形成来说,诗格无疑是诗人彰显其作为精神性人格的诗性呈现方式。

然而,就诗之为诗来说,诗格还只是确立了一种衡量诗是否属于"形而上学之诗"的形式化的标准,或者如王国维所说的其诗是否属于"第一义"之诗的范围的划分标准。④ 而这种划分标准还只是建立在如何运用诗之语言形式来达到或者说诠释形上之义理的艺术技巧方面。即言之,我们是从艺术创作方法或写作技巧方面入手,去用"诗格"的标准去对具体的诗作加以衡量与评价,就像王昌龄《诗格》中品评诗那样。那么,除了关于诗格的说法之外,还有没有从诗学文本的本质要素,或者诗学意象的构成特点出发,对人文学的诗学创作手法加以把握呢? 或者说,无论诗的唐体抑或宋体,我们该如何从诗的文本方面出发,来对作为形而上学之诗的创作范式及其标准作出"质料"方面的规定? 有的,这就是关于"诗贵有意境"的理论。看来,是意境或诗境的说法,才可以从语言运用的角度进一步将作为人

---

① 钱钟书:《谈艺录》,北京:中华书局1984年版,第1—2页。

② 同上书,第2页。

③ 同上。

④ 王国维将是否能传达"第一义"作为划分诗之高下的标准。他说:"余自谓才不如古人,但于力争第一义处,古人亦不如我用意耳。"(《人间词话原稿》,转引自佛雏:《王国维诗学研究》,北京:北京大学出版社1999年版,第193页)此关于"第一义"的诗与维也纳学派,如石里克等人称"形而上学是概念的诗歌"的说法有别。后者的意思是认为"形而上学"不能作为一门学问看待,故称之为"诗"。而前者恰恰相反,认为"诗"才是关于形而上学的真正的言说。

文学的诗学文本与同样是作为人文学的其他文本,比如说史学的、哲学的文本区分开来。我们知道史学文本的语言是一种关于事实的描述性语言,而哲学文本是一种建构"观念"的概念式语言。而诗学文本不然,它是通过构造一种既不同于像史学文本那样的事实语言,同时也并非像哲学文本那样的观念语言。即言之,真正的人文学诗学文本尽管以呈现作为"形而上学"的世界这"第一义"为理想与目标,但它既非关于形而上学的事实性描述(形而上学世界是超出事实界的,故事实语言无能为力),亦非关于形而上学的抽象论述与观念思辨,而是如前面我们所说过的那样,是凭借诗学意象的运用来呈现那形上世界。而意象由于其特有的比喻性,以及通过"兴"之运用,是可以用来呈现与表达其关于形而上学的体验与意蕴的。而诗之文本如何通过意象之运用来达到或传达那超出现象界的形上世界之旨,一赖于诗是否具有诗的意境而定。在这种意义上,"词以意境为最上,有境高则自成高格,自有名句"。① 意境其实是人文学的诗学文本以意象来表达与呈现人的精神性存在维度及其终极关怀的文学表现手法。

那么,诗人究竟是如何通过意境这种诗的创作手法来表达与呈现其人的精神性存在维度及其形而上的终极关怀的呢?或者说,对于人文学的诗来说,诗的意象与意境究竟处于何种关系?应该说,在中国古代诗论中,从意境的角度展开对诗的认识源远流长。"境界"一词最早见于《列子》,它本是"疆界"的意思。后来,人们也用它来指一个人的见识或视野的范围。故境愈广大,则人的见识或视野愈广。但渐渐地,它进入诗论与诗评中,成为在诗作中如何呈现与表达关于人的精神性存在的概念。这时候,"境界"不仅与人的精神性品

---

① 《蕙风词话·人间词话》,第 191 页。

格相联,而且与诗之为诗的两个要素——"意"与"像"合并起来,总称为"意象",并成为评论与衡量诗的高下的基本范式。如明人何景明论诗说"意象应曰合,意象乖曰离"①。对于清人叶燮来说,从诗的创作过程看,诗的意象实乃诗的意境或境界,是指通过诗中的实事或至理来领会作为最高存在者或宇宙本体的文体的打开方式:"从至理实事中领悟,仍得其境界也。"②但是,真正从诗的本体存在以及诗的构成要素来论诗的意境的,还是近人王国维。下面,通过对王国维有关论述的梳理,我们看到诗的"境界"才是诗之为诗的终极本体论依据或终极衡量标准。假如套用逻辑学的术语来表达的话:诗格是作为人文学的诗之文本可能的必要条件,而境界方才是人文学的诗学文本真正成立的充分条件。

首先,造境与写境之区别。王国维说:"有造境,有写境,此理想与写实二派之所由分。然二派颇难分别。因大诗人所造之境,必合乎自然,所写之境,亦必邻于理想故也。"③这段话体现了王国维的诗的创作原则。他认为,诗的意境可区分为两个方面:造境与写境。就对造境与写境各有所侧重或者说有畸轻畸重之别来说,诗的创作手法可以分别划归为理想与写实这两个派别。然而,在王国维看来,真正的"大诗人"(即作为人文诗的写作者的"诗人"),其诗作必须将这二者包涵于其中。之所以如此,是因为诗的意象不能脱离现实生活而去作凭空的想象与虚构,它必须有现实生活的基础和反映现实世界的真实。反过来,诗的意象又不是单纯现实生活的简单模仿,它必须超越现实生活,去表达那超出日常生活与现象界的超越的理想。在这种意义上说,诗的意象是造境与写境的合一。其实,从意象的构

---

① 何景明:《与李空同论诗书》,转引自佛雏:《王国维诗学研究》,第 168 页。

② 叶燮:《原诗》,转引自佛雏:《王国维诗学研究》,第 169 页。

③ 同上。

成来看,它本是"意"与"象"的合一。但这种合一不是机械的混合,而是两者有机的合成。用王国维的话来说:"自然中之物,互相联系,互相限制。然其写之于文学及美术中,必遗其关系、限制其处。故虽现实家,亦理想家也。又虽如何虚构之境,其材料必求之自然,而其构造,亦必从自然之法则。故虽理想家,亦写实也。"[1]这说明:在诗的创作中,意象必得以诗境的方式呈现,而优秀的人文诗的意境必追求造境与写境的合一。

其次,"有我之境"与"无我之境"。有意思的是,王国维将诗的意境区分为"有我之境"与"无我之境"。他举例:"'泪眼问花花不语,乱红飞过秋千去。''可堪孤馆闭春寒,杜鹃声里斜阳暮。'有我之境也。'采菊东篱下,悠然见南山。''寒波澹澹起,白鸟悠悠下。'无我之境也。有我之境,以我观物,故物皆著我之色彩。无我之境,以物观物,故不知何者为我,何者为物。"[2]关于什么是"有我之境",什么是"无我之境",历来人们的理解不一。但按照王国维的说法,这其实是"以我观物"与"以物观物"的区别。而"以我观物"与"以物观物"的区别,套用现代哲学的术语来说,其实就是"主客二分观"与"非主客二分观"的区别:假如诗人从主客二分的观点来看待周围世界的话,那么,他眼中呈现的就是一个主客对立或者说现象界与本体界相对的二元世界。这时候,无论诗人是怀抱有"造境"的理想抑或是面对眼前的现实景物触景生情,诗人作为情感主体体会到的往往是这种现象界与本体界的冲突或对立。反之,假如对世界换一种"观法",采取非主客二分或者说无分主客的"观法"来看待世界的话,那么,现象界与本体界的对立或差别就得到了消除或化解。这不是说

---

① 《蕙风词话·人间词话》,第192页。
② 同上。

诗人眼中的现象界真的消失了;而只是说现象界乃本体界的呈现。或者说,存在以存在者的方式存在。对于"以物观物"的诗人来说,他看到的是一无差别与平和美好的世界。值得注意的是:尽管有我之境与无我之境是主客二分与非主客二分的区别,但作为诗的艺术创作,它们依然有其统一性,即它们同为艺术的审美方式,只不过对世界的观照面相不同而已。王国维分析这两种不同的艺术审美创作方式说:"无我之境,人唯于静中得之。有我之境,于由动至静时得之。故一优美,一宏壮也。"有我之境与无我之境不止是两种不同的诗的艺术创作方式,它同时给人带来的是两种不同的审美愉悦与享受。对这两种不同的诗境如何评价呢? 王国维认为从"有我之境"出发,尽管也可以写出许多富有艺术感染力的诗词作品,但相较之下,他更推崇的却还是"无我之境"的诗词创作。他说:"古人为词,写有我之境者为多,然未始不能写无我之境,此在豪杰之士能自树立耳。"[①]王国维的这种诗词创作观只有从下列方面来看才能得到理解:无我之境要求做到以物以观;在这种无我观中,现象界与超越的本体界的界限已经泯灭与消失。这也就是为什么说:从"诗"以呈现形上世界和以追求"第一义"为目标这一点来说,无我之境才是作为人文学的诗词所应当追求的最高胜境。

再次,诗有"隔"与"不隔"的区别。王国维不仅强调诗的"意境",而且提出诗有"隔"与"不隔"之别。在《人间词话》中,王国维列举许多古人之词来印证诗词须"不隔"的道理。[②] 认为同样是写景状物或者即景生情,"不隔"方得诗词创作之精髓。对王国维来说,不隔

---

① 《蕙风词话·人间词话》,第 192 页。

② 如《人间词话(四十)》云:"问隔与不隔之别,云陶谢之诗不隔,延年则稍隔矣。东坡之诗不隔,山谷则稍隔矣。'池塘生春草''空梁落燕泥'等二句,妙处唯在不隔。"等等。

的诗有一个重要特点,它追求的是"真"。这里"真"有两重含义:一是描写自然景物之真;二是抒发个人情感之真。不隔的反面是隔,即违反自然描写之真实以及情感表达不自然。在王国维看来,诗之不隔与诗之意境有着内在联系:意境是对诗的要求,这是从表达的内容以及追求的艺术目标来谈,但这种意境还须以优美生动与传神的文字加以描绘与表达,即在语言文字的使用上如何呈现"形象逼真"与"情感真挚"。这里,诗学语言自有不同于像史学的、哲学的文本所使用的语言。如果说史学文本用以表征历史事实的语言要求其严谨平实,而哲学文本表达其哲理往往强调语言的抽象性与观念性,那么,诗学文本使用的则是意象,这种诗学意象首先要求语言表达的形象性与生动性,否则的话,则它们就不会是诗学的意象语言而是其他。那么,如何才能使诗的语言生动与传神呢? 王国维说:"语语都在目前,便是不隔"[1]"大家之作,其言情必沁人心脾,其写景也必豁人耳目。其辞脱口而出,无矫揉妆束之态。以其所见者真,所知者深也。""人能于诗词中不为美刺投赠之篇,不使隶事之句,不用粉饰之字,则于此道已过半矣。"[2]诗学语言出于自然与天然之真,这说明真正优美生动的诗性文字是天然去雕饰的。它意味着诗的语言不仅要避免枯燥的概念语言,而且要避免堆砌表面上华美的词藻。对于以表达"第一义"为旨意的诗来说,王国维不主张诗用替代字与典故,认为那样也会破坏诗的语言之真。一句话,所谓"不隔"强调诗学是一门运用意象语言的审美艺术。它不仅要求诗学意象表达与呈现形上之旨,而且强调诗的意象与意境本身就可以给人带来审美的愉悦与享受,这是诗的语言不同于史学文本的、哲学文本的语言的基本区别。

---

① 《人间词话(四十)》,第211页。
② 同上书,第219页。

总的来说,王国维提出诗贵在"不隔",是要突出诗学语言的形象性与生动传神性。他认为只有这样的诗学意象语言,才能做到在现象界的景物描写与人的自然情感表达与那超越的形上世界的"不隔"。也只有通过这样的语言运用,方能实现那"所造之境,必合乎自然,所写之境,亦必邻于理想故也"[①]的诗学创作之旨。

最后,诗人出于"天才"。真正的诗人,出于"天才",或必有"天才"的禀赋。这里所谓天才不是像通常那样谓在某行某业,或者某种专业领域有特殊本领或才能者。相反,这种艺术的天才很可能是恰恰在许多领域都无一技之长,甚至不通世事者。那么,这种天才的特质是什么呢? 这就是保有"天真"的"童心"。一般而言,儿童接触成年人的外部世界少,对一些世事也不具有成年人那样的入世的眼光。对于王国维来说,这种不入世,甚至成年人了还未谙世事的那种特殊精神气质,才是成为真正的诗人所必须具备的。他以南唐后主为例说:"词人者,不失其赤子之心者也。故生于深宫之中,长于妇人之手,是后主为人君所短处,亦即为词人所长处。"[②]这段话异常深刻,它道出了作为人文学的诗的创作的真谛:"诗如其人。"任何真正意义上的人文诗,从本性上说都是不可模仿的,甚至也不可以通过学习获得其技巧的。因为诗是诗人人格的真实写照与流露;而"童心",才是真正的诗人的"诗心"与"诗魂"。从这种意义上说:要写出具有艺术之真的诗的作品,其先决条件还不是作为艺术修辞如何呈现造境与写境的问题,而首先是关于作诗者是否真正的诗人的问题,而真正的诗人首先要有人格上的"童心"。就表达与诠释第一义或者说"最高义"的人文诗来说,其"童心"就是作诗者的淳朴天性和对超越于现

---

① 《蕙风词话·人间词话》,第191页。
② 同上书,第197—198页。

实的理念世界的追求与梦想;否则,一切诗学的修辞手法之运用都成
为游词而已。同理,作为人文诗的阅读者或者鉴赏者来说,除了诗
学意象之美给我们带来审美的享受与精神愉悦之外,令我们沉醉
于其中且神往和"追梦"的,还有通过诗学意象折射出来的天才诗
人的那份率真人格与童真精神。从这种意义上说,人文学的诗学
意象不仅是审美的,而且给人以"返璞归真"的精神洗涤。即是说,
在人文学的诗学文本的阅读过程中,哪怕读者开始时不具备童心
或不似诗人那么地天真,但借助于诗的审美阅读而非强制或功利
性的阅读,依然是可以在阅读的潜移默化过程中唤醒那深埋于人
的心底的对于最高善的向往的"童心",而渐渐地可以变化气质,最
终让心灵能够接收到理念世界的信息,而精神达到那超越之境。
这也许就是诗作为人文性教化文本的功能所在。问题在于:这如
何可能?

四、论"感遇"

上面,我们通过引述王国维的诗学思想,对诗的创作过程以及诗
之衡量标准的问题作了讨论。其实,诗的意义问题不仅是诗如何创
作的问题。对于诗之为诗来说,与诗的创制同等重要的还有一个诗
"如何读"的问题。后面这个问题之所以重要,是因为一个诗学文本
在未被阅读之前,它尚处于"自在"的状态。而这也就是说,在未进入
读诗者的视野之前,诗学文本的意义(包括意味)无法呈现。从这点
上说:诗的文本的意义的实现,是阅读者与作诗者共同参与的结果。
那么,这种阅读者与作诗者共同参与以实现诗学文本的意义,其实现
机制究竟如何? 这是我们现在要讨论的。

(一) 感兴与感遇。我们要明确的是诗之阅读意义的产生,与诗

之文本的产生享有共同的要素以及类似的形成机制。所谓共同的要素,即读诗与写诗都离不开情。所谓类似的形成机制,即都要通过情来解决诗的意象中象与意的对立。即言之,意象的"象"与意象的"意"的中间环节是情。《文心雕龙》谈作诗如何运用"神思"时指出,诗乃"情"之所生:"神用象通,情变所孕。"①诗的创作区别于诗之鉴赏的方面在于:就诗的创作来说,诗的意象的形成过程是:诗人面对眼前的或者想象中的景物(王昌龄称之为"物象"),由于"兴起",会激发起他心底里的"情";而随着这情的发动,他眼前出现的是一个情的世界,他要通过意象的方式将这种情加以表达,并寄托其"存在之思"以及关于人的精神性存在的感悟,这就是作诗或诗产生的制作过程。而对于诗的阅读者来说,他面对的是诗学文本,而非现实世界中真实存在的物象。这也就是说,读诗是与作为文本的意象打交道,他要感受与体会的是诗学文本中的意象传达或呈现的意义与意味。这样看来,就其发生机制说,虽然存在同样的要素——情,但情的作用与功能的发挥不同:在前者(诗之创制)中,情的作用是促使诗人的心理活动从物象到意象的迁移;在后者中,情的作用是促使读诗者的心理活动从诗的文本的意象到意象的意义的迁移。既然情在这两种过程中发挥的作用不同,为区别计,假如我们将在前一过程(从物象到意象)中把情的作用用一个词来概括,称之为"兴情"的话,那么,对于后者(从意象到意义)来说,我们可以将情的作用用另外一个词——"感兴"来表达。下面,我们将通过与兴情的对比,对感兴,也即读诗者的心理活动如何从意象向意义(包括意味)的过渡及其机制加以阐明。

---

① 《〈文心雕龙〉注释》,第 296 页。

感兴与兴情的不同,并非情的不同,而是情在感兴与兴情这两种诗的意义生成过程中所经过的路径与通道不同。而由于所走路径不同,导致它们所达到的"目标"也就不同:就"兴情"来说,这是一个物象到意象的过程。这里的"意象"属于"心象",①即是将那作为外部世界的存在的物象(景物)转化为作为心理感受的心象,然后再将这种作为心理感受的心象形之于语言文字或成为文本,于是有了文本的意象。由于这种"心象"由"兴情"所得,故也可以将它称为"兴象"。而所谓的感兴是将以文体形式存在的意象(与外部世界存在的物象不同)通过感兴的机制转化为具有心理实存感受的心象或"印象",而这种感受到的心理印象也就意味着读诗的过程中同时接受了诗的文本对世界的看法与印象。看来,这不仅是两种不同的心理实现机制,而且这两种心理现象几乎成为逆反的过程:将这两个过程加以简略归纳一下,前者是从外部世界到内部世界再到文本世界,后者是从文本世界到内部世界再到外部世界。这是两种不同的路径与心理机制过程。心理路径不同,作为核心元素的情的作用也就不同;而在这当中,作诗主体与阅读主体在接收外部信息时所运用的感受器官也不相同。具体来说,就作诗过程而言,是通过"兴"来调动情,但外部世界首先是可被人的各种感觉器官接受的物象(情景),故情是因感觉到外部的物象而"兴",假如人的感觉器官感觉不到外物(物象),则因无对象性的物象,"兴"也就无法发生。但对于诗的阅读来

---

① 广义的意象包括物象、心象与意象,它分别与王昌龄划分的物境、心境与意象相对应。这里的物象乃诗人接触到的外部情景所形成的视觉的、听觉的等通过人的各种感觉器官所接触到的外部事物与场景,而心象则是这些外部场景与事物在人的心理层面的印象(心理意象)。

说,兴并非由于"外物"之存在而"兴起"。① 所谓阅读是指阅读过程中对文本中诗学意象中的意义或意味的接受。这种对文本意象中的意义与意味的接受,超出了单纯感觉器官的能力。既然感觉器官无能为力,那么究竟是凭借阅读者的何种接受器官呢? 我们说,这就是心的功能。原来人与外部世界打交道,或者说感受外部世界的能力,除了通常我们所知道的感觉器官的感知能力之外,还有一种不是通过人的感觉器官,或者说即使有感觉器官一同参与,但最终起作用的却不是感觉器官的感知能力,而是人类的其他心智能力。这种不同于一般感觉器官的感受能力的心智能力所依托者,就在于人有心灵。人的心灵不属于感觉外部世界的感觉器官,但通过感觉器官接收到的外部世界的印象体验(也包括对作为"自我"的内心世界的体验)则凭借心灵。从这种意义上说,感兴就是心灵通过情的发动与作用,去感受与体验外部世界的心理机制。假如说人在感受与体验外部世界的时候离不开情的话,那么,对于诗学文本中意象的体验与感受来说,则完全依凭情的发动。心灵的这种借助情的发动对诗学意象的感受与体验,作为一种心理过程,我们称之为感遇。感遇与感兴有联系却也有区别:假如说感兴是指诗学文本的阅读机制说的话,那么,感遇则是这种感兴阅读实现的过程及其结果。故感兴与感遇在情感经验世界中的关系,有似于感觉经验世界中的感觉与感知的关系。

---

① 文本世界不同于外部世界的外物,哪怕文本中的景物描写也传神,对它的感知与感受也不同于感觉器官所接触到的其他外物。为了将这两种"心象"加以分别,我们可将前者称为"兴象"(由感觉器官感觉到的具体场景的心理意象),而将从诗学文本的阅读所获得的"心象"称为"印象"(即将诗学文本中具体描写的兴象通过人的情感感受能力转化为具有感觉场景的逼真效果的心理意象)。严格来说,无论对是诗的创制抑或阅读来说,对于作为以语言文字形式呈现的诗学文本世界中的"心象",都是一个人类精神性的世界。即言之,这里有人的精神性维度的参与与建构,并非纯粹自然的外部世界的模仿,而对于人文学的诗学文本来说尤其如此。

"感遇"作为一种不同于运用感觉器官去感知外部世界的方式,除了"情"的运用之外,这里的"遇"在字面上还有遭遇或打交道的意思,而这所谓遭遇或打交道的方式,是彼此平等的碰头或见面。故这种平等的碰头或相会,说明"情"在感受外部世界的过程中没有主客二分的界限,而与通常的单纯运用感觉器官去感知外物的心理过程不同。在感觉器官感知外部世界的过程中,人作为感觉者是认识主体,将被认识的外部世界视为认识对象的客体来感知与认识。而这里所说的感遇,其对外部世界的接纳是以平等的方式,并运用心灵来与外部世界相遇,于是外部世界才被作为感受者的主体所接纳。以上"感兴"与"兴情"的这种区分相当重要。总括起来,读诗的"感兴"心理发生机制与诗人因"兴情"而创作诗的心理过程都离不开情;只不过对于读诗来说,外部世界实乃以文本方式存在的诗学意象,相对于作为心的功能的感受主体来说,它是外在于心灵的。而读诗的过程或指向,就是通过心灵的"相遇式阅读",将本来存在于读诗者心灵之外的文本中的诗学意象转换成作为心理实存感受的心象,而这一心理现象,是在人的心理的潜意识层面发生的。问题在于:这如何可能?

(二)"潜意识"与"天人合一"。说起潜意识,人们首先会想起弗洛伊德关于潜意识的理论。其实,这种理论只是对于潜意识的一种较浅层次的理解。因为弗洛伊德将人的潜意识归结为人的本能的"性欲"。这一结论不具有普遍性,也很难经得起事实的检验。按照同样是心理学家的马斯洛的看法,人的精神方面的最基本需要是自我实现的需要,而这种自我实现的最高境界乃是要达到"与天地同体"。① 但这种精神性的需要平时常处于人的潜意识而无法显现。虽然在平时和通常状态下难以显现,但不可否认,它却是人之为人,以及人与地球上其他动物区分开来的人的根本特征或本质属性。这也就是孟子所说的人与鸟兽之区别点"几希"的观点。这种看法不独儒家思想为然。中国传统学术,包括道家和佛家在内的各种思想流派对此都有相当多的论述,不仅肯定人先天就具有追求超越的本能动机,同时还将"天人合一"作为人的自我实现的终极目的。只不过在中国传统学问中,关于人是"天人合一"的存在这个问题的讨论与论证,通常属于"经学"(广义的"经学"包括儒家、道家、佛家的各种经典)的范围。而我们现在通过对中国诗学文本的研究发现:中国古代文论与诗论根据中国古代诗词创作的实践提炼出来的理论与观点,其强调人以追求"性与天道"的自我实现作为人生的终极归宿的思路与观念,不仅是对中国古代经学理论的最好诠释与补充,而且与马斯洛的心理学理论若合符节,这就是它提出的关于"意象"在人的心理过程中的转化机制理论,它也可以说是对儒学为何强调"心为本体"的最好阐明。② 即言之,中国诗学文本中的意象之所以能被读诗者感受与体会到其中的意义,是通过人作为个体存在的潜意识中寓藏的精神得以实现的,而寓藏在人的潜意识中的能够感受与体验到外部精神现象(包括文本中的意象的意义表达)与宇宙本体的超验存

---

① 马斯洛在谈到人有追求"天人合一"的"最高本能需要"时,援引加德纳·墨菲的话说:"我们越来越深信不疑的是:我们本来就与宇宙是一体,而非与它格格不入。"而"在这里所描述的'最高的'体验,那种人们所能感知的与终极事物的充满喜悦的浑然一体,同时也可看作是我们人的终极动物性和族类性的最深体验,看作是对我们与自然同型的丰富的生物本性的承认。"见〔美〕马斯洛等:《人的潜能和价值》,北京:华夏出版社1987年版,第228页。

② 自孟子开始,中国儒家一直有强调"心"的功能的传统;到了陆王心学,则明确提出"宇宙便是吾心,吾心即是宇宙"的"心学本体论"主张。关于儒家是如何论证"心为本体"的,此处对这个儒学思想史的问题暂不予以展开讨论。

在方式的这种心灵的本体存在,在中国儒家思想中可谓之"心本体"。同样地,根据儒家学说,我们把在诗学文本的意象中寄寓的作为人的精神性存在与表达宇宙的超验存在的意义称为性本体,①那么,对于人文学诗学文本来说,假如读诗者能通过阅读而感受与体验到诗学文本意象中的这种宇宙超验本体的话,那么,用中国儒学的话语来说,此种相遇就是心体与性体的相遇。

为了说明这个问题,让我们重新回顾一下前面诗的创作与"兴起"的心理过程,看看潜意识在兴的功能发挥中到底起到何种作用。我们曾说:诗的创作离不开"兴"。要注意的是,这里的"兴"作动词使用而非名词。并非为了兴而兴,兴其实只是手段或过程,兴的目的是要唤起人的内心中无意识层面的东西。这种无意识的东西是什么呢?就是"天人合一"。所谓天人合一是人所具有的一种天赋或"潜力",指人天然地或者说本能地具有与天道合一的冲动。但在人们日常生活的工具性活动中,由于普遍采用转喻式的思维方式,这种天人合一的冲动被压抑了;而借助提喻式的兴思维,则可以把人的这种追求与天合一的天生本能唤醒。假如是诗人的话,他还会将人的这种得以释放出来的追求天人合一的冲动加以表达。这就是我们为什么说诗不仅是提喻的运用,而且其追求的最高义是"天人合一"。这也说明诗可以用来表达人类追求"性与天道"的终极关怀,而其最高义是教人达到"天人合一"的那种最高境界。

---

①　儒家思想除了有"心本体"的说法之外,还提出"性为本体"。可以说,作为形而上学问题,"心体"和"性体"的关系一直是儒家思想史上长期争论的学术话题。这种争论在宋明时期,尤其显得明显。宋明儒学关于这个问题的学术争论及各派学术主张,详见牟宗三的《心体与性体》(上海:上海古籍出版社 1999 年版)与《从陆象山到刘蕺山》(上海:上海古籍出版社 2001 年版)所作的分析。按本书的观点,"性体"实乃作为宇宙终极存在的绝对精神,并且它作为"意义本体",以人文学文本的方式得以呈现。

　　然而，我们上面所说的是诗的创作过程。假如说诗的创作与形成过程中，潜意识中"天人合一"的冲动需要通过兴来唤起与激发的话，那么，对于读诗者来说，假如要体会或感受诗学文本中天人合一之意境的话，潜意识的功能参与并不表现为像在作诗过程中那样，由于对外部物象的感觉而导致潜意识中情的"兴起"，而是借助情感的作用，阅读者潜意识中的精神或"神明"与诗学文本中的意象接触与相遇之后被直接唤醒。这种精神的相遇与接触不是经由感觉器官，而是凭借心灵（因为诗学文本中的意象哪怕再逼真与生动，毕竟是以文本方式存在的意象而非感觉器官所接触与把握的真实世界现象。对这种文本方式的意象的逼真与生动性的感受，依凭的是人的想象能力，而想象能力是一种心智能力）。对于心灵来说，面对诗学文本，它要把握的与其说是文本意象中的具体的情境，不如说是这种情境中寄寓的意义与精神（假如文本中的这种意义是指人的超越性精神性存在以及宇宙的终极本体的话，它可被称为"宇宙精神"）。因此说，读诗与诗的创作过程不同，它并非像诗的创作者那样因为感受到外物而"兴情"，而是读诗者心灵中的精神主体以"感兴"的方式直面文本与诗的意象的情景相遇。这种相遇，严格来说，是相遇以"神"。《庄子》书中"庖丁解牛"的寓言对这种相遇以"神"的心理机制作了出色的描写："臣之所好者道也，进乎技矣。始臣之解牛之时，所见无非全牛；三年之后，未尝见全牛也；方今之时，臣以神遇而不以目视，官知止而神欲行。依乎天理，批大郤，导大窾，因其固然。"故所谓以"神"相遇，即指作为阅读者的心灵之"神明"与作为文本的意象之"意"的直接相遇。而要做到这点，需要有两方面的先决条件：首先是对作为人文学的诗学文本的要求：诗学文本提供的意象要表达的意象之"神"。即言之，诗的意象是用来让读者获得其"神"，而非作为意象之"象"。这也就是说，作诗者创造的诗学意象对于景物的描写，要追求的是意象之情景的"神似",以便读者通过阅读而获得"得意忘形"的诗之"真味"。故诗学文本中,关于景物描写的细节是否真实等,其实并不重要。其次,"神遇"的实现对于读诗者也提出了同样的要求。因为诗学文本不仅要求传神,而且要求神能够"达",即要求读诗者通过阅读方式来体会与获得诗学文本要求"传达"的这种精神。故对于读诗者来说,他之读诗也并非要捉摸其中景物与场景的描写是否形象逼真,或者关心这些景物与人物场景是否会在实际生活中真实发生,其兴趣点在于这些情景及场景的描写是否能够"传神"以及如何品味,以便把握寄寓在这些诗学意象中的精神。从这里可以看到,读诗与读史对于文本中提供的"事情"的感受与要求完全是两码事情:读史的话,我们首要看这些史学文本中要描写的事情是否历史的"事实"。所谓事实,从本性上说是当事人曾经通过各种耳目等感觉器官所感受到的事物。而诗中以意象方式呈现的"事情"不同,对于诗学意象来说,关于具体景物、场景等的形象描写就好比演戏的"道具":当我们在看一出历史戏的时候,不会问这些道具是否当时的历史人物真正使用过,而关心的是这些道具在整个戏的"剧情"中派上了什么用场。读诗者对于诗学文本中的意象的理解来说也是如此,即这些意象表现的是人与世界的何种精神,以及它如何能够传达这种精神。如前所述,诗学意象中的具体情景无法生动与传神,说到底,它并非通过人的感觉器官就可以感受的,而需要人的能感受诗学意象之精神的特别的"精神器官"来感受。这种只为人所具备的能接受诗学意象中的"精神"的器官是什么呢?就是人的心灵。而就读诗来说,实乃用心灵来与诗中的精神相遇。或者说,读诗的秘诀不是其他,就是以人的心灵来感受诗中的精神。《庄子》的"庖丁解牛"故事说的就是这个道理:所谓"目无全牛"就是不以耳目所见,而以神遇。所谓神遇就是通过人的心灵所达天人合一之境来感受与体会其中的精神。

这样看来,"以神遇"的读诗机制,对读诗者提出了一定的主体素质要求:首先,既然以神相遇,关键在于读诗者自身要在"精神"或要有读诗的心灵。假如缺乏了这种精神,就无所谓神遇,或者说,我们在读诗过程中,看到的只会是诗中的一些形象或物象,就像古人说的入宝山却空手而归。其次,仅有精神还不够,还得讲究读诗的方法,否则,人的主体精神无法与诗中的精神相遇,即读诗者只停留于他个人的精神存在,而难以体会或品味到诗的精神。在这种情况下,读诗者虽然也在读诗,但他其实只是与"诗"打了个"照面"而始终无法"相识"。这种读诗法,用王国维的说法来说,就是"有隔"。① 发生"有隔"的原因有两种:一者在于作诗者;一者在于读者。而对于读诗者来说,要能以神相遇,除了上面讲的以神遇的方式方法的问题之外,其实还有赖于读诗者本人的主体精神修养与精神性存在的维度究竟如何而定。从这点上看,关于人文学的诗学文本的阅读,就岂止是一个纯粹的文本阅读的问题,而且是一个事关阅读者自身的精神人格修养的问题。人文学文本的阅读不同于普遍的仅限于人文科学的文本阅读的方法之区分,其根本点恐怕也在这里。

五、诗 与 游 戏

(一) 读诗的审美机制。以上,我们分别从诗的意象的本体地位、诗的创作过程以及读诗的心理机制等方面对诗的本质作了说明。然而,现在还有一个问题:人们为什么要读诗呢? 就是说即使我们承

---

① "有隔"应当是指诗学语言(意象)与其所欲表达的意义之间存在距离。王国维在《人间词话》中讨论"有隔"时,主要是从诗创作上说,指写诗时所运用的意象语言与意象所欲表达的物象之间"有隔"(此可谓作诗过程中的"言不尽意")。其实,"有隔"也可用来指读诗过程中作者对诗学文本的意象的把握与此种意象所欲传达的意义之间"有隔"(此可谓之读诗过程中出现的"意不知言")。

认诗的本性是追求自由,甚至通过读诗可以唤起人的无意识中追求超越的本能,但假如不去读诗而去阅读其他人文学的文本,比如说:史学的、哲学的文本,是否也可以达到这种目的? 这其实同样是作为人之精神性教化的文本,诗学文本与其他文本的区分到底在哪里的问题? 此问题不能仅仅从诗的形成区别于其他文本的方面来说,也不能满足于从诗的阅读机制来谈,而应当从人们阅读诗学文本的结果到底获得了什么,以及随之人的精神性存在会发生何种变化,或者说可能会发生何种变化来谈。看来,只从诗的形成及其阅读机制来谈诗是什么的问题还不够,只有待补充了诗的阅读会使人的精神性存在可能发生何种变化这个问题的说明以后,我们对于诗是什么这个问题的认识恐怕才是完整的。那么,让我们从分析读诗的审美机制说起。

读诗的审美机制不同于读诗的心理机制。所谓心理机制是说读诗时,阅读者须具有何种心理准备,以及在读诗过程中,其心理发生了何种变化。这种心理状态的变化是在阅读过程中才出现的。至于审美机制,虽然同样是读诗者的心理活动及其变化,但重点是分析其作为审美的,而非仅仅是心理活动的变化。这两者虽然有联系,人的审美活动与状态通过心理状态呈现,但心理状态不等于就是审美状态,审美状态是人的心理状态中的一种。其次,对人的心理状态的考察着重的是过程。即是说:当我们说人的心理状态的时候,研究的重点是放在对人的心理状态的发生、变化的过程,而谈审美状态的时候,着重分析在这种审美过程中,人在精神人格方面发生的变化。这样看来,关于诗的审美机制的考察,其实是关于人的精神性人格的研究,只不过在诗的阅读过程中,这种精神人格的变化是以读诗的方式呈现与完成的。也可以这样说诗的审美阅读的考察是一个关于人的精神性存在方式的考察问题,而诗的阅读机制的考察纯粹是一种从心理学角度对阅读者的心理分析。但是,如上所说,虽有本质的区分,但这两者却有关联。

　　关于诗的阅读属于一种审美式阅读,这已是一个众所周知,且为人们所关注的事实。历史上不少思想家在这方面也发表了许多真知灼见。其中恐怕要以赫伊津哈的"游戏说"最富于启迪。在《游戏的人》中,他写道:"诗,在其原始的文化生成习性上,毫无疑问源于游戏并生成为游戏——神圣的游戏;然而,甚至在其神圣性上,它也总是接近无拘无束、愉悦和欢闹。至今还无人怀疑审美冲动带来的满足感。"①应当说,他通过对诗在人类历史上诗的种种存在方式都作了全面的梳理与考察,得出"诗乃游戏"这一结论是深刻的,而且,他还指出:"诗与游戏之间的亲和不只是外在的;它也明显存在于创造性想象本身的结构中。在诗性短语的转变、某一主题的发展、某种情绪的表达里面,总有游戏的成分在运作。"②"诗性语言凭借意象所做的正是与意象游戏。它用文体安置它们,将神秘注入其中,以便每个意象都蕴含对奥秘的回答。"③值得注意的是,他还发现诗是以意象的方式来表达或呈现其游戏的功能,并且强调诗本质上是一种"语言的游戏",这一看法确实抓住了问题的实质,并且相当深刻。然而,诗乃游戏呈现的"真实"到底是什么? 或者说,诗仅仅是通过诗的语言——意象的表达与传达,就成了游戏? 看来,这个问题还有深入讨论的必要。当我们说诗作为一种文学体裁有别于史学的、哲学的文本,它更具有"语言的游戏"这一性质,这个时候,我们应当关注的是作为诗的游戏的本质到底是什么这个问题,而非仅仅作为"语言的游

---

　　① 〔荷〕约翰·赫伊津哈:《游戏的人》,杭州:中国美术学院出版社 1996 年版,第 134 页。

　　② 同上书,第 146—167 页。

　　③ 同上书,第 148 页。

戏"的诗学语言方式。这样我们就会发现:虽然诗是一种语言的艺术,但它传达给人的除了语言运用,即意象作为文学性的修辞方法通过本身呈现出来的美感之外,更重要的是它给人带来的审美愉悦还有意象之"意义"(包括意蕴、意味),而这才是诗作为人格的精神性审美观照所带给人们的愉悦心理享受。

要说明这个问题,还得从读诗的心理机制说起。前面我们说过读诗的心理机制叫作感遇,而感遇是指人的潜意识中的精神与诗的文本的意象之意的心理层次上的相遇。这里,我们不说"碰撞"或"交融",而说相遇,相遇有彼此气味相投之意。因为假如不是气味相投的话,那它们彼此只可能是"擦肩而过"而不会彼此相遇。因为这里的相遇是彼此"遇"着了,成为"知音"与精神上的好友。而要它们成为精神上的好友或知音的话,其前提必以彼此具有共通的精神。我们说作为宇宙的终极本性或天地之性的精神不是别的,就是自由精神与自由意志,而我们推断这种天地之自由精神与自由意志在心理层次上能够与人的潜意识中的精神相遇而不彼此排斥的话,则作为读诗者的人来说,其潜意识中的精神人格也必定是一种"自由精神"与"自由意志",否则它们不会相遇。现在我们要问的是:这种相遇与我们说的审美享受或审美愉悦有何关系? 换句话说:难道潜意识中的自由精神与诗的意象寄寓的自由精神相遇就一定会给人带来一种审美的享受与欢愉? 我们说:会的。因为这个问题与其说是理论上的,不如说是审美实践上的问题。通过对作为人文学的诗学文本的阅读经验的观察与研究,我们发现就作为人文学的诗学文本的阅读与作为一般的人文科学的诗学文本(即一般的作为文学体裁的诗之文本)的阅读相比较起来,它们两者都可以给人带来审美的愉悦与享受,但由于属于不同性质的诗学文本,它们给人的审美愉悦与享受并不相同:人文学的诗学文本除了由于诗作为语言的艺术这一文学性的审美之外,还有另一种审美享受,是作为一般的人文学科的诗学文本所无法提供的。这种审美享受是由于人文学的诗学意象中所具有的关于"天人合一"所感受到的自我实现,真正感受到个体潜意识中的自由意志与自由精神被激发出来,并且被人的意识所把握,这种心理体验给人带来的审美愉悦和审美享受,是一般作为人文学科的诗学文本所无法提供的。因为作为后者的审美享受,我们可以通过心灵去感受(凡文学意象都必通过心灵去感受,而非运用感觉器官去感知外部世界的存在,这是作为人文学的诗意象与作为人文学科的诗意象所共同的),但这种心灵未必是处于无意识层次的自由精神与自由意志。惟其如此,一般的人文学科的诗学文本的阅读,带给我们的心理感受与体验,是如同感受到外部世界中的自然美好风光,或者观赏到某种令人心旷神怡的美好事物时给人带来的审美愉悦,这种审美更多是感性的,而非精神学意义上。而人文学的诗学文本不同,它是具有人文学素质或者说"天才诗人"的创制。① 而只有在人文学的诗学文本那里,即使我们不是像"天才诗人"那随时随地都可发现世界都是以精神性存在的方式呈现并能够加以表现,但只要是具有起码的人文学素养与情怀的话,则我们作为常人,仍然能够通过人文学的诗学文本的阅读对世界的精神性存在的景象有所体验。这是因为我们作为"人"来说,每个人天生就是具有精神性的存在,而且天生就具有通过心灵体验和感受世界的精神性存在的能力。但在平时,或者说日常生活中,我们的这种与生俱来的人的精神性维度通常

---

① 通常的人文学诗学文本出自"人文学诗人"或者我们所说的"天才"诗人之手。他们对"精神性存在"的现象极其敏感。只有他或他们能从日常的平凡事物中觉察与感受到那超出平常所见的"精神性存在"发出的"光辉",并以生动的诗性语言加以传达或呈现。而我们作为普通人假如不具备这种成为诗人或者说"天才诗人"的条件的话,就只能通过阅读他们提供的诗学文本,从中领会他们的诗作中包括的关于人的精神性存在以及宇宙的终极存在的超越性体验,并且为之感染。

都处于潜意识深处未被开发出来,甚至从根本上说处于"沉睡"状态,而在阅读人文学的诗学文本的过程中,由于心灵本体与诗学文本的精神彼此之间发生了"感应",我们那生来具有的处于潜意识中的自由精神与自由意志就会被激活和唤醒。而这种深埋于我们潜意识中的自由精神与自由意志一旦被激发出来,就伴随着巨大的心理能量。这种心理能量的涌动与喷发,常常会给人带来极大的快感。这种极度的心理快感体验,假如用一个词来表达,可以称为"高峰体验"。①这种高峰体验是潜意识的自由精神与自由意志被唤醒的我们每个人在读人文学的诗学文本时都能够体验到的,或者说曾经体验过的。由此我们知道,所谓人文学的诗学的审美阅读或审美快感,并不是或主要不是因为诗的文本藻辞的美丽,甚至也不是其文辞之优雅能打动人以及能感人所获致的,而实乃其诗的文本或者说诗的意象中的意义(意味、意蕴)所提供的:由于在读诗过程中,我们体会到诗的意象的这种内在的精神之美,从而我们的心灵与其相遇,并且情不自禁地产生了高峰体验。这才是作为人文学的诗之审美鉴赏的过程。故人文学的诗的阅读审美体验,从根本上来说,是一种精神学意义上的审美。这种精神学意义上的审美及其效果的发生,可以作如是解释:当读诗者用心灵去阅读诗的文本,并且与其中寄寓的天地之情相遇时,人对于自己乃属于"精神性的存在"终于获得了确证。而一旦这种精神性的人格得以自证,其阅读过程中集中的心理能量就会突然爆发,这时,一种难以抑制的获得"解脱"的精神自由所导致的审美"高峰体验"就油然而生。故人文学的诗学文本的审美阅读与体验,实乃读诗者与诗的文本所共同参与的难得"自由精神之舞"。

---

① "高峰体验"本是人本主义心理学的名词。对于精神学来说,高峰体验是人达到或进入"天人合一"之境时会出现的一种心理现象,这种心理现象,更多的是一种由于心理能量得到舒缓之后,人的内心感受进入平静和谐且放松的状态。

（二）作为诗学的人文性审美阅读。在肯定读诗是一种自由精神之舞的前提下,现在我们回到"诗乃游戏"这个话题上来。不仅读诗的审美机制是人的潜意识中的自由精神与自由意志和诗学意象中的自由精神的相遇,而且,这种相遇具有"游戏"的性质。何为"游戏"? 按照席勒的定义,游戏是一种"无目的的合目的性"的活动。从这种意义上看,游戏几乎与人的"自由"同义(按康德说法)。的确,这种无目的的合目的性的心理活动,似乎接触到人文学的诗学文本的阅读不可还原为其他文本,包括作为人文学文本的史学、哲学文本的阅读特点。首先,如上所说,人文学的诗学文本的阅读审美机制,是在人的潜意识层面发生作用的。而作为人文学的史学、哲学文本,其对文本中意义的把握与审美体验,其心理机制是在人的意识层面发生作用的。比如,阅读史学文本首先要对历史事实作判断,而其中包括对历史之义理与意义的解读与领会,也都须通过人的理性去加以把握。而人的这一切的理性思维活动都是在人的心理的意识层面发生的。因此,假使人通过史学文本能够感受到其中的历史意义之理,而且由此激发起一种可以称为"壮美"的审美情感体验的话,则这种审美体验虽然不属于理性本身,但其审美的发生机制却由人的理性的判断活动而起。或者说,就史学的壮美审美体验而言,它来自理性对史学文本中事实的理性价值判断而非其他。这方面,哲学的阅读与史学文本的阅读有相同之处。我们说:哲学文本是通过对文本中的观念意义的发掘,发现其中包含的义理,尤其是哲学"悖论"的理解。这种对哲学观念的意义的领会与思考,依据人的理性思维活动与水平如何而定。虽然这理性的运用当中,或许要借助于超出单纯知性的东西,比如要借助联想,想象,甚至直觉、顿悟,等等,但这些理性之外的人的心理功能的运用,服从于理性运用的目的,即它们作为哲学思维的机制来说,仅具有"辅助"或"利用"的性质,而非哲学思维之本。而诗学思维不然，它主要是借助于人的想象力，尤其是它对于诗学意象中意义的把握，凭借的是人的心理中的潜意识。这种具有非理性特征的诗性思维活动（假如我们仍保留"思维"这个词的话），由于其不被理性所左右，甚至是在拒斥理性之后才得以运用，那么，这种与通常的理性思维作为一种有目的的目的行为，实乃无目的的目的性思维活动。而作为人文学的诗学文本的阅读，如我们上面所论，就是这样一种无目的的目的性思维活动。其次，就人文学的诗学文本中的诗学意象是"语言的游戏"这点来说，这种"语言的游戏"本身也属于一种无目的合目的的心理活动，这种心理活动由于出自无目的性的冲动，故其是审美的，同时也是自由的。相比之下，人文学的史学文本与哲学文本的阅读则并非以"语言的游戏"这种方式展开，因此，假如说人文学的史学文本与哲学文本的阅读也属于审美阅读的话，这种审美体验是指向阅读的终点或效果，即通过阅读对文本内容有所感应之后才会获得，而并非像人文学的诗学文本阅读过程本身就体验到这种"语言的游戏"过程带来的审美。① 然而，人文学诗学文本作为"语言的游戏"，又与仅仅作为文学体裁之一种的普通诗学文本不同，它的诗学意象是有"形上意味"，或者说为了呈现人与世界的超越精神性存在或者有终极的形而上价值诉求。这就使得人文学诗学文本的阅读作为一种审美活动，在阅读原理与方法论上与其他普通的游戏活动，比如出于本然爱好的自得自乐的娱乐游戏活

---

① 由此我们看到，人文学文本的"无目的的合目的性"审美阅读其实有两重含义：一种是强调无功利目标的"无目的"达到结果的"合目的"性。另一种是指整个活动或行动是自发的"无目的过程"（如"游戏"过程）。人文学的史学文本与哲学文本的阅读作为非功利的，或出于兴趣或趣味的阅读，可以说属于前一种的"无目的的合目的性"的阅读。而人文学的诗学文本的阅读的"无目的"既体现为阅读之非功利动机的"无目的性"，同时亦兼具阅读过程的作为"语言的游戏"类型的"无目的的合目的性"。

动,也包括仅仅是从"文字游戏"审美欣赏的这些游戏活动拉开了距离。即言之,作为人文学的诗学文本的阅读,除了像其他游戏活动,包括像欣赏一般的作为纯属审美的文学作品的诗学文本之趣味的阅读之外,尚有其独特的审美阅读机制。总括以上两点,假如要将人文学的诗学文本的阅读审美体验与其他的阅读审美体验,包括作为人文学的史学文本、哲学文体的审美阅读以及纯属普通的文学作品的诗学文本的审美阅读体验加以区分的话,关于人文学的诗学文本的阅读可以说是"二次生"的审美体验,而其他的阅读审美可以说是"一次生"的审美体验。为了将人文学的诗学文本的这种审美机制与前面两类阅读审美区分开来,我们称之为诗学的人文性审美阅读。

所谓诗学的人文性审美阅读,指的不是对具有人文学特质的诗学文本的阅读,而是说假如在眼前呈现的一个诗学文本是属于人文学的文本的话,我们如何去阅读。可见,诗学的人文性审美阅读是以设定人文学诗学文本作为其前提条件的。诗学的人文学性审美阅读之所以必要,是因为即使面对的是一个人文学诗学文本,假如我们不是以人文性的审美眼光去看待它的话,那么,虽然我们读这个诗学文本,却也未必就能穷达其中的"天道"。这样看来,诗学的人文性审美阅读的提出,是要求阅读者具有既是诗学的,同时又是人文性的"诗性之光"的见识与视野,其重点是在对诗学文本中的"人文学精神"的关注,并体会其中的义理(意象之意)。或言之,所谓诗学的人文性审美阅读,就是通过阅读的审美经验对诗学文本中形上意义的领会与把握。从这方面看,诗学意象的形上意义是有具体涵义与价值指向的。通常,当我们用"人文学文本"这个术语的时候,就已经包含有人文学的具体内容与审美价值尺度的意思。但不同类型的人文学文本,各自包含的人文性的审美内容与具体含义并不相同。比如,人文学史学文本对于人类现象界存在的善恶之间的冲突的"历史叙事"，其中包含的审美标准与人类终极价值诉求是"壮美"与"崇高"；而人文学哲学文本通过观念思维的方式，揭示了宇宙的终极存在的悖论以及人的悖论式生存的真实，给人带来的审美享受是"幽默"。① 那么，对于人文学的诗学文本来说，我们通过人文性的审美阅读从中所获得的形上旨意与终极关切是什么呢？这就是"优美"。通常，优美是对现象界中的某物或某种事态的描写；而就审美体验来说，它通常也与经验性的现象事物相联。其实，如同经验世界中的美学形态可以表现为优美的一样，精神性的审美，尤其是关于形而上的世界的审美体验，亦可以是优美的。这就涉及对于"优美"这个术语的形而上学界定问题，即我们何以说形而上学的世界也可以是"优美的"。这其实也关系到形而上学是什么的问题。这里，我们同意舍勒的看法，形而上学的世界不仅是形式，而且是价值质料的世界。在这个价值质料的形而上学世界中，各种价值是有着等级序列的。但是，在这种价值形而上学的世界中，不同价值何以如此排序？舍勒没有进一步说明，他只是将它视之为"先天的秩序"。② 然而，从

---

① 大凡人文学的文本，它要达到或实现其教化功能都是以审美的方式进行的。但是，同为审美式的精神教化，诗的文本与史学的、哲学的文本在审美的教化方面，其功能的发挥各自不同，或者说各有"分工"。当然，这种所谓分工或教化内容的划分是分析的用法。实际上，在人文学文本的阅读过程中，或者说在具体的作为人文学的精神教化活动过程中，诗学的、史学的与哲学的审美阅读方法与内容常常混合在一起，甚至彼此间难以区分。但是，这无妨我们从理论的角度对它们加以甄别，这种理论上的分析有助于我们把握人文学作为精神教化之学的具体内容与精神实质，同时也可以使我们认识到人文学文本阅读作为精神教化之学的方式方法的多样性与内容丰富性。

② 舍勒不同意康德关于"形式的先天"的说法，提出有"先天的质料"与"价值质性"，并且认为"先天的价值质性"才是人类的价值偏好或伦常价值的形而上学根据与来源。舍勒关于这个问题的看法与论证，见其著：《伦理学中的形式主义与质料的价值伦理学》，倪梁康译，北京：商务印书馆 2011 年版，第 35—244 页。

中观哲学的角度看,形而上学的价值世界非他,其实就是一个"一无差别"的世界。所谓一无差别的世界也就是一个物物平等、人人平等、物我平等的世界。但对于诗学的人文性审美阅读来说,这种一无差别的世界并非虚幻或出于想象,也并非在现象界之外的神仙世界;相反,它就是世间法中的"实相",甚至是现象界的真正本体性存在。对这种一无差别的世界的认识,有其存在论的根据,即世界是以"一切即一"的方式存在。① 当然,这种世界是一切即一,是从精神学意义上说的,而非具体的物质形态的一无差别。我们看到,这种关于世界是"一切即一"的方式呈现的认识,也是诗学的人文性审美阅读的一种"明察"与"洞见"。也就是说,在人文学的诗学文本中,"一切即一"就是世界的本然真实存在状态。而通过人文学的诗学文本的阅读,我们不仅发现了如此美妙的"一无差别"的世界,而且好像唯有我们置身于这个世界当中,心灵不仅享受到自由,还充满一种难以名状的轻松与愉快。这种安详的愉快作为审美快感来说,可以名之为"优美"。由于这种安详的审美愉悦与情趣是通过人文学诗学文本的阅读与鉴赏获得的,所以,我们称它为"诗学的人文性审美阅读"。应当说,人文性的审美阅读除了诗学文本的阅读之外,还可以有其他方式,比如:史学文本阅读中可以体验到的"壮美"与"崇高",哲学文本阅读中可以体验到"幽默",这些不同的审美体验不仅仅是审美的,而且是具有精神性教化功能的。即是说,通过人文性的审美阅读,我们不仅在阅读过程中获得了审美的享受,而且这种阅读的审美经验可以转化为人的内在的精神性之美,从而启迪人的心智,塑造与培养人的精神品格。那么,作为诗学的人文性审美阅读来说,它培养与增进

---

① 关于世界是以"一切即一"方式呈现的存在论或本体论的论证与说明,见胡伟希:《中观哲学导论》,北京:北京大学出版社2016年版,第32—34页。

的是人的何种精神性品格呢？或者说，假如说诗学的人文性审美阅读给人带来的审美享受是优美的话，那么，这种优美的审美鉴赏，对于人的精神性品格的塑造来说意味着什么呢？这是我们最后要来总结的。

（三）优美与人的精神性人格的养成。通过以上分析，我们看到诗学的人文性阅读是审美的，而这种审美对于人文学的诗学文本来说体现为优美。但对于人文学诗学文本的阅读来说，它不仅是审美的，而且是着眼于人的精神性教化的。即言之，人文学的诗学文本其实是通过审美阅读的方式来达到或者实施人之精神性教化的。而所谓人的精神性教化首先是应当认识"人是什么"。而在关于"人是什么"这个问题上，对于诗学文本来说其实指的就是"人应当是什么"。这种"人应当是什么"的角度对人的精神本性的认识，乃来源于对"应然世界"（"一切即一"的一无差别的世界）的肯定与追求，从这点上说，人文学诗学文本其实是以形而上的那个终极"优美"的世界作为标准与尺度来要求与衡量人自身，即希望人能以"优美"的人格方式来实现与世界的合一。或者说，对于人文学的诗学文本来说，优美其实是人与世界共在的"应然"方式。即言之，人与世界应当是优美的。既然如此，那么，作为"优美"的精神性人格方式到底包含哪些含义呢？

应当说，从精神学意义上说，优美固然是审美的，但却不仅是审美的，而且属于人的"精神性存在"自身，或者说，优美本来就是展示人的精神性品格的一种方式。何为优美？康德在《论优美感与崇高感》中，区分了两种美：优美与崇高。应当说，就对人的审美观照而言，优美不仅内在于人的品质，而且如同崇高一样，呈现为人的精神风貌,包括仪容举止等,并在人的日常生活行为中得以体现。① 我们说,如果人的崇高的精神气质在寻常生活中不容易体现,但在临界关头,尤其是生死关头才看得"一清二楚"的话,那么,作为优美的人的精神人格却是非常日常化与生活化的,它要求的是通过寻常的生活状态来呈现美,或者说通过日常生活中的状态来发现美。一句话,优美其实是通过日常生活与平凡的生活世界来展现其自身的"美"。应当说,就人的总体的精神性存在禀赋而言,我们固然需要崇高的精神性品格,但同样不可忽视的是我们更应当在日常生活中体现那种优美的人格精神。假如说崇高的精神品格给人以力量,教人在面对困难,包括人生的种种极限境遇时能够"知难而上"的话,那么,优美除了给人以仪容相貌、行为举止的优雅美感之外,更重要的是:它赋予人一种精神气质上的平和、中正与静穆(浮躁的反面)。② 这种平和中正与静穆,应当是日常生活中人与人之间、人与物之间、人与天地之间相处的常道,也是求得人与人、人与世界相处和谐的适然之道。有谁能说:这种优美的精神品格对于人来说,是可有可无,或者是无足轻重的呢? 或者说,是作为人的精神人格之培养所忽视的呢? 从培养人的优美的精神品质与优雅的生活方式看,我们发现中国的古典学问,包括诗论对此作了充分的强调,即认为人格的优美在行为举

---

① 康德将审美区别为两种:优美与崇高。优美与崇高不仅是审美的范畴,而且属于人的精神性存在的范畴。从人的精神性维度来对人格的优美与崇高的具体论述,参见拙文:《论美丽生活——兼对康德〈判断力批判〉的概念澄清与拓展性研究》,载《社会科学》2015 年第 5 期。

② 陶渊明的"田园诗"意境堪称是"静穆"的典范。作为人的一种精神境界,"静穆"表现为待人接物态度的"平心静气"。而这种"平心静气"的处世方式与性格特征背后,实有其对"世界"的存在领会与价值取向存焉,即世界应当是人与人平和相处,以及万物各得其宜的"一切即一"的自由境界。"静穆"的反面是"浮躁",而浮躁背后对世界的"存在领会"是物与物争、人与人争、人与物争的"暴戾"之气充斥的世界。

止上表现为"中和"与"自然",其最高境界是"无我"。刘邵《人物志》称"凡人之质量,中和最贵矣"①。钟嵘《诗品》将诗区分为三品,其中以"自然英旨"为最高。况周颐论诗词贵在表现人的"优美"情操时说:"词以和雅温文为主旨。"②王国维总结前人之说,从"意境"立论,将诗区分为"有我之境"与"无我之境",其中对后者的评论尤高,其道理就在于"无我之境"实乃人与天地并生、吾与万物融为一体的自由精神。应当说,人的自由精神的美德表现的方式不一,其中有的体现为对外部环境的改造与反抗,着重点在"外部自由"的获取,③但也常常以内心平和中正、消融万物于一体的精神活动方式展现。这两种自由精神本无孰高孰低之分。人采取何种方式来表达与呈现其自由精神与自由意志,依于当下的环境、面对的人生问题及其存在境遇而定。但通过上面我们就诗学的审美阅读的考察来看,作为人文学的诗学审美接受原则主要是"优美"。从这种意义上看,我们可以做总结:假如说作为人文学的史学文本的审美阅读使人的精神性品格向往崇高与高贵的话,那么,作为人文学的诗学文本的审美阅读,则教人的精神气质趋于优美与优雅。④

---

① 刘邵:《人物志》,北京:红旗出版社 1996 年版,第 13 页。

② 《蕙风词话·人间词话》,第 20 页。

③ 人的自由精神的美德在人类历史过程中,往往体现为对外部环境(包括自然环境与社会环境)的改造与反抗,即争取"外部自由"的活动与行为当中,这些争取外部自由的活动与行为有其精神性的品格,可称为"崇高"与"高贵"。这方面的有关讨论见本书第五章。

④ 优美与优雅的不同是:"优美"既是对作为"自然存在物"的艺术审美的概念,同时也是关于"人之存在"的精神性人格审美概念;而优雅则仅用作对人物的精神性品格的审美与鉴赏。此二者的区分还在于:优美之"美丽"出于自然,而优雅除本于自然之美外,其美丽还增添了人为的文雅修饰的成分。关于"优美"与"优雅"的详细分梳,见胡伟希:《论美丽生活——兼对康德〈判断力批判〉的概念澄清与拓展性研究》,载《社会科学》2015 年第 5 期。

第七章

讽喻：论作为人文学的哲学文本
——兼论中国哲学的思维特性[①]

当我们说"哲学是观念思维"的时候，是从哲学作为一种思维方式的角度立言，以说明作为哲学文本的语言基本单元的观念不同于史学思维的事实以及诗学思维的意象之间的区别之所在，即哲学的观念具有"超越性"。这种超越性不仅是对于现象界思维的超

① 学术界关于哲学是什么的讨论很多。本书仅从人文学的哲学应当是什么立论，而不介入到目前学界关心的关于哲学的普遍定义以及"哲学是什么"或者"什么是哲学"等概念名词的争论。虽然本书的内容可能会涉及学界关于普遍的哲学是什么的某些观点与看法，但不代表作者对这些观点与见解作出的总体评价。

越性,而且从根本上说是对于观念思维本身的超越。在哲学的观念思维看来,宇宙的终极实在以悖论的方式呈现;而作为"有限的理性存在者"的人自身来说,他也是以悖论的方式立身和处世的。悖论式的生存方式让人的存在境遇染上了一层"悲剧性"色彩。对人的"悲剧性"命运的领悟与反省属于一种精神学意义上的审美,它可以名之为"幽默"。从这种意义上说,人文学的哲学文本的审美阅读其实是教人领略宇宙与人生的悖论之"大美"后,以"幽默"的方式去重建人的精神人格上的自由。

一、哲学与观念思维

(一) 哲学是什么

"哲学是什么",这是一个众说纷纭的话题。通常人们将哲学理解为它的研究内容是什么或者其研究对象是什么的学问。比如说,认为哲学是世界观或者认识论,是关于世界万物以及宇宙的总体认识;或者用现在流行的术语,是关于"从存在者认识存在"乃至于关于"性与天道"的学问,等等。以上这些说法对不对呢? 我认为这些说法都不成问题,但是概括得并不全面。因为当我们谈论哲学是什么的时候,除了指明哲学的研究内容和对象,即它是一门关于"存在与存在者"的学问或"性与天道"之学以外,①还应当指

---

① 按照康德的说法,从哲学研究的对象来划分,哲学只有两种,即关于"自然"的理论哲学和关于"自由"的实践哲学。本书从康德关于"两个世界"的说法立义,而讨论的是以"形上世界"作为对象的"纯粹哲学"。这种"纯粹哲学"以性与天道(或者说存在与存在者的关系问题)作为其学术考虑的内容。按照本书的思路,这种哲学还有另外一种说法,就是"作为人文学的哲学",以区别于目前按照一般学科划分来定位的作为学科的哲学学科。以后本书中提到"哲学"的话,皆指这种"作为人文学的哲学"。

出它不同于其他同样也以存在与存在者的关系,或"性与天道"的学问在文本与方法论上的区分。一旦如此思考,我们发现关于哲学是什么的问题其实有两问:其一是它研究什么,或者说它的研究内容是什么;其二是它研究问题的方法是什么,以及它呈现为文本形态的特点是什么。这后面一个问题对于人文学的哲学研究来说至为重要。因为我们业已指出作为人文学的史学、文学(以诗学为代表)以及哲学皆为关于"性与天道"的学问,因此,假如我们不进一步将这三种学问从方法论,并且从文本的表达方式加以区分的话,那么,自然而来的结果就是会混淆史学、文学与哲学各自的边界;从这种意义上说,也就取消了史学、文学与哲学。或者说,我们会只剩下一种可以冠名为"性与天道"之学的学问。这显然不符合人文学的实际,更不利于我们对哲学何以是"性与天道"之学这一问题的把握。因此,不仅仅出于"正名"的需要,而且主要是从探究作为性与天道之学的人文学是如何来达到或实现其学术功能这方面的要求出发,我们不得不对哲学是什么这个问题从其研究的方法是什么的角度加以考量。

　　一旦如此发问,我们发现同样作为人文学的文本,哲学文本与史学文本、诗学文本之间的差异是明显的。这种差异的不同,反映出其思考与诠释性与天道这个问题的思维方式的不同,乃至于其呈现出来的世界以及宇宙的真实图景也就不同。那么,哲学文本不同于其他人文学文本的特征何在? 这种差异说明了什么? 这是我们下面要研究的。

　　由于哲学、史学与文学的文本同为"文以载道"之具,而这里的"文"指语言与文本,因此这种差异首先要从人文学文本的语言运用这个问题说起。在以往的研究中,我们谈论过史学的文本语言是"事实",即史学是通过事实来表达其性与天道的知识与理解;而事实是历史上发生过的事件以及事实中的理,因此,所谓历史事实其实是

(历史的)事与理的统一。诗学的文本语言是"意象",而意象有想象的成分,其中包括着情与理,是情与理的统一。那么,人文文本的哲学语言究竟是什么呢? 回答是:观念。那么,观念到底是什么呢? 这个问题是我们接下来要讨论的。

应当指出当我们说历史文本是用事实说话,诗学文本是借意象兴情,哲学文本是以观念传道(传播关于道的道理)的时候,并非说史学的事实语言、诗学的意象语言与哲学的观念语言在语言形式上完全不一样,或者说它们各自有一套不可以与其他文本相通约的语言,而是说在运用同一个或者同一种语言文字的时候,它们赋予了这种语言文字以不同的理解以及不同的使用规则。在这里,使用与运用语言文字的方法与规则才是最重要的,是这种语言文字的运用与理解构成了不同的文本语言。因此,也可以这样说:史学的、诗学的、哲学的语言的不同,实乃使用同一个或同一种语言文字,在表达与诠释其意义的方式与语用规则的不同,这才是造成史学文本、诗学文本以及哲学文本的语言有所区分的原因。举例来说,同样是"人"这个字,在史学文本中,它是指某个或某些生活于特定时空范围内的人,其意思是指称历史时空中真实出现过的事情(有"人"曾经存在)。在诗学文本中,当使用"人"这个字的时候,它并非一定是现实世界中实存的或曾经存在过的人,"人"可以是虚构出来的具有某种"人性"特征的人,其更主要的意思是要借助"人"这个意象的出场来烘托出某种气氛,故"人"在这里实乃虚构出来的意象;它包括有"人"的理想性生存状态应当如何的成分,而非仅仅是作为现实或历史中出现过的"人"的"实词"。举例说:南北朝人庾信《枯树赋》的名句"树犹如此,人何以堪"中的"人"字,乃想象中具有普遍的人性的人的代称。而当哲学文本中使用"人"这个字眼的时候,它既非像史学文本那样在历史事实中真实存在过的人,也非是诗学意象中所想象或虚构出来的具有理想形态的人,而是既有着像史学文本中的那种现实性或"现象性",同时亦具有像诗学文本中那样的理想性(或超越性)的"人"。这也就是孔子在"人而不仁,如礼何? 人而不仁,如乐何?"①这段话中关于"人"的解释。换言之,对于人文学的哲学文本而言,凡论"人"的地方,必强调其作为人的现象性与人的理想性(或超越性)的统一,认为这才是就"性与天道"所论述的关于"人"的真实存在。这样看来,对于人文学的哲学文本来说,语言文学皆为"载道"之具,这当中,构成语言文字应用的最基本单元或语言的核心是"观念"。故哲学文本实乃是"以观念载道"。②

那么,这种包含着现象界与理想界的统一的观念又是什么呢?上面,我们仅仅指出了观念作为语言文字不同于史学文本与诗学文本中语言文字在使用方法与规则上的不同,这种不同是就语言文字的方法论使用上而言的,却还未道明哲学文本语言的本质。换言之,假如说同一个语言基本单元作为哲学文本的观念来使用,它可以有不同于史学的、诗学的文本语言的使用方式方法,其道理或根据到底在哪里? 这里,我们所说的道理与根据,不可能是从语言的使用规则方面来谈的,因为作为规则的用法说明不了为何要这样使用,或者说为何要使用这些规则的原因。也不可能仅仅从文本之为文本的要求

① 《论语·八佾》。

② 这里的"观念",相当于德文的"Begriff"和英文的"idea"。但无论是德语哲学或者英国哲学对于观念一词都有着各自不同的理解。对于康德来说,"观念"实乃概念,到了黑格尔那里,则将观念(Begriff)区分为"一般概念"(idea)与"纯粹概念"(Idee)。而在英语国家中,观念通常当作"概念(concept)加以使用。因此,同样是使用"观念"一语,在不同的哲学家以及不同的哲学传统中往往会有不同的解释与用法。本书认为,根据中国传统学术,"观念"乃"象"。广义的象思维包括概念思维(科学思维)与观念思维(哲学思维)。或者说,从思想源头上看,一切概念思维与观念思维都起源于"象思维"。关于观念思维与象思维的理解,以及中国哲学中的象思维与西方哲学之象思维的问题分析与讨论,详见拙文《原象:形而上学思维如何可能》,《社会科学》2009年第8期。

来谈,因为这样的话,只能是同义反复与循环论证。看来,真正要发现哲学文本的使用观念来思维或表达形上本体的秘密,还须返回到对观念的分析本身。

(二) 论观念与观念思维①

人们在说起观念这个词的时候,通常会想起"概念",甚至认为概念就是观念。② 事实上,观念在含义表达与使用方法上有与概念相通的地方,但这种相通并不是相同。即是说,假如是从与史学语言的事实以及诗学语言的意象相对应的角度来理解"观念"一词的用法的话,那么,观念可以是概念,但不限于概念;反过来说,概念未必就是观念。为此,在肯定观念与概念是在与事实语言和诗学语言相比较而不同的另一类型语言的前提下,我们来讨论观念与概念的不同。首先,就来源或产生来说,观念不同于概念。我们说:概念是对现实界存在的东西或事件这些可以为感觉经验所能把握到的"所与"的抽象。因此,通常谈概念的话,总是谈它的"抽象性",并且以此将它与

①　经验论哲学与观念论哲学在概念与范畴的如何形成这个问题上的看法不同。经验论主张概念与范畴都来源于感觉经验,是对感觉经验的抽象或概括。而观念论一方面承认概念以具体的经验之物为对象,另一方面却认为概念,尤其是范畴来自先天或先验(如康德的看法)。但总的来说,无论经验论与观念论,通常都是在"知性"这个层次上来理解概念与观念,即认为概念与观念是对可以经验到的现象界的知识,在这种意义上,观念常常就是概念。而唯有黑格尔通过概念的"辩证运动",则将同一个词"Begriff",在自在的层次上称为"概念",而在自为的层次上又称为"理念"。黑格尔关于"概念辩证法"的论述见其所著《小逻辑》(贺麟译,北京:商务印书馆1980年版),此方面内容,本书下面在论述西方悖论式哲学思维时亦会有所涉及。

②　黑格尔将概念划分为两种:一般概念与纯粹概念(范畴),并且还提出"理念"。按照我们这里的理解,黑格尔所说的两种概念其实都是概念,而他说的理念则是我们本书中理解的观念(即具有超越性的概念)。黑格尔关于概念划分与理念的说法见其所著《小逻辑》。本书从讨论问题的论旨出发,对概念与观念这两个概念的用法作了澄清,指出狭义的"观念"不同于概念,而广义的"观念"亦可以包含概念。

作为史学语言的事实语言与作为诗学语言的意象语言区分开来。而观念不同,与其说来自对实际事物或现存事物的抽象,不如说是对经验事实或"存在者"的"理性直观"。① 其次,语言的运用目的与方向不同。我们说:概念虽然来自所与,但也有规范所与的作用。用金岳霖的说法来说,概念(意念)是"以得自所与还治所与"。观念的运用不同,与其说是规范所与,不如说是让本体通过现象界呈现自身的方式。套用海德格尔的话说,观念实乃"存在通过存在者呈现",或者说"存在者呈现存在之方式"。最后,此乃最重要的,是两者在语言的本性或本质上的差别。此问题下面需要仔细分析。

我们说,两者虽同具有抽象性(抽象性不等于抽象),在这点上来说,观念语言与概念语言确有相通之处,这点也是它们之所以与史学语言以及诗学语言相区别的标志,而这也是人们常常混淆了观念语言与概念语言在使用上的差别,以至于将观念语言等同于概念语言的原因。事实上,观念语言仅仅在具有抽象性这方面与概念语言相似。这里,为了把观念语言与概念语言区分开来,我们应当把观念的抽象性与概念的抽象性区别开来。其实,作为人文学的哲学文本的观念语言与其说具有抽象性,不如说观念的这种抽象性其实指它具有超越性。这才是人文学所使用的哲学语言与作为自然科学以及社

---

① "理性直观"在康德、谢林、胡塞尔与牟宗三那里分别有不同的解释与含义。概括来谈,康德哲学认为理性直观是对物自体的直观认识,这种直观只为"上帝"具有。对于谢林来说,理性直观乃人所具有的与感性直观不同的另一种认识事物及其本质的先天能力。胡塞尔从现象学出发,将理性直观视为人所具有的直觉认识事物之本质的"本质直观"。牟宗三继承了康德对于"理性直观"是对物自体的认识能力这一说法,称之为"智的直觉",只不过认为它不来自上帝,而为人天生所具有。此处对"理性直观"的解释以牟宗三的说法为据,之所以不说是智的直觉,乃因为这种直观思维是与概念思维相对应的另一种运用"理性"的而非"知性"的思维活动。

会科学所使用的概念语言的根本区分之所在。应当说,观念语言的超越性,才是观念语言作为观念语言的本质或本性。

那么,何为超越? 何为观念语言的超越性? 通常,人们将超越理解为"由此向彼"的运动,这可能是"超越"一词最原初或最基本的用法,但就哲学观念的使用而言,最根本的超越是由现象界向本体界的超越。① 所谓由现象界向本体界的超越是指观念作为表达意义的语言符号,它一方面表达的是现象界的存在之物(如现象界中的"人"),另一方面,这个现象界之物又是本体界在现象界的呈现。以"人"作为哲学观念语言为例,虽然用"人"这个字来代表或指称现象界的具体的人,但作为现象界的具体存在者的"人",却又是具有本体意义的人,或者套用精神学的术语,是一个具有"精神性人格"的人。这样看来,"人"这个观念的"超越"其实是指"人"这个词的意义具有二重性:它一方面是现象界中的存在者,同时又是超出或超逾纯粹现象界的存在本身。关于"人"这个观念如此,其他凡讨论性与天道问题的哲学文本所使用的观念,皆具有这种超越性。故超越乃观念的本质或本性,它才是将观念与概念区分开来的根本标志。

以上,我们讨论了哲学语言不同于概念语言的区别,指出哲学语言的观念具有超越性。但是,哲学文本不仅仅是观念,在讨论性与天道问题时,它实乃由一整套观念系统组成。换言之,哲学文本实乃由观念构成的思想体系。这些思想体系中的观念又被称为思想范畴。对于哲学家来说,其对哲学问题或者天人关系问题的论述不仅要提出一个一个的观念,更重要的是要将这些思想观念编织成一个思想体系。故对于哲学家或者哲学文本来说,与其说提出哲学观念,不如

---

① 就广义的超越一词的含义来说的话,不仅观念有超越性,任何概念都有超越的一面,否则它不可能是概念,而只能是给定"所与"的单纯"摹状"或"描写"。

说是对于这些哲学观念的论证,对于哲学思考来说是更重要,也更能显示其哲学作为哲学之"学",而将其与其他常识性的说法,以及专业哲学家与通常的哲学思想区分开来的重要标识。甚至可以说,假如仅仅有关于哲学的观念,或者说关于哲学思想的"洞见",则这可以说具有哲学的深刻,却未必称得上是真正的哲学话语。那么,作为哲学文本的哲学话语不同于其他一般常识性的论述,甚至不同于像史学的、诗学的文本之表达性与天道问题的语言运用方式,准确地说,其哲学思考问题的运思方式是什么呢? 或者说,当哲学家或者哲学文本表达其哲学思想以及哲学的真知洞见,究竟有没有一以贯之的思维之道呢? 有的,这就是否定式思维。

二、哲学文本与悖论思维

(一) 作为否定式思维的哲学思维

哲学的超越思维作为一种思维方式,乃是"否定式思维",即不断地否定自身。这种否定性源自观念自身应有的超越性。要了解这点,须从观念语言的特征说起,即观念的超越是对自身的超越。由于哲学语言文字是表达意义的观念符号,这种观念符号虽然并非概念,却具有类似于概念的抽象性。故观念实乃具有抽象性的观念,因此,观念的超越思维其实就是对其观念的抽象性的否定,此即观念的否定式思维的特点,从这种意义上说,否定思维实乃超越思维,或者说观念的超越思维体现为否定式思维。[1] 举例来说,《老子》书中的"道

---

① 关于这种否定式思维的机制及其具体的思维逻辑在下文涉及对黑格尔思维辩证法时还要进一步展开来谈。这里先从"超越"即"否定"这个角度来对否定式思维的含义加以说明。

可道,非常道;名可名,非常名",其实就是否定式的超越思维的经典
说法:一方面,道通过可道之道否定自身,这样的道不再是原先的道。
这是从作为本体之道的自我否定的意义上说的;而另一方面,这种道
的自我否定又是以名言出之或加以表达,这样,作为名言的"名"通过
对自身的否定之后,尽管还保留着"名"这个名字,但其意思已不再是
原来意义上的名。说到这里,我们要注意的是:对于哲学的否定思维
来说,所谓否定乃是否定自身语言的抽象性。这里出来一个问题,我
们前面刚说哲学思维使用的是观念,而观念语言不是概念语言,它并
非对事物的抽象;而现在又说哲学思维是要不断否定其所用语言的
抽象性,这种说法是否自相矛盾? 其实,当我们说哲学思维是观念思
维的时候,是就哲学思维的本性说的。对于哲学思维来说,它是运用
或者借助观念来表达或诠释宇宙的最高本体或终极实在的;这当中,
它所使用的观念并非概念,不具有概念的抽象性。而当我们说哲学
思维是否定其自身的语言的抽象性的时候,是就哲学思维的过程言。
这里所谓抽象性是指任何观念都会有的它的不同于像史学之事实语
言以及诗学的意象语言中的"形象"成分,故这里的抽象性是与形象
性相对立的抽象语言成分。因此说,观念的抽象性并不否定它的观
念实在性,但它的确又具有像概念性思维那样的抽象性。而哲学思
维作为一种过程来说,就是要去除它所具有的沉淀在观念上面的那
种类似于概念的抽象性。即言之,观念并非抽象的概念,但它却有着
类似概念那样的抽象性;而哲学思维的本质,就是如何去除其内在包
含的类似概念的那种抽象性,而且,这种观念的否定自身的运动表现
为一种永不休止的过程。故我们看到:所谓哲学思维不仅是否定式
的,而且是终极否定式的。即言之,不断地否定,然后又否定……以
至于无穷。

说到这里,我们自然会问:哲学思维为何要用这种否定思维的方式来表达或诠释宇宙实在或者说终极本体呢? 这个问题,自然又涉及语言能够把握本体,以及语言如何把握本体这个古老的哲学问题。事实上,人类对这个哲学问题的思考由来已久,这其实是一个相当古老的关于对哲学之本性应当如何加以认识的难题。就人类思维的历史来看,除了可以运用史学的语言与诗学的语言来表达与诠释世界与宇宙的终极实在问题之外,人类同时还很关心语言能够把握以及如何去把握宇宙的终极实在的其他语言方式。这方面,人类发现除了史学语言、诗学语言之外,还有一种可以谓之为"名言"的人类语言,它与人类其他语言一样承担着表达与诠释宇宙的终极实在的任务;甚至由于其所具有的不同于史学或诗学的语言的特点,在历史上,长久以来,人们还一直视它为或者试图将它作为揭示世界本体以及宇宙的终极存在的秘密的终极言语方式。然而,何为名言? 名言如何达道? 这个问题长久以来却又一直引导着哲学家们进行思考,并且成为哲学史上的难题。因此,关于这个问题的理解,还得从分析老子提出的"道可道,非常道;名可名,非常名"这一非常古老的哲学命题说起。

自从《老子》一书出现这一命题之后,历来关于这句话该如何诠释就争论不休,乃至于言人言殊。其实,假如将它视为对天地万物之本体以及宇宙终极实在的言说的哲学最高命题的话,那么,此话的真实意思并不难以理解。在老子这句话中,头一个"道"字自然指的是最高实在或者说宇宙的终极本体(作这种理解的争议不大),分歧是关于此中的"道可道,非常道"到底作何解释。通常人们将这句话的意思理解为:"道是可以说出来的;不过,说出来的道就不是原来的道,至少不完全是原来意义上的道了。"这里,对句中第二个"道"字的解释是"说"的意思。故"可道之道"就是用语言表达或呈现出来的道。而接下来后面的意思呢？"名可名，非常名"，通常理解的意思是："语言是可以通过语言再去表达或诠释的；但一旦如此，则这经过新的语言去表达与诠释的语言，其意思或意义就不是原来语言的那种意思或意义。"

就字面意思说，以上这种关于老子的原文意思的解释并不离题。但问题出在对老子这几句话的真正意思或者说精神实质该如何理解与把握的问题。这当中，问题的关键集中在对其中的"名"的理解与认识。其实，假如将老子的话语置于我们现在的语言脉络或者按本书的语境来解释，老子所说的就是名言能否达道与如何达道的问题。这里，老子书中的"名"即"名言"。"名言"可以有广义和狭义两种理解。通常狭义的名言指概念，而广义的名言乃观念（包括概念在内的观念）。老子这里所说的"名言"乃后者。① 对于老子来说，名言是可以达道的；不过，名言之达道的道不再是用名言原来想要表达的道。虽然如此，但老子并没有从根本上否定名言无法达道，而是说名言可以达道；只不过这种达道的方式是否定式的，即它是通过否定其原来的名言中的"含义"而赋予它新的解释或者说保留了它本来该有的"意义"。② 这里所谓否定其原来的名言中的含义，用我们这里的话说，

---

① 与通常将"名言"理解为"概念"不同，老认为"名"乃"命名"，名言乃命名之所得，从这种意义上说，哲学文本中的概念与观念皆"命名"的方式，而不同于历史文本中的"事实"与诗学文本中的"意象"，此不同的地方，就在于"命名"之后的"名言"乃以悖论的方式呈现，无论这种悖论属于概念的悖论（如西方哲学中运用概念思维的名言，典型者如康德的二律背反，这种哲学悖论往往不是从哲学概念或哲学名词本身，而是通过由这些概念组成的句子表达的陈述式句子的内容加以呈现）或者观念的悖论（如中国哲学中的名言）。

② 为了将观念中的"抽象"意义与"本体"意义相区分，我们这里将观念的"抽象意义"称作"含义"，而将观念的"本体意义"称作"意义"。

就是否定式思维。但否定式思维不是简单的全盘否定,而是通过否定的方式又重新发现或发掘出该词蕴含于原初名言中的意思或者说"意义"。如此不断地否定又否定,哲学思维就呈现为这样一种过程。

(二)哲学思维的"悖论"

至此,问题的讨论还未结束。我们说:否定式思维不仅是哲学思维的运思逻辑,而且在以观念思维,尤其是将观念用于关于"形而上学"问题的思考时,必展现为悖论的性质。对于哲学思维来说,这才是最关键的。即是说,一切哲学式的思维只要是以观念语言的形式展开,那么,这种哲学思维必定是悖论式的。所谓悖论式通常的理解是"似是而非"或者"似非而是"的语言表达方式。但这只是关于悖论的修辞学的用法说明,尚不足以揭示哲学悖论的本质。作为哲学思维意义上的悖论,其实是以一种否定式的方式作为道的表达或呈现方法。或者说,只要是采取或者通过语言(名言)来表达或者诠释道的本体,则必然会出现"悖论",但这种悖论恰恰代表世界万物的本体或者宇宙终极实在的"真实"。按照别尔嘉耶夫的见解,任何关于宇宙终极实在或者最高之存在者的言说,最后都不得不诉之于"悖论":"对神的思考只能作悖论性的思考",①这里所说的"悖论性",就是从作为形而上学问题的思考来说的。这里"悖论性"的字面意思是"说是即非,说非即是",或者说语言的陈述中包含有"相互矛盾"的内容的意思。但哲学悖论不同于通常修辞学的悖论的地方在于:它是用于表达道的存在方式的观念语言,而通常的作为文学表现手法的悖论则属于具有夸张效果或者说"喜剧性"色彩的修辞语言。它也不同于通常的形式逻辑的悖论。我们说:当人们在运用形式逻辑,或

---

① 〔俄〕别尔嘉耶夫:《自由精神哲学》,石衡潭译,上海:上海三联书店 2009年版,第 145 页。

者在使用概念语言进行抽象思维的时候,也常常会碰到众多的悖论,比如说,著名的"理发师悖论"。还有更多从日常生活中的事物或事件当中发现的悖论,比如"矛"和"盾"的悖论,等等。然而,我们说,以上这些虽是悖论,但它们却属于日常生活中或者说现象性世界当中出现的悖论"现象"。它们表明的是作为普通"现象物"的各种事情与事物之间的各种矛盾与冲突,当这些矛盾与冲突用现象界之"理",或者以形式逻辑之"理"无法解决或调和的话,就是我们所称的现象界的悖论。其实,这些悖论并非具有不可调解的性质。往往当条件或情景改变之后,现象界中的这些矛盾与冲突就会解决,而悖论也就消失。故现象界的悖论只具有暂时性与时间性。相比之下,哲学形而上学的悖论却具有恒常与持久的性质。即言之,当人们运用观念这种语言工具或语言载体对哲学的形而上学问题进行思考的时候,就会出现哲学悖论。这当中,典型的当属康德哲学中关于物自体的探究。在《纯粹理性批判》中,康德试图从经验世界入手,探讨人类的认识能够认识与把握本体或物自体时,曾运用"二律背反"(希腊文作"antinomi")的方式暴露了人类运用理性(这里是理论理性或者说知性)去认识物自体时所遇到的悖论。这几种悖论就是:(1)关于时空是有限还是无限的悖论;(2)关于物质是否可无限细分的悖论;(3)关于自由意志的悖论;(4)关于上帝论证的悖论。人们通常从形式思维的角度来考察问题,认为康德的悖论表明了人类理性认识的限度,即以理性或知性的方式是无法达到物自体的知识;否则的话,就会出现如同康德所描述的那样的二律背反的悖论。这种关于康德悖论的理解是消极的,它告诉人们的是:人类的理论理性无法把握本体界,对本体界的认识需要运用其他方式,比如说"实践理性"。① 其实,假如从观念思维即是悖论思维的角度来理解的话,那么,得出的结论是:康德悖论并非表明人类的理论理性无法把握物自体,恰恰相反,这种"康德悖论"倒是以"概念思维"的方式对本体界作了最好的诠释,即对于人类来说,本体界是一个以悖论方式展现或呈现的世界,或者说,本体界就是悖论式的世界。假如这样来看待问题的话,则康德关于二律背反的说法不失为以概念思维的方式暴露出宇宙之终极存在的秘密,即我们面对的世界或者说宇宙本体其实是一个"悖论"的世界。

除康德之外,黑格尔在研究人类的理性能否达到本体界的知识这个问题时,也接触到哲学的悖论。不同于康德的方面在于:对于康德来说,悖论表明了人类运用知性概念去认识世界的限度;而对于黑格尔来说,悖论却是人类运用知性去思考物自体或者说本体世界时必然会遭遇的思维过程。② 为此,黑格尔将"概念"进行了改造,赋予它以"自我否定"的功能。从这种意义上说,黑格尔哲学中的"概念"其实是具有思维超越性的"观念"。说到这里,可以说黑格尔已经发现了问题,即以观念思维的方式去把握"物自体"或者本体界时,会出现"悖论"。可惜的是:黑格尔笔锋一转,其思考的方向却偏离了问

---

① 康德本人也是这样来理解的。他谈到"思辨理性"与"实践理性"的关系时说:"一项限制思辨理性的批判,虽然就此而言是消极的,但由于它借此同时排除了限制或者有完全根除理性的实践应用的障碍,事实上却具有积极的和非常重要的作用,只要人们相信,纯粹理性有一种绝对必要的实践应用(道德上的应用),在这种应用中它不可避免地扩展越过感性的界限,为此它虽然不需要从思辨理性中得到任何帮助,但尽管如此却必须针对它的反作用得到保障,以便不陷入与自己本身的矛盾。"(《纯粹理性批判》,北京:中国人民大学出版社 2004 年版,第 15 页)

② 黑格尔发现了哲学思维中的悖论,但他不称为"悖论",而认为是"独断论"的思维方式所引起,他说:"独断论坚执着严格的非此必彼的方式。譬如说,世界不是有限的,则必是无限的,两者之中,只有一种说法是真的。"(《小逻辑》,第 101 页)因此,他发明了他所说的"辩证法思维",致力于消除这种独断论的哲学思维方式。

题:他将关注点集中在如何消除康德式的"二律背反"悖论。从这种思路出发,他认为任何代表事物存在的概念不仅包含自我否定的因素,而且这种自我否定因素还成为事物发展与变化的关键因素。因此,借助于概念的这种自我否定,自在的概念 A 就成为自为的概念B。不仅如此,按照黑格尔说的概念辩证法的自我运动,概念 B 还要进一步发展,成为一个新的东西,这种新的东西称为自在自为的概念C。之所以是新的 C,在黑格尔看来,乃因为它既是从概念 B 发展过来,却又依然保留有概念 A 原有的一些东西;但从根本意义上说,它却既非原来的概念 A,亦非原来的概念 B,而是概念 A 与概念 B 之合,所以是一种新质。以上就是黑格尔的"概念思维"的思想套路与问题意识。其实,假如不囿于黑格尔迷恋"合题"的思路,我们完全可以将概念 B 的发展视为向原来的概念 A 的回复,却为何非要将这种向概念 A 的回归活动中加入概念 B 的因素呢? 从这种意义上说,黑格尔的概念思维并非彻底的否定式思维。黑格尔本人也自觉地与纯粹的否定思维拉开了距离,称他自己的逻辑思想为辩证思维。黑格尔本来已踏上了"否定式思维"的路径却又中途加以放弃,实乃跟黑格尔试图用一种一元论的大一统哲学观念来囊括一切,并且消除一切"矛盾"的"合题"思路使然。①

---

① 　黑格尔的"螺旋形上升"的"合题"思路由费希特强调概念的"绝对同一性"的说法脱胎而来。而这种建立在"合题"思路上的概念辩证法并不是真正意义上的"具体的概念运动辩证法"。因为任何概念假如是具体的概念的话,它都是包括现象界之物与物自体这两个方面的统一。就概念的辩证法运动而言,假如有概念 A(包含有作为现象的 a 与作为物自体的 o)运动到概念 B 时,根据否定辩证法,概念 A 中作为现象的 a 给否定掉了,但作为物自体的 o 仍在,故这时的概念 B 实除了包含着不被否定的物自体 o 之外,还增加了作为现象界之物的 b,否则它就不是作为具体概念的 B,而仅只是抽象的而非具体的概念(这种具体乃指具有现象界之形态的具体)而存在。从这种意义上说黑格尔所说的"合题"式的概念辩证法只能是他自己所要否定的抽象概念的辩证法。真正的具体的概念辩证法只能是自始至终都包含有现象之物与物自体在内的概念(即"观念")的自我运动。

真正以悖论的眼光来看待世界万物,并且从存在论的角度对此问题予以思考的是海德格尔。尽管海德格尔本人并没有使用"悖论"这个名词,甚至也没有从方法论层次上声明他的哲学思维乃悖论式思考。但从他关于"存在"与"存在者"关系问题的探讨以及看待问题的视角来说,他的哲学思考可以说是具有悖论性的。比如说,他提出存在与存在者是一种相互依存的关系。即是说,存在可以是存在者,存在者也可以是存在。这种存在与存在者的关系恰恰就是关于本体世界与现象世界悖论式关系的很好写照以及哲学化的说明。到了海德格尔思想后期,尽管他已放弃了从传统的肯定有最高存在者的思路,并且也放弃了从名言入手关于最高存在者的追问,而将对真正的存在之思转向"诗",然而,他毕竟承认:诗与思是可以独立并存的两种学问,而且,就作为存在之"思"来说,它们彼此可以相互补充与对映。假如将海德格尔关于"思"与"诗"之相互依存或者说相互"呈现"对方的观点结合起来考察,海德格尔其实可以说已经为"语言何以是存在之家"这个问题找到了答案。概言之,哲学之思(思辨)与文学之诗,皆属于以人类的语言呈现世界与宇宙终极存在的可行方式。然而,海德格尔的思考终究功亏一篑。这就是:他对传统哲学探究天人之问的思维方式不仅采取了彻底颠覆的态度,而且明确宣称"名言达道"不可能。其实,他忘记了:假如以悖论这一传统的逻辑思维中"暴露"的问题来重新审视"天人之学"的话,也许问题的答案就应当是:"存在"与"存在者"可以相互转化以及相互呈现,是以"悖论"的方式实现的。这也正是本书下面接着海德格尔未能完成的"计划"所要继续讨论与论述的。

（三）从中国哲学看"名言达道"如何可能

从上面的例子可以看到,在西方哲学的历史上,名言如何达道问题之所以难以解决或者说为许多哲学家所困扰,乃因为将名言视为纯粹的概念。由于概念的意义具有明确的规定性,其作为思维工具的运用遵循形式逻辑的同一律,因此,西方哲学在思考哲学问题,包括形而上学问题时,其哲学运思不得不致力于排除或消除逻辑矛盾以及语义之间的不一致乃至"含混"之处。这表现在康德发现"二律背反"之后,承认对于物自体的认识超出了人类的理论理性能力,转而求助于实践理性;黑格尔式将观念思维暴露的哲学悖论以"辩证思维"的方式强行将其清除,以及最后海德格尔以"诗"的方式取代或者限制哲学之"思"的做法。但是,假如将老子的"道可道,非常道;名可名,非常名"视为以哲学方式把握世界及宇宙的终极原理("道")的"第一原理"或最高命题的话,那么,自然而然会得出如下结论,即世界或宇宙终极本体是以"悖论"的方式呈现的。只不过,这里"名可名,非常名"中的"名"实乃具有超越性的"观念",而非限于描述与整理现象界的经验的概念。故从康德、黑格尔以及海德格尔等人的论述看来,他们只是暴露了概念语言把握宇宙的终极实在之道时遇到的问题,而并没有从哲学思维的角度去真正解决"道可道"的难题。为了了解老子关于"道可道"这一哲学命题的深刻含义,让我们转向中国哲学,看看从对"道"的理解出发,中国哲学思维是如何运用悖论思维的。从下面的论述可以看到,中国哲学不仅对悖论思维有自己独到的思考,而且是它据以观察与理解世界与"天人问题"的常态与"常道"。

中国哲学自来有悖论思维的传统。以《易经》为例,这是一部以悖论思维方式言说世界万物以及宇宙的终极存在的纯理之书。《易传》中大量使用"乾坤""阴阳""刚柔"这样一些具有悖论性的词语组合或句式来陈述"天理",这当中最典型的说法是"一阴一阳是谓道"。此种悖论式的思考方法被以后的儒家思想所继承和发展。以至于到了宋明理学那里,围绕理与气、道与器、体与用、显与隐、未发与已发等哲学观念的悖论关系,展开了激烈的学术讨论与争鸣。中国哲学对性与天道问题的思考,也通过这些悖论式的话语争论得以深化。① 至于道家,早在先秦时代就围绕悖论问题来展开各种哲学问题,并且用典型的悖论式思维将其加以处理,如《老子》一书中的哲学思想几乎完全是用悖论式的"似是而非,似非而是"的话语出之。而《庄子》更是充分展示了悖论作为一门哲学艺术的魅力,其中关于悖论式的语言运用不仅是哲学式的,而且具有审美意味。然而,在中国哲学中,悖论式思维的集大成者当属于佛学,这是因为佛学较之儒家和道家来说,其哲学眼光与视野更加正视人的心性与天道问题,而且更为强调语言与存在之间的关系。因此,佛学较之儒家与道家来说,更有运用悖论思维的自觉,并且将悖论的运用提升为悖论的理论,而成就一门关于悖论式哲学思维的艺术,这表现在中国佛教大量的著述尤其是对于佛典的解说中。此中最值得关注者要数僧肇的《肇论》,其中《不真空论》认为"真谛"所言的"非有"正是"俗谛"所说的"非无";主张真俗不二,有中看无,非空非假,不落两边。此说法实开中土佛学悖论思维之先河,并已成为中国佛学思考宇宙与人生问题的普遍范式。从悖论思维出发,中国佛学还形成了各种学派(宗),其中蔚为大宗的像天台宗、华严宗乃至禅宗,都涌现出以悖论

---

① 如果想详细了解中国哲学,尤其是儒学如何运用悖论的哲学观念(即常说的哲学"范畴")来展开中国哲学,可以参考张岱年《中国古典哲学概念范畴要论》(北京:中国社会科学出版社 1989 年版)中关于中国古代概念与范畴的举例说明。尽管张氏没有从悖论这个角度对中国哲学的范畴展开分析与讨论,但从其对这些中国哲学范畴的基本意思的理解来看,这些中国哲学的范畴的含义,皆来自悖论思维。即言之,只有从悖论思维的角度出发,对这些中国哲学范畴的真实意思及其背后的精神实质才会有更切实的理解与把握。否则我们对这些中国哲学范畴的意义的了解,尤其是这些哲学范畴为何有如此的意义与解释,就无法获致理论上与方法论上的说明。

思维来探究性与天道问题的卓越宗师。此处篇幅所限,关于中国哲学悖论思维之源流无法细说,只能留待于他文。

中国哲学采取悖论思维,与其以汉字这种特有的语言文字来表达与诠释意义的方式有关。从文字的起源看,中国的汉字是一种象形文字,①当用这种形象性的语言文字来思考与穷究天理时,由于汉学的这种集形而下的具体形象与形而上的意义于一体的语言文字符号的特殊性,使用它来表达意义的时候,可以同时将现象界的经验事物与形而上的本体联系起来考察。这样看来,关于哲学思考为何出现悖论思维,解释这一现象的密码原本就蕴藏于汉语文字之中。就是说:作为哲学思考工具的汉字或者汉语本身就会出现形上世界与形下世界在表述上的悖论。由于这种悖论涉及的是形上世界与形下世界的分野问题,这种悖论属于存在论的悖论。相比之下,其他举凡像逻辑悖论以及日常生活中出现的一些类似矛盾冲突的悖论皆为存在者的悖论。以本书前面所说为例:当汉语说"人"这个字,并且将它作为一种表达天人关系之义理的思想脉络中的哲学观念来看待的话,则这个"人"字所指的"人"不仅是现象界的人,同时也是作为本体的精神性存在的"人"。这种集现象界与精神本体于一身的关于"人"的悖论式存在认知就属于存在论的悖论。从存在论的悖论思考出发,中国人很早就形成与发展出一门既从现象界观人,同时亦从本体或"物自体"的角度观人的哲学思考模式。不仅对"人"来说是如此,对于作为本体界或最高存在者的"天"来说亦是如此。对于中国

---

① 就表达意义而非其所指的时候,汉文化的象形文字本身是一种"意象"文字,这除了在其诗学中是作为文本的核心元素加以使用之外,也表现在传统学问的哲学或者说"经学"当中,但这种具有哲学意味的意象的语义运用,则往往具有"悖论性",即将彼此对立或相反的意象加以对比并且连接起来表达哲学的"元理"或者说形上之理。比如《易传》中的"阴""阳""刚""柔",以及宋明儒学的"理""气""道""器""性""情"等意象。

人来说,"天"既是具有神圣性或者说"超越性"的天,但同时也可以是现象界的万事万物(自然界)的统称。这样看来,人界也可以说是天界。这种天人相通,天即人、人即天的哲学思维方式,实来源于中国式的存在论悖论思维。拿这种中国哲学的悖论思维与西方哲学思维作比照,可以发现抛开语言的具体形式差异不论,西方哲学对存在论问题的思考也表现出悖论性;只不过对于西方主流哲学来说,哲学思维是概念思维,因此哲学悖论以不同的概念之间的不相融表现出来。或者说,在哲学思维这个问题上,作为悖论的两极 A 与 B 无可互通,并且本来只是悖论的 A 或 B 却成为彼此不可调和的"矛盾"。这是我们上面在论述康德"二律背反"问题时所看到的。反之,对于中国哲学来说,由于是汉字思维,作为汉字来说,悖论本来就包含于其中,而哲学思维的运用,不过是将这种本来包含于其中的悖论以悖论思维的方式自觉地加以呈现而已。于此,我们看到中国哲学的基本范畴与原理皆由悖论组成。比如:一方面,形而上者谓之道,形而下者谓之器;另一方面,道即器,器即道。一方面,在天者为理(天理),在人者为事;另一方面,理在事中,事中有理,等等。如此以悖论方式展示的哲学言说在中国哲学中不仅比比皆是,而且事实上成为中国哲学话语的基本套路与运思方式。由此观之,中西哲学在悖论表达方式以及各自划分的哲学领域虽然有别,但这不排除它们二者皆运用了悖论思考的方式来探究哲学问题。就是说:西方哲学是以概念思维的方式来把握与处理哲学悖论的,而中国哲学则以更具有意义的二重性的"意象"来表达与进行哲学运思。其实,假如抛开语言文字本身的个别性特征不论,从终极性的人类统一的哲学思考来说,它们一无例外地都是悖论思维。因此,假如不囿于哲学传统,而从哲学的本性或者说其"本原义"来看的话,哲学作为哲学,其中最基本与最重要的思想表达式,其实都是观念。即言之,作为哲学思考工具的最基本的词汇,它们都是内在地包含着意义的二重性,而且这种意义的二重性内容是会相互转化的。以西方哲学为例,作为哲学最基本的范畴"being",其实就是一个内在地包含着"悖论"的哲学观念。故"是"(being)的原初用法是"既是"又"不是"。另一个作为西方哲学基本范畴使用的"Idea"(它的较准确汉文翻译应当是"观念")也是如此,它既可以是对现象界的经验性知识的描述或摹状,同时也是用以表述形而上学的基本语词。只不过到后来,由于西方哲学研究与思考问题的思路发生了变化,除了将关于天人之学的学问划归神学之外,就哲学本身而言,"Idea"作为"观念"的"本原意义"终于一分为二:一是作为"概念"(concept)的意思来加以使用,并发展成为经验论哲学的基本语词;二是这个词的形而上学意味与意义在观念论哲学中依然得以保留,譬如在康德哲学之后的德国古典哲学中。这是西方哲学史的后话,此处不再赘言。

惟其如此,回到哲学文本问题,我们看到,由于对哲学观念的理解不同,中国哲学与西方哲学不仅在哲学思维上表现不同,而且在哲学文本的构成与哲学思想的表达上亦有重大不同。即言之,虽同为哲学文本,西方哲学文本对于哲学问题,包括天人关系问题的表述以及论证,普遍采取的是概念思维,其对哲学问题的研究采取严格定义,并运用形式逻辑或辩证逻辑的论证方式,以消除逻辑悖论为特征,并构造出具有首尾一致性的理论思想体系。从这种意义上说,西方哲学是理论性与思辨性的(包括基督教神学亦如此)。反过来,中国哲学采取悖论式的观念思维来诠释宇宙本体,由于这种观念思维具有悖论的性质,所谓悖论性,即"亦此亦彼,非此非彼"的语义表达式。这种"亦此亦彼,非此非彼"的悖论思维方式,反映在哲学文体上面,必然是哲学观念之意义的变易性与境况性。即是说,哲学观念的意义不是固定不变的,它不仅具有意义的丰富性与复杂性,而且其意义往往随着不同的语境或上下文以及背景关系的不同,而可以有不同的理解。这种文义的不同,主要还不是语义或语法以及语用学的问题,而是哲学文本之本体论的问题。① 换言之,作为以名言达道的工具,观念思维的悖论式思考性与天道问题,乃说明性与天道本身就是悖论,故悖论不仅仅是从哲学之思维上说,而且是从整个哲学文本的表达上说的,亦是从宇宙的本体与宇宙的终极存在上说的。这样看来,对于中国哲学的悖论思维来说,世界与宇宙即是悖论的存在,舍悖论之外无世界与宇宙的真实。

三、从中国哲学文本看悖论思维

中国哲学中的本然陈述

中国哲学作为一门学问,其思想观念不仅包含着悖论,而且悖论思维是哲学观念在哲学文本中得以展开的具体形态。因此,要了解中国哲学的悖论思维的特点,就不能局限于对中国哲学的思想观念的分析,还应当将其思想观念置于中国哲学的整体文本结构以及文本脉络中加以把握才行。而且,也只有从悖论思维这个角度出发,关于中国哲学文体不同于西方哲学文体的根本特征与区别才得到辨明。下面,让我们来对中国哲学文本中的文本特征及其话语结构从悖论思维的角度作一具体分析。

---

① 黑格尔也看到"东方哲学"的这一特点。他说:"东方的哲人每每称神为多名的或无尽名的,是完全正确的。凡是有限的名言,决不能令人心灵满足。于是那东方的哲人不得不尽量搜集更多的名言。"只不过,他把它视为旧形而上学的缺点:"但理性的对象却不是这些有限的谓词所能规定,然而企图用有限的名言去规定理性的对象,就是旧形而上学的缺陷。"(《小逻辑》,第 98 页)这说明黑格尔尽管看到了像中国哲学这样的东方哲学在文本写作时的特点,但却不能正确说明东方哲学之文本如此构成的原因。

首先,中国哲学中的"本然陈述"。我们知道,西方哲学普遍采用概念思维,作为概念思维的判断通常采用主谓结构。这种概念思维的判断当中,作为主语的主词通常是名词,而作为谓语的谓词部分则是抽象的概念。比如说,"这是一朵红花"。这个判断句中,主语"这"(这一个)是指具体的某个存在者,而"红花"表示抽象的某种性质。其中,主语与宾语之间采取作为系动词的"是"加以连接。此外,也有不用系动词,而在主语后面直接采用动词作为谓语的,如"他走了"。但无论是采用系动词也好,没有系动词而直接连接非系动词谓语的主谓结构也好,其中,作为主语的名词或代词等,都是作为现象界之具体存在者的指称,而作为谓语部分的则是对于现象世界中存在者的性质、行为动作等的描述,这些性质、行为的描述亦只包含现象界的活动或经历到的事物或事情之意,并不具有超出现象界之经验的意义。从这种意义上说,康德的"二律背反"之所以出现,而且这种"二律背反"以两两相反的命题呈现,其实乃因为本来只可用之于"现象界之物"的经验性命题,施之于超越现象界之外的物自体的范围。故康德哲学的悖论实乃将现象界的概念施之于表达本然世界或者物自体世界时发生的概念与其言说"对象"之不对应时出现的悖论。当然,从哲学形而上学的本源性看,这种二律背反正是现象界与本体界之悖论呈现的概念思维的表达方式。与之相反的是黑格尔的辩证逻辑。他看到了康德用概念思维的判断必然会导致语义的悖论,为了消除这种语义上的悖论,他采取具体概念的说法,即认为具体概念本就是现象界与物自体的统一体,从这种意义上说,黑格尔所说的具体概念实乃我们所说的哲学观念。问题在于当他在阐述概念的辩证法运动时,却不自觉地将这本来是具体的概念又作了抽象化的处理,即他通过概念之否定走向相反的一端的新的概念出现,只是人头脑中纯粹主观的或想象出来的抽象概念的思维活动,并非生活世界中具有现象性特性的具体概念的辩证运动。从这种意义上说,黑格尔的概念辩证法之运动,必然采取"三段论式"的推论方法才得以完成。① 总之,无论是康德的二律背反也好,黑格尔的概念辩证法也好,它们都是西方哲学将现象与本体加以分割的二分法思维的结果。故作为西方哲学思维之主流的哲学思考方式,要么是康德式的,要么是黑格尔式的;而这种哲学思维从概念出发来思考形而上学问题时,要么是分析的,要么是综合的。而无论是分析的也罢,综合的也罢,就作为哲学文本来说,其语言形式不得不借助于冗长的论证,这也是西方哲学思维从概念出发这一方式所必然导致的结果。

反过来,由于中国哲学普遍采取的是将现象界之物与本体合而为一的观念思维,在这种思维活动中,现象界与物自体假如以悖论的方式出现,它也只是事物作为存在者的"呈现"与"被呈现"的关系。这里,呈现与被呈现本来就是作为观念的综合体。故而,这种观念的辩证运动实乃真正的观念的自我运动。而由于这种观念的自我运动是以"既是又非是"的悖论方式呈现的,这样,就哲学思维文本方式的表述来说,它常常是可以"一语中的"的。所谓"一语中的",即这中间无须任何的逻辑演绎,甚至也无须对观念加以仔细分析,而只须用简明的一句话,就可以将世界万物与宇宙终极实在的悖论式存在状态全盘托出,这就是中国哲学的"本然陈述"的文本表述方式。本然陈述不同于概念思维的方面,就是判断句采用主谓判断时,其作为主语是指"这一个",而非"这一类"。这里所谓这一个,即具体的与特指的,同时又是超出单纯的某个具体特指的"东西"。金岳霖举"能"为主词的"能有出入"这种句式对"本然陈述"加以说明:本然陈述

---

① 应当说,"三段论"的证明方法是黑格尔"正—反—合"辩证方法的另一种表达形式。见〔德〕黑格尔:《小逻辑》,第355—376页。

"文法上有主宾词,而实际没有主宾词"①。而一个句子可以在形式上有主宾结构,而实际上没有概念思维意义上的主宾词,说明本然陈述其实是以观念自我活动的方式来表达真实事物的变化状态。而令人惊异的是中国哲学中表达宇宙的终极实在的关于"元理"的本然陈述,几乎无一不是采取悖论思维的方式。要言之,中国哲学的本然陈述皆是关于世界万物以及宇宙存在的悖论的呈现与哲学表达方式。在这种本然陈述中,常出现彼此对立或者相反的思想观念,虽然意思相反,但它们却以悖论式的关系交织在一起,从而通过哲学的否定方式展现世界万物以及宇宙实在的真相。在这方面,我们可以提炼出中国哲学中本然陈述基本的哲学观念,比如说:天与人、性与理、道与器、本与末、体与用、隐与显、阴与阳、刚与柔、未发与已发,等等,这些对立的名词概念(观念)往往以悖论式的关系共存于同一句本然陈述当中,而在具有思想系统性的哲学文本中,这些悖论式的思想观念又可划分为不同的思想层次,这些不同层次的思想系统之间亦以悖论的方式彼此连接。②

近代西学东渐之后,中国哲学这种以本然陈述来阐述"第一哲学"或者说形而上学的学术风尚渐次式微,但它仍为一些熟悉并且浸染于中国古典学术传统的近现代哲学家,比如说熊十力所继承。有意思的是,对西方经验论哲学与分析哲学有深入钻研的中国当代哲学家金岳霖,也曾发表过他对形而上学进行思考时不得不借助于中国传统哲学的方式的见解。他说:"关于道的思想,我觉得它是元学的题材。我现在要表示我对于元学的态度与对于知识论的态度不同。研究知识论我可以站在知识底对象范围之外,我可以暂时忘记

---

① 《金岳霖学术论文选》,第345页。
② 被视为儒学最重要经典的《周易》是展示这种悖论文本结构的绝佳例证。

我是人。凡问题之直接牵扯到人者我可以用冷静的态度去研究它,片面地忘记我是人适所以冷静我底态度。研究元学则不然,我虽可以忘记我是人,而我不能忘记'天地与我并生,万物与我为一'。"①在《论道》中,金岳霖对中国哲学传统的继承不仅是对中国传统哲学的核心思想观念——"天人合一"思想的继承,而且包括对中国哲学中悖论式思维方式的继承。因此,他以"旧瓶装新酒"的哲学观念以及本然陈述的方式,建立起他的形而上学思想架构。这些本然陈述式的哲学命题皆体现了以哲学语言来陈述或呈现形上之"道"的内在张力,同时也显示了包括儒家思想在内的中国古典哲学观念及话语方式的强大活力。

其次,与之相关的,是中国哲学中的经验陈述问题。本然命题固然是中国哲学悖论式写作的基本哲学话语,但我们发现在中国历史上流传下来的诸多哲学经典以及相关论著当中,还有相当多这样的情况,即引用日常生活中的经验事例来说明宇宙的终极实在是以悖论的方式加以呈现的这个道理。之所以如此,是因为本然陈述作为言说性与天道问题的言说,从句式中看来虽然异常简捷,或者说其在阐发"第一义"之义理时常常能"一针见血",但惟其句式简单,要仅仅通过这种简单的本然陈述来接受这种关于"悖论"的高深形而上学义理反倒并不容易。对于不习惯或缺乏悖论式思维的人来说更是如此。而人文学哲学文本作为人的精神性教化读本,并不希望它自身只是成为置身于学术"高堂"而沦为少数学术训练有素的专业人士作为研究对象或者成为"清谈"之谈资来加以供养,因此,为了使其哲学观念能够传播于社会大众而走出学院高堂,则必会采取一种较为通俗或者说以容易理解的语言文字方式来将其高深的"性与天道"之学

---

① 金岳霖:《论道》,第 16 页。

加以流播。但这种通俗或者说浅近的语言表达方式,并不意味着其内含的哲学思想观念的简单与肤浅。相反,这种通俗的语言表达方式只是将异常高深且日常生活中人们常常难以思考或者接触不到的关于宇宙的终极实在问题加以"明白化"或"生活化"。一句话,它关于"性与天道"的表达,只是要化高深为"平常",或者说要在"平庸"中见"高明"。那么,有没有这样一种不同于本然陈述那么地专业化,而能让普通读者通过文本阅读就可以理解高深或高明的哲学形而上学的言说方式呢?有的,这就是"经验陈述"。经验陈述是以日常生活中的事情或事实来表达或呈现哲学思想观念的哲学话语。作为判断命题,经验陈述在语法上与普通的经验命题有相似的句法结构,且仅从句式来看也即平常的经验命题。但就其作为哲学观念的表达来说,其内容与含义却完全不同于仅局限于表达或呈现现象界的存在者的普通的经验命题。即言之,经验陈述是以陈述或呈现"形上之道"为依归的,从而与同样是呈现表达最高义理的"本然陈述"相对应与彼此映衬。从表面上看,这些关于日常经验性的陈述或者说话语方式,只是为了让本然陈述中的高深义理一般人得以理解或者懂得。但其实,以经验性的事实命题或"个别判断"来表达或呈现那超出现象界的宇宙的终极实在,依然有其存在论的依据,因为根据哲学的悖论思维来说,存在与存在者的关系本来就是悖论式的,即存在既通过存在者呈现,但又不是存在者;反之,存在者可以呈现存在,但存在者终归是存在者,而非宇宙的终极实在。这样的话,那么,用现象界之物或者说日常生活中的所见所闻来表达或呈现那作为物自体的宇宙的终极实在,不仅在道理上可行,而且其对宇宙的终极实在或最高存在者来说,也是以悖论的方式加以呈现与表达的。按海格德尔的话来说,此"道言"实乃"人言",或依中国儒家的思想来看待的话,此"天道"即"人道"。此种"道言"与"人言"、"天道"与"人道"之间的悖论,恰恰也是"具体的思维与存在的同一性"这一哲学思维之最高公理的另一种维度的体现。因为在前面我们谈到观念思维时,指出"纯粹观念"(即前文"狭义的观念")不同于概念的方面,就在于它作为观念思维来说也是具体的,而非抽象的、可以脱离具体对象物的思维,以此与黑格尔式的非具体的概念思维区别开来,其实,所谓"具体的思维与存在的同一性"还有另一种含义,即这种具体的思维除了以本然陈述的观念的具体性加以表达之外,还可以通过事物或事情本身的具体性来加以表达。所谓事物或事物本身的具体性,对于哲学话语来说,就是通过具体的、有形象性的或者可见可感的事物或事物,来表达那不可见、不可感的最高存在。此一种具体性,乃经验感觉的具体性,而非思想观念的具体性(思想观念的具体性是对经验感觉的具体性的抽象或上升层次,属于另一种思维层次的具体性)。我们看到由于汉字作为"象形文字"的特点,使其运用经验陈述来表达或阐述关于世界万物,包括宇宙终极实在的哲学思考时具有独特的优势,由此,就哲学形而上学之运思来说,中国古典哲学也特别爱使用这种经验陈述的语言。我们看到,作为儒家经典的《论语》与《孟子》,其中关于形而上学问题的思考与运思就主要运用了这种经验陈述。如前面提到的《论语》中孔子的话:"人而不仁,如礼何？人而不仁,如乐何？"其中的"人",并非简单的经验命题中的概念,实乃具有形上意味的"观念",这种关于"人"的观念,其中包含作为现象界的人与作为本体的人的含义的统一,但在未经受"仁""礼"的精神性洗礼的时候,这种现象界的人与作为精神性的人的统一还只是一种潜藏的"未发"状态,这就需要以悖论的方式实现由现象界的人至精神性的人的过渡,而这种由现象界的人向精神性的人之过渡是通过仁与礼的实施或者教化而实现的。这种精神教化过程是以由人向仁以及向礼的转化实现的,而这种转化从哲学思维来说,就是悖论。因为这种转化只是一种可能性，没有必然性，故而从生存论的角度看，人作为一种"精神性的存在"，他其实是"既是又不是"。而终极地看，人作为精神性的存在，其实是人的一种"目的"或"希望"。而之所以成为目的或希望，实乃人成为精神性的人源自人作为"有限的理性存在者"这一悖论性存在的本性。以上这种关于人是精神性存在的悖论，假如以由纯粹观念组成的本然陈述表达，虽然辞语简练，但其思想意蕴却深奥且不容易理解，假如将它诉诸日常生活中可见可感的经验事实，其义理则显得通俗易懂。当然，就中国哲学在阐述天人之道的义理的时候，更多的是将本然陈述与经验结合起来，两者相互为用。这当中同样典型的例子是《周易》这部儒家经典。我们看到《周易》在言说性与天道问题时，首先是以卦象的方式提出一整套系统的由纯粹观念组成的本然陈述语言，然后接着在《易传》的部分将这些简要的本然陈述中的义理诉诸日常生活中的经验现象。从这点上说，《易传》不仅是对易经之义理的现象学经验的再现，而且是可以独立成为思想系统的另一种表达形而上学之思的哲学观念思维。而在《易传》中，这种借助经验描述的经验陈述，其关于形而上学的义理与易经仍然一致，即是悖论性的表达，其中充满关于现象界与本体之间、天道与人道之间的相互张力。比如：《周易》的观念构架虽然复杂，它不是采取表面上的二分法基础上的否定式思维，而是以卦爻的形式将世界及宇宙的终极存在及其运行过程表现得多姿多彩与出现八卦及六十四爻的变化，但无论这些卦爻形态如何丰富与多变，却万变不离其宗，即"易"（宇宙的终极存在的符号）有三义：变易、不易、简易。而易的呈现为这三种形态及其之间的关系，实乃悖论性的关系。

综合起来，通过对《论语》《孟子》《中庸》及《周易》等儒家经典的哲学思维方法的阐明，我们说，本然陈述与现象学描述的经验陈述属于中国古典哲学习惯使用的哲学观念话语的常态。但无论本然陈述中的纯粹哲学观念也罢,经验陈述中的现象性哲学观念也罢,它们作为哲学思维的工具与哲学文本的话语方式,都是以悖论思维的方式加以展开。从这种意义上说,无论西方以康德为代表的概念思维导致的"二律背反"的悖论也罢,中国古典哲学的纯粹观念思维与现象性描述的观念思维活动也罢,它们在表达与诠释世界本体与宇宙终极实在这一问题上,表面上语言形态不一,其实却是"异曲同工",即分别为中西方不同的哲学语言传统与哲学运思方式达到以形上本体的同一种认识,即作为人的精神性存在与宇宙终极实在实乃以悖论方式才得以呈现。

此外,中国哲学整体文本具有融涵性(与"对立性"相反)、连贯性(与"断裂性"相批)与恒常性(与"多元性"相反)。这里,如果我们将中国哲学视为一个整体来看待的话,可以发现,中国哲学文本在基本思维方式方面具有它的融涵性、连贯性与恒常性。而这些特性是由它的悖论思维特点所决定。中国哲学的融涵性是指它作为一个整体在思想上的包融性与涵盖性。我们说,同样是哲学悖论思维,以希腊哲学为源头的西方哲学自诞生以来,由于概念思维的原因,其哲学悖论从哲学思想的历史形态发展来看,表现为经验论与观念论的对立。尽管在不同阶段,这种经验论与观念论的对立有各种不同的哲学观点的争论,但总体来看,西方哲学传统自古希腊以来,一方面从经验现象出发对各种哲学思想观念进行整理与考察,另一方面,又从超越的维度或者说理念世界的角度来审视诸种哲学问题,此种原因,皆可以从西方哲学的概念思维中来找寻。及至康德哲学出现,经验论哲学与唯理论哲学的冲突与不可调和终于以"二律背反"的形式彻底暴露。这说明当哲学思维从概念思维出发来考察哲学问题的时候,哲学的悖论往往会导致截然相反的两种哲学观念与学术立场的产生。反过来,中国哲学是彻底悖论式的观念思维,从这种悖论式的观念思维出发,不仅世界万物以及宇宙终极实在是以悖论的方式呈现,而且不同的哲学学派以及各种不同的哲学观念之间的冲突与争鸣也是悖论性的。就是说,在同为悖论思维这点上,中国各种哲学派别与哲学立场都可以找到它们的共同点或者说相通之处。由此,中国的不同哲学学派之间的关系并非如同西方哲学的经验论与观念论之间的关系那么紧张与对立。即言之,我们很难用西方哲学的经验论或观念论的说法来理解或者说规范中国哲学。从这种意义上说,中国哲学是既唯心又唯物,既似乎是经验论又已然是观念论。总之,中国哲学虽然有各种不同的学术传统(如儒家、道家和释家),而且同一学术传统中还会形成不同的学术流派(如宋明儒学的理学与心学之分),但这些不同哲学传统与学术派别之间的共同之处,要远远大于它们在学术风格与学术观点上的差异。正因为这样,中国哲学各家各派在相互的学术争辩与问难中,往往会出现"你中有我,我中有你"的情况,此即中国哲学作为整体来看,呈现出它的哲学融涵性。

中国哲学的连贯性指它在历史发展中的连续性而非断层性。我们看到,在西方哲学漫长的历史发展中,其哲学思想与哲学风格一方面展现出它千姿百态的面貌;另一方面,在这种历史的纵轴发展过程中,还不断地出现思想的断裂或裂变。甩开其哲学观念不断变化的细节不论,即哲学整体而论,从近代以后,西方哲学经历了一次从本体论到认识论的大革命。而在当代,哲学在经历了经验论与观念论的分化之后,哲学甚至从总体上发生了分裂,即哲学已经作为各种"部门哲学"被分解式的加以研究与对待。而更为严重甚至更具有长远影响的是:自基督教产生以后,随着宗教神学的出现,以观念论哲学为一方,以基督教神学为另一方,围绕"性与天道"问题(或者说人的精神性存在和宇宙的终极实在问题)出现了"信仰"与"理性"之间

的抗衡与对立。西方哲学史上一次又一次出现的这些思想观念的大
分化与大分裂,其实皆内源于西方哲学,包括西方神学思维皆属于概
念思维的本性,因为概念思维的本性意味着思想观念,也包括思想方
法在内的"二律背反"的不可调和。反观中国哲学,虽然在各个不同
的历史时期,都有其不同的哲学关怀以及由此而导致的各种不同的
哲学问题,但这不影响它们作为中国哲学来说在整体上的统一性与
连贯性。比如说,中国哲学史上先后出现有先秦诸子之学、汉代经
学、魏晋玄学、隋唐佛学、宋明理学、清代朴学,等等,但加诸这些不同
历史时期的"哲学"学术标签,与其说这是将它们从哲学的思维特点
或者说方法论上加以区分,不如说只是从它们同属于中国哲学整体
的内部学术形态层面来加以区分。而这些中国哲学内部的学术形态
及其风格上的区别,比之这些不同哲学之间在总体思想上的一致性
或者共同点来说,其重要性要小得多。尽管跨越了两千多年的历史
长河,使中国哲学得以维系成为一个整体的一贯之旨是什么呢? 这
就是"天人之学"。或者说,从两千多年来中国哲学发展的历史看,中国
哲学之所以能够成为一个连贯整体的"一贯之道",就是因为它是
关于"性与天道"的学问。

    与哲学发展的连贯性相联系的,中国哲学还呈现出它的恒常性。
恒常性不是说中国哲学没有变化与发展,更不是说它的历史发展只
是它以往的思想观念的重复,而是说,尽管中国哲学在历史的发展中
一直在改变它的形态,且不断出现关于它的学术问题,但是,无论如
何,这诸种形态或者说哲学观念的改变,并不影响它作为中国哲学的
根本特性或"本性"。那么,中国哲学的本性是什么呢? 我们说作为
区别于西方哲学的概念思维,中国哲学除了是观念思维之外,它还是
以"天人合一"作为本体论与存在论的观念思维。在这点上说,它与
西方哲学不仅在思维的方式方法上有所区别,而且在对于世界万物

以及宇宙的终极存在的看法上有根本的区别。换言之，西方哲学不仅是概念思维，而且成为西方哲学思想之主流，是"天人二分"的世界观或本体与存在论。这种天人二分的世界观，无论西方的经验论与观念论哲学皆然，西方的哲学与神学的思考皆然。反观中国哲学，无论从历史发展的长河抑或同一历史时期的各种哲学流派来说，都无一例外地以天人合一作为其哲学的最高思想范畴，而且围绕天人合一这个中国哲学的基本命题或哲学原理来展开各种哲学问题并加以论证。从这点上说，是天人合一这一根本的哲学观念，保证了中国哲学长期发展的恒常性或稳定性。这种恒常性也使中国哲学的基本哲学问题的研究具有持久性与稳定性。就是从终极看，中国哲学的研究尽管内容丰富，包含各种哲学问题，但它始终以天人关系或"穷天人之际"作为其研究的中心问题或基本问题。而这里要紧的是，正由于"天人合一"是中国哲学的基本问题，甚至是中国哲学思考与解决其他哲学的"基石"，因此，如何看待与理解"天人合一"成为问题的关键。而中国哲学承认"天人合一"是以悖论的方式，而非其他方式实现的。因此，对于天人合一来说，天人合一就是悖论。那么，如何理解"天人合一"的悖论，就成为整个中国哲学，或者说全部中国哲学的"第一义"问题。①

综上所述，中国哲学虽然丰富，学派众多，但从总体来看，其思维却有其一贯之旨，即"天人合一"是以悖论的方式向人呈现的。从这种意义上说，理解中国哲学观念的悖论思维的深刻意蕴，离不开作为中国哲学的最高原理的"天人合一"这一命题。反过来，中国哲学的"天人合一"这个哲学观念的深刻哲学意蕴，也必须从"悖论"这个角度加以思考才能得以理解。那么，究竟如何从学习与研读的角度来

---

① 关于中国哲学中的"天人合一"观念的"悖论"结构问题，见本书第八章。

领会中国哲学文本的悖论思维呢?

　　首先,化悖论为方法。对于人文学文本的阅读来说,方法即本体。这种方法论原则之所以成立,实乃基于前面曾谈到的人文学文本构成的"具体的思维与存在的同一性",也即"可道"之"道"与作为本体存在的"常道"的统一与同一性。比如说,史学文本的"常道"以历史事实与历史叙事的方式呈现,诗学文本中的"常道"以诗学意象与意境的方式得以呈现。那么,通过前面所作的分析,则人文学的哲学文本中道的呈现,就应当是以悖论的方式呈现。但是,这种以悖论方式呈现自身的方式,对于文本阅读来说意味着什么,须从阅读方法或者说阅读原理的角度加以辨明。

　　通过对作为人文学的哲学文本不同,同样是人文学的史学与诗学文本的阅读过程或阅读思维活动的考察,我们发现无论是作为史学的抑或诗学的人文学文本的阅读,其思维特征或者说其思维路线都是正向的。这时所谓正向是指思维目标具有一个固定的方向,虽然在阅读之前,我们不知道这个目标在哪里,但我们总知道这个目标会有,而且作为性与天道之形上意蕴来说,其意义是明确的。而阅读方法就是朝着这个道的方向迫近,或者说发现最高之"道"存在在哪里。这种阅读的总朝向一个目标,而对目标作为意义体的意义有明确期待的阅读,属于我们这里所说的"正的阅读"。比如说,史学的阅读在于追求事实作为历史之"真"的本体、诗学中的意境作为优美的本体,但哲学文本的阅读不同。通过前面的分析,我们看到,哲学文本的阅读旨趣与其说是求真与求善,不如说它作为悖论的思维特征,决定了它是否定式的,而且这种否定是以悖论的方式否定。即言之,任何的否定式思维,其思维总要有一个起点或者原点,然后才对这个起点与原点开始"否定",接着又从相反的一方对已经否定的东西再加以否定。这种否定式的思维当中包含着悖论,这就是我们这里所说的反向思维。由此我们看到,作为一种思维过程来看,悖论思维在看待世界万物以及宇宙的终极存在时,这种反向思维遵循两个思维原则:首先,"分别两边"。所谓分别两边,就是首先将任意事物或者事态都分解为相互对立的两个方面加以理解与作出判断。然后,采取"正言若反"的方法对这两种不同的判断加以辨析,说明这被分解为对立双方的内容与意义都皆真亦皆假。因此,所谓哲学的悖论思维就是对这种皆真皆假、亦真亦假的分辨与展示过程。看得出来,这种皆真皆假、亦真亦假的思维不仅与我们前面所说的建立在二分法基础之上的科学思维方法相悖,而且与我们在日常生活中已成为思维习惯的常识性思维相背离。然而,就人文学的哲学来说,它认为这才是唯一可以通过理性思维方式能够把握与理解世界与宇宙的终极实在的思维过程,舍此之外,别无其他途径。

看得出来,这种悖论式的思考或者说"反向"的思维方法,不仅与通常人们思考问题的习惯不相符合,甚至于会被视为违反"常识"。因此,为了使这种反论式的关于哲学"第一义"的思考问题的方式方法能为人们接受,在中国哲学文本中除了将宇宙的终极实在以本然陈述与经验陈述加以呈现之外,同时也有许多从方法论方面关于悖论思维的论述。比如说,《老子》关于"正言若反"[①]的论述,《庄子》中关于"卮言日出,和以天倪"[②]的解释,等等。而中国哲学中系统地论述悖论思维的著作,当属明末清初方以智写的《东西均》,该书将中国哲学中的儒、道、释三家的悖论性思考从方法论上作了系统的概括与总结,其中提出"三即一,一即三,非三非一,恒三恒一"[③]的"三征"式悖论思维,其对中国哲学的贡献,有似于黑格尔的《小逻辑》之"辩证

---

① 《老子·第七十八章》。
② 《庄子·寓言》。
③ 方以智著,庞朴注:《〈东西均〉注释》,北京:中华书局2001年版,第37页。

逻辑"对西方哲学思维方法的提炼与总结。

其次,化悖论为德性。以上,我们是从阅读方法的意义上来谈哲学的悖论思维,指出悖论思维从思维过程来说是一种"负向思维"。这种负向思维从价值观上说并没有否定的味道,只不过说它不符合人们思维的常识与常理而已。正因为如此,这种负向思维,包括从负向思维的角度对哲学文本的理解,首先并非一个阅读方法的问题,而是涉及阅读主体的精神性人格及其存在问题。这是因为:在阅读过程中,文本本身不会说话,虽然说人文学的阅读过程是让文本之道自身呈现,但能否让文本之道自身呈现,或者让道自身以何种方式自身呈现,到头来还是取决于阅读主体对文本的阅读认识以及阅读过程。从这种意义上说,真正的人文学的哲学文本的悖论阅读原则能够在阅读实践中得以贯彻或者成功,有赖于阅读主体的精神气质而定。生活实践与阅读实践告诉我们:人能够通过人文学的哲学文本阅读获得关于悖论世界的知识与存在领会,主要方面不在于眼前的读物是否属于人文学的哲学文本,而在于阅读者是否具有悖论式的眼光与见识。这种悖论式的眼光与见识固然可以通过阅读人文学的文本而受到训练或得以提高,但终极地看,它还是依赖于阅读主体自身的人文素质与精神性条件。这样的话,阅读人文学文本的方法,就不仅仅是阅读方法本身,而跟如何塑造与提高人的主体性精神存在品格有关。中国哲学文本在展示宇宙过程实乃悖论的同时,常常将如何培养人的德性联系起来加以考察,在这方面的论述非常丰富,从中可以概括出三个问题:(1) 区分闻见之知与德性之知。悖论的认识属于德性之知,不囿于见闻。意思是哲学文本的阅读与其是获得关于悖论的知识,不如说是通过文本阅读获得或增加对于悖论的精神性体验。这种精神性体验严格来说是一种存在论的心理感受与体验,假如不从心性与人格修养入手,仅仅从知识性的了解哲学义理入手,则我们虽然有了关于悖论是什么的学理上的知识,其实却依然可能缺乏对于悖论真切的存在论感受与精神人格上的体验。从这一方法说,任何关于性与天道的认知体验,就远不止是从哲学文本的义理的疏通或者将其视为哲学思想之文献资料整理的抓疏功夫所能获得。正因为如此,像《中庸》与《大学》这样关于"性与天道"的儒家哲学经典文本,一方面将悖论的本然陈述与经验陈述的方式加以呈现,同时以相当篇幅说明儒家学问要如何从"做人"的精神人格的培养功夫做起。(2)知行合一问题。与德性之知相联系的是知行合一。这个问题之所以重要,是因为关于宇宙的终极存在的认识是一种存在论或者说人的生存论的体验。因此,对这种体验的获得与其说是理论或学问上的,不如说是生活实践与德性磨炼上的。这就意味着对于悖论的认识与体验要求将知识化为德性,以及德性体现为认知,只有这样,才能真正把握关于宇宙的终极存在的悖论的最高知识。惟其如此,我们发现,为什么在解释与阐述关于宇宙的终极实在的悖论的道理时,中国哲学会相当重视人的德性培养,并且强调"知行合一"。原因无他,对宇宙终极实在的悖论式体验,终极地说,其实是人的精神性人格的自证,它要求知识与德性、认知理性与德性实践的合一。这就是《中庸》所说的"诚则明,明则诚"的道理。(3)功夫论。中国哲学,无论各派各说,在阐述宇宙终极实在的体认时,都很强调"功夫",如王夫之有"即功夫即本体""功夫即本体"之说。就哲学文本的阅读来说,这所谓功夫绝不只是限于阅读哲学文本的刻苦或者持久的功夫,而是从德性的培养与道德人格的磨炼上说的。这是因为,按照存在论的悖论,通过德性去把握或接受宇宙之终极实在这一"真实"固然属于人的精神性人格以及宇宙之以悖论方式呈现的体证,但这种体证的得来不仅依靠的是功夫,而且它的保用或享用,依靠的是不言放弃的真诚。从这点上说,悖论本身就意味着德性的磨炼是一个永不言弃的持续过程。这也就是我们所看到的，中国哲学在阐发悖论的义理的同时，关于功夫的修养论与德性问题总会联系在一起，即舍功夫过程之外，并无德性，也难言德性。真正的精神性德性、人格德性培养有赖于持续的道德实践功夫。

此外，化悖论为信念。这里所谓信念是指对某种终极关心者的信念，而与通常意义上所说的对于现象界之内某些事物或事物的相信不同。因此，作为信仰的信念往往指向宇宙的终极实在或者最高存在者。从这种意义上说，信念属于人的精神性存在的要素，它的含义不仅是"坚定的相信"，而且包含有对于相信者的敬仰与奉献。从这种意义上说，对于悖论的信念的建立不仅是理性的，而且是类似于具有宗教性的人之精神性属灵的心理活动与行为。因此，所谓化悖论为信念，绝不仅仅是从理性出发对宇宙的终极实在是以悖论的方式呈现这一"真理"的确信。恰恰相反，哲学悖论的出现恰恰暴露了人类运用理性试图把握宇宙之终极实在的局限。因此，哪怕从哲学思维出发可以获得世界与宇宙终极实在呈现的方式这一洞见，但人们无论从理性、情感，抑或是从意志力出发，都很难接受世界与宇宙终极实在是由悖论构成的这一事实。原因之一：人类作为"理性的动物"，天然地都具有运用理性，或者说试图从理性上来把握与认识事物之"确定性"与"统一性"的天然趋向。因此，虽然悖论是通过人的哲学理性思考获得的结论，毕竟这一结论与人类追求"确定性"与"统一性"的理性思维相悖。原因之二：从心理的情感方面来说，对于宇宙的终极实在的认识与认知，人类从情感上天然地追求"完整性"与"同一性"的情感心理需要，这种情感心理需要很难从理性层面加以解释，它只能说是情感上感到，假如宇宙的终极实在是作为最高的完整的最高绝对者的话，那么，这个唯一的与完满完整的同一终极实在才能满足人们的终极关心的需要，并成为人类可以信仰的"安身立命"之所,感到安心与放心。而关于宇宙的终极实在出现"悖论"这一说法,与人类追求"完满"与"同一"的终极实在的情感实在是有所抵触。原因之三:悖论从人的意志行为的层面上说,也与人天然就有的意志力或意志行为相抵触。这是因为任何意志行为不仅是一种道德实践,而且其行为指向是向前的,这里所谓向前,是指它有一种固定的同一目标导向,无论这具体的目标者为何物。总之,假如不设定一种相对固定的意志欲达成的目标,而也就无意志力可言。从这种意义上说,悖论是没有稳定的目标导向,而且是反对任何固定的目的导向的。因此说,哲学悖论的出现简直是对人天然的行为意志力的摧毁。通过以上分析,看来悖论的出现在在与人类的精神力三要素:理性、情感与意志力相悖。这种相悖不仅是对西方从二分法的概念思维而言,即使像中国哲学的观念思维亦然。以中国哲学为例:由于悖论的出现,尽管从语义的层面来说,本然陈述与经验陈述当中的悖论可以得到某种解释,但它毕竟无法化解理性思维带来的思想不适调以及主观心理感觉不舒适这一客观事实。那么,怎么办呢? 当人类的理性、情感与意志的运用均感到无力或困顿的时候,信仰终于出场了。也许,人类的信念或者信仰心,是唯一还能够挽救人类在理性、情感与意志均无能为力的情况下使人类的终极信念不至于破产或被流放的唯一法门。对于宇宙终极实在出现悖论这一人类心理或心灵出现危机时尤其如此。这就是我们为什么提出要"化悖论为信念"的道理。

　　因此,所谓化悖论为信念,其意思简单地说就是承认宇宙的终极实在是悖论方式呈现这一"事实",而无须再从理性方面去寻找其根据,无视心理方面的情感与意志的诉求去接受与直接认同宇宙的悖论存在这一真理,并且将其作为真正的"安心立命"之所而予以"奉献"。从这种意义上说,化悖论为信念有似于宗教信仰者对其信仰的最高信仰者的献身与奉献行为,并且其信仰产生的原动力来源于对最高信仰者的"启示"。关于宇宙悖论的确信来自启示而非通常的理性,从这方面说,化悖论为信念意味着接受悖论带来的某种"启示",这与基督教宗教信仰有不谋而合之处。① 即言之,宇宙的终极实在悖论的方式呈现,这一真理与其说是通过人类理性思考获得的,不如说是通过在现象界与人类经验生活中获得的"启示"而达到的。从这种意义上说,所谓"化悖论为信念"与其说是我们从哲学文本的阅读中获得关于宇宙终极实在的理性知识,不如说是希望获得有关这方面的信念。正因为如此,学习与阅读具有悖论含义的哲学文本,与其说通过理性,不如说将其视为"启示"性的文本。也正因如此,我们看到:中国哲学关于宇宙终极实在的问题,总以悖论的方式出现,而且教诲以悖论式的思考方法来看待宇宙的终极实在,还常常借助于"天"的启示,教导人们"敬天",往往将"人事"与"天"的意志联系在一起,从而给人一种"宗教"性的意味。如孔子说:"祭如在,祭神如神在"②"未知生,焉知死"。③ 而《老子》《庄子》以及中国佛教关于宇宙之悖论存在的论述也比比皆然。这些本然陈述也好,经验陈述也好,我们阅读它们,与其说从理性上容易加以接受,不如说更需要我们以它作为存在性的命题。而存在性的悖论哲学命题是超越理性的,无须理性论证,也无法作出理性评语,对付它的办法,就是"化悖论为信念"。

　　除了对中国哲学的悖论观念的理解要借助于"信念"之外,就哲学文本的阅读来说,化悖论的信念还意味着将文本所"言"的精神化。从这种意义上说,化文本为信念的信念,不仅是对文本中单个的或某

---

　　① 别尔嘉耶夫谈到基督教信仰的"启示"不依赖于通常的"理性"时说:"启示与理性是对立的,它不意味着,神对于理性与概念是可洞悉的。因此启示永远保持为隐秘的。"(《自由精神哲学》,第 66 页)

　　② 《论语·八佾》。

　　③ 《论语·先进》。

些信条的信念,而且是指对于整个经典文本的言说的信念。这意味着我们要通过文本的阅读进入整个人文学的"经典世界",这种人文学的经典世界不同于普通的或者说世俗的世界,就在于它是一个纯粹精神性的领域与世界。因此,阅读经典文本,不仅要确信这个精神性世界之"有",而且对于我们每个个体来说,其存在的价值与使命就是要以它为归依。准确地说,这是要求我们对文本中的经典人文世界首先从精神人格上加以认同并加以信从。这种信从是从精神学意义说的,即不仅确信经典的人文学哲学文本中的言说是关于性与天道的普遍真理,而且要有把这种确信转化为具有宗教性的行为信念。这种精神学意义上的对人文学文本中的经典世界的信赖,用中国哲学的术语来说,名之曰"诚"。所谓"修辞立其诚",①是从文本的著述立说,即任何人文学的文本都是一种担负有对人实施精神教化的精神伟业;要能承担这种精神教化的任务,其文本的撰写非得有一种宗教性的担当不可。这种宗教性的担当不仅仅是说其肩负的精神教化任务神圣,而且首先是说从修辞的目标与动机上要"真诚"。同样地,作为接受人文性的精神教化的洗礼者来说,其阅读与研习文本的目的与目标既非功利性的,亦非纯粹从个人兴趣出发的,更非境遇的偶然让其接触到这类人文性的文本的;反之,他之寻求人文性文本的阅读与研习,乃为了在这个人文经典的世界中寻求其精神上的归宿。此即古人所说的"谋道"(君子谋道不谋食)。从这种意义上看,他去阅读或研习人文学的文本,首先需要的是真诚。这里的真诚意味着精神上的信仰与信念。这种对文本的信仰对于人文学的文本阅读来说是非常重要的,故《中庸》曰:"诚则明矣;明则诚矣。"这样看来,树立"诚"的信念是进入人文学的文本的前提与先决条件。它避免了我

---

① 《易传·文言》。

们将人文学的文本作为"口耳之学"而非"心性之学"来进行研究。当然,假如说"诚"对于所有的人文学文本的阅读来说都是需要的话,那么,作为人文学的哲学文本的研读来说,其诚除了是真诚之外,较之史学的、诗学的文本阅读,就更有了一份精神上的执着。因为史学或者诗学文本的阅读,他可能是出于爱好或审美阅读的趣味,而对于先后哲学文本阅读者来说,首先是因为他有明确的目标与方向,即对宇宙与人生终极问题的好奇心,而人文学的哲学文本乃"穷究天人之学",这才是他下决心阅读哲学文本的根本原因。这样看来,哲学文本之阅读于他,与其说是想要追求一种阅读的趣味或快感,毋宁说是要寻求一种精神上的归宿或求得"救赎"。从这种意义上说,真正具有思想内涵的哲学文本的阅读,远非像阅读史学、诗学的文本那么地轻松。当然,这并不意味着它无法得到审美享受,而是说,这种审美享受于他只是结果而非目的。这样说来,真正的人文性的哲学文本的阅读其实来源于一种信念,这就有似于基督教教义所言:因为我信,所以我思。这种"我信故我思"的寻求精神救赎的心理,对于人文学的哲学文本之阅读来说极其重要,它成为一种精神上的指引,指导或规约着人文学的哲学文本的阅读方向。而这种类似宗教信念的出于真诚的阅读,其阅读过程中如果有所收获,并且给心灵带来巨大震撼的话,这种震撼也首先是精神学意义上的。

四、悖论思维的宇宙图景及其精神学意义

(一) 从哲学思维到天人之际

然而,行文至此,我们在论述哲学是什么的时候,其重点都还停留在作为哲学之"学"的哲学思维以及哲学文本内容该如何去把握方面。实际上,哲学除了以悖论作为其思维的基本特征之外,它其实是

一门天人之学。所谓天人之学就是要穷究这样的问题:世界万事万物何以存在,世界与宇宙运用的终极原理是什么;乃至于人是什么,人从哪里来,又往何处去? 人在世界或宇宙中应当如何自处,等等,这样一些终极性的思考与问题。简单地说,哲学要追问的是关于世界与人生的终极存在的答案。这也是通常将哲学视为关于世界观与人生观的学问的意思。那么,作为以悖论方式展开的哲学思维,其呈现出来的世界与宇宙图景是怎样一幅图像呢? 这是我们下面要研究的。

前面,我们提到有两种哲学思维——中国哲学的观念思维与西方哲学的概念思维。但假如我们将西方哲学的概念思维与中国哲学的观念思维都纳入广义的哲学观念思维来加以思考的话,则事实上,我们有两种不同形态的对于世界的终极思考的方式。虽同为作广义的哲学观念思考,但它们又是迥然不同的两种哲学观念的运思方式。换言之,中国哲学与西方哲学分别代表两种不同的把握世界的终极本体的方式,而且它们皆是以"悖论"的方式来究达天人之道问题,只不过其悖论的语言呈现方式不同而已。为此,我们将西方哲学的概念与中国哲学的观念都纳入广义的观念思维加以考察①会发现:说哲学思维是观念思维,是取其对世界之"观"的理解,即哲学思维实乃对世界的"观"法。但注目于哲学史的实际,我们发现:假如将哲学观念视为关于世界之"观"的话,那么,我们其实有两种具体的哲学观念,或者说两种具体的世界观,可分别称为"自本体"与"对本体"。从悖论思维的角度,为什么会产生这样两种哲学的世界观的情况很自然就可以得到理解。因为按照悖论式的哲学思维,既然有从狭义

---

① 西方哲学的概念思维与中国哲学的观念思维皆为广义上的观念思维,此已见本书前面的讨论。

的或纯粹的观念出发的对于世界之"观"(以中国哲学的观念思维为范型),也必有从狭义或纯粹观念的对立面出发的对于世界之"观"(以西方哲学的概念思维为范型)。故从哲学思维的角度上看,概念思维不是别的,就是与狭义的或纯粹的观念思维之思维方向相反的哲学思维。从表现形态上看,前者(概念思维)是我们常说或经常见到的"西方哲学",而后者(纯粹观念思维)则是中国哲学。我这里所说的西方哲学,不是就作为地域或文化传统意义上的西方,而是就哲学的表现或呈现方式加以划分,即大凡以概念式思维作为哲学问题的思考时的哲学,皆可归入西方哲学类型。反过来,中国哲学亦非专属于地域文化的在"中国"出现的哲学,而是指它是以纯粹观念思维为特征的对世界与宇宙本原的思考。而由于概念式思维以目前的西方哲学文本中所多见或成为其常态,故我们才将这种概念性思维为特征的哲学思考冠以"西方哲学"。同样地,由于观念式思维以出现在地域文化中的"中国"为常见,故我们将这种观念式思维冠名为"中国哲学"。西方哲学与中国哲学皆为哲学,不同的是它们思考哲学问题的方式方法的区别。换言之,同样是以悖论式方式进行哲学思考,但中西方哲学却呈现为不同的类型。其中,中国哲学以纯粹的观念思维见长,而西方哲学则以概念思维殊胜。① 问题是既然它们二者都是关于世界之"观",那么,"观"的不同,它们各自眼里呈现出来的世界图景或世界的本体也就不同。或者说从概念思维出发的"对本体"思维与从纯粹观念出发的"自本体"思维的世界图景也就不同。

---

① 本书将康德哲学作为西方哲学的代表与范型,亦是从"二分法思维"以及"两个世界"的划分作为出发点来对西方哲学作类型学的考察,这并不代表西方哲学史上所有哲学思想派别都可纳入康德式的哲学范型来加以考察。即言之,本书对中西哲学的考察是从"哲学本体"类型或范型上加以考察,而非从普遍哲学史或一般哲学观念史的角度加以论列与划分。

我们说从"对本体"出发的概念式哲学思维的结果,给人们展示的是一个"一即一切"的世界。其中的"一",是指作为世界的本原或作为宇宙的最高存在者的"一",这样的"一"只能有一个;而"一切"是指作为世界的现象界的万物存在,这种万物之"多"称为"一切"。故"一即一切"的意思就是:人类所能认识的就是"存在呈现为存在者"的世界。这是康德经过"二律背反"的思考之后得出来的结论,即人类的知性只能把握宇宙的终极呈现为万物的世界,按照我们的说法,这也就是与本体界对立的"现象界"。应当说,人类通过概念思维所能达到的关于这个现象界的知识对人类是相当重要的。也可以这样说:这个世界既是人类的知性理性所能达到的世界,同时也是曾由人类通过概念式的哲学思维建构起来的。在这个世界中,人为自然立法。这里的法,是自然世界之法;而且人也通过这种自然之法将人自身纳入于其中,发现人终究是有限性的动物,它始终无法摆脱自然的自然律的限制。而且,通过对这个包含"一切"的现象界的研究,人类发明了一系列可以用来驾驭与理解现象界的认识范畴,比如因果性范畴、空间直观,等等。并在此基础上,有了各种科学技术的发明,从而使人类控制与利用自然的能力得以极大的提高。如此等等。这个世界也就是我们所熟悉的"自然世界"。究言之,在这个自然世界中,人是作为有限性存在,并且为了物质性生存,维持其肉体存活的生命。在此物质需要的基础上,建立起各种的人间伦理,树立起关于人间世的道德律,皆为了维持人作为社会性动物的存在以及人类社会的发展的需要。而人类发展出来并且只为人类所特有的高科技创造发明的能力,也是为了使人成为地球上的主人的需要。如此等等。

然而,从哲学的悖论思维出发,我们发现人类面对的除了是"一即一切"的世界之外,同时还是一个"一切即一"的世界。这里的

"一"同样是作为宇宙的终极存在与最高存者的"一","一切"也同样是作为世界上万物之存在者的"万物"。故"一切即一"实乃"存在者即存在"的世界。既然作为万物("一切")的存在者都是存在之"一",因此,这个世界实乃作为世界的本体与本原的世界。在这个本体世界中,万物是作为整体的"一"而存在,即万物是消融于"一"的存在者,故这是一个物物平等,彼此一无差别,也无对立的世界。从这种意义上说,这其实是一个价值论的世界,其价值不是人间价值,而是超验的绝对价值。但这种超验的绝对价值却为人类的价值观念提供了存在论的依据,并以此作为范导原理而致人人平等、物物平等的人间伦理的出现。重要的是,这个世界不仅为人类的道德行为提供了终极的价值支撑,而且为人类的生存活动提供了终极的价值支撑。因为"一切即一"的世界意味着这是一个人人平等、物物平等,无分于彼此,且"天人合一"的世界。这样一个世界也就是人类普遍追求与希望达到的"极乐世界",它事实上是人类的精神性存在的寓所,其中包含着关于人类如何获得"幸福"的具体质料规定与内容。

然而,假如将哲学的悖论思维真正贯彻到底的话,我们发现这样一个"天人合一"的世界与前一个世界,即"一即一切"的世界是彼此互为悖论式存在的。换言之,这两个世界不仅彼此对立,而且互为前提条件。就是说如果没有前一个世界,也就没有后一个世界。反之亦然,后一个世界离不开前一个世界。由此可以看到哲学悖论不仅是哲学思维的方式,而且根据"本体即方法,方法即本体"的悖论思路,哲学思维也同时成为世界本体呈现的方式,并且也是人的存在的方式。而哲学悖论思维要告诉我们的"世界"真相是通过哲学悖论呈现的这两个世界,从本质上是悖论的关系。这是因为:首先,"一即一切"是人类经验感觉到的现象界,而这个经验世界中的自然法与存在于本体界的自由律相矛盾与对立。换言之,本体界的自由律不适用于现象界;反过来,现象界的自然律也无法运用于本体界。① 其次,尽管自由律与自然律彼此无法代替,它们各自有其适用的世界,但这两个世界并非截然对立,而是存在着相互依存的关系,即本体可以呈现为现象界;反过来,现象界的事物亦体现或呈现本体。这是我们从观念具有超越性与抽象性,或超出现象界的超验性与现象界之经验性集于一身的品格这一观念的本性所看到的。最后,最为重要的是由于观念思维以悖论的方式呈现,而这种观念的悖论方式恰恰是宇宙过程以及宇宙终极存在的真实图景之表现,故对于宇宙的真实来说,它其实是以悖论之方式呈现。即言之,"一即一切"与"一切即一"的现象界的世界中无法兼容或同时存在。② 换言之,在现实的经验世界中,我们难以同时拥有"一即一切"与"一切即一"这两个世界。因此,问题的最终结论是由于"一切即一"属于本体界,它是一个价值论或人类向往的真、善、美等价值寓存的世界,包括处于本体界的人也是一个集真善美于一身的超人或完人,或者说,它是关于"人"的理念;而"一即一切"的世界是有限性的现象界的世界,且现实中的人也是处于这种有限性的人,故现象界中人的生存世界的有限性的人与本体界的作为理念化身的人的存在形成悖论的冲突。这种冲突根据现象界与本体界的对立,根据康德的理论,从根源上是无法清除与难以排解的。一方面无法清除与排解,另一方面,人作为追求形而上学的动物,其具有精神意义上的形上学,这种关于人的精神性的本性又导致他会不断地去追求作为那无法达到的真善美的本体界。这样看来,作为现实世界中的人,不仅仅以悖论的方式生存,而且其宿命注定是悲剧性的。

---

　　① 康德的《哲纯粹理性批判》对此论之甚详,这个问题从学理上已经解决。
　　② 关于"一即一切"与"一切即一"的世界的讨论,详见拙著《中观哲学导论》。

(二) 中国哲学与西方基督教的精神教化类型

经过以上的分析,可以达至这样的结论:人文学的哲学以穷天人之际作为其学术目标与学术理想,然而,悖论式的哲学思维告诉我们处于现实世界的个体人与整个人类,从根源上说却是一种悲剧性的存在。这样,人类的这种悲剧性命运与存在境遇,自然而然成为不仅是作为理论理性,而且是作为实践理性的人文学的哲学要如何面对的另一个课题。换言之,对人文学的哲学而言,其关于宇宙本体的思考其实就是关于人自身的思考。它关注的是在现象界生存的人如何向超越之途迈进以及如何在精神上得到"救赎"的问题。在这个问题上,中国哲学与以基督教为代表的西方宗教具有共通性与可比性,即它们作为人类的精神性存在的"教化之学",都面对或面临着人类精神与宇宙终极本体的悖论性问题。或言之,正是因为人类面对这种存在论的悖论而希望获得"精神性救赎"的要求。①才给它们的存在提供了存在论的根据、令其救赎方案具有"宗教性"的"合法性"。然而,虽同为宗教性的精神救赎,由于它们出于两种不同的精神文化传统,毕竟属于两种不同的精神救赎类型。简言之,中国哲学作为人的精神性救赎,假如具有宗教性的话,那么,它属于一种限制在"人文理性限度之内"的宗教,而与以"信仰"与"启示"作为

---

① 人类精神性的救赎的存在论根据在于人的"有限性"。在基督教义中,它往往被理解为人类的"罪性"与"恶"。别尔嘉耶夫用哲学的语言解释作为象征基督教的基本教义的"十字架悖论"时说:"恶之难题依赖于最后的悖论。……基督被钉在无底的黑暗之上,其中存在与非存在被混淆了。而来自受难的光明——是黑暗中的闪电。从这一光明产生了对存在所以黑暗的照亮,对非存在黑暗的战胜。"(《自由精神哲学》,第139页)

精神内核的西方基督教拉开了距离。①

何为"人文理性限度之内的宗教"？康德在讨论基督教存在根据的时候，将宗教的基础建立在道德之基础上，认为宗教存在的根据在于道德。这种从道德之内在要求推论出宗教成立的根据的做法，可以说是建立在"单纯理性限度之内的宗教"。其实，将宗教的基础归之于道德，这种看法难以解释基督教的"宗教性"。而对于中国哲学来说，它将人的精神性存在和根据归之于超越的宇宙终极实在，或者说具有超越意味的天道，从这种意义上说，它是具有宗教性的；但是，这种对于最高存在者的信念，是建立在哲学思维的基础之上的。因此说，它是人类理性思考的产物。之所以说它是人文的，乃是因为这种理性并非通常所说的知性，甚至也不同于普通意义上人生而具有的"智性"。即言之，它是通过人文学的哲学文本的阅读与思考而达到的。从这种意义上说，它导源于一种具有人文价值的理性，其依托的是具有人文性精神价值的经典文本的阅读与研修，故说它是"人文理性限度之内的宗教"。中国哲学中这种具有人文理性的宗教精神，除了借助经典以及在经典学习方法上不同于西方基督教之外，作为人的精神性救赎的类型，其最根本的区别在于自力救赎与他力救赎的不同。

西方基督教教义中的最高存在者是上帝，这种上帝的说法从西方形而上学传统来看，实以本体界的"绝对理念"作为其原型，或者

---

① 黑格尔谈到哲学与宗教同为以"绝对精神"为研究对象的学问时说："哲学的对象与宗教的对象诚然大体上是相同的。两者皆以真理为对象——就理性的最高意义而言，上帝就是真理，而且唯有上帝才是真理。此外，两者皆研究有限事物的世界，研究自然界和人的精神，研究自然界与人的精神相互间的关系，以及它们与上帝(即二者的真理)的关系。"(《小逻辑》，第37页)其实，就天人之学的类型对比来说，将中国哲学而非西方哲学拿来与西方基督教作为两种不同的"性与天道之学"的比较是更为可取的。

说，所谓上帝其实就是"绝对理念"的神格化与人格化。但对于基督教来说，作为最高造物主的上帝不仅高高在上，并且执掌着人的救赎与否的决定性权力。因此，人要进入天国或获得救赎，一依于是否聆听并且服从上帝发布的律令而定。或言之，作为信徒的个体即使是具有精神人格的个体自由意志，但这种自由意志的本性也体现在能否自觉自愿地服从上帝的绝对律命。而作为人文学的中国哲学教化与其说是确立有一最高的造物主或最高神，毋宁说是将人获得精神性救赎的希望寄望于自身。换言之，对中国哲学来说，即使承认有那高高在上的超越"天道"，但人能否与天道合一，最终还是取决于人自身。这就是中国儒家所说的"人能弘道，非道弘人"。① 而对于中国哲学来说，人文精神教化的使命就在于如何唤醒人的内心这种关于"天道"或者说"天理"的意识，并且去"践道"。故对于中国哲学与西方基督教神学来说，他力与自力，虽一字之差，却是两种截然不同的关于人的精神教化之学的类型。

　　西方基督教依持他力的精神教化，自据于其西方宗教思维的特有逻辑。这种宗教思维方式逻辑由西方传统哲学的"对本体"思维或"二分法思维"脱胎而来。于此，康德在《作为理限度之内的宗教》中作过分析，指出基督教之所以需要有作为最高造物主的"上帝"，从思维方式的角度看，乃基于人得到救赎时希望获得完满的理念；这种完满的理念不存在于现象界，而只属于那人的思维所无法达到的"对本体世界"。因此，假如将现象界的杂多称为一切，而将作为宇宙的最高存在者的上帝以"一"作为代表的话，那么，对于西方基督教来说，其获得皈依或救赎与否，就取决于其如何与"一即一切"中的"一"合一。之所以说它是与"一即一切"中的"一"合一，是因为作为上帝代

①　《论语·卫灵公》。

表的"一"是万物的创造者,它呈现为万物,故是"一即一切"。而对于这个创造与统治宇宙的最高存在者,皈依了基督教的信徒只能是绝对的服从。这种对于"一即一切"的追求,从宗教心理上来分析,之所以说是属于"他力"型,是因为他预设了一个超越于人、凌驾于人的全能的"上帝"作为最高造物主。这种他力型的宗教皈依,作为一种精神实践来说,其给人带来的心理感受与内在情绪固然有紧张与不安的一面,但由于这种他力型的宗教救赎与否,又是由一位最高神所赐予的,因此,作为虔诚的宗教徒来说,其获得救赎之后不仅内心喜悦,而且是充满激情和感恩的。反过来,中国哲学依持"自力"的精神性存在的超越的实践方式,是由悖论式的哲学思维方式而来。这样的悖论式思维方式的思想前提是天人不分或天人合一。所谓"天人合一"置换为现代哲学术语来看,就是追求与作为"一切即一"的宇宙的最高存在者合一。① 通常,人们将天人合一理解为人天生就是"天人合一"。这种解释作为对宇宙的终极实在的前提预设或者说终极理想来讲并不为非,但就作为一种精神性道德实践的中国哲学来说,则仅从它的字面义的理解则偏离了悖论思维。按照悖论思维,"天人合一"这一哲学观念本来就包含着"悖论"。因此,作为一种"观念"或"绝对理念"的展开,"天人合一"的内在逻辑展开,尤其是其在人类的现实生活世界的展开,就必然是一种悖论的过程。即言之,"天人合一"的意思并不是说个体人在精神人格实践的起点上,天与人就已合一(假如如此的话,一切人格修炼的方式方法都是多余。无论陆王心学的返回本身,或者程朱理学的格物致知,也都皆无意思),而是说经过艰苦的道德实践的努力,人终究可以与天合一或达

---

① 关于"一即一切"与"一切即一"的宇宙图式的有关论述与说明,见拙著《中观哲学导论》,第30—38页。

到天人同体。但是,根据哲学悖论,这种天人合一却是一个不间断的过程。尤其要看到的是在人类的这种道德修炼的过程中,总会出现天人未必合一的各种具体情形;或者说,个体在这种天人合一的道德践行与磨炼过程中,也常常会出现精神人格的反复。甚至可以说,道德修炼的反复是必然的。这与其说是出于人性的软弱或者其他外在的原因,毋宁说它才代表了人之作为人的真实人性。因为按照悖论思维的前提,人作为有限性的理性存在,它本来就是集现象性与理性于一身的。因此,任何道德修炼的完成只能是依持自力进行道德磨炼而永不停止的过程。正因为如此,我们看到就作为精神实践的中国哲学来说,与其说它是一味地提倡天人合一之必然,不如说它更强调的践道与修道是一种永不停息的过程。

从这种意义上说,与其说中国哲学的修行实践应当是乐观的,不如说更应当是充满风险意识的。原因无他,从哲学悖论的角度来考虑的话,像儒家的所谓"求仁得仁,求义得义",这只能是一种目标,这种目标属于理想界或者超越界的事情,而任何个人的践道行为本身却是属于现象界之事。因此,作为理想界或超越界的求仁目标与作为道德实践的行道、修道过程本身就构成理想界与现象界的一种张力,这种张力本质上是本体界与现象界存在着不可克服的悖论所致。关于这点,金岳霖从哲学之元理的角度进行了论证与说明。他说:"情总是求尽性的,用总是求得体的,而势有所依归。"①但由于人生求道的过程存在着根本性的悖论,结果却只能是"顺顺逆逆,情不尽性,用不得体,而势无已时"②。这种情求尽性、用求得体却不达道的生存境遇,对于有志于以追求精神性人格之存在的人之践道来说,意

---

① 金岳霖:《论道》,第 189 页。
② 同上书,第 192 页。

味着他一方面需要有一种"当今之世,舍吾其谁"的大丈夫气概,另一方面更需要一种"知其不可为而为之"的悖论意识与承担精神,以超克在存在论层次上的"性"与"情"之间的冲突,以及在存在者层面上的"理"与"势"之间的冲突。其实,这种以道自任,同时又对践道的风险作了充分评估的忧患意识与忧患精神,也正是中国哲学的真精神。此不独于儒家思想为然。即言之,对于中国哲学来说,不仅儒家,道家与佛家对于任何作为人的个体与群体也都不可避免,但这种对于生命与宇宙的悖论式的存在感悟却并未能改变他行事的方向与追随的人生理想与目的。反之,正因为意识到生命旅途与社会担当的过程中都充满不确定性,甚至于这些风险在任何时候都无法逃脱和避免,这样,他一方面对于生命之路充满危机意识,另一方面,由于意识到这是生命与宇宙存在的真实状况,反倒会处之泰然而心态安宁。就是说:他一方面意识到他选择的道路充满阻力甚至难以达到终点,另一方面,他又不放弃而要去作不断的探索与努力。这就犹如西西弗斯的神话故事所说的那样,不断地搬那石头,石头又总是砸下。而西西弗斯的工作和使命就是不断地往上搬那石头,又不断地被砸下。对于充满忧患意识的中国哲学来说,生命与宇宙乃如此像西西弗斯搬石头这样的悖论过程。而人唯有经过哲学的理性思考,才会对人生的这种境况与命运有所认识,并且自愿地加以承当。由此,中国哲学的悖论从哲学思维开始转而成为人格的修行方式,并最终沉积为一种精神人格。这种精神人格,可谓之"幽默"。

何谓幽默人格?幽默的解释有多种,通常的看法是:当人们看到或者听到一些"似是而非"或者"似非而是"的现象或情景时,会不由自主地产生一种原来如此的"恍然大悟"的感悟,而从心底"会心一笑"。而当人发现自己的行为活动及其结果出现悖论时,也会有这种会心一笑的心理感受,并且伴随着一种极大的心理满足而处之泰然。这样看来,幽默是人对他的自主行为能力的满足与自信;这种满足与自信心不来自因为知道行为结果的能够成功,而来自知此事的行为本身即属于天命。就是说,天道本以悖论的方式存在,这种天道的存在方式即悖论;而人明知不可为而为之的行为本身,也属于一种悖论式的行为。故悖论行为是符合天道的。因此,幽默感的产生与其说是因为发现或感悟到外部事物似是而非的幽默,毋宁说是知道了自己的行为属于一种"悖论"之后却仍然自得的一种心态。这种心态从精神人格上说是一种泰然自得和从容自若,而从行为方式上说则是"知其不可而为之"以及预见到风险甚至失败的危机意识与忧患意识而不放弃人生的责任与伦理担当。这种幽默感或幽默精神人格不独儒家以为然,在道家以及释家那里,我们一样可以发现这种出于悖论思维而生发出来的风险意识以及知其不可为而为之的担当,只不过其外在表现形式不一,而作为一种精神性人格,其内在骨子里相同。①

---

①　其实,幽默可细分为各种类型。比如:按照中国哲学各种派别对幽默的理解,幽默可划分为两大类型"硬幽默"(或"厚幽默")与"软幽默"("薄幽默")。前者以儒学思想为代表,就其精神审美人格而言,其幽默表现为"知其不可而为之"的"壮美",就审美风格来说可以说是"悲剧的"。后者以庄子和老子为代表,其幽默表现为"知其不可为而不可"或者"可与不可"的"两行"心态,其精神人格属于"趣"与"滑",其审美风格是"喜剧"色彩的。但从具有"似非而是"的"似是而非"的反讽意味来看,以上各家皆属于中国哲学的幽默类型。除儒家表现为典型的硬幽默类型之外,中国其他哲学派别多为"软幽默"类型。比如:道家哲学文本与佛学思想文本表现出来的幽默人格比比皆是,如,老子采取的是正言若反的方式,故其幽默方式乃真正或更彻底的幽默方式。比如庄子的《大宗师》,以及关于"以无用为用"的寓言所表达的精神人格。佛教,尤其是禅宗在这方面亦同,其采取正言反说,甚至于离经叛道的方式表达其幽默的精神人格。这方面有最有名的六祖惠能的故事。当然,也是属于将这两种类型加以混合的,如白居易所说的"达则兼济天下,穷则独善其身"的"两栖幽默型"。当然,也可以有反过来说的,如"达则独善其身,穷则兼济天下",这又是另一种类型的"两栖幽默型"。

五、哲学作为审美性的人文精神教化之学

（一）哲学与"幽默"

哲学的原义被称为"爱智慧之学"。这里所谓爱智慧是追随与响应（热爱）智慧的意思。通过以上所论，我们知道，这种爱智之学，具体为人文学的哲学文本的阅读过程。即言之，在哲学文本的阅读中，通过悖论式的哲学思维或哲学观念思维，我们能够洞悉世界与宇宙那通常不为人知的"秘密"，即世界是以悖论的方式呈现的。而人作为形而上学的动物，有内在的追求天人合一的精神冲动与愿望，通过哲学文本的理性阅读活动知道人的悖论之生存是他无可逃避的天命或宿命，从而以自觉自愿的伦理道德原则践行天命。这并非说：假如我们不阅读人文学的哲学文本的话，我们从其他的生活实践中无法获得这种关于世界与宇宙终极存在是悖论式的这种存在领悟与见解，而只是说在阅读人文学的哲学文本中，我们是通过观念思维的方式去把握作为悖论的宇宙的终极存在，这种通过阅读哲学文本而获得关于宇宙的终极存在的理解，属于运用人类理性的思考活动。以理性思维的方式去获得与把握宇宙的终极实在所获得的关于存在的知识，不仅是系统性的世界观或世界知识，而且这种以理性所获得的关于世界是悖论性的呈现的这种阅读领悟本身，会给阅读者带来心灵的震撼，其阅读体验也可以是审美的。换言之，人在阅读人文学文本的过程中，体会到关于性与天道的知识，这种阅读过程是一种审美的体验。此何以言之？

通常，人们在谈论审美体验的时候，往往只将其视为感性的。换言之，通常的审美体验是着眼于人的感性器官，或者认为须通过人的感觉器官的感受方能达到与完成（包括史学的、诗学的，等等）。其

实,这是对于审美体验的一种很大的误解。我们说感觉审美固然是
人类所普遍具有并且较容易享受的审美状态,但这不等于它就是人
类的审美体验的全部内容或者唯一模式。事实上,人作为精神性的
存在,其审美除了是感性的之外,还有一种是精神学意义上的。换言
之,精神性审美如同人类的其他审美一样,是人类特有的审美方式。
审美的经验告诉我们:在现实的审美经验中,人类的感性感觉不仅仅
诉诸人类的感性器官,其中常常有精神性的维度介入;而且,愈是精
神性存在的强大者,其以精神性维度介入感性审美体验的程度愈高。
这样说来,人类的感性审美的质量高低,其实离不开人的精神性审
美;并且人的精神性审美与其感性审美常常结合在一起,难以分离。
但是,有一种精神性审美属于纯粹的精神性审美。所谓纯粹的精神
性审美是指它无须与人的感性审美的结合,而纯粹由人的精神性存
在所发动,且其审美对象也不依赖于感性的审美对象,而属于纯粹的
观念之物。这种纯粹的精神性审美就是我们这里所说的哲学审美,
或者说是对于哲学观念的审美。这是我们在阅读人文学的哲学文本
当中所能体验和感觉到的。通常,我们发现在阅读人文学的哲学文
本时,我们除了通过理性的运用,能够了解或“懂”得其中的内容,或
者说对于其中的哲学观念的意义与含义有所了解之外,我们读着读
着,还会不由自主地为其中的观念内容所吸引,以至于读了之后“直
有不知手之舞之足之蹈之”。① 这种为文本中的内容吸引以及“手之
舞之”和“足之蹈之”的感受与体验,还不是说我们想进一步了解与
知道其中的知识内容的渴望,而是说这种阅读过程本身,就会给我们
带来精神上的极大满足与审美陶醉。但这种阅读的审美享受与阅读
人文学的史学文本、诗学文本不同:假如说阅读史学文本,我们会被

① 朱熹:《论语集注·序说》。

其中关于历史事实之叙事所感动,出现一种"壮美"的审美冲动;当我们阅读诗学文本,会被其中的诗学意象所感染,产生一种"优美"的审美冲动的话,那么,我们在阅读人文学的哲学文本时,这种精神性的审美冲动却完全是脱离了像史学的事实、诗学的意象那样具有形象性或感性的对象物,而完全被其抽象哲学观念所打动。而这种抽象的哲学观念之所以能够打动我们的心灵,其中原因,并非其文辞的精彩或雄辩,而完全是其中的内容,即其哲学观念所传达的意义与意蕴。即言之,我们是为其中的哲学观念所陶醉与感染。这种哲学观念能使我们陶醉感染,并给我们带来审美的愉悦与冲击,是其中谈论的关于性与天道的话语切中了我们内心中关于存在问题的终极之问,而假如其中的解答与我们心中关于存在之问的思考相契的话,那么,我们心中往往会升起一种从精神上得以"皈依"的归属感,从而精神上感到极大满足与愉快。这就是关于人文学的哲学文本的阅读给我们带来的审美体验。这种审美体验不同于史学阅读的壮美与诗学文本阅读的优美,这里,我们姑且称之为"幽默之美"或"幽美"。之所以称为幽默之美,是因为它给人带来的审美享受具有幽默的成分。或者说,幽默成为这种哲学阅读审美的要素。

前面我们在谈论人的精神性人格形成的时候,已提到"幽默"这个概念。其实,幽默除了是前面所说的应对外物的一种实用性的心理机制与精神人格状态之外,它还是一种审美心理体验。即言之,当人在看到或者说听到一些"似是而非"或者"似非而是"的现象或情景,从心中不由自主"恍然大悟"而突然会"会心一笑",实乃因为他觉得这种发现是"天大的秘密"。所谓"天大的秘密"就是平时不易被常人所理解,或者说普通人觉得是怪异的事理。看来,作为审美的幽默感的产生,就来自自以为发现了通常违背常理,却事实上揭示了事物真相的"真知",这时候,由于理性的认知与存在的真相的契合而在心灵上产生了强烈共鸣,并且思虑上的紧张由此得以释然而获得一种内心的愉悦,这就是人文学的哲学文本阅读会给人们带来审美享受的心理机制。事实上,这种阅读的审美机制与人对宇宙终极存在的究况如何的"好奇心"有关。当古希腊人说"哲学源于对自然的好奇",即是此意。这里的好奇心不是对于现象界种种奇闻怪事的好奇,而是出于对世界为何存在,宇宙的终极存在何在,以及人从何处来,又往何处去之类关于宇宙的终极秘密的好奇。而当这些宇宙终极秘密终于以哲学的悖论形式得以呈现或解答时,这种"发现"的好奇心对于发现者来说,就转变为他对这种发现的"会心一笑"。这种因发现难以被他人发现的真相终于被他发现的精神满足感的难以言说,可以用释迦牟尼的弟子迦叶看见佛陀手中之花的"拈花一笑"来形容。这种拈花一笑的审美愉悦与满足感与其所获得的结果是否会带来某种利益的回报无关,也与一般的纯粹感性静观审美无涉,它纯粹是由通过理性思考发现了事情的真相所带来的一种精神性的满足与情趣享受。当然,谈到发现真理或者说窥见世界的奥秘的喜悦冲动,这在自然科学的发现中也可以存在。比如:科学家通过科学研究探索了大自然的秘密,或者在阅读科学文献时忽有触动灵感来潮,这些都会在发现者或者阅读者心中唤起审美的心理体验。但作为人文学的哲学文本的阅读不同,因为其阅读内容是关于性与天道问题的,从而,它较之科学研究的发明与发现来说,更是关乎个体人安身立命之所的问题。因此,从这种意义上说,它带来的审美享受与愉悦更是纯粹精神学意义上的。也正因为如此,这种体验除了是审美享受之外,同样关乎个体精神人格之养成。换言之,作为人文学的哲学文本面对的根本问题是:人从何处来,又往何处去? 人在世界与宇宙中的位置如何? 人的生存的意义与价值究竟如何? 等等。因此,这种关于人与宇宙的终极存在的问题一旦通过哲学文本的阅读获得答案或者说获得精神上的共鸣,其精神上的满足已不仅仅是审美的,而且转化为实践的意志,从而,人文学的文本阅读既满足于人之审美阅读的需要,又有助于个体人格的养成。

(二) 悲剧之美和人的意志自由

人文学的哲学文本之阅读对于个体人格的养成主要在哪些方面呢? 我们说,就人文学文本阅读作为精神教化之学而言,不同的人文学文本类型有其不同的功用与旨向。比如,人文学史学的文本的阅读,有利于培养人的壮美的精神情操,从而使人不知不觉受到熏陶,而从人格上追求"崇高"。如果说人文学的诗学文本通过对理念世界的描绘与情意表达,使人热爱优美,从而在人格上变成善良与趋爱美好事物的话,那么,作为人文学的哲学文本的阅读,则有利于人的独立人格的养成。其原因在于:通过对作为人文学的中国哲学文本的阅读,我们可以知道中国哲学是如何看待悖论人生与生命的悲剧性的。对于中国哲学来说,无论是儒家、道家与佛教,悲剧性不是悲剧,乃是不可逃避的天命。人对于在身的"天命"要"知其不可为而为之",此才是真正意义上的人的精神上的自由。因此,不是自然律,而是自由律,并且是精神上对抗与嘲笑或嘲弄命运的精神自由与自主,才突显出人性的高贵与尊严。但这种人性或生命的高贵与尊严有不同于人的精神性的崇高与优美,其精神含义是"幽默"。"幽默"的"知其不可为而为之"往往与悖论联系在一起。或言之,由悖论引起"知其不可为而为之"在精神上超越了悖论,是对悲剧性命运的嘲讽与化解。此即"人生悖论既如是,何若幽默自处之"。

真正的幽默其实并非"轻松的"。通常,人们会将幽默等同于听到笑话之类的那种开心,或者视幽默为某种"插科打诨"之类的浅薄行为或细行,这真是对幽默本质的极大误解。如我们说的,幽默导源于对生命以及宇宙之悖论的觉解,它其实是在懂得了生命以及宇宙的终极过程无法掌控甚至不可预测之后,仍然执著于对理想行为的坚持与操守,而且在这种坚持与守望当中,具有一种"放得下"与"放得开"的从容心态。从而,幽默其实就是对生命与宇宙的"悖论"真相终于"大彻大悟"之后,具有的一种"举重若轻"的心灵与精神的自如心态。这方面,人生或生命的最大悖论莫如"生与死",而人生的最大悲剧性命运是知道他终有一死。因此,哲学的真正或彻底的认识功能:莫如教人如何"向死而生"。从这种意义上说,苏格拉底坚持"未经反省的人生是不值得过的"。真正的哲学家与哲学打成一片的话,哲学即是其人。本无罪过的苏格拉底选择接受法律的裁定从容赴死,这是为捍卫哲学悖论的尊严而不惜"以身殉道"。而庄子面对妻子的死却"鼓盆而歌",更是以悖论方式超越生死的尝试。看来,真正哲学化的生活即是接受悲剧性命运的安排并去拥抱它。这是一种幽默式的生存方式与观物态度。从这种意义上说,幽默绝对不是滑稽,也不是随意或无所谓的行为,它乃是为维护生命的高贵与尊严所采取的一种人生态度与理想。对于哲学悖论来说,真正的幽默具有追求一种精神性的生活以及追求超越理想,但同时又意识到自己的"有限性"之后有所选择与有所"放弃"的特立独行性格。从这方面看,"幽默"追求的是生命的尊严与理想,舍得放弃的是世俗观念以及满足于现象性的表面无意义生活的担当。由此说来,真正的幽默需要极大的勇气与定力,它实在已超出了一般的关于"崇高"与"优美"的范畴。比如:史学教人的壮美与崇高,这固然值得欣赏与尊敬,但这种壮美与崇高在幽默人的眼里,却依然少了点超越的维度。诗学中的优美固然凌空超越,但这种优美的寄托只来自对理想或想象的追求,在幽默人看来,它似乎又显得过于缥缈。故在具有幽默意识的人眼里,当现象界与本体界的冲突甚至到了不可调和的时候,他会选择一种近似"中道"的方式来对这个问题加以化解与处理,此种方式可以名之曰"中观"。① 对于信奉"中观"的幽默人来说,他虽处于现象界之中,其目光却始终在那超越之境;但同时,他意识到他始终无法脱离现象界的"俗世",故只能以"出世"的心境来做现象界的事,而这种现象界的事却要追求那超越与理想的目标。自然地,他也就难逃面临的悖论困境。但是,他唯一知道的是:这乃他自己的选择。而在这种选择之中,他追求的是一种"生命的悲剧之美"。

由此可以看到,真正的幽默不仅是认知的,也是审美的,同时还是积极"应世"的。不过这种应世的主张与指引,已脱离了主客二分及现象界与本体界的对立。从这种意义上说,作为哲学之最高义的悖论其实体现了人的"自由"。因为从哲学本体的角度来思考问题的话,自由也不是别的,就是不断地超越自己:哲学以悖论的方式看待世界的变化,将人视为这世界中的存在者,并以否定的方式超越自身。从终极的意义看,不仅自由人格的个体是如此造就的,人类历史也是如此地行进,而整个世界与宇宙过程也是如此。而人一旦通过哲学的悖论终极性思考达到这点认识以后,随之获得的是一种对于宇宙与人生的终极性审美体验,就如庄子所说的"天地有大美而不言"。② 而作为个体的人,由于意识到世界与宇宙是悖论式存在,这时候,在面对与应对世界与万物打交道的过程中,他除了保持一种"知其不可为而为之"的幽默心态之外,还能以悖论的方式来实现人

---

① "中观"思维作为解决现象界与本体界之悖论两难问题的一种"中道"方式,详见拙著《中观哲学导论》。

② 《庄子·知北游》。

的精神上的超越,以突破悖论给人带来的存在限制。故真正的幽默并不逃避人世间的义务,但是,他对于世界事务是"应物而不累于物"。① 这时候,也只有到这时候,他从精神上才是真正自由的。从这种意义上说,人文学的哲学文本阅读的意义不仅使人获得幽默的审美享受,还使人知道如何去获取人格上的自由。

---

① 王弼:《周易注》。

第八章

感应·感通·理念:人文学的本体世界

人文学可能的存在论基础是"天人合一"。就人文学的精神教化之学来说,"天人合一"意味着人的世界与天的世界是相通的,它们之间通过相互"感应"而达到合一。而人文学文本的研习就是以文本为中介实现这种天人感应的过程。人文学文本中天人感应的模式有感知、感遇与感悟,它们呈现的世界真实分别是事实界、情感界与纯思界。人文学研习的目标指向那最高存在者或者说宇宙的终极存在,名之曰"理念"。它是一个经验与超验相统一、情感与理性相统一、神圣性与日常性相统一的以及"由圣而凡"的世界。而在追求这个宇宙的终极实在的人文学研习过程中,阅读者可以体验到一种审美的自由,从而实现那自然与自由的统一。

一、"天人合一"与"天人感应"

在本书前面,我们分别从史学的、诗学的以及哲学的角度对人文学文本的构成、话语结构、教化机制及审美心理作了分析。然而,这些研究还只是对作为人文学文本的认识论甚至本体论方面的阐明。现在我们要问:作为人文学的这种精神教化的认识论与方法学,它究竟有无其存在论的基础? 换言之,人文学文本可能的终极根据是什么? 显然,对这个问题,不能像前面所论那样将人文学文本作为现成或既定的文本,而应当考察作为人文学文本可能的存在论根据。换言之,只有对人文学文本背后的存在论问题加以探明与澄清,才能对人文学文本何以如此构成,以及人文学文本的研习为何是如此方式获得根本性的理解。即言之,真正的人文学文本的阅读必须有一种存在论的奠基。

要为作为人文学的文本阅读寻求其存在论的奠基,这意味着不能从作为文本本身的人文学开始,因为作为人文学的文本,在这里还是一个有待拷问的问题。即是说,当我们提出这个问题的时候,不是说要追问人文学文本构成的可能因素,以及它的现成结构,甚至也不是它作为教化机制与审美心理的可能条件(这些都是前面几章所论述的问题)。而是说:无论作为人文学要求的文本要素(比如它的文本结构、话语方式、教化机制以及审美心理,等等)是什么,它们都共同分有或共享其作为人文学文本的"前结构"。这种前结构,就是一个关于"世界"的观念。从这种意义上说,关于人文学是什么的寻根问底的探究,就是一个关于"人文学的世界"是什么的问题。即在我们谈论人文学是什么的时候,我们其实是在谈论"人文学的世界"是什么。当然,当我们说人文学的"世界"的时候,前面各章并非完全没有论及这个问题,即通过人文学文本的研习,我们眼前分别出现了史学的、诗学的、哲学的世界,它们可以说就是我们这里理解的人文学文本的世界。问题在于:何以会有这样的三个世界? 我们以往关于人文学的探索对这个问题还未有进一步的深研。

其实,何以会有这三个世界的问题,不是关于三个世界是如何的问题,而是世界何以会以这三个世界的方式呈现的问题。这样看来,关于人文学以三个世界呈现的问题,最终会将我们引导至这样一个寻根性的存在论问题,即"世界到底是什么"。显然,只有当世界是什么的问题解决之后,我们才能回答人文学的三个世界是如何可能的。那么,世界到底是什么呢?

"世界"是什么的问题,如同关于"三个世界"的问题一样,不是关于世界上有什么存在者的问题,也不是世界由什么构成,以及世界如何变化与生成的问题(这些都属于存在者的问题),而是说:为什么会有"世界"的这个问题。当然,当我们问"为什么会有世界"这个问题时,不是像自然科学家研究地球或者说某些宇宙中的恒星或者行星那样作天文学的研究,也不是对于地球这样一个有人类居住的宇宙星球作地质学等方面的研究,甚至也不是关于居住在地球上的人类这样一个特殊种类的活动的研究。而是要像现象学家那样将属于或者加诸"世界"上的一切属性及种种"现象"去除之后,去追问"'世界'的本源或'终极本体'是什么"。① 显然,这种现象学的发问方式

_____

① 这里所谓"终极本体",不同于一般哲学意义上关于"本体论"的"本体"的理解,是指在没有出现本体或者说康德意义上的"物自体"之前的世界的原初的,或者说"本源性"的终极实在。从这种意义上说,传统哲学本体论意义上的"本体"是"有一";而作为世界之原初的本源性的终极实在是"无一"。关于有两种"本体"的说法,参见拙著《中观哲学导论》。

与追问,是由海德格尔所开创的。海德格尔从现象学入手,经过层层去蔽后最终找到了关于"世界是什么"这个问题的答案。他说:"没有世界,只有世界化。"①具体来说,对于海德格尔而言,世界不是什么,而是我们人类将外部环境(包括人自身)中目之所见、耳之所闻等感觉器官所感觉到的种种"现象"加以"世界化"的结果。这样看来,我们不能问"世界到底是什么"这个问题,而应当这样提问:当你说世界是什么的时候,你所谓的"世界化"是什么。这样看来,所谓世界是什么的问题,就变成"世界化"是什么的问题。那么,什么又是"世界化"呢? 对于海德格尔来说,世界化其实是人与外部环境或人之所见打交道的产物。人可以有不同的与外部环境打交道的方式,这些方式方法无论如何多样,面对的外部环境无论如何形形色色,就世界化来说,通常人们以为无非两种:一种是将世界万物与世界总体视为与人相对立的存在者,是谓"二分法"的世界化;一种是将世界万物与世界总体视为与人共为一体的存在,是谓"非二分法"的世界化。②

对海德格尔关于"世界与世界化"的观点的讨论就说到这里。回到前面的问题,本章关心的是作为人文学的文本何以可能的问题。此也即作为人文学的世界究竟是什么的问题;或者说,人文学的世界何以是如此的世界的问题。本书前面几章的论证业已指出:人文学的世界是人的精神性存在以及"性与天道"的世界。或者说,在人文学的视野中,世界是以"精神性存在"以及宇宙的终极精神实在构成

---

　① 《海德格尔选集》(上)。

　② 海德格尔关于"世界化"的论述见《海德格尔选集》(上)。海德格尔虽然是从存在与存在者的角度来谈论"世界化"这个问题,但他对"世界化"的理解依然囿于西方哲学二分法的思想传统,即只从二分法的生存论角度来把人的生存物质化,没有将人与世界置于"天人合一"这一总体性框架或从"始源性"的角度看待"世界化"这个问题。故本章关于"世界是'世界化'"的这一说法虽然来自海德格尔,但对其"世界化"的内容与含义作了引申。

的世界。说到这里，人们自然会问：说人文学的世界是人的精神性存在以及宇宙的终极精神实在的世界，这岂不是说人文学的世界就是人与世界共在的世界，而且它们统一于"精神"？且慢，这里当我们说人文学的世界是人的精神性存在以及宇宙的终极精神实在的世界的时候，是经过人文学研习的洗礼后出现的世界，即世界只有在经过人文学的研习与研修之后，它才会在研习与研修者的眼中以这样一种"精神性"的方式呈现或存在；否则的话，则它还只是"混沌未开"的世界。只不过在这种混沌未开的世界或者说宇宙之初始状态中，它包括未来像"二分法"与"非二分法"那样的世界化的两种可能性。即言之，人文学的研习是帮助人类将混沌一片的原初世界导向"世界化"的过程，但这种"人文化的世界"过程突破了传统的"二分法"与"非二分法"世界化的简单对立，是为人文世界的"三观"。

那么，何以"人文化"的世界会出现这样的"三观"呢？按照海德格尔的思路，应当说，这种精神性的世界存在，是我们将外部环境以及所有"见闻"的一切加以世界化的结果。而"世界化"的过程除了是人的理性认知活动之外，还包括人的不同于纯粹理性活动的其他种种精神性心理活动。是这种包括了人类的理性活动以及其他各种非理性的人类精神活动的共同参与与建构，才形成了人类关于"世界是什么"的总体认识。为了将这种关于世界的总体知识与通常的认识论层次上关于世界的"认知"区分开来，我们称之为对世界的"观知"。即言之，"观知"是一种不同于通常的"二分法"与"非二分法"的"世界化"。而作为人文学的文本所要探索并且反过来成为其存在论之根据的，就属于这样一种"观知"的"世界观"。

那么，这种"观知"的"世界化"究竟是怎么回事呢？为了理解这个问题，让我们从回溯哲学史上的一个"公案"：世界到底是"物质"的还是"精神"的这个问题开始。以往，人们对这个问题的回答往往是"非此即彼"的:即世界要么是唯物的,要么是唯心的。其实,假如将世界理解为人与世界共在的关系的话,那么,我们看问题的方法恐怕就不会那么地绝对。因为世界既是人与世界的关系,也就意味着,人与世界的关系既可以是物质的,也可以是精神的。因为人与世界的关系终究是由人之"观"所决定的。也即是说,世界到底如何,皆由人之观是"唯物"还是"唯心"所决定。而真正的关于世界的总体认识的"观知",是应当将唯物与唯心这两种不同观点的观知都包括其中的。之所以如此,是由"世界"是"人与世界的共在"的方式的"起源点"所决定的。在这个问题上,我们认为:与其说人类在诞生之初就无法脱离世界,不如说人是被抛入这个世界(因为人不是神,神不在这世界;而人则是被"抛"入世界的)之后不得不与世界共在的。但人被抛入这个世界以后,一般就有两种与世界共在的方式与关系,即要么是物质性的关系(唯物论的见解),要么是精神性的关系(如"唯灵论"或观念论的见解)。前者,就是唯物论的世界之观及其与世界的关系;后者,就是唯心论的世界之观及其与世界的关系。但假如我们对这个问题从"观知"的角度再加以反省的话,则可以说:人与世界的共在关系不仅是或唯物或唯心,其实也可以是即唯心即唯物的;而对作为世界的特殊存在者的人的认识来说亦是如此,即承认人既是物质性的存在,同时也是精神性的存在,人其实是人的物质性存在与人的精神性存在这二者之和。但是要看到,这还只是从理论上来谈,这种说法虽然在道理上似乎说得通,但仔细推敲一下就会发现:假如将世界理解为人与世界的共在关系的话,对这句话依然可以有两种理解:其一是说已经有了人与世界之后,然后人与世界才结成关系。另一种理解则是将人与世界视为一种本源意义上的"共在"关系。这种本源意义不仅是指从"人之观"来等待世界是人与世界的共体,而且认为从根本上说,人本身就是"与世界共体"。即言之,人并不是站在世界的"对面"来与世界"共体",而是说人本来就"在世界之中"而与之"一体"。或者说,是"人与世界"共同构成"人",也共同构成"世界"。应该说,关于人与世界共在以及如何共在,这是海德格尔毕生进行哲学思考的课题,只不过他对这个课题的理解有前后期的差异而已:在其思想的前期,他围绕人之"此在"的问题,并从"此在"出发来思考人与世界如何共在的问题,因此视世界为"烦"的世界,此一思路还是站在世界的"对面"来看待人与世界的共体;但到了其思想的后期,他关于人与世界如何共在的思考有了进一步的深化,认为世界与其说是由人之"烦"决定的,不如说人与世界的关系是一种"倾听"与"响应"的关系。这实际上是站在了人是"在世界之中"的角度来看待人与世界的"共体"。故此,他虽然区别了"天言"与"人言",但认为"人言"与"道言"的关系并非简单的、被动式的倾听或听见,人对世界的这种倾听应当理解为"响应"或呼应。这种"响应"或呼应与建立在主客二分基础上的纯粹"接受"或"倾听"有别。即言之,后期海德格尔的意思是说:关于世界是什么,要通过人对世界的"响应"才得以生成。假如这样来理解的话,海德格尔所说的关于"倾听世界"的真正想表达的意思,就不是说先有了人与世界,然后人再采用某种方式和方法(包括"倾听")去与世界结成某种关系。而是说:世界是在人之"倾听"世界中生成。单纯就语言表达的字面意思来说,有时候这两种说法的界线在哪里,不容易分辨;但综观海德格尔后期思想,他显然既将"天言"与"人言"作出区分,接着又认为"天言"通过"人言"可见,或者说"人言"即是"天言"。从这种说法来看,在后期海德格尔眼里,不仅是说"天言"通过"人言"得以呈现,而且进一步说,"人言"就是"天言"。这种对海德格尔后期思想的理解很重要,它说明:对于海德格尔来说,人与世界的共在关系,应当是一种"天人倾听"或"天人响应"的关系。所谓"天人倾听"或"天人响应",是说对人的"倾听"离不开对天的"倾听",反过来,对天的"倾听"也离不开对人的"倾听"。这种"离不开",其实是说人与天其实是(世界)或存在的一体两面:存在本是一个,它既以人的"倾听"方式存在,同时也以天的"倾听"方式存在。对于海德格尔哲学来说,此也即"存在与存在者同一"的关系。但为什么"倾听"既以人的存在方式,又是以天的存在方式呢? 海德格尔本人没有用一个哲学观念将这个问题给说清楚。假如换一种思想坐标来看,我们可以将海德格尔后期关于人与世界以"倾听""响应"的方式与之"共在"的说法理解为中国哲学的"天人感应"。

这样看来,哲学史上唯物与唯心这两大学术观点长期对立与纷争的公案不仅可以通过海德格尔关于"人与世界共在"的方式获得新的理解,即唯心与唯物的世界皆源于人的"有观",而"有观"的前提是"倾听"。而且,假如将海德格尔的"倾听"理解为"天人彼此倾听"的话,则其关于"人言即天言"的观念可以成为导向中国传统哲学中"天人合一"思想的津梁。也就是说,海德格尔关于"天言"与"人言"关系的论述应当从中国哲学的"天人感应"的视域来加以观照。反过来,中国哲学的"天人合一"观念经过海德格尔思想的洗礼与催生之后,亦成为人文学文本之所以可能的存在论奠基。也就是说,人文学之所以可能的存在论基础是"天人合一"。就人文学的精神教化之学来说,"天人合一"意味着"人言"即"天言",即人的世界与天的世界是相通的,它们之间通过相互"感应"而达到合一。而人文学文本的研习就是以文本为中介实现这种"天人合一",也即"天人感应"的过程。

二、人文学的三个世界

　　"天人合一"本是中国传统哲学的用语。可以认为,中国哲学假如要有本体论的话,那么,中国哲学本体论的核心话语就是"天人合一"。综观中国哲学源流,传统的"天人合一"思想包括如下几个方面的内容:首先,世界是一个整体,即世界是"一个",但又一分为二,即人的世界与天的世界,此乃"人道"与"天道"。其次,人道与天道又是"合一"的。所谓"合一",即人道乃天道,天道亦乃人道。再次,最根本的一点在于:人道与天道合一的根据是"天人感应"。所谓天人感应,一方面是人感应天,另一方面,也是天感应人(如汉代的"灾异之说",这只是古人对于"天感应人"的一种粗糙甚至歪曲理解的例子。其实,除了汉代以及民间流传的一些虚妄之论以外,中国哲学史上关于"天人合一"与"天人感应"的富有思想价值的精彩论述比比皆是。由于本章论题限制,此处从略)。由此,我们可以理解:所谓"天人合一"说的就是"天人感应",也即天与人相互发生感应;就在这种天与人的相互感应过程中,出现了世界。所以,对于"天人合一"思想来说,世界的存在不是别的,就是"天人感应"。

　　尽管中国哲学关于"天人合一"的说法源远流长,且其强调天人合一的关键在于"天人感应",但是,如何理解"天人合一"与"天人感应"的关系,在这个关节点上,历史上的中国哲学始终是语焉不详的。于是,"天人感应"这个思想观念要么直接等同于"天人合一",要么流于荒诞与虚妄。以董仲舒为例,董仲舒可谓历史上关于"天人合一"与"天人感应"之说法的集大成者。他从"天人感应"这一思想原点出发,构造了一个几乎像黑格尔的"逻辑世界"那样庞大而繁复的关于"天人合一"的世界。但当他用各种灵奇怪异的神秘主义的"天象"来解释天人关系的时候,其说法就显得过于牵强,以至于后来人会将其"天人感应"之说与虚妄的"谶纬之学"联系在一起。由此看来,将"天人合一"从"天人感应"这个角度加以思考固然深刻,但问题也随之而来:假如说"天人合一"即"天人感应"的话,那么,什么又是"天人感应"? 假如这后一个问题不彻底解决的话,那么,我们就是在做简单的"文字游戏":除了用"感应"两字来代替"合一"之外,其关于"天人感应"的说法并没有比"天人合一"的说法增加什么。这就是我们要对传统的"天人合一"与"天人感应"的说法重新加以检讨的用意。本章认为:"天人合一"与"天人感应"作为世界与宇宙终极存在方式来说,是隐与显、未发与已发的关系。只有在这种前提条件下,我们才能说"天人合一"就是"天人感应";或者反过来说,"天人感应"也就是"天人合一"。那么,在这种隐与显、未发与已发的前提条件下,我们今天就重点来破解一下"天人感应"中的"感应"两字,看看它究竟蕴藏着什么秘密。讲天人感应,意味着我们要去了解这种天人感应的机制与过程。只有弄清楚天人是如何感应的,我们才算了解"天人合一"这个观念的真正意思;而人之如何可以从"人道"通达"天道",在这里也才能得到关键性的说明。

这就要回到人如何去感应天,或者说,人是如何与世界共在的问题。而在这个理论的原初点上,我们是无法依凭任何理论的。即言之,人是如何与世界"共在"的问题就是问题本身,对这个问题的思考要求我们放弃任何理论前提,就像胡塞尔说的那样,直接去面对"人与世界共在"这一"生活世界"的实事。这里的"生活世界"的实事,并不是指我们现在日常生活中的真实。作为现实的人来说,任何人在与世界(包括日常世界与形上世界)打交道的过程中,其所采取或运用的,都是一种"执着"的方式方法,其所得并非我们作为人类在去掉了其他所有"执着"而与生俱来的与世界打交道的真实。这是因为现实中的任何人,由于受环境的影响与制约,通常都从某种"执着"的视角去看待世界,即我们是先有了对世界之"执着",然后才有我们所看到的这个世界,并且认为我们所看到的这个"执着"的世界就是唯一的真实世界。海德格尔所说的没有世界,只有世界化,就是这个道理。故我们的日常生活,或者说我们人类面对的日常世界就是这样一个由我们的"执着"或者说世界之"观"所构造出来的世界。然而,问题就出在这里,我们要解决问题的思考路径也从这里入手:既然我们眼前的世界是观的世界,有什么样的观,就有什么样的世界,或者就会有什么样的与世界打交道的方式。一旦意识到这点,我们通过思想上反思就会想到:我们能否跳出这种人类之观? 回答是:既然世界是人与世界共在的世界,假如没有了人,那么,不仅不会有人的世界,而且也就没有了世界,这是因为世界是对人而言的。像动物就没有世界,只有它生活于其中的环境。世界是对人而言的,这不仅意味着世界是人与世界的共在,而且意味着人与世界的共生不只是某个具体的个人,也不能既定于某个历史阶段的人类。这样看来,所谓人与世界的共在,应当是有史以来(有人类历史以来)的人类与世界的共在。一旦如此看问题,我们发现:关于人与世界共在的方式方法,远不止目前人类通常的方式。就目前人类与世界共在的方式方法而言,我们通常是采取主客二分的立场,即把世界视为与人相对立的存在;而且,在这种主观二分的基础上,我们是以一种貌似超然与客观的方式与外物以及整个的世界打交道。这种与外部世界打交道的方式方法,不仅决定了我们对世界万物的认知,而且也成为我们看待世界的一种"观"。因此,这种观归根到底,就是二分法思维以及主客二分,而且运用人之理知能力与世界打交道或与世界共在的方法。这种方法方式的最典型,而且作为方法论发展得也最完善的就是科学的思维方法。人类的这种科学式思维并不是在科学或近代科学出现之后才有的,作为一种看待世界的视野与方法,它在远古的人类那里业已诞生,它首先要为了人类作为地球上一个个体与物种要生存的需要,故这种科学思维必本之于人的生物性存在本能的需要,它从最原初的求生本能出发,后来慢慢地演化,逐渐发展为一种思维定式。即言之,主客二分法作为一种看待世界的视野与方法,其应用范围已走出其当初为追求生物性生存的活动范围与环境。发展到后来,它不知不觉地被视人类唯一的思维方法,后来还被冠以理性或科学理性的别名。而人与世界的共在以这种主客二分的关系生成之后,人类的世界也就变成了一个科学的,或者说理性思维的世界。人们不仅自觉地生活于这个科学世界或者说由理性构造的世界当中,并且还由此发展出由理性所主导的各门科学分支与学科(包括历史学)。就人类的生存与发展来说,这种主客二分思维方法不仅有其必要,而且其对人类生存的重要性与必要性自不待言。为了将它与我们下面所谈的其他两个世界相区别,我们将这种由主客二分法思维导致的世界称为"事实界"。

但是,从科学理性或通常的知性思维出发所能获得的,并非关于人类视野中的世界之全部真实。根据海德格尔的说法,人类与世界打交道或者说"响应"世界的方式应当不限于这种科学的认知。即言之,人类完全可以超越其理性的思维方式,以另外的眼光与视野去看待世界。其实,以这种不同于科学的,或者说理性的视野去看待世界以及与世界打交道的方式并非只是某些思想家的想象或愿望,它事实上在人类现实的经验生活中就一直存在。人类这种独立于普通的科学知性思维看待世界的方式与视野,反映出人之为人的存在的另一种维度,即精神价值的维度。而这种不同于人类知性思维的法则运用了另外一种重要的看待世界的视野与思维方式,就是诗学的思维方式。所谓诗学的思维,不是指作为文学体裁之诗歌创作活动过程中的思维,而是指人类所特有的一种有别于知性思维的把握世界的方式与方法。用我们前面所阐明的概念来表达的话,它其实是人与世界共在的另一种方式。在人类早期历史上,不仅出现过这种诗学思维,而且由于它作为人类思维活动范围如此之广,影响人类生活之深刻,乃至于成为人类看待世界以及与世界交往的相当重要的方式。故维柯甚至认为:远古的人类甚至生活在一个"诗性的时代"。这种诗学的思维是怎样的一种思维方式呢?简单地说,它是与知性思维相反对的思维:假如说科学的理性思维认为经验事实代表了世界的一切,甚至将整个世界的存在都归结为事实的呈现,包括存在本身也由事实所组成的话,那么,诗学思维虽然不否认世界中的事实存在,但认为作为世界终极存在的不是事实,而是价值。① 换言之,价值世界才代表存在真实,进而,它对于世界上万事万物的判定,也主要从价值与审美来加以认识与评价,而在认知世界的方式上,与其说它借助于人的理性,不如说凭借的是人的情感。故在诗学思维的眼里,世界不仅由价值组成,而且是一种情感的存在。由于诗学思维以情感的方式与世界相联系和共在,这种通过诗学思维方式呈现的世界,我们称之为"情感界"。

但除了知性的与诗学的思维之外,人类与世界共在的方式还有纯思的世界。之所以会在纯思的世界,是因为人类作为好奇的动物,对世界充满好奇;他不仅对世界上各种事物的出现与形态充满好奇,而且对人自身,包括人对世界的探索的活动也进行了追求。这种追

---

① 这里将关于事实的认知归结为知性思维,故科学的知性思维包括自然科学与社会科学的思维。从这种意义上说,历史学的研究可以说是科学的知性思维的运用才有可能。但作为人文学的史学文本由于包括事实与价值两个方面的内容,它属于横跨自然科学的知性与人文学的理性的思维方式的运用。这里讨论科学知性与诗学思维的区别,暂不将历史学文本存在两种思维类型这个问题加以讨论,关于史学文本的两种类型的说法与讨论见本书第五章。

问有一个历史的过程,开始是从对世界是如何的追问,后来逐渐发展到对人本身的追问,再后来又发展到对这种追问本身的追问。终于,他发现:世界的存在及如何存在的问题,原来是一个人以何种思维方式去追问世界的问题。即言之,以何种思维方式去追问世界,世界就以何种方式呈现或存在。比如:上面所说的事实的、诗性的世界,等等,其实都是我们人类用科学的或诗学的方式与眼光去追问与看待世界的结果。问题是:这种分别以科学知性思维与诗性思维方式追问出来的世界为何是真? 或者说:假如这种追问出来的结果并非"唯一"的真,那么,我们如何对其作出判断与取舍? 在这种情况下,人类借助理性的反思判断力,发现了一种以"悖论"的方式来看待与处理问题的方法,即将世界与宇宙的终极存在问题归结为"悖论"。所谓"悖论",就是既肯定又否定,既否定又肯定,以至于无穷的肯定与否定的连续过程中。在"纯思"的思维看来,只有这种悖论式的思维或者说看待世界的眼光或视野,才能够看出或呈现世界与宇宙的真实。或者说,纯思的思维认为:"悖论"才是世界与宇宙的存在方式,存在即"悖论"。因此,通过对悖论思维的运用,就可以把握世界。这种以悖论方式把握世界的纯思方式在哲学文本中表现得最为明显。我们看到:无论古今中西,哲学作为穷究天人的形而上学,当它探索至最深处直达世界的本然实在或者宇宙的终极存在时,无不是以"悖论"的方式表达与呈现那作为宇宙的最高本体的真实。①

　　以上通过对人类思维史的回顾,我们发现:就认识世界与把握世界,包括对宇宙的终极存在问题的思考来说,迄今为止,人类历史上普遍出现了以上三种思维方式,即知性的、诗性的以及悖论式的。这三种思维方式不仅贯通于整个人类的思维历史的始终,而且从中发

---

　　①　关于哲学乃"悖论思维"的讨论,详见本书第七章。

展出各种专门的学科研究,比如:自然科学、社会科学与人文学;而其中人文学又划分为史学的、诗学的、哲学的,等等。而这种人文学的思维方式作为人类文化活动的成就以"经典"的方式积淀与流传开来,则反过来成为研究人文思维方式的最佳文本,也即作为人文学的史学、诗学与哲学文本。这就是我们为什么在思考人类认识与把握世界,以及人与世界的共在这个问题上,从思维方式入手的话,可以将人文学的史学、诗学与哲学文本作为借鉴的道理。[1]

三、感应的心理机制分析

以上,我们提出人类对于世界的把握有三种思维,或者说,人类所认识与把握的世界是通过理性的、情感的与纯思的方式进行的。这种说法只限于历史的以及经验事实的描述。即言之,它说出的可能是历史上的以及经验事实中的真实,但是,这种事实对于感应来说意味着什么呢? 即使我们已经理解了人类历史上与现实世界中是普遍地运用这三种方式来认识与把握世界,那也只是道出了世界是以三个世界呈现的"实事",但这实事背后的存在论的根据是什么,对于我们理解感应的本性来说才是最重要的。换言之,我们要承认天人感应是天道的终极存在方式,但仅仅如此还不够,我们还必须追问:对于世界的呈现来说,天人感应究竟是如何可能的。而对此问题的追问,意味着我们必须进一步去挑明天人感应得以可能的宇宙终极运行机制,此也即天人感应如何可能的

---

① 关于史学的、诗学的与哲学的人文学理性思维的讨论,分别见本书第五、六、七章。

先验原理。①

（一）感知机制。就天人感应来说,感知是一种在人们的日常生活与人类生活实践中最常见的天人感应机制。就是说,在日常的生活中,它是人们经常采用的感受外部世界的思维活动。惟其如此,关于此种思维活动的心理机制也最为人们所熟悉,并且成为较为成熟与沿袭已久的思维机制。之所以称为感知思维,是因为在人与世界共在的关系中,它首先是通过人的感觉器官去感受到外物的存在,并且从感受到的感知内容来判断世界是如何构成的。而作为一种认知思维的科学活动,它就建立在人的感觉经验是唯一可靠的基础上。换言之,感觉不仅是人与外部世界打交道的方式,而且通过它来断定世界是否真实。故在感知的人与世界的关系中,世界其实是一个感觉和可以感觉到的世界。因此说,对于感知的天人合一观来说,其天人合一其实是在感觉器官上可以达到的合一,即承认世界是可以通过人的感觉器官去认识与把握的,而且世界是可以被人的感觉器官所感知的对象。看来,正是从这种感知论的感应机制出发,人类才认识到有一个可以被感觉器官所把握到的事实世界;对于感知思维来说,事实是什么,就是可以被感觉器官把握的世界。此不独自然科学的认识为然,对于人类社会的研究来说也是如此。目前许许多多的

---

① 前面,我们谈到人类历史上与现实生活中经验到的三种思维现象时,指出这三种思维现象的发生都同人类的运用感应有关。这也就是说:假如将世界的存在理解为天人合一的话,这个所谓天人合一应当是"一分为三"。因此,天人合一的本体论的依据,就在于"道通为一"而又"理一万殊"。而对于人文世界之理而言,则诗学文本、史学文本与哲学文本即是它们的文本表达形式,而与这些文本对应的,则出现了三个不同的世界,它们分别是:事实界、情感界、纯思界。那么,问题来了:为什么是如此? 我们将透过对具体的人的心理过程的现象学分析,也许能够揭示出这种天人感应的机制。就具体的人来说,这种天人感应的机制分三种,即感知的、感应的、感悟的机制,它们分别与人的理性思维、情感思维与纯思思维相对应,并且在个体人的心理机制中可以得到说明。

社会科学,其中也包括一些人文科学的学科,都是基于这种感知论的思维模式开展其对于人的行为活动,包括思想活动的研究。不能否认这种从感知思维出发展开的科学研究有其道理,而且它事实上是人类把握世界的最基本的思维方式,并且人的这种感知思维活动在人的精神本体存在中有其先天的思维结构。这种先天的思维结构,康德称之为"先验范畴"。在《纯粹理性批判》中,康德对人类的这种感知思维的先验范畴及其运作逻辑作了颇为详尽的研究与分析。这些范畴与知性逻辑不仅是自然科学之所以可能的前提,它们同样也适用于作为社会科学的关于人类社会与人之个体的研究。而这种奠基于人的先验范畴基础上的把握人与世界的方法论不仅在人类的科学研究实践上可行,而且在人的心理机制上可以得以阐明,即它基于人生来俱有的先验的通过人类知性去认识世界的能力。

(二)感遇机制。但是,人除了有通过感觉器官去感知世界的能力,并且内化为人类特有的先验的理性范畴之外,还有一种有别于人类理性能力去与世界打交道的方式与方法,可称之为"感遇"。这种感遇方法与机制,不是基于人类的理性的运用,而是基于人类的精神存在中情感活动的能力。人类的情感活动能力在人的诗学创作活动中表现得最为明显。对于诗人来说,世界是以诗意的方式存在的,或者说,诗的世界才是真实的世界。这种诗的世界之所以是真实的,是因为它是通过人的认识活动所能认识并且把握到的。这里的所谓认识,不是指人的感觉器官所能感知到的真实,而是通过人的情感活动感受到的真实。人的情感能够感受到世界的真实吗? 与我们所说的,所谓世界的真实,包括世界的存在本身,从人与世界共在这个角度上看,所谓世界的存在只是人与世界共在的方式,故所谓世界的真实也就只能是人与世界共在的真实,而只要我们承认人与世界的共在的方式也可以通过情感的方式加以连接的话,那么,我们有什么理由不承认人的情感感受到的世界也应当是真实的世界呢？事实上，对于诗人来说，世界与其说是由一堆堆可以被人的感觉器官感知到的冰冷事实组成的世界，不如说是一个被人的情感所能感受到，而且被人的情感经验所能接受并且承认其为真的世界呢。说到这里，也许有人会说：即使可以承认有这个情感世界的存在，但它也只是出于诗人的想象，而非是在世界上真实存在的事实。然而，当人们这样指责诗人眼中的情感世界不真实的时候，其根据只在于情感世界中的东西无法用感官经验以及科学理性思维的方法去加以证实。但我们说：假如说世界只是人与世界的共在，并且由人与世界共在的方式所决定，那么，既然情感也是人与世界共在的方式之一，我们有什么理由不认可这个世界，并且不认可情感世界的真实存在呢？当然，仅仅说到情感，难免给人一种主观的想象，以为情感世界只是出于某些个别人的，或者在某些个别特殊情况下才出现的事物，或者只属于"诗人"眼中的真实世界。这种看法固然是囿于一种感觉思维在先的偏见，但其中也与我们对于情感世界之为何物的理解有关。我们所说的情感世界固然是通过人的情感活动才得以感受或者说可以把握的，但人通过包括其"情绪"等情感活动去与世界打交道这样的做法并不能等同于人与世界共在或世界本身。这犹如人的感知世界是人通过其感觉器官与世界打交道才出现的，但这种感觉活动本身并不就是感知到的感觉世界。从这种意义上说，情感世界与感觉世界一样，都是通过人与世界共在的感受方式建构出来的，它属于胡塞尔所说的"意向对象物"。不同者在于：对于感知思维来说，其作为意向对象物的世界是通过人的感觉器官的感知活动建构出来的；而对于情感思维来说，其作为意向对象物的世界是通过人的情意器官的感受活动建构出来的。关于人的感知思维是如何建构作为事实的感觉世界的，历来的认识论与知识论在这方面都有精深的研究。其中，以胡塞尔的研究最为深入,这说的是他通过对人类理性逻辑范畴的研究,揭示了人类建立在感觉思维基础上的这种先天思维机制。他特别指出:这种感觉思维机制尽管在人类的心理活动中得以反映,但它却并非单纯的心理现象;反过来,任何这样的感觉思维心理活动都有其先验的结构。换言之,个别人的感觉活动只是这种作为先天的或先验的普遍性的感觉思维的表象而已。

应该说,就人的作为情感的思维活动来说,它虽然也反映或者说以个别人或某些人的特殊的心理活动的形式得以反映或表现,但它决不能被简单地还原为个别人或某些人在某些时点的特殊性的心理现象。如同感觉论的思维一样,它固然通过个别人或个别的心理活动现象得以呈现,但这种呈现本身说明它并非个别人或个别性的特殊的心理活动现象;而在这种个别人的心理活动中,却存在着本质的先验的情感思维的原型心理结构;是这种原型性的先验思维结构,决定了人在某种情境下或者说环境下会采用情感式的思维,而放弃通常习用的理性思维方式。这样看来,在日常生活中,情感性思维不如感觉思维那么普遍与被日常运用,但这不能证明这种思维方式不存在,更不能证明这种思维方式不重要。我们看到,正是由于情感思维往往在某些特殊的情景中才会出现,甚至它的思维活动在颇大程度上受到情景的限制,因此,为了突出情景对于情感性思维的重要性,我们也可以将情感式思维称为"感遇思维"。之所以如此,一方面是为了说明情景对于情感思维的重要性(这里的"遇"乃境遇,即情感思维活动发生时的情景),另一方面,采取"感遇"一语,也有与作为感觉思维的人类思维相对比的意思。因为情感思维或感遇思维如同人类的其他思维活动一样,都基于天人合一的基本世界创生模式,只不过是天人感应的不同表现或类型而已。①

（三）感悟机制。除了感觉思维和感遇思维之外，其实，人类还有一种思维类型，可以称之为感悟思维。与感觉思维和感遇思维分别对应于史学思维、诗学思维一样，与感悟思维对应的是哲学思维。假如说史学思维对于感觉思维建构的是事实，或者说世界就是一个事实的世界，而诗学思维通过感遇思维建构起一个情感的或出于想象的"意象"世界的话，那么，作为哲学思维的感悟思维给我们提供的就是一个以"悖论"方式存在的世界。或者说，对于哲学思维来说，世界是由一系列"悖论"构成的。在本书第六章可以看到，悖论的典型话语是"似是而非，似非而是"，或者说"既是又不是，既不是又是"。而世界作为悖论的存在也如此，这样，假如将"世界"理解为"一"的话，那么，世界既是一，又不是一；说世界不是一，它又是一。我们看到，这种对于世界的理解不仅违反感知世界的常理，而且从情感出发的感遇世界也难以企及。因为后者（情感思维）即使出于想象，运用了意象，但意象的世界毕竟有其所固定的内容与印象，只不过是其"言外之意"或者"象外之象"而已。而作为悖论的哲学思维，从根本上说是否定式的，即否定有固定的"象"与"意"，故作为文学想象的意象也在其破除之列。问题在于这种悖论式的世界存在吗？或者说，所谓悖论式的世界只是思维虚构出来的把戏，甚至说就是文字游戏？然而，通过前面一章，我们对悖论的问题进行了讨论，而且已说明这种悖论的世界对于哲学的思维来说为真。那么，现在的问题是人为什么会这样来思考？这里的问题不再是从悖论之为悖论来谈，而是要从人的角度，尤其是要将其置于人在进行悖论思维时的心理活动的分析，来说明其心理机制。一旦如此发问，我们发现：悖论式

---

① 关于感遇之心理机制的说明，见本书第六章。

思维如同感知思维和感遇思维一样，依然有其可以理解的心理机制；而且，这种心理机制依然可以从人的精神性存在本体方面获得阐明。这就是：人作为天地中间之一员，无论其从事任何活动也好，其对于世界无论是作为感知思维获得的事实也罢，作为通过感遇思维获得的意象也罢，一旦通过某种感悟能力的发动，就会产生万事万物都似真非真、似幻非幻的感受。有时候，这种关于存在的感受或者是暂时的，或者是可以消解的，或者只是针对某些具体的人与事的；正因如此，这些感受也可以说并非绝对如此地不变与永远如此，也即是在其否定的内容上依然保持其肯定。虽然这是一种绝对否定的，严格意义上说是"悖论"式的对于事物以及世界的存在感受，但不等于这种心理感受是不真实的或者说是"虚幻"的。其实，这种"否定"意义上或者说"悖论"式的对于世界的感觉只要确然是人的真实的存在感受，而人又是"天人相应"的，那么，从道理上说，它在存在论的意义上就是真实的。因此，人对存在的这种万事万物既存在又不存在、既不存在又存在的感受，其实就是人的一种存在感受。换言之，"悖论"也是人与世界共在的一种方式。这样看来，所谓悖论式的思维方式只不过是人以语言的方式将这种人与世界的存在感受加以表达。这种表达方式远非语言表达的形式问题，从中反衬或折射出的是人对自身以及宇宙的存在的真实感受。因此，悖论性的思维不是别的，它要表达的就是作为人类在面对世界以及宇宙之终极实在时的存在感觉，它也是人与世界共在的一种方式。然而，我们接下来要问的是：假如说悖论是人与世界共在的方式之一种的话，那么，人的这种悖论式思维或者说感悟思维的心理机制到底如何？

我们说如同感知思维与感遇思维以人的心理活动的方式呈现，并且这两种心理活动皆有其人之为人的先验的思维结构一样，通过现象学的研究，我们认为人以悖论的方式对世界进行思考，也同样有其先天的或先验的心理结构,这种心理结构源于人的精神性存在的特征。我们说:人是具有精神性的动物。通常,人们对人的精神性往往只作简单或机械式的理解,以为人的精神性总是指向某种实体性的精神,即精神现象总有其所指。这种看法并不为非,但其并非对人的精神性的本质理解。应当说,谈人的所谓精神性,首先是相对于动物而言。当我们问动物为什么没有精神性,或者说,人们为什么会认为动物没有精神性这个问题的时候,总是认为动物没有人类那样的理性思维能力,或者没有人那样对未来的理想等想象能力,或者认为动物没有像人那样的伦理道德能力,等等,这些看法并不为非,但并不是关于人的精神性的本质认识。看来,仅仅从人的精神性的表现方式来谈人的精神性,则人不同于一般动物的精神性方面是多种多样,甚至是无法全部罗列出来的。而且,即使全部罗列出来,这些现象性的罗列也无法说明它们为何是人的精神性。看来,所谓人的精神性还得从人的精神性的本质规定来谈。首先让我们来反思一下,当我们说人的精神性存在的时候,这句话的含义到底如何。一般来说,我们首先想到的是一个人的精神境界越高,则这个人的精神性存在之维度越高。这话表面上没错,但实质上这只是同义反复,因为它除了告诉我们说人的精神性是指人的精神境界之外,没有给出更多的范本,只不过是用精神境界这个词来代替人的精神性这个词而已。好吧,那么有人会想到用某些含有具体意思的说法来代替精神性这个词。比如说:人的道德品格高尚,或者人有某种超出个人利益之外的抱负和追求,更有的人用人对于超越者的追求来衡量人的精神性之高,等等。但这样一来,就像我们前面所说的,既然有这么多关于精神性的说法,那么,我们用什么标准来衡量这些说法是否代替人的精神性呢? 假如有的话,那么,又如何来比较这些不同说法所说的人的精神性的高低呢? 看来,这些说法虽避免了同义反复的困难,但又带来了新的问题,即关于人的精神性失却了可以统一的尺度与标准,它其实用某些具体的具有精神性的事物或价值来代替了精神性本身。看来,关于人的精神性的衡量标准,不能从外部的某些事物以及价值中来寻找,也无法用其他没有具体所指的词语来加以代替,人的精神性的概念及其含义,只能通过分析人的精神性这个概念本身想要表达的东西,或者说它所具有的任何其他事物与价值都无法代替的东西是什么来得以规定。假如这样的话,我们发现:所谓人的精神性存在的本性不是其他,而是人所具有的"超越性"。关于"超越性"可以有各种不同的理解,而且谈论"超越",也可以有不同的角度与层次。但对于人来说,可以认为,人的超越性的本性就是不断地否定自己与超越自身。而正是这种追求不断超越与否定的精神体现了人的精神性的自由与创造性。后者可以视为人的本质规定。那么,对于人的精神性来说,它可以自由选择的是什么呢?我们说,人的精神性的自由,首先表现在他对一切事物,也包括其自身存在的价值与意义,以及他对世界的看法与理解的反思与反省的自由。从人之存在论的意义看,人首先有了这种精神意义上的自由,然后才会派生或者说发展出其他自由(包括内部自由与外部自由、外部自由的积极自由与消极自由,等等)。或者说,人的精神意义的这种自我反思与对自我关于世界的反省与反思是人的精神性自由之最高义,也可以说代替人的精神性之本质。按照天人合一之存在论的命题,既然人与天本来一体,则人对于自我的反省和反思与人对世界的反省与反思是同一个事情的一体两面,都可以归结为对存在(包括人的存在与外部世界的存在)的反思。在这种意义上看,人的精神性自由其实就是人对世界何以存在这一问题的反思性与反省。一旦如此看问题,我们发现:当我们说人的精神性自由的时候,其实就是说:人经过自我反省与对世界的认识的反省以后发现:人与世界的存在方式并不是一成不变的，通常人总以为人或者是事实世界中的人，或者是生活于理念界的人，或者说是被固定于某种境界中不变的人，但通过从精神性存在的角度反省后，人才发现：他既是处于事实界的存在，同时亦是活在理念世界中的人，还可以是生活在某种具体的环境与处于某种境界中的人。对于人与世界的共在来说也是如此，此即说世界既可以是事实界这样的世界，也可以是以理念世界的方式存在，而同时却又不以事实世界与理念世界的方式存在。通过我们前面对悖论的研究发现，人的这种精神性自由其实就是人及世界的悖论的方式存在。从悖论的表达式，可以看到，悖论的表达式其实是以观念符号与哲学话语的方式对人的这种精神性自由的表述。从这种意义上说，人的精神性存在与人的自由选择同义，而人的自由选择亦即指人与世界以悖论的方式存在。从这里，我们发现了人的精神性自由与悖论之间的本质联系。因此，当我们说人的精神性存在的时候，其实就意味着人的精神自由；而对人的精神自由的肯定背后，则是人与世界的悖论式存在。而人之所以具有悖论式思维，实乃由于人天然地具有这种追求自由的超越意识，然后才能以哲学式的思维方式去感受世界，由于这种精神性的存在对于世界的感受是如此地奥秘与神奇，我们无法用像事实思维的感知思维或者用像诗学思维的感遇思维来代替，故暂且可名之为感悟思维。悟，乃通过人对自我以及世界的存在进行反省与反思所得结果，它指称的与其说是一种独特的思维方式，不如说指称的是一种不同于事实思维与诗性思维的思维风格与思维路径。从类型上看，它与其他的思维方式，比如说，事实思维与诗学思维的关系不是并列的，而是综合性的。就是说：在感知思维与感遇思维中可以有感悟思维，但未必就成为感悟思维的类型。感悟思维常常建立在感知思维与感遇思维的基础之上；就思维类型来说，它意味着对感知思维与感遇思维的飞跃。而就人的心理学发生机制来说,假如说感知思维与感遇思维都有人的心理活动的作用呈现,并且是用人感受世界的感官去感受的话,那么,人感悟世界的发生机制则有赖于人的精神性存在中的反思与反省精神。或者说,感悟思维的前提或心理机制实存在于人作为人的精神性存在的自我反思与反省层面。关于此点,黑格尔在《精神现象学》中对这个问题似乎已经触及,他将"精神"视为人以及世界存在的本质,并且处于不断否定自身的运动之中。这意味着绝对的否定性与悖论应当是人与世界的精神性本性。可惜的是,黑格尔在最后将这个问题加以总结时,却将悖论式思维消融于他设想出来的辩证法理念之中,这对人的悖论思维的研究终于毕竟说是有"一间未达"。

四、从感通到理念①

以上,我们讨论的是人的三种感应世界的方式。而通过本书第五、六、七章的研究,我们看到,通常的人文学文本之所以分别以史学文本、诗学文本与哲学文本的方式存在,其实是基于这些文本分别采用了这三种不同的透视世界的感应世界的思维方式。即是说:人通过感知思维的方式理解与感应世界,于是我们才用了史学文本;人通过感遇思维的方式理解与感应世界,于是我们用了诗学文本;同样,

---

① 西方哲学史上关于"理念"(英文译为"idea")有各种不同的理解与用法。按照柏拉图的说法,世界存在的终极根据是"理念"。黑格尔赋予"理念"一词以新解,称为"绝对理念"。但无论具体说法如何,在西方观念论哲学的视域中,"理念"是最高的具有绝对性的存在者。它不仅具有普遍性与绝对性,而且具有抽象性。本章从中国哲学视域出发依然采用了理念这一说法,主要保留其关于理念具有的普遍性与绝对性的含义而剔除其关于理念的抽象性一面。故对本章来说,理念虽然是最高的绝对存在者,却依然有其"经验"性的内容,它是经验与超验的统一、意念与理型的统一。从这种意义上说,西方哲学中通常称为"理念"者,由于强调其抽象性与理性特点,应当称为"理型"。

人通过感悟思维的方式理解与感应了世界,于是我们才用了哲学文本。故史学文本、诗学文本与哲学文本分别是作者以三种方式感应世界的人文话语表达,而人文学文本的阅读则是阅读者通过文本阅读来获得其关于人文学的三个世界的理解与知识。这种通过人文学的视角获得的关于世界的理解与知识,我们在这里可以称之为关于世界的"存在之知"。但我们知道对于人文学来说,人文学文本的研习不仅仅是为了获得关于世界的普遍性存在之知,其最终目的是从这种存在之知中获得对于生命意义与价值的领会和觉解,从而使人的精神性存在得以挺立与完成。即言之,人文学的研习其实是为了从人文性的存在之知与存在之理那里获得关于人的精神性存在的价值阐明。问题是这如何可能?

要理解这个问题,让我们还是对人文性阅读的心理过程从精神现象学的角度再作一番透视。对于人文学的文本来说,其不同于一般纯粹求知性的阅读以及纯然美学欣赏的阅读在于:就人文学的阅读者来说,虽然他在阅读文本的过程中获得了知识的扩充(如史学的),或者感受到艺术审美的愉悦(如诗学的),甚至是思辨的乐趣(如哲学的),但这种通常意义上的阅读趣味并非他选择或沉醉于人文学文本的初衷或本意。应当说,就人文学的阅读,尤其是选择人文学的经典阅读的人来说,从一开始,他阅读的目的与兴趣就相当明显,他之所以选择人文学文本,尤其是对其中的经典进行阅读,与其说是为了增加知识或为了纯粹的人文兴趣或口味,不如说是为了求道,即为了探索生活的意义、生命的真谛以及宇宙的终极存在这些有关"性与天道"的问题的答案。一句话,他的目的是"求道",而非纯粹的消遣与愉悦。这样看来,对于以追求"性与天道"为宗旨的人文学的阅读者或研习者来说,阅读就成了一个如何"达道"的过程。这种通过人文学文本的阅读来求道的过程,与具有宗教信仰的人士通过宗教教义的研习来学习以及追求宗教救赎的阅读过程有相近之处。不过,对于一般的宗教信仰来说,它往往都预先确立有一个最高神的存在;这个最高神不仅具有绝对性,而且始终是与人间生活保持距离的存在。假如从哲学上对这些宗教之神加以分析,抛开其所披上的宗教神圣信仰的外衣,它们所谓的"道",其实就是具有绝对性与超验性的终极实在。为了与一般宗教学意义上的这些最高绝对者相区分,我们把通过人文学文本的阅读而"达道"的"最高终极实在"或"道"称为"理念"。即言之,我们是将"理念"理解为通过阅读人文学文本而感受到世界或宇宙中有一个类似于宗教意义上的最高神圣神的存在。与此理念的获得相伴随,人文学阅读求道的人打开了一个不同于日常世界的另一个全新的世界。那么,这个在人文学阅读中作为绝对的最高存在者与宇宙的终极实在的"理念"究竟是什么呢?

首先,从人文学文本中寄托的"道"或者说最高终极者的呈现来看,理念是经验与超验的统一。这里的经验,指它在日常生活中的经验性。而超验,则表示它所具有的超出世俗生活的超越性品格。理念的这种经验与超验的统一,在人文学的诗学文本中很容易得到理解。我们知道:人文学的诗学文本所追求的最高意境是无我之境。但这种无我之境并非不食人间烟火。其实,恰恰相反,从王国维关于"无我之境"的解释以及人们在中国古典诗词的阅读鉴赏中可以知道,所谓"无我之境"不仅是将那作为宇宙的终极的最高存在者予以审美观照的结果,而且这种审美化又必通过生活世界中日常的一景一物加以呈现。将超验的终极存在者以可以感性经验到的事物的方式加以呈现,这就是我们这里所说的理念。即言之,理念不仅是具有绝对性的最高存在者与理性,而且又是相当感性的,离不开人们的感性经验。当然,理念除了在诗学文本以"无我之境"这样的诗学意象得以呈现之外,在作为人文学的史学文本、哲学文本中亦同样存在。

甚至可以说：人文学的史学文本以及哲学文本同样是以理念的方式对那具有神圣性的最高存在者或终极存在加以呈现的文本结构。比如说：我们说构成史学文本的基本单元是"事实"，而所谓"事实"之中就包含着作为感性经验的事件与作为价值判断的理念（如"善""道义""公平"等观念或理念）。同样，哲学文本中的观念之所以以悖论的方式呈现，恰恰是因为它其中包含的是作为感性经验的不能完全观念化的"非常道"与作为那绝对的最高存在者的"道"的统一。故任何哲学的最高话语，或关于最高存在者的言说，都得以悖论的方式存在，也只能以悖论的方式加以言说，就是这个道理。

正因为这样，人文学的阅读求道过程就不仅是一个通过人文学文本探索或追求最高神圣者的过程，而且，这种过程本身也体现为一种感性经验与超验理性相交织，以及通过感性经验来通达超验理念，同时反过来，亦是以超验理性来引导感性经验"达道"的过程。王国维下面一段文字对这种通过人文学文本的阅读来达道的心路历程作了出神入化的描写："古今之成大事业大学问者，必经过三种之境界。'昨夜西风凋碧树。独上高楼，望尽天涯路。'此第一境也。'衣带渐宽终不悔，为伊消得人憔悴'，此第二境也。'众里寻他千百度，蓦然回首，那人正在，灯火阑珊处'，此第三境也。"①这段文字与其说是对成大事业或者大学问者必须经历三种境界或者三个事业阶段的生动描述，不如说是对如何通过人文学文本的研习来求道与达道的传神描写。它说明：道在人文学文本中其实是可以日常化的感性经验的方式出场的。此种"理念"也即海德格尔所说的"以存在者呈现存在"的方式呈现。只不过在每个阅读文本的过程中，这种理念的存在有个别性的差别。但这种差别是阅读者对文本中道的理解的差别，

---

①　王国维：《人间词话》。

而无论在阅读文本的哪一个阶段,最高的道始终以"理念"(即感性经验与绝对理念的合一)的方式在场。

其次,从人文学文本的阅读过程的审美体验来看,理念是"情感代入"型的体验。所谓情感代入型,是指通过人文学文本的阅读,我们感受与接触到的宇宙最高神,是通过情感的方式被我们接受与了解。这不同于一般的或者首先借助于信仰或者启示的基督教信仰形式,也不同于纯粹凭借思辨对于宇宙之大全的领悟或觉解。或言之,它的接近与走向终极实在或最高存在者是通过阅读文本以"感通"的方式达成的。而这种感通的先决条件,就是人对"天人合一"的情感诉求。人天生不仅具有对于平常生活之喜怒哀乐的情感表达与诉求,对于形上世界,尤其是超越的最高存在者亦有一种与之合一或者说同体的情感诉求,只不过表达这种情感诉求的方式与态度有所不同而已。就此意义来说,任何宗教除了以教义与宗教仪式的方式存在,更主要的是通过情感的方式加以表达与呈现。或者可以说,就个人性的宗教来说,任何宗教其实都是情感式的。这种通过情感而非仅仅借助于宗教教义或宗教仪式加以维系的宗教信仰,詹姆士称之为"个人宗教"。他通过对信仰宗教的人的宗教心理的实证研究与分析得出结论:"宗教意味着个人独自产生的某些感情、行为和经验,使他觉得自己与他所认为的神圣对象发生关系。"[①]这种从对神圣对象的情感入手的对于宗教的理解,不仅可以很好解释人文学文本的阅读为何可以教人达道,而且很好地解释了人文学文本可以达道的心理机制,这就是情感的作用,使人文学文本的阅读者在阅读过程中不知不觉向最高的神圣者甘于接受,并最后走向人文学的精神性信念

---

① 〔美〕詹姆斯:《宗教经验种种》,尚新建译,北京:华夏出版社 2008 年版,第22 页。

与信仰。这点,我们在人文学诗学文本的阅读中可以看得很清楚,即诗学文本的阅读是借助于情的调动,即经"兴"的作用,实现了人的心智向最高者道的向往的转化。其实,此种依凭情感调动达道的心理不独诗学的阅读为然,其他人文学文本的阅读亦然。比如说,史学文本的阅读,其在审美阅读中不仅获得了审美的快感,而且其通过历史之事实能激起人们对崇高的追慕,这崇高感本身就是一种心理情感。哲学文本的阅读会令人向往幽默,而这种幽默感本身出自一种心理上的情感。这样看来,人文文本的阅读除了审美的欣赏之外,其关于性与天道的感知、感遇或感悟,其达道的过程无不伴随着一种审美式的愉悦与情感。

在人文学文本的阅读过程中,不仅始终伴着审美的愉悦情感,而且其对于最高存在者或者说宇宙之终要实在的把握也是通过情感的代入得以完成,此即人文学的阅读在与最高存在者发生感通时会产生一种强烈的宗教式情感。我们看到,真正进入到前面王国维所说的读诗的"第三种境界"者,无不能体验到这种如同得到宗教皈依后的宗教性的情感流露与激情。之所以说是宗教性的情感而非一般寻常生活中获得某种某些满足之后的情感,是因为这种满足与激情是与宇宙的终极实在发生感通之后所达到的。这种与宇宙最高实在的感通之后发生的情感是如此强烈,以至于常常有"不知手之舞之足之蹈者"。① 这与詹姆士所描写的那种宗教性情感实在十分相似。事实上,假如我们将宗教定义为个人性的情感宗教的话,那么,这种人文性文本阅读所进入的第三境就是这样一种情感式的宗教世界。在这个情感式的宗教世界上的一切无不是最高存在者的化身与呈现。

再次,从人文学文本的阅读带给我们对世界的体验来说,是一个

---

① 朱熹:《四书集注》。

神圣经验性的世界。经验性不同于感性,感性是指个体通过感觉器官所感觉的,而经验则是一个比感性远为丰富的概念。具体来说,它是指个体人与人类所经验到的所在知识。而神圣经验性则指的是在人类的经验中体察与贯穿超越了现实性层面的感性经验,而体验到那种超出这种纯粹经验之物的神圣性。而这种神圣经验性对于追求达道的人文学文本的研修者来说,是通过人文学的研修实现的。即通过阅读人文学文本,他不仅从人文学文本中看到一个神圣与经验者合一的世界,而且由于通过感通,他作为阅读者与阅读的文本已经合体。所谓同体是指他不仅进入了人文学文本的世界,而且人文学文本的世界也成为他的世界。所谓人文学文本的世界也成为他的世界,是指他是以人文学文本的视野(或者说"境界")来看待他周围的世界。久而久之,这种以人文学的眼光与视野来看待周围世界的姿态一旦形成习惯,则他周围的世界就不仅是他对世界的看法或见识,而且会积淀下来成为一种世界"观",于是,按照世界即世界观的说法,则他周围的世界就已成为一种人文观的世界。这种人文观的世界不同于日常生活世界的方面在于:它经过人文化的洗礼,已沐浴于一种超越了世俗见识与见解的圣洁光辉之中。这种圣洁光辉并不出自那与尘世相隔的绝对者,而出自日常生活的圣洁化与超验化。所谓日常生活的圣洁化与超验化,不是说脱离了日常生活的琐碎与纷争的超然物外的圣洁化与超验化,而是说具有这种目光与见识的人(也即受过人文学精神教化的人),总会从那平凡与嘈杂的日常生活中看到那不平凡与超越的神圣之光。一句话,所谓圣洁经验性不是对日常生活的逃遁与避世,更不是不食人间烟火,而是将日常生活作审美维度的超越,这种审美维度的超越有一个维度进行,即史学的、诗学的、哲学的。一句话,经过人文学精神洗礼的世界就是这三个世界的统一。即言之,日常生活处处有史学的、诗学的与哲学的世界。

这种日常生活与超验世界的统一,在禅宗那里有很好的描写:"山是山,水是水;山不是山,水不是水;于此得到歇脚处,山还是山,水还是山。"这段话中的三种世界观法,与前面王国维描写的做学问与成大事业者的三种境界有异曲同工之处,它们都是对经过人文学精神洗礼之后出现的三种世界图景的描写。

但除了以上这三点以外,作为人文学研习之核心的理念其实是价值的具体性与普遍性的统一,这才是人文学的精神教化不同于其他精神实践及其他道德教化之所在。我们知道,人文学研习的目标是求道与达道。但对于人文学的研习来说,这不仅是一个在研习中以渐进式与阶段式达到那作为终极目标的天道的过程,而且从道的本性来说,道从来不是超验的、不食人间烟火的,而是要在人类之现象界加以呈现出来的道。从这种意义上说,"理一分殊"才是真实无妄的天道。而这也就意味着人文学文本的研习须从史学的、诗学的、哲学的文本研习的方式进行,这种文本的分化与分离与其说是文本之文体形式的区分,毋宁说是天道以文本方式呈现的必然,也就是说:任何人文学的文本都是以其具体化,甚至个性化的方式对作为具有普遍性与超越性的天道的呈现。而一旦以这种具体化、个性化的特殊文本方式加以呈现,则天道仍然是原来的天道,但却改变了它的呈现方式。以人文学的史学文本、诗学文本、哲学文本为例,它们其实是分别以转喻的、提喻的与讽喻的方式对具有普遍性与超越性的天道之言说。那么,这三种不同的人文学文本关于天道的言说,就人文学的教化而言,其对于人的精神性教化所达到的天道也必有其重点的不同与精神人格之别。根据前面有关章节的研究,我们说:从人文学文本研习的经验来说,史学文本给人的审美体验是壮美与崇高,诗学文本给人的审美体验是优美,哲学文本带给人的审美体验是幽默。以上这都是从阅读审美经验来谈的。假如对这些审美经验与体验作进一步的分析,我们发现作为人文性的精神性审美来说,它们都有其不同的价值理念之支撑,比如说史学文本的壮美与崇高审美体验的完成,实乃根据其文本中以具体性与普遍性相统一的史学终极价值理念——理性,而诗学文本的优美审美体验实导源于其文本中经具体性与普遍性统一形式展现的诗学终极价值理念——善良,哲学文本的幽默审美体验实来自其文本中作为具体性与普遍性相结合的哲学终极价值理念——智慧。总而言之,人文学的研习之所以采取或选择史学的、诗学的、哲学的文本方式作为其对人类的精神性教化之具,与其说是出自文本的自身构成,毋乃说是由于那作为普遍性与超越性的天道假如要通过文本的方式现实化的话(对于文本阅读来说,也就是天道的"天人合一"结构或者说"天人感应化"),则史学的、诗学的、哲学的文本是它必然的方式与表达。说到这里,既然人文学文本的这种文体的分别化或者说个性化不能从文本的文体自身找到其合理的存在理由,其存在根据乃出于天道的现实化的形式,那么,就现实化的文本形态而言,尽管相当多的或者说普遍的人文学文本都采取了史学的、诗学的、哲学的文体方式将超越的天道加以文本化呈现,但从这种分离或分化的人文学文本的研习中未必就能见到人文学精神教化的全幅内容。事实上,我们发现:对于某些人文学文本来说,我们可以从史学的、诗学的、哲学的角度对其加以研习,即言之,它们可以是史学的、诗学的、哲学的文本,这种集三种文体于一身的人文学文本,仍然体现了其作为人文学研习的核心理念的感念的价值的经验性与普遍性的统一,只不过呈现出多种人文价值的统一,这尤其见诸人文学经典文本。

总之,理念作为人文学文本研习的最高价值目标,它给我们带来的启示是:通过从这种意义上说,作为人文学的最高价值理念是三个:理性、善良与智慧。而优秀的或者说真正意义上的人文学研习正是以史学的、诗学的、哲学的文本阅读方式,来达到人类的精神性教化的目标。

最后,综合以上几点,我们发现,经过人文学文本的研习与洗礼,人类面前的世界其实是一个"由圣而凡"的世界。所谓由圣而凡,不仅是说人文的精神圣洁性体现为感性经验的事实界,而且是说作为人文精神的世界是有待于在日常的生活世界中生成与完成的世界。从这种意义上说,所谓人文学的研习就不是纯粹作为"阅读者"去阅读文本的问题,而是要求他参与到人类社会的精神实践中去,而这种参与到人类精神实践之建构的动力,则又来自人文学文本之研习。从这种意义上说,是人文学文本研习为人们从事人类整体的道德精神教化提供了目标、原理与方法,这就要求人文学的文本研习者既是化文本为方法与化文本为德性,又是将文本作为精神实践的动力与道德精神教化之源泉,即"化文本为信念"。一旦如此理解,则人文学作为精神教化之学不仅是认识论与本体论的,同时也是实践论意义上的。

第九章

人文学作为"精神实践之学"

　　人文学是关于人的"精神实践"的学问。这门学问将人的道德和伦理行为与人的精神性人格培养联系起来，并且从宇宙的终极存在处寻找人的道德何以可能的根据。人文学文本在人的精神性与超越的"天道"之间架设了"津梁"，在这点上看，人文学文本不仅属于精神性的存在，而且它具有"精神间性"。人文学的研习讲究熏习与功夫，它以"兴"与"情"的方式穷达天道并与之合体。从这点看，人文学与宗教信仰在精神实践的方式上可谓"异曲同工"：它们二者在精神修行的起点与方法路径上有所不同，而以攀登上那超越的精神之"最高处"作为目标则同。

一、何为精神实践之学

本书前面几章中,我们分别从人文学的定义、研究对象、文本展开方式以及存在论根据等方面对人文学的内容作了探讨。本章是对这些问题的集中总结。也就是说,在前面各章中,我们对问题的讨论是分析的或分解式的,是对作为精神科学的人文学及其文本的分解的研究。那么,在这些分解性的研究当中,有没有一个作为总体性的观念可以将对这些问题的讨论加以概括的呢?有的,这就是关于人文学是一门精神实践之学的观念。人文学作为精神实践之学是对人文学作为"精神科学"这一主题思想的提炼,而关于人文学文本的阅读则是人文学作为精神科学的实践。现在,是要对这门以人文学作为精神实践的学问作总结的时候了。本章要论述的问题是:人文学作为精神实践之学的原理与方法是什么?要弄清楚这个问题,还必须从何谓实践之学这个问题说起。

实践之学的研究对象是什么,关于这个问题的讨论与争论在学术界由来已久。由于实践这个词的涵盖面太广,就作为一门学科的研究来说,人们往往将"实践"这个词的意思予以限定,即将它理解为"道德实践"。故所谓实践之学也就是关于人类道德实践的研究。这种道德实践之学研究的问题有:道德成立的依据、道德的内容、道德实践的方法、种类与途径、道德与人类其他实践活动的关联,等等。一句话,通常关于道德的研究着眼于人类现存的道德意识、道德行为、道德规范等的研究,而鲜有从哲学本体论或者存在论的角度对道德的追问。故无论其对道德问题的研究在方法上如何多元,甚至其对道德产生的原因与根据的探索如何深入析微,这些研究总归停留于关于人类道德活动的现象层面的分析与论证。一句话,这是关于道德问题的实证化乃至科学理性化的学术探究。这些实证性的关于道德问题的研究自有其学术意义与价值。因为离开了这种实证性与经验性的研究,人们对于人类道德在现象性的层面究竟如何呈现、它是如何受到人类的现象性生存所制约的这一问题,则难以有清醒的认识。但同样无可否认的是:从实证的、经验性的经验材料出发对人类的道德问题的研究不仅远非关于人类之道德问题研究的全部,甚至它根本无法对人类何以会有道德这个问题作出根本性的回应。即言之,关于道德的实证性研究无论如何尚难称得上是关于道德的"本性"的研究,而只是关于道德问题的具体科目的研究。而这些关于道德之具体科目与内容的研究,只能划归于社会科学,而非属于人文科学的研究。

另一方面,我们看到,与关于道德问题的实证与经验性研究相伴随的,同时也出现了一种从形而上学的角度对道德的研究。其基本看法是不仅视道德有其形而上学的根据,而且用形而上学来解释道德。这种将道德完全形而上学化的关于道德的研究,最后是无法解释或理解道德何以是存在于现象界的人类的道德这个重要问题。这样的话,所谓关于道德的研究也就成为对形而上学的研究,而脱离了道德不仅有其形而上学的根据,而且首先还是人类在现象界的实践活动这一事实。总之,我们认为这两种关于道德问题的研究的共同失误之处在于将道德意识与道德行为分为两截:实证经验的道德研究强调的是关于道德行为的研究,而道德研究的玄学派则止步于道德意识的形而上学起源研究。综观以上两看法,本章认为它们皆有所偏。本章从人文学的视野出发,认为道德首先是关于人类的精神实践的研究。那么,何为精神? 精神与人类现象性生存的道德实践到底有何关系? 这是我们下面要回答的。

这还要从本书的基本观念——作为精神科学的人文学谈起。按照本书的理解,精神是存在论的概念,是指遍及于整个人类以及宇宙之间的普遍精神。这种宇宙的精神不与物质相对,而与现象界相对,故它属于形而上学之域。简单地理解,它是一个超越于现象界的本体超越者,或作为世界的终极存在者。在不同的文化传统与文化背景中,这个超越者有不同的称谓,比如本体、终极存在、大全、仁、道、般若、梵天、上帝,等等。以上这些无非是从各自文化或宗教传统出发对精神的理解或称呼。考虑到以上这些对宇宙终极者的名称各有其文化传统的印记,为此,我们选择了一个不那么带有某种文化传统意味的中性词话——精神,对这个宇宙终极大全加以命名。以后,为行文的方便,文中有时就用宇宙终极存在或者说最高存在者作为它的代称。

然而,这个宇宙终极存在者或者说"精神"到底是实在还只是一个虚词,或者说是出于人类的想象之"物"?关于这个问题,本章肯定其"有"。这种"有"是存在论的"有",而非与物质相对的精神之有,也并非空谈的"观念"。关于这个"有"的存在,本章不拟在此展开论述,详细的论证见弗兰克的《实在与人》中有关章节。他说:"我们把实在的最深和最高的等级称为'神',这个等级,一方面是实在的本原,具有绝对的自我确定性(按照经院哲学的术语是 aseitas——由于自身的存在),并因此是我们的存在的唯一绝对绝对可靠的支柱,另一方面它又具有至上性、绝对价值的特征,是我们崇拜和满怀爱意的献身的对象。"[1]抛开弗兰克本人的宗教背景,他将精神称为"上帝"不论,我们从人文学而非某种特定的宗教传统出发,将这种普遍于宇宙万物中的宇宙最高存在者称为"精神"。从宇宙的"精神"概念出

---

①　〔俄〕弗兰克:《实在与人》,李昭时译,杭州:浙江人民出版社 2000 年版,第129 页。

发,我们将人类的道德意识与道德行为归结为精神性的实践(简称为精神实践)。这也就意味着人类的道德意识并不由人类生活于其中的现象界的原因产生,而源自对宇宙之最高存在者或者说"精神"的感通。而这种对宇宙的终极存在之感通的方式与方法,在本书的前几章中已经阐明。可以这么说本书前几章都是关于人类通过人文学文本探究宇宙的终极存在者或"精神"的方式或方法论阐明。从这种意义上说,所谓人文学文本之阅读其实就是人类关于宇宙最高存在者或者说"精神"探究的实践说明。问题是为什么要从人文学文本出发,这种从人文学文本出发的探究何以是"道德"的探究或者是一种"道德实践"而非其他? 对此,我们在下面须作进一步辨明。

从人文学的角度开展对人类道德的研究,其意思包含两个方面:一方面,我们说,这是指道德的实践必须是精神学意义上的。这种从精神学意义上的探究将道德的基础建立在超越的宇宙之终极实在或者说"精神"上面。是这种从精神学角度对道德的探究,将它与通常止步于从现象界层面寻找道德之根据的实证经验性的道德实践研究区分开来;另一方面,这种从精神学角度对道德的探究,不仅将道德的基础建立在宇宙的终极实在或"精神"之上,认为道德有其本体论与存在论的根据,而且视道德为一种人格的道德操守或者说人的精神人格问题。而正是这后一看法将作为人文学研习的道德实践,与停留在作为宇宙的终极实在的精神本身就是"善"这一形而上学思辨的道德哲学拉开了距离。这后一步骤之所以重要,是因为天道之仁假如不是内化为现象性的个人的行为操守或者个体的精神人格的话,那么它也未必是真正的人间道德;或者说人即使能够感应到这种宇宙的道德意识,它充其量也只是人的一种道德意识或道德理念而已。因此,对道德实践而非仅对道德观念或道德意识的考察,必然要求我们从精神学的视野出发,去展现人间的个人如何知道或感知天道乃人间社会的伦理道德产生的根据。然后在此基础上,去寻找这种天道或天命如何会转化为人间的道德实践途径。那么,这种关于道德证成与道德实践的根据到何处去寻找呢? 我们说:有的。这种道德实践成立的根据就在于人文学文本的研习。

何以人文学文本的研习可以为人类的道德实践提供依据? 其原因首先在于人文学文本的阅读或研习本身就是一种实践行为。当我们说起"实践"这个词的时候,无论其实践的内容与对象如何,其方式首先是存在于现象界的活动。从这种意义上说,包括道德活动在内的人类所有活动都是实践活动。而道德实践区别于人类其他实践活动的方面在于当一种或某种现象界的活动是与人类的道德相关的,而且它与道德的关系成为道德行为的不可缺少项,乃至于在它决定与支配了道德实践的内容与形式的时候,则我们说这种现象界的人类活动就成为一种道德的实践活动。而对这种道德实践活动的研究也就成为真正意义上的道德哲学研究的内容。而人文学文本的研习就正是这样一种将作为宇宙的终极存在的"精神"与作为人类的现象界活动加以连接的过程。因此,假如我们通过现象学的考察,发现人文学文本的阅读或研修最终成就了人类的道德(不仅是道德意识,而且是道德情操与道德人格)的话,则我们可以说,这种人文学文本的阅读或研修就是一种人类特有的道德实践活动。这种人文学文本的道德实践只为人类才具有,而地球上其他动物即使有某种类似于人类的道德活动或行为的话,这些动物性的"道德行为"也与真正的人类的道德实践有天壤之别。原因无他,因为人文学的道德实践体现了人作为"有限性的理性存在者"的本质属性。即言之,只有人文学的道德实践才体现了人类真正意义上的道德,也即从人的本质属性来看待的话,道德不是其他,它必得体现人作为人的现象界与本体界合一,或者说现象性与超越性合一。而这种能体现"有限性的理性存在者"的人的道德实践活动,又体现为人类的人文学研习。一句话,人文学的阅读与研习就是一种人类的精神性道德实践的过程。那么,人文学的阅读与研习是如何体现或呈现这种人类特有的精神性道德的呢?或者说人文学作为精神实践之学如何可能?下面让我们对这个问题展开分析。

二、论"精神间性"

人文学的精神实践主要表现为人文学文本的研习。因此,我们就从分析人文学文本的阅读开始,看看它与人类道德实践的联系。从本书前述各章中,我们已对人文学文本的阅读作了具体分析,其中包括文本的形成以及阅读的心理机制、审美机制以及人的精神性存在之维在人文学文本阅读中敞开的过程。重要的是,我们还将人文学文本的阅读模式分别划分为史学的、诗学的、哲学的三种,并且对这三种不同的阅读方式作了探讨。现在,我们再来检讨一下,在这三种阅读模式中,有没有一个统一的人文学阅读的方式或方法论原理呢?假如有的话,那么,我们就可以将这三种阅读模式统一起来,将它们视为人文学文本通过阅读培养人的德性的道德实践方法。一旦从这方面来思考问题,我们首先发现,这三种阅读模式都提到了"感应",并且将人文学的三种阅读模式归结为感应的不同方式。这样看来,或许"感应"就是我们所谓的作为人文学精神实践的根本方法。或者,至少通过它可以找到破解人文学如何可以是精神实践之学这一问题的门径。那么,让我们就从考察作为人文学文本阅读的基本方法的"感应"开始。

感应是什么?为什么作为人文学研习的方法是感应而非其他?这要从人类与世界打交道或交往的方式这个问题说起。通常,人类将世界视为外部环境,而与外部环境打交道的方式是通过感觉器官,并且将通过感觉器官来认识外部世界的方法视为人类最基本也最可靠的方法,这也是我们通常讲的经验论的认识方法。但是,通过本书前面各章节的研究,我们知道人类认识世界的方法远不止依赖于感觉经验,它甚至也不是人类认识外部世界的认识方法的起点。就人类的价值世界而言,人类与世界打交道的基本方式有三种,即基于转喻的(史学的方法)、提喻的(诗学的)、讽喻的(哲学的)这三种,而这三种方法皆可归结为感应。而且,就对作为精神性存的世界以及价值世界而言,是感应而非感觉,才是人类认识与把握人类的价值世界与宇宙的终极实在的最基本的方式。关于感应的三种具体方法及其心理机制,在此不拟重复。① 这里要讨论的问题是:关于感应与人类的精神性实践的关系。我们知道,按照人文学精神研习的原理,人的精神性存在之挺立以及德性的培养,并非简单的学习关于人的精神性存在为何的理论知识以及关于人类伦理道德的具体纲目,甚至也不是被动地去接受人类社会制定的种种道德伦理道德规范,而是首先要去穷究"天理"。换言之,对那超越于现象界的人类的具体伦理道德规范背后的天理的认识,才是作为人文学的研习的根本内容。从这点上说,所谓人文学的研习,就是认识天理。而认识天理,不为别的,就是获得关于人道,或者说人类的普遍共有的伦理道德的体认与认识。

说到这里,同样是承认天地之间存在"天理",人类在如何认识这个天理的问题上产生了分歧。以经验主义为代表的穷理思维方式主张从感觉经验出发,通过知性的运用达到那觉经验背后的"自在之物"的认识。这种经验主义的穷理路线无法走通,已由康德在《纯粹

---

① 见本书第八章。

理性批判》中作了说明。除了感觉主义的经验论的方法之外,最常见的直觉论者提出了"理在心中"的观念。[①] 表面上看,这种心学路线可以避开感觉主义者将感觉经验与自在之物分隔两端的困难,但问题是按照直觉论者的说法,心是内在于人的,而天理是外在于人心的,打通这内外相隔的办法是借助于人心中的直觉。但是,直觉究竟是何物?人们往往将它归结为灵感或感悟。但所谓直觉或灵感具有不可捉摸性,它只可以用来作为一种描述某种思想或观念突然来临的心理活动,而难以上升为一种可以普遍化的方法。有感于此,牟宗三在思考人如何能穷达天理这个问题时,将问题的追索往前推进了一步。他发现人如何穷究天理不是认识论或者方法论的问题,而是人的存在的本体论的问题。为此,他提出人之所以能够穷达天理,是因为人有"心体",而天理本是性体。根据儒家学说,心与性本不可分,心体即是性体。应当说,将心体与性体联系起来考察,并主张心体即性体,这种说法并不错误。问题是:即使说心体就是性体,但心体究竟如何去认识或体认性体?心性本身无法对此作出说明。也就是说关于心体即是性体这一本体论的说法无法代替心体如何认识性体这一认识论的问题。

然而,牟宗三关于"心体即性体"的说法毕竟有启发之处。假如我们从天人合一这一观念出发思考问题,则"心体即性体"不仅是本体论问题,而且是认识论问题,或者说,是即本体论即认识论的问题。现在,让我们从天人合一的角度对心体即性体的说法重新思考并加以改造。在我们看来,天人合一或者说心体与性体的合一是其本然之理。但对问题的讨论不能停留于此。应当说,在现实生活中,这种

---

　　① 本章认为,德国古典哲学的观念论者,如费希特、前期谢林亦属于这里所说的直觉论者。

心体与性体的合一只是作为一种可能性或潜能包含在人的"心"中。而我们知道,同样追求天人合一,但要将这种天人合一的可能性转化为现实,却可以有多种途径。而其中,通过人文学的研习通达天道,可能是这些途径当中最可效与可行的方式。甚至可以说,从道德实践的过程看,几乎人类各大精神文明传统都不约而同地采取或选择了这种有效的途径。尽管如此,这种人文学的途径究竟是如何产生的,其对于人类的道德实践来说到底意味着什么,这个重大的问题迄今为止却未能很好地从理论上思考。而今,当我们对人文学文本的研习过程有所了解之后,就可以从道理上将人文学研习何以是人类的道德实践这一问题加以解答与说明。

按照本章的理解,所谓道德的实践必然是精神性的实践;精神性的实践是从精神性存在以及宇宙的终极存在处寻找人类道德发生的原因,并将道德的实践视为追求天理,也即从精神学意义的天人合一的过程。从这点上说,人文学文本的研习是从精神学意义上进行道德教化的最好范例。关于人文学研修的实践是如何将这种天人合一的潜能加以实现的,我们已在本书第八章中作了分析与说明,即所谓感应是人文学穷达天理的方式,而这种穷达天理的方式在不同的人文学文本中分别以感知、感遇与感悟的方式得以实现。但是,再穷究下去,我们说,这里虽提出了人穷究天理的方式有感知、感遇与感悟这三种方式,但这三种方式仅属于感应的方法论阐明,而且对问题的讨论是着眼于心理机制的分析。现在要问的是:关于感应的心理机制是如何产生的? 这其实是问人对天理的穷究为何是这三种感应机制? 要解决这种疑难,我们须转入对"天人合一"这个本体论问题的再审视,以对人之穷达天理的方法论产生的根据作终极的阐明。

通过对"天人合一"这个范畴的分析,我们说,人在穷究天理的过程中,要将"天人合一"这种潜能加以呈现或者说实现,除了"天人合一"本是可以呈现的之外，还需要一种将天与人"连接"起来的前提条件。这里所谓连接是比喻式的用法，是指"天人合一"只是人能穷达天理的潜能，但在现实中的人，往往并不一定都能实现这种潜能。原因就在于现象界的人虽然具有心体，但在通常情况下，或者在日常情况下，这种心体未必就能与性体发生感应，从而达到"天人合一"。那么，现在我们要追索的问题是在现实的情况与条件下，我们能否找到或者说发现一种通道，是可以将心体与性体加以连接的，从而使它们二者得以沟通？根据前面几章的研究，我们的结论是：可以有的，这就是人文学文本。

何以是人文学文本而非人的心理活动才是将心体与性体加以连接的根据或条件？我们说心体与性体的连接确实离不开人的心理活动或者说心体之呈现，但这种心理活动或心体之呈现仅是作为人之心理活动而存在，它并非某种固定与恒定不变的实体。而作为心理的活动与过程，有它的易逝性或者说不可靠性。而人文学文本可以作为连接心体与性体的通道，不仅仅是过程，而且是某种固定的形态。这种固定形态的连接或者说桥梁之存在，为心体与性体之间的过渡提供了"通道"，亦保证了心体与性体之间连接的可靠性，从而，心性与性体之间的过渡就不再像"直觉"那样不可靠或者说仅凭借于"机缘"。

问题在于人文学文本何以可以作为心体与性体之间过渡的桥梁？以上将心体与性体之间的过渡用通过桥梁来比喻。从心体与性体之间过渡的心理过程看，它们两者之间的过渡是通过人文学文本的阅读的感应进行的。这说明表面上看，是心体与性体之间的过渡，其真实意思是作为心体的"道"与作为性体的"道"在相互过渡，而它们之间的过渡其实是相互感应以后的共融与共体。这种共融与共体也就是相互之间的"感通"。① 这种感通的结果对于阅读者来说,也就是"天人合一"之境的实现。这种心理活动假如换一种说法加以理解的话,其实是本来作为心体的"道"与作为天理的"道"通过心理的"桥梁"作用而相互连接,并且由于这种连接而实现了彼此共体。这也就是我们所说的通过人文学文本的研习所以能够穷达天理的过程。

通过以上的分析,我们终于达到了对人文学文本的本质认识。即在穷达天理的过程中,人文学文本起到了让"人之道"与"天之道"在阅读过程中彼此共感与相互转换的"感通"作用。人文学文本可以实现"感通",这就是其能够承担起人的精神性教化的角色之所在。假如我们将人文学文本的这种本性从实践哲学的角度来命名的话,可谓之"精神间性"。精神间性首先是一个存在论的概念。通常,当我们从存在论或者本体论的角度来追溯万物起源及生成变化原因时,都承认或者强调"实体"的概念。这种实体概念划分物质和精神。或者说,假如将宇宙万物从总体上分类的话,宇宙万物无一不由精神或者物质构成。但这样一来,在包括人类世界在内的宇宙过程中,物质与精神往往会呈现为对立,即任何物体或事物要么是物质的,要么是精神的;而世间难以有一种东西或事物既是物质的,又是精神的。或者说既可以是物质的又可以是精神的。但我们知道,这种物质与精神之间的对立以及无可过渡,本是由人的"观"造成的。就是说,假如我们对物质与精神二分的角度来看待问题的话,则世界上的确是由要么是物质、要么是精神组成的,而且它们之间无法过渡。然而,假如不是从二分法思维出发,而选择其他观法的话,则世界可以是

---

① 关于"感通"包括感知、感遇与感悟这三种类型的具体讨论,见本书第八章内容。

"统一"于"精神"的。这种"统一"于"精神"的世界观不意味着宇宙万物只由一种最基本的存在者或"精神"所组成,而是说,万物尽管多彩多姿,无一不是这种作为宇宙唯一本体的"精神"的呈现。从这种意义上说,我们认为"物质"并没有消失。其实,关于物质消失的说法是对"世界是精神的存在"这一命题的极大误解。因为任何人都不会否认世界上最常见、最基本的存在者是物质性的存在。那么,为什么我们还要说"世界是精神的存在"呢? 其实,当我们说这句话的时候,是强调世界万物,包括任何物质性的存在,都只有从精神性的眼光去审视,才能知道它的本性。故所谓世界是"精神的存在",是就世间事物的"本性"或者说"本体"存在的方式而言。从这种精神学视角看待世界万物,世界构成或形成宇宙万物的是精神。或者说,宇宙万物包括人间世一切皆为精神的呈现。然而,关于世界是精神的呈现,此问题不能由此打住。因为人们发现就现象界而言,即使承认世界万物皆是精神之呈现,但精神作为存在的本体却深藏于具体的事物之中,用通常的说法是"万物皆有其理",或者说世界的精神实以"理一万殊"的方式存在。既然如此,如何实现万物之理的沟通,已成就世界上的终极普遍之理。这对于哲学的本体论或存在论来说,实在是一道难题。证诸哲学史上许多根本性的哲学争议,实在是因为难以解决万物之理如何可以通达宇宙之最高终极存在者之理这个问题而生。其实,假如将"世界是精神的呈现"这一基本命题贯彻到底,此一问题并不难以解答。这就是我们必须承认精神还包括精神间性。或言之,精神间性是精神之表达或呈现的基本方式。这里,精神间性的通俗解释是它作为精神表达或呈现的方式,除了强调这种精神间性具有普遍精神的禀性之外,作为一种不同于其他仅仅是理一万殊的形式的精神性,它还有将不同的精神殊相加以沟通或者说连接起来的沟通性或"间性"。这样看来,就现象界的世界而言,任何殊相的精神虽然是宇宙的最高存在者或者说终极精神的存在的呈现,但要将这些分布于或埋藏于万物之中的分殊之理加以贯通的话,则离不开这种作为精神间性的存在者的存在方式。事实上,无论是人作为个体的存在与宇宙的终极存在的精神交往,或者就人作为精神性的存在需要彼此之间的精神交往与共达,都离不开这种精神间性。那么,将这种作为分殊之理加以联结的精神间性的存在者到底为何物呢?这就是人文学文本。我们说,人文学文本是人类发明的可以用于贯穿人与人之间的精神交往,以及人与天道交往并且从精神上实现天人合一的现象界的存在物。作为现实生活中人类精神的表达,人文学文本的本质与其说是精神性,不如说是具有精神间性更为恰当。也可以这么说:作为精神实践之学,人文学的研习能够成为个体人穷达天理的过程,实乃由于人文学文本具有的"精神间性"。也正因如此,为了与其他建立在主客二分法基础上的精神实践方法(如基督教为代表的宗教信仰或者黑格尔式的辩证法思辨)所穷究的作为最高神的绝对者或绝对理念相区别,我们把通过人文学文本的精神间性的精神实践而获得的作为宇宙终极实在根据的天理称为"理念"。①

"精神间性"作为一个用以指称人文学文本的存在论概念,除了如上所说的具有"间性"的本体性之外,还有具体的质的规定性。这种具体的质的规定性是什么呢?首先在于它的"潜移默化性"。这里的"潜移默化性"是指它能使人在审美的阅读中不知不觉地"变化气质"而不自知的能力。换言之,潜移默化不仅不是硬性的规定与要求,甚至也不是主动的设定目的去追求,而是人在某种环境或氛围中不知不觉地"改造"了自身的精神气质。让我们从回顾人文学文本阅读的过程开始。我们要问:人文学不同于一般人文学科的文本阅读

---

① 关于人文学的"理念"的讨论,见本书第八章。

过程,它们的区别在哪里呢? 应当说,同样是阅读,一般的人文学科读物的阅读,是为了获得某种"文科"的知识或者其内容给人带来的趣味与审美享受。但人文学文本的阅读虽然在阅读的同时会获得以上的收获,但这种阅读的根本目标是为了获得精神道德的教化,是作为一种精神教化的研习来阅读的。但这种精神教化的研习并不像从普通的伦理道德教科书中寻找关于生活的意义或"做人"的道理的答案那般简单和直接,而是在阅读文本的过程中不知不觉地被其中的内容所吸引,乃至于愈到后来,愈会有一种阅读成为一种"欲罢不能"的纯然兴味与冲动,而这种兴味与冲动除了是被其中的内容所吸引之外,更多还是被这些内容中所包含的人的精神性人格所感动和打动,从而打心底里产生了要与文本中的精神性存在融为一体的愿望。可见,所谓"潜移默化性"不仅不是强制的灌输与说教,恰恰相反,它让人愿意被长期浸泡于文本塑造的精神氛围中并甘之如饴。

其次,共享性、持续性与在场性。我们知道,通常的"潜移默化"不限于人文学文本的阅读,像人们成长的环境,尤其是经常打交道的各种社交圈子,对于人们的精神性成长都有很大的影响。但我们知道,就人的真正意义上的精神性成长来说,唯有一种圈子或场所,是其他各种人伦道德教化之道所不具备的,这就是人文学文本。当我们阅读这些人文学文本的时候,就是进入一种特定的人文学精神的圈子。这种精神圈子不同于普通的各种圈子,在于它提供的是精神性的资粮,而这种精神性的资粮又代表人类的精神性价值的承传。从这里可以看出,所谓人文学文本的精神间性,在于它体现了人类精神文明的共享性。当我们阅读人文学文本的时候,就是与世界上的其他人,包括若干世代之前和以后的人们共同享有这种代表人类的普遍伦理道德的精神。所以,精神间性的"间性"除了代表人类的普遍精神在文本中可以共同享有之外,还会以人文学文本的方式加以传承与永续,从而具有它的持续性。此外,更为重要的是精神性存在的在场性。仅仅有精神的共享性与持续性还不够,人文学文本作为文本还有它的特定范围。这种范围包括两个方面:一方面是作为文本的文体的规定,比如史学的、诗学的、哲学的,这种文本的不同,其人文精神的教化突出的维度不同;另一方面是作为文本内容的规定:无论史学的、诗学的、哲学的文本,它们提供或面对的无疑都是关于人的精神性存在及宇宙的终极本体问题,一句话,是关于"性与天道"的人文话语的言说方式。然而,任何文本所提供的内容范围与言说内容都有一定的范围,在这种意义上说,人文文本阅读的精神间性包括其精神性存在的在场性,即任何关于人的精神性存在以及性与天道的人文性话语及其言说,都是以其特定的或特有的殊相来显示其作为人的精神性存在的总体性与普遍性。这也就意味着,人文学文本的阅读是通过对某种人文学文本的这种特殊的、有限范围的文本阅读体验,来达到与把握那作为人类普遍存在的超越与超验的精神性。对于人文学的道德教化来说也是如此,即任何人文学文本只是人文精神在其中活动的场所,而人文学文本的精神间性,则说明它是以人文学文本的在场方式来达到普遍的人的精神性,从而,其潜移默化性也就呈现为它的永久与持续不断的在场性。

我们看到,以上无论是人文学文本的潜移默化性也罢,共享性、持续性与在场性也罢,都是阅读者的一种心理体验。即言之,关于人文学文本中蕴含的天道以及体现天道的人的精神性存在,都是通过人的阅读心理体验加以把握的。这是作为人文学的文本阅读的精神教化与其他非人文学文本的教化区别开来的最根本特征。而人文学文本的心理体验,按照我们前面的说法,又是由对文本精神的特殊感应方式引起的。因此问题变为感应与人的阅读心理体验有何种相关性? 阅读的感应如何呈现为人的阅读心理体验? 这其实是在追问感应的发生到底需要何种心理素质与心理条件？

三、人文学精神教化的实践原理：熏习与功夫

前面对人文学文本的阅读过程的考察，我们提到"感应"，将它区分为三种：分别是史学的、诗学的和哲学的。但这只是从文体之别来加以区分。事实上，虽然人文学文本可划分为三种不同的感应类型，但以潜移默化的方式进行感应，对它们来说是共同的，这也是作为人文学的精神教化不同于其他精神教化方式的特点。现在，让我们来看看这三种人文学文本都普遍具有的作为精神教化之学的根本特点在哪里。为此，我们进入人文学文本阅读的心理体验与人文学的感应方式之关系的思考。

人文学文本的阅读经验表明人文学的阅读一旦开始以后，由于人文学文本特有的精神间性，阅读者对文本的感应机制或者说心理响应机制马上就会发生。而当这种感应到了一定程度之后，就会产生一种存在感悟，我们称之为"通感"。① "通感"是"感应"的结果。这里的"通"，是指人与天在精神性存在方面的相通，此也即"心体"与"性体"的相通。但从前面的论述可以看到，这种人与天相通、心体与性体相通，对于人文学文本的阅读者来说，属于一种心理体验。这种心理体验的出现有两种表征：一种是关于阅读本身的体验；一种是阅读过程中突然会获得或出现的"天人合一"感的体验。这两种体验的心理感受并不相同：作为审美阅读来说，这两者都会出现阅读的快

① "通感"与"感通"不同。"感通"是"天人感应"的方式，可分三种类型；而"通感"是天人感应的结果，是达到或接近"天人合一"境界时呈现出来的心理体验。这种通感的心理体验对于三种类型的感通来说都是共同的，即属于一种"天人合一"时呈现出来的心理状态。

感,或者说是一种审美阅读。但同为审美阅读,前一种阅读的快感是一般人文学科的文本阅读都会感受或体验到的,这表现在阅读本身就可以给人带来一种愉快的审美享受。这种心理体验是纯粹审美的。但后一种审美享受却是精神学意义上的。之所以是"精神学意义"上的审美,是因为这种审美阅读会对他的精神人格发生影响,乃至于改变他以往观察世界以及与世界交往的方式。即言之,这种看待世界的新眼光、新视野以及个体精神人格的变化与其说是在阅读过程中发生的,不如说是将审美阅读过程中产生的心理体验予以同化与积淀,因此在阅读之后,这种阅读的心理体验还长期得以保留。或者说,这种当时的阅读心理体验会以"精神积淀"的方式长久甚至永远地保留于他的精神记忆中,并使他在以后的生活中以文本中体验或感受到的观物态度来看待与理解周围的世界。这就是我们为什么说人文学文本的阅读不仅是审美的,而且是精神学意义上的审美。当然,这只是分析的说法,其实,这两种审美方式在阅读过程中常常相伴而生;而作为一种审美心理过程,往往也很难厘清它们之间的界限。不过,可以体验到的一点是:假如精神学意义的审美一旦出现或降临的话,往往会给人的心理造成极大的冲击甚至强烈的震撼。对这种心理体验假如加以描述的话,可以说与宗教信仰者在获得"皈依"时的心理感受相似。其实,对于阅读者来说,这后一种心理体验的出现,正是他研习人文学文本所要达到的目的与后果。因为正是他这种研读人文学文本而出现的类似于获得宗教皈依的心理变化,塑造出他看待与应对外部世界的新的行为模式并且持续终生。因此说,所谓人文学文本的精神教化不是其他,而是阅读者以"感通"的方式接受与完成了人文学文本中"天地精神"的洗礼,并且以"天地精神"作为心中的"绝对律令"来要求与衡量自己。假如我们将人文学阅读的这种精神实践视为道德修炼的"转识成智"过程的话,则阅读过程本身可以说是"转识",而"天人合一"感的出现就可以说是"成智"。① 当然,这纯粹是从阅读本身来谈,以说明人文学文本的阅读就是"转识成智"这一道德实践的心理体验过程。而无论"转识"也罢,"成智"也罢,因为它们都在文本阅读的过程中发生,而其发生机制就在于文本阅读中发生的"感应"。假如我们将人文学文本的"转识"与"成智"作为一种阅读机制来看待的话,我们又发现:"转识"这一心理机制是长期存在的,而"成智"这种心理机制则是转识要达到的后果或效果。至于阅读过程或者阅读之后是否能够达到成智这一步,我们在阅读的时候,尤其是在阅读之前无法预知。从这种意义上说,人文学文本作为转识之阅读不仅是长期的过程,而且其成智的发生不可预期。但唯一可以知道的是:假如不阅读人文学文本,或者阅读文本未达到一定"火候"的话,则无法"成智"。由此可知:人文学文本的阅读其实分两步,第一步是在审美阅读中获得的审美愉悦心理享受,而第二步则是在"通感"发生之后获得的心理上的极度兴奋与满足。它们同为人文学文本的精神性审美阅读,不同的是感应"天人合一"的心理感受强度与烈度不同。为了将这两种不同的阅读心理体验作出区别,前一种心理体验,我们称之为"境界交融",后一种心理体验,我们称之为"天人合一"。②

通过如上的分析,我们看到人文学文本的实施精神教化的秘密就在于任何人文学文本的阅读都是一种潜移默化的过程。从教化机制来说,"潜移默化"的过程乃是一种"熏习"。熏乃渐渐的,而且是

---

① "转识成智"一语来源于佛学,原意为"转八识成四智"。对于本章来说,"转识成智"是将对世界与宇宙终极存在的认识与理解转化为人生的实践智慧。
② "境界交融"是"天人感应"的普遍形式,它具有境界交融的层次性与程度性,而"天人合一"则是境界交融的最高境界,此种境界之达到可谓之"圆善"。关于"境界交融"的讨论,详见本书附录《论"境界交融"——人文学作为求道的学问如何可能》。

甘心情愿被营造的或存在的某种"氛围"所熏染。否则不是熏,而是单纯的染,对人文学精神教化来说,这种"熏"的气氛就是具有弥漫性质的"天地精神"。[①] 这种"天地精神"本存在于人文学文本之中,但作为具有教化性的精神,它是以气氛或氛围形态出现的,并且是具有"熏"的功能的。这样一种以气氛方式存在,且具有能动性的精神,我们也可以将它称为"精神力",以说明它不仅是作为宇宙的精神而存在,而且是以弥漫性的、类似于气体流动的方式来发挥其熏染作用的。而阅读者的阅读与其说是在读,不如说是以阅读的方式沉浸于这种人文学的精神气氛当中。看来,人文学文本的精神间性的潜移默化的功能,就在于人文学文本的精神间性是一种类似于气体那样可以弥漫于四方的形态出现的精神力。这种以弥漫方式分布于人和宇宙间的被视为"精神性存在"的东西,在中国哲学中就称为"气"。对于中国哲学来说,"气"与其说是物质性的存在,不如说是精神性的存在更为恰当。如孟子所说:"我善养吾浩然之气"[②],这里的浩然之气,就是指人的精神性存在。于此,我们看到,人文学文本之所以具有潜移默化的功能,对于阅读过程来说,就是通过文本的"天地精神"的精神间性营造出一种具有感染力(精神力)的气氛。阅读者通过阅读进入这种气氛场中,就会不知不觉地受到熏染。人文学文本的研习者在这种精神性的气氛中慢慢地接受"天地精神"的熏陶与浸染,时间长了,不知不觉就会受到熏陶,其整个人的精神气质也就会渐渐发生改变。而熏陶久了,终于有某一天或某个时候,阅读者自觉其整

---

① "熏"跟"染"有联系又有区别,当熏与染连用为"熏染"一词时,是突出其共同性,即被周围环境的气氛所感染,但假如将熏与染对比时,则可以发现:熏虽然是接受环境与周围气氛的影响,但其接受影响是有意识的或者说心甘情愿的,在这种情况下,"熏"往往被称为"熏陶"或"熏习",而"染"则仅仅是被动的受到环境的影响,在这种情况,"染"只是单纯的"感染"或"传染"。

② 《孟子·公孙丑上》。

个人的精神状态或者说精神面貌会出现突变。这种突变往往伴随着心理上某种难以名状的变化，他会感到他看待周围世界的眼光突然变得如此明亮与透彻，而整个人的身心都感到极度的欢乐和喜悦，这是一种类似于宗教信仰者获得"皈依"时可以感受到的心理高峰体验与心理满足。这种心理上的满足感与幸福感的产生，就人文学文本的阅读来说，属于一种精神人格的"自证"，说明他通过人文学的阅读已经出现了精神人格上的质变，从而他看待周围环境与世界的眼光也跟过去有了很大的不同甚至于发生了根本的变化。从精神心理发生学的机制来看，这是因为阅读者与文本中的"天地精神"产生了共振与共感，从而内心中感到极大的欢悦与满足，这说明心灵在极度兴奋中找到了它的最终归宿。当这种心灵的极度满足感出现的时候，我们知道或者说可以判断它进入了"境界交融"的最高境界——"天人合一"，①应当说，这种"天人合一"的心理感受是阅读者在阅读文本的过程中出现的，是其作为阅读者主体的精神境界与文本中寓存的天地精神境界发生交融的结果。这种"天人合一"的境界交融的发生有其必然性。而从发生机制上说，人文学研习作为精神教化的最高目标，就指向这种"天人合一"的预期目标。虽然如此，这种"天地境界"的交融之获得又不是那么容易的，它除了需要人文学文本的熏陶，还取决于阅读者的主体心境以及其他因素。但无论如何，人文学文本的精神实践就是通过文本的阅读或者说研习，去追求这种天人共达一体或者说"天人合一"的最高境。假如达到了"天人合一"的境界，则说明精神人格修炼的成功。假如尚且未达，则仍须接受人文学文本的熏习。由此看来，真正的或者说终极的"天人合一"的境界并非一蹴而就的；但对于人文学的精神修炼来说，它又并非高不可

---

① 　见本书附录《论"境界交融"——人文学作为求道的学问如何可能》。

攀。其原因在于人文学文本作为寓藏有天地精神的精神间性,只要你去阅读文本,你就必然会进入其精神气氛当中,受其感染;假如方法得当,并且持之以恒,终有一日会修得正果。或者说,会在研修的某一阶段,获得某一阶段性的结果。不断地研习,不断地积累修炼的成果。人文学的精神修炼与其说是速成的,不如说是渐修渐进,不断积累性的。这就是朱熹在谈读书是一种人格修炼方式时,强调"格物"才能"致知"的道理。

　　人文学作为精神实践之学,除了熏习之外,还需要功夫。所谓功夫,简单地说来就是修行的实践。这里的实践功夫包含两种意思:其一是对人文学文本的阅读而言,阅读不仅是达到天地精神与心灵获取自由的修行,而且这种修行方式是长期与持续的过程。这不仅是因为人文学文本的阅读与精神修炼过程本身是渐进而持续的,不可一蹴而就,更重要的是,即使人在阅读过程中与文本的精神境界产生了共感与共振,对周围世界产生了一种前所未有的澄明感受与精神体验,但这种澄明之境可能是暂时的,也即是在阅读过程中产生的;假如离开了这种文体的体验,则他的澄明之境也可能会随之消失。因此,为了保持他看待世界的这种澄明之境的眼光,他必须不断地阅读文本,或者说经常地接触文本,并将阅读过程视为一种终生持续不断的精神修行,以便随时随地将从文本得来的"天人感应"的心理体验内化于他的个体人格精神中并加以积淀。而不断地阅读,不断地精神内化与积淀,通过阅读不断地加深与加强对文本中天地精神的体验,这也就是人文学文本阅读作为精神教化之学的极其重要的功夫实践。

　　除了阅读文本的功夫实践之外,人文学文本的精神修习还有另一层的功夫是在人文学文本之外。其道理在于人的精神性存在之挺立以及道德实践并非仅仅局限于阅读人文学文本的心理感受与精神体验。从这点上说,所谓人文学文本的研习只是人作为精神性存在的德性修养的必由之路与实践环节,不是人的精神性存在与人的道德本身。因此,人文学精神实践的功夫,除了是要将人文学文本中的精神性体验转化为精神性人格与道德精神之外,就人文学文本的研修而言,这种精神性人格与道德精神虽然来源于文本的研读,但必须把它运用于文本阅读之外的人类生活实践方才算得上是整全意义或真正意义上的人文学精神实践。这也就是中国儒家思想所提倡的"知行合一"。对于"知行合一"之说可以有不同的理解。这里,由于"知行合一"是专门对人文学文本的修行而言,"知"可以理解为是从人文学文本中获得的关于人的精神性存在的"存在之知","知行合一"则是要把这种关于"存在之知"的领悟转化为生活世界中的道德实践,或者说是要在个体的道德行为中加以落实与印证。这里,我们不妨将这种精神学意义上的"知行合一"称为"由智化境"。"由智化境"的意思是人文学的研究者将阅读中的精神体验转化为阅读者生活世界中的道德实践,但这种转化又是不脱离开人文学文本阅读的精神转化,阅读者要将人文学文本中的精神性品格在他的生活实践的行为逻辑中加以贯彻与实行。这是因为,通常人们在日常生活中都有某些普遍遵守的道德标准与伦理要求,但在现实社会生活中,这些道德伦理规范更多是出于社会的习俗,甚至是为满足社会的功利主义要求而设。而作为人文学的精神实践的伦理道德要求,是来源于人文学文本中的"天理"。因此,他在现实生活中的伦理道德行为,更多是出于对人文学文本中的"天理"的恪守与不违背。从这种意义上说,"由智化境"不仅是指通过人文学的研习获得了一种精神性的道德人格的修炼,而且强调的是要将这种精神性人格在生活世界中加以体现与接受检验。

四、兴、情与文：人文学的精神教化如何可能

以上，通过对人文学文本的阅读过程所作的分析，关于人文学文本的阅读何以是精神教化之学这个问题已经有所说明。然而，这种说明还只是对人文学文本具有精神间性以及感应机制过程所作的理论分析与阐明。现在，我们除了知道关于人文学研习的发生机制之外，还必须了解这种发生机制得以产生的条件，包括其中作为人文学研习的主体的心理条件与心理过程，这样才会对人文学的精神教化何以是人文学的而非其他方式的精神教化有更深入一步的认识。即言之，所谓作为人文学研习的道德实践不仅仅是道理感应机制本身能否起作用，包括熏习与感通能否发生，除了文本具有精神间性之外，很重要的一种因素还在于作为阅读者的主体个人。其原因在于，在任何人文学文本的精神教化过程中，阅读者主体都不是被动的，而是作为感应与感通的主体与发动者在起作用。因此，说到底，作为三种感应方式以及总体的感应模式：熏习与功夫，乃至于作为人文学文本的本体存在方式的"精神间性"，其实都是作为阅读者的主体在阅读过程中构建起来的。即言之，是阅读主体所具有的一种特殊的阅读品格，才使原来纯粹以文本方式存在的人文学文本转换为作为人文学教化的精神实践。人所具有的作为阅读的主体性的东西是什么呢？就是"兴"。

何谓"兴"？以前在论述人文学的诗学阅读这个问题时，我们曾谈到：诗学文本的意象的感应有赖于"感兴"。[①] 即言之，在诗学文本阅读中，"感兴"是阅读者的性情向天地的性情过渡的中间环节；或者

---

① 见本书第六章。

说,读诗者能够感受到文本中的天地之性有赖于感兴。其实,这是对"兴"的较狭窄意义上的理解。或者说,这只是对"兴"在诗学阅读原则中的阐明。兴除了可用以解释读诗的感遇的发生学机制之外,它其实还有一种广义的解释。这就是任何人文学文本的阅读对于"天人合一"境界的把握都凭借于兴。故前人说:"战国之文,深于比兴。"①这里的战国之文,对于文史哲不分家的中国学术传统来说,自然是包括史学的、诗学的与哲学的(经学的)文本的。这里将"比兴"作为人文学文本的本体呈现方式,其中的"比"是"比喻"。广义的"比喻"包括转喻、提喻、讽喻。它们指向的是文本的意义。而"兴"则是"兴情",这是指通过营造一种天人合一的气氛,使阅读者不仅对文本的意义指向(即"喻")有所把握与了解,而且通过对这种意义的把握与了解进而达到天地之情。由此看来,"兴"对于由人道通达天道,从人情达到天情这种"天人合一"之境来说,成为问题的关键。而通过关于诗学文本阅读的分析与研究,我们已经知道关于诗学文本的阅读,"情"不仅在穷达天理的过程中显示出其重要性,而且也在人的精神性教化过程中起到至关重要的作用。换言之,在从文体的对于喻的理解与把握,然后进入上升到呼起人的天性的这个环节,其实就是"兴起"的作用与过程。其实,这种"兴起"的过程不独发生于诗学文本的阅读中,同样也在史学的、哲学的文本阅读中发生,并成为人的精神性存在之人格挺立的精神修炼过程。这是我们通过不同的人文学文本之阅读都可以体验到的。比如:就史学文本的阅读来说,我们不仅获取了历史的知识,还包括通过关于历史事实的叙事知道了包含在这些历史事实中的价值(比如说善恶观念,正义、公平等价值观念)。就是说,在阅读历史的过程中,我们不仅仅获得了或认知

---

① 章学诚:《文史通义·易教下》。

了关于历史的知识,而且还有被包含在这些历史知识中的价值因素,
比如:被其所刻画的历史人物的行为以及历史活动中体现的人的精
神性存在所感染与打动。就历史文本的精神教化而言,我们首先要
被历史叙事的内容所"感动";而这"感动",无疑属于一种情感方面
的东西,而非纯粹的事实。故历史文本之所以能够承担人文精神的
作用与功能,实乃由于使我们能进入到历史的具体场景中,通过"移
情"或者说其他方面的"情"的发动,来体验与感受其中的历史事实
当中的"实情"。同样,阅读哲学文本中表面上似乎纯理的思辨文字,
当我们通过学理性的理解深入到其中关于宇宙终极存在与人的精神
性维度的深处时,我们不由得为宇宙精神的博广精微与人的精神性
存在的高贵而惊叹。而当我们再深入下去,似乎可以触及那最深邃
之处而又似乎感到人在茫茫宇宙面前的渺小以及那最高绝对存在者
的可启及时,内心往往不由自主冒出一种可望而不可即的浩叹。而
往往只有在这种浩叹声中,才最终了解了宇宙之秘密或表示了我们
与最高存在者的相遇。可见,表面上似乎冰冷而严肃说理的哲学文
本,其最终所导致的也是一个可以"兴情"的世界。由此观之,假如说
人文学文本的阅读是一个由人文性知识的把握到人文精神性存在得
以挺立的"转识"与"成智"的过程的话,那么,"兴情"则是这"成智"
过程中的关键。而兴情之所以只能出现于人文学文本而非其他各种
方式的道德教化活动,又实在是由于人文学文本特有的精神间性。
通过这种追溯性的研究,我们发现所有各种人文学文本,不分类型,
对于人文学的精神实践来说,都是以"兴"的方式得以进行与实践。
在这种意义上说,不仅诗学文本是作为"兴"的对象的意象方式存在,
即使像史学文本,以及哲学文本的研读过程,都是阅读者作为兴之发

动者对它们的"感应"或"兴起"。① "兴起"什么,这里的"兴"是动词,表达的是对文本中某种气氛或氛围的情感反应;而"起"即承接"兴"而来,或者说由"兴"而起,是"兴"的感应的结果,故"兴"与"起"合起来称为"兴起",指的是阅读过程中由于"兴"的作用,作为阅读者的情与文本原来的气氛发生了交合,并且产生了结果,这种结果也是一种气氛或氛围,但已不是文体未经阅读的精神间性,而由于兴的作用将阅读者的情加诸融合于文本之气氛中的新的气氛或氛围,这种新的气氛或氛围,其浓度或烈度也比文本原来的气氛或氛围强烈得多,是阅读者的情与文本的气氛交互作用的结果。而起兴的作用达到一定程度,其伴有阅读者的情与文本的气氛经过相互交合达到一定的强度与烈度时,会出现情感的某种共鸣与共振,其阅读者的情与文本的气氛形成一种新的气氛或氛围,这就是我们在阅读过程中能够体会到心灵的极度愉悦甚至陶醉,这种心理体验就其心理产生机制来说,可以说是"境界交融"与"境界共振"。② 从这里可以看出:所谓"兴起",在文本阅读中,就是通过"兴"的作用以使阅读者的情与文本的气氛产生感应,从而在情感诉求上引起共鸣。所谓"同声相应,同气相求"说的就是这个道理。而"兴起"作为感应机制能够发生,一方面是作者情的发动,另一方面离不开文本的精神间性。是它们两者之间的互动与互相感应。这也就说明人文学文本在没有进入阅读者视野被阅读之前,仅作为一般文本以自在的方式存在。一旦由阅读者"兴起"的阅读而产生感应之后,它才成为阅读过程中

---

　　① 关于"感应"的分析见本书第八章的论述。感应与兴的意思相近,区别之点在于:在人文学的文本阅读中,"感应"指"天人感应"的阅读过程,而"兴"则属于人文学阅读者的一种阅读主体精神力。而"兴起"则是这种"兴"的主体精神力之发动。

　　② 关于"境界交融"的详细分析与论证,参见本书附录《论"境界交融"——人文学作为求道的学问如何可能》。

以"精神间性"方式出场的精神间性。可见,所谓人文学文本具有精神间性以及成为精神间性的气氛式存在,也是阅读者以人文阅读的"兴起"方式营造人文学文本的行为。这是人文学文本阅读不同于普通的知识性阅读文本的区别所在。如我们前面一章所说,兴的作用与兴起,不仅是对诗学文本的阅读而言,它对于所有的人文学文本的阅读来说都具有普遍性。即言之,不仅诗学的,而且史诗的与哲学的文本能成为人文学文本,能够以感知、感遇与感悟的方式对文本中的形上意蕴加以了解与把握,并进而发生感通,都是由于"兴起"的作用。否则,作为史学的、诗学的、哲学的文本难以具有人文精神的氛围。一句话,无"兴起"则无人文学文本阅读,也就无作为人文学精神教化的存在。

综上所述,对于兴、情"知行合一"问题的考察,属于文本的精神间性的分析或分解的说明。实际上,就人文学作为精神实践之学来说,兴、情与精神间性统一于文本的阅读过程之中。这当中,人文学文本事实上为人文学阅读的兴、情提供了"道场":由于阅读者在这个道场中的"兴起",使作为人的主体的精神性存在与那超越的天地之情产生了共鸣与共感;而由此共鸣与共感,人的自然之情与天地之情发生了交汇与交融。由于人文学文本的"精神间性",这种人与天地之情的交汇与交融是其必然的结果。也可以这样认为:人文学文本阅读作为精神教化的实践机制,实在是作为阅读者的主体借助于具有"精神间性"的文本的"兴起"以达天地之情的过程。这是一种持续的,并且让天地精神在阅读过程中逐渐形成与弥漫的过程。当这种弥漫过程或者说"兴起"到达某一个精神"临界点"的话,阅读者可能会有某种难以名状的、带有神秘性的高峰体验,这其实也就是人的精神性实践历经一段时间之后必然会出现的"天人合一"的心理体验。

五、余论：人文学精神实践与宗教精神

从上面所论可以看到：人文学研究将道德归结为人的德性，而德性的培养离不开人文学文本的研习。它还认为：宇宙的终极实在或者说天道是人间性道德的根据；而人文学的道德教化实践就是如何通过经典文本的研习去把握那最高的天道，以将天道贯彻于人道，从而达到"天人合一"。这样看来，由于人文学的道德实践具有其超越的精神向度，并且将道德理解为终极关怀，从而可以说它是一种具有"宗教性"的道德。① 以中国人文精神教化之学的典范的儒家经典作品为例：《中庸》将儒家的道德实践之学概括为"诚明之学"。诚明之学作为道德实践之学包括"自诚明"和"自明诚"两个方面。这里的自诚明，是指天道的超越原理，而自明诚，则是通过人文学的文本研习把握天道。对于诚明之学来讲，自诚明与自明诚是相通的。这种格物致知或者诚明之学的精神实践，与其他宗教，比如说基督教的精神实践重视经典文本的研习颇为相似。

但同样是采取经典研习的方式，人文学的精神实践方式与其他宗教的文本研习的方式却保持有一定的距离。从前面所论可知，人文学文本的阅读与研修，面对的是具有"精神间性"的人文学文本，其精神实践是浸润于文本的"道"的气氛之中，通过兴情的作用与天道发生"天人感应"而通达天道的过程，这里，阅读者与天道是以情的方式彼此共感，从而阅读者通过这种共感而获得一种天人合一的精神

---

① 这里，本章采纳蒂利希的观点，将宗教理解为人类的一种"终极关怀"。傅伟勋亦从"终极关怀"的四个角度，对中国哲学的"宗教性"问题加以论证。本章将人文学理解为关于"性与天道"的学问，也属于一种具有超越的终极关怀的"宗教性"学问。

性体验。此种阅读方式,无论史学的、诗学的、哲学的人文学文本皆然。而宗教作为一种精神性实践尽管也离不开宗教经典文本,但这种宗教经典的存在与其说是一种精神间性,不如说是一种"神圣间性"。所谓"神圣间性"不仅是说其作为宗教经典的文本内容具有不可质疑的权威性与真理的绝对性,而且是对文本的阅读而言。宗教作为精神教化实践将经典文本视为最高神发布的圣言,因此,对于宗教经典的文本阅读来说,首先是信。以基督教为例,其作为宗教研习的权威文本称为《圣经》。对于《圣经》的原则是"信仰而后理解"。这样,阅读宗教经典的过程与其说是阅读文本的内容,不如是将它理解为上帝发布的指令或最高律令。这样,对于宗教经典的研习来说,阅读者与文本的关系是对之聆听与服从。这种将经典理解为启示的阅读方式就是我们说的以神为中心的神圣间性。在这种神圣间性当中,阅读者研读经典是为了从文本中获得"启示"而非作为通过情与其交融乃至达到"天人合一"。而宗教信徒一旦通过经典获得来自最高神的启示,则意味着修行者获得救赎而"重生"。从人文学文本的精神间性出发与从宗教经典的神圣间性实现的人的精神性人格的超越,就精神实践的方式与实现机制来说,我们可以分别将它们称为"内在超越型"与"外在超越型"。所谓内在超越是指通过兴情的方式,人对超越的天道有所感应,从而实现"天人合一"的超越精神界。所谓外在超越,是说人服从于最高神的声音与律令,从而人获得救赎,从而人的精神与灵魂到达那超越之境。我们看到,人文学经典研习与宗教经典研习这两种不同的超越不仅是精神超越的方式不同,而且因其研读文本的方式方法不同,从而获得皈依或者说"达道"过程中表现出来的心理特征与"高峰体验"也不尽相同。对于儒家这样的人文学研习者来说,其闻道或达道的过程是缓慢与渐进的,其间在人文学文本阅读带来的审美阅读享受,而当他经过人文学经典的浸润,有朝一日终于修成正果,达到天人合一之境时,心里一种完满与充实的快感会油然而生,并且感到充满幸福,这种幸福是对天人合一之精神人格得以自证以后的满足感,因此,这种幸福喜悦的心态显得平和与安静。这种通过人文学文本研习带来阅读者之精神人格的变化与体验是"一次生"的。而对于像基督这样的宗教采取经典文本之研习进行精神实践来说,其精神人格的变化则是"二次生"的。这是由于在经典文本研习过程中,阅读者与最高神或者说上帝的关系是"神圣间性",他对于上帝的声音只能够聆听,但是,何时会蒙恩和获得救赎,他却无法预知。这样,在研修经典的过程中,他的心灵往往会处于紧张甚至焦虑的状态之中,而一旦终于获得救赎或者说"皈依"时,这对于他来说就是"重生",其内心不仅是喜悦,而且是极度激动甚至充满激情的。

　　但以上所论只是分析的说法。在现实生活中,我们看到的是人文学研习与宗教的修行常常会发生转化:假如将人文学的文本"间性"视为具有"神圣间性"的话,则文本研习的方法及其阅读心理也就随之伴随有"圣化"的现象发生。反之,假如一种宗教的经典文本从"精神间性"去看待与理解它的话,那么,原先的外在超越的阅读方式也转化成内在超越型,这意味着我们也会采取人文学文本的研修方法。看来,人文学文本的研修方法与宗教的研修方法本来就不是那么地泾渭分明的。即使同一种人文化经典的文本,我们也可以将它以经典研习的方式进行,同样地,宗教经典的研读方式也可以将它"去圣化",或者说,广义的人文文本的精神间性或许可以容纳宗教教义的神圣间性,而神圣间性未必就是人文文本的精神间性。历史地看,人文学文本研修与宗教经典研修是人类在精神实践过程中通常采用的两种方法与途径,它们常常你中有我,我中有你,难以截然分离。应当说,人文学文本的精神间性出发与宗教立足于信仰与救赎的通往神圣之路的区别只是在其精神实践之路的起点与修行路径的不同,但这种不同并不妨碍它们都是以追求那超越现象界的终极实在作为自己的终极目标。既然如此的话,那么,在人类超越自我的精神探索的历史之旅中,它们理应相互守望与支持,以期在那超越的登顶处相逢。

附　　录

附录一

论"境界交融"——人文学作为求道的学问如何可能

问题的提出:人文学中的"言意之辨"

(一) 何为人文学科

人文学科,英文称之为"humanities"。但 humanities 有多种理解与涵义。这里从"精神科学"的角度对 "humanities"加以理解,即将"人文学科"视之为"精神学科"。"精神学科"也即关于"精神"的学科。说到 "精神学科",这里先要对"精神"一词加以解释。"精神"一词的含义,既指人类精神,也指一种普遍的"精神"。这种关于普遍的精神的说法,黑格尔在《精神现象学》一书中曾经提出,而胡塞尔则通过他的"先验现象学"专门作了说明。他说现象学"是关于一般和纯粹的意识本身的科学"①,这里胡塞尔关于"纯粹意识"的说法相当于本书提出的普遍精神。② 从胡塞尔的类似说法中,我们可以得出这样的看法:普遍的精神包括人类精神,但不限于人类精神。或者说,人类精神是普遍精神的某种具象形式。为了与通常的人类精神(精神在时空中特殊化存在的形式)或某个别人以当下心理现象表现出来的精神活动相区别,我们将人文学科所表达的精神称之为"纯粹精神"。纯粹精神虽然纯粹,但却有其现实表现形式,乃是"精神现象",这是具象化的精神存在,如文学艺术作品、某某人的思想性著作(思想也属于"精神现象"),等等。以这些具象化的精神存在形式作为研究对象,而探究其普遍精神或纯粹精神的学问,乃"人文学"。人文学的研究对象包括各种各样的精神科学科目,而"人文学科"则是这些科目的集合。

(二) 关于"意味"(taste)

人文学以"精神"作为研究对象。但要防止对"精神"作表面化的理解。所谓"精神",其实就是事物或世界存在的"根据"。它在不同的人文学科的语境中,有不同的说法,如"本体""本质""本性""依据""自性""人文价值""生存意义""灵魂""上帝""涅槃""梵",等

---

① 《胡塞尔选集》(上),倪梁康选编,上海:上海三联书店1997年版,第156页。

② 这里,胡塞尔所说的"纯粹意识"相当于但不能等同于我们所说的"普遍精神",因为胡塞尔的纯粹意识的含各种精神科学之对象的"先验精神现象",而我们则将普遍精神限定于作为人文学科之基础的先验精神现象。故胡塞尔与我们虽然皆使用普遍精神,实乃"虚位对应"(相当于韩愈在"仁与义为定名,道与德为虚位"中"道"所处的虚位)的概念。

等。以上这些,无不是对"精神"的不同说法与指称;它们分别突出了精神的某一特征或维度,但都无法概括作为人文学研究对象的"精神"之全。相比之下,中国哲学中的"道"这个观念虽然相当空泛,却具有超出任何实体性所指的超验性与普遍性的内容,因此可以作为人文学的研究对象。人文学,就是以"求道""达道"为依归与理想的学问。而任何以具体的人文学科作为对象的人文学研究,就是通过对某种人文学科文本的研习,去"以管窥道",以求得作为人文学研究对象之普遍精神——"道"之领会与体悟。这种从某一具体的人文学科文本所获得的对于道的体会,称之为"意味"(道的意味)。古人所谓"得象忘言,得意忘象"中的"意",指的乃是人文学研习过程中所获得的"意味"。

作为精神科学,人文学科要传达的是对于道的把握与理解;而人文学的方法则是如何通过对人文学科的研习来获得这种对于道的体会。人文学的这种方法,其所得与自然科学(指作为实证科学的自然科学)对于世界的理解与把握不同,它不是对世界中的自然现象给出某种因果性的说明,即"何以有这样的世界",而是要对"何以有这个世界"作出一种存在性的领会。① 前者,是属于由自然因果律所决定的"理"的问题,而后者属于由形上世界的自由律所决定的"道"的问题。由于"理有固然,道无必至",②因此,这种对道的存在性领会离不开作为存在领会的主体的人,并且受作为存在领会的主体的人的

---

① 在《势至原则》一文中,金岳霖区别了"何以有这样的世界"与"何以有这个世界"的不同。按我的理解,"何以有这样的世界"是自然科学研究的对象,而"何以有这个世界"则是人文学研究的主题。金岳霖的说法见《金岳霖学术论文选》(北京:中国社会科学出版社 1990 年版)第 349 页。

② 金岳霖提出"理有固然,势无必至"(见《论道》,北京:商务印书馆 1985 年版,第 185 页),这里的"势"实乃"道"的别称,故我们将金岳霖的命题加以改造,提出"理有固然,道无必至",以见人文学研究方法与自然科学研究方法之不同。

精神气质、生存境遇所制约与决定。从而,人文学科的存在领会与其说像自然科学一样讲究客观方法,不如说更有赖于人的主观精神向度。从这个意义上说,人文学科不是一门严格的、像自然科学那样精确与可以定量研究的科学,而是一门由研究者主体的精神气质所制约,并且需要调动研究者的主体情志去探究的学问,它属于牟宗三所说的"生命的学问"。换言之,人的生存境况,作为主体的人对于生命的领悟,直接决定了人对于"道"或者"何以有这个世界"的理解与把握,从而也决定了人文学研究的旨趣与内容。

(三) 人文学中的"言意之辨"

从以上看到,人文学的研习是通过对人文学科文本的阅读而求得对于道的领会。在这种研习过程中,会有言(文本)、意(道的意味)、人(阅读主体)这三者出场。就是说,人文学的研习,其实就是通过阅读主体对人文学文本的阅读去获得对于道的领会的过程。其中"文"不能与"意"画等号,阅读主体对文本的阅读也不等于"文"。但无论如何,人文学的研习却又毕竟涉及意、文与阅读者这三者的关系。因此,如何通过阅读而获得对道的理解,其实就是如何处理好言、意、阅读主体这三者的关系问题。它历来也成为经典研习的中心话题。这方面,王弼关于"言意之辨"的一段话,很好地揭示了言与意之间的辩证关系,即既肯定意要通过象与言来表达,又认为象与言不等于道意本身。于是,他提出"得象忘言,得意忘象"。其中"象"是理解言意之辨的关键:它既是通过阅读文本而获得的具有"客观性"的境象,另一方面,又是存在于阅读者心中的主观心象,因此,如何成功地获得"象",成为通过文本阅读而达道的钥匙。问题在于:在阅读过程中,阅读者如何才能得意忘象、得象忘言呢? 王弼没有进一步说明。也许,对他来说,这不是一个理论问题,而是阅读实践的问题,因此便将它交给阅读者本人去体会与解决。但无论如何,王弼的"得意忘象"说还是提供了一条人文学经典研读的诠释学思路,即任何经典研读其实就是打通文本、阅读主体与道之间的隔阂的问题。

无独有偶,在西方的人文学研究中,"言意之辨"也以同样的方式凸显出来。诠释学的创立者狄尔泰强调文本阅读的目的是对作者"原义"的理解,于是将文(文本)与意(作者原义)加以区分。他认为:要了解作者的原义,阅读者必须对作者的身世、处境有"同情的了解"。为此,他专门发展出一套不同于自然科学方法的人文学的特殊方法论,其中强调生命、理解、移情,等等。虽然狄尔泰强调人文学的研究方法的特殊性,但他并没有克服自然科学方法的影响,这就是他认为隐藏在人文学科文本背后的作者原义都是固定不变的,而阅读者的阅读就是如何通过对文本的阅读去弄清楚作者的真实原义。这实际上是以另一种形式出现的主客二分式的研究进路。直到 20 世纪 60 年代,德国哲学家伽达默尔提出"哲学诠释学"的概念以后,西方诠释学才走上了与自然科学方法真正划界的道路。在其名著《真理与方法》中,伽达默尔提出了哲学诠释学的基本原则,这就是彻底颠覆主客二分的思维方式,认为没有一成不变的文本的意义。所谓文本的意义,其实只存在于文本的视界与阅读者的视界的融合之中。因此,他强调一种"历史效果"意识,他说:"真正的历史对象根本就不是对象,而是自己和他者的统一体,或一种关系。"①

看来,伽达默尔的说法避免了文本究竟有无确切原义这个极富争议的话题,而将问题转移至如何理解文本意义的过程。但这一说法中仍有两个问题需要追问:其一,假如回避文本有其客观意义这个

---

① 〔德〕伽达默尔:《真理与方法》上卷,洪汉鼎译,上海:上海译文出版社1999 年版,第 384 页。

问题完全不谈的话,那么,关于经典诠释问题的讨论很容易就会从方法论转移至存在论。这种从存在论角度对诠释文本的解读固然不失为理解文本意义的一个角度,但由此却也会遮蔽从方法论方面如何获取文本意义时的困难。其二,所谓"视界融合"是一个"历史性"的概念,它强调的是人的历史环境与境遇。正如伽达默尔所说:"理解甚至根本不能被认为是一种主体性的行为,而要被认为是一种置自身于传统过程中的行动,在这过程中过去和现在经常地得以中介。"①也就是说,对于视界交融说而言,它重视的与其说是阅读者本身,不如说重视传统,故而,其视界交融其实是不同传统(过去与现在的传统)之间的交融。于是,文本阅读过程中人的主体性作用的发挥从此消失。

虽然有其不足,但伽达默尔"视界交融"的说法仍有其耐人寻味人之处,这就是它对阅读主体视界与文本视界的交融的重视,并且视文本意义是一个不断生成的过程。下面,我们看到,假如将"视界交融"的具体涵义加以改变,即以"境界"取代视界的话,那么,长久以来一直困扰着人文学研习的"言意之辨"问题,或许可以获得一种新的解决。

何为"境界交融"

(一) 定义

这里,我们先给出一种关于"境界交融"的定义:所谓境界交融,是指阅读者对"道"的理解与经典文本中"道"的意义发生融合。从这个定义可见,我们承认任何经典文本都具有它的客观意义,这就是

---

① 〔德〕伽达默尔:《真理与方法》上卷,第372页。

"道"。而避开了通常的关于文本有其"原义"的提法。因为在我们看来,不仅文本有无"原义"这个问题容易引起争执,而且它对于经典文本的阅读来说,似乎是一个"伪问题"。因为无论承认有原义也罢,没有原义也罢,这个问题对于作为人文学的经典阅读来说是无关紧要的:对于人文学而言,我们的问题是如何通过经典文本的阅读来求得作为宇宙之终极原理,以及人生意义之归宿的道的理解,而无论这种对道的理解究竟来自文本本身还是作者之原义,这都不会改变文本阅读之目的。就是说,对于经典文本的研习来说,它的目标就是如何"求道"和"达道",此外并无其他。因此,所谓"境界交融",确切的理解应当是在对道的理解上,阅读者主体的境界与经典文本的境界发生了交融。

(二) 关于"境界"

所谓境界,是指"道的境界"。它包括如下四种含义:首先,将道理解为一种境界,也就意味着道不是实体。所谓道非实体,是说道作为宇宙终极实在,它具有包容性,能够包含宇宙万物。或者说,宇宙间一切无非是道的呈现。其次,道境意味道具有层次性。有较低层次的道境,也有较高层次的道境。但无论高低与否,它们皆是道境。道正是通过它的层次性来展示它的丰富性与生动性。比如说,通过研习《论语》,人们能领悟到做人的道理。但对做人道理的领悟,这里却有高下之分。不仅阅读者对于文本的道意的领悟有高下之分,文本本身也提供了不同层次的道境以供不同根器的人在阅读过程中自由选择。换言之,对于不同根器与领悟能力的人来说,经典文本会展示出它不同层次的道境。例如,同样是读《论语》,其中对于"仁"的见解,不仅不同的人会有不同的解读,而且《论语》也的确为这些不同的理解提供了文本的依据。①

　　再者,道境还意味着道具有流动性。道不是固定和一成不变的。在不同情况下,它的呈现方式不同。也就是说,随着时空条件的变换,道在现实的经验层面中会有不同的面相,而这些不同面相皆是道的呈现。比如说,勇作为美德是一种道境,但勇作为美德之境在现实的不同情景中表现形式不同。故而,在面对危难时,个人的大无畏精神可以说是勇,而在日常生活中的忠恕与宽厚也可以说是勇的另一种表现形式。最后,道境具有放大性。在文本阅读中,既然境界交融是指阅读主体的道境与文本的道境发生交融,那么,根据道境之间发生"共振"能量得以放大的原理,道境的效应会得以放大。② 这也就是为什么阅读经典会使人精神振奋,并且精神境界得以提升的原因。这种道境的放大效应包含两种意思:其一,对于一个原来精神境界就很高的人来说,他通过阅读经典在精神能量上会获得激发,这种精神能量的激发反过来会增强与丰富文本中道境的内容与意义。其二,对于一个原来精神境界还没有那么高的人来说,通过阅读经典,由于道境的共振与放大作用,这个人原来不那么高的精神生活会获得一种新的生命能量,这是因为两种不同的道境的叠加会使原来以单个形式出现的道境的效应得以加强。孔子所谓的"诗可以兴,可以观,可以群,可以怨",指的就是读《诗》时道境得以放大的过程。

---

　　①　以"仁"为例,《论语》中既有"回也,其心三月不违仁。其余则日月至焉而已矣"(《雍也》)这种很高很难达到的关于仁的境界的论述,也有"有颜回者好学,不迁怒,不贰过"(《雍也》)这样的关于仁的简单易行功夫的道理,它们都可以视之为由《论语》文本提供的不同层次的"道境"。
　　②　从生命能量的角度来理解,"道境"也是一种"精神生命的能量场",当两种不同的道境相遇或交融时,会在交叠的部分又形成一种新的精神生命能量场,也即新的道境。

（三）对"境界交融"的进一步分析

为了说明经典阅读过程是一种境界交融过程,下面,我们以图示的方式来加以说明。(见下图)

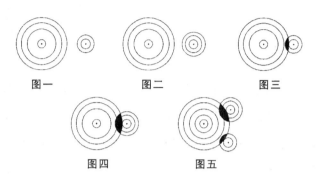

说明:上面,我们将经典文本之道与阅读者对道的理解分别用两个大小不同的圆圈来表示(大圆表示经典文本之道,小圆表示阅读者原有之道)。其中,图一表示阅读者还未阅读经典之前的情况,这两个圆未有相遇,表示经典之道与阅读者之道没有交融。图二也是表示阅读者之道与经典之道没有发生相遇的情况,但此种情况与图一所示情况不同之处在于:虽然没有阅读某部经典,但阅读者之道却比图一中的阅读者之道为高(也可能是他以前读过其他经典,也可能他通过道德修养等等其他渠道获得关于道的理解要高于图一中所示的阅读者。)总之,将图二与图一作比较,可以发现阅读者在阅读经典之前,对道的理解在"先见"或"前见"上会有不同。图三与图四分别表示阅读者阅读经典的情况。这时候,我们发现:阅读者之道与经典文本之道发生了相遇。这种相遇我们用图形中重叠的部分(黑色阴影部分)来表示。可以看到,对于不同的阅读者来说,由于他们对道的理解的"前见"不同,在与经典文本之道相遇后,"境界交融"的大小也会不同。其中"前见"中对道的理解深者,其境界交融的程度就较大;反之则较小(这从两个圆圈相交的阴暗部分之大小可以看出)。

这里特别要注意的是:当境界交融时,经典文本之道与阅读者之道由于彼此"相遇"会发生共振或共感。这种共振或共感带来一种极大的效应,即将道的能量加以放大。图中,我们将两个圆圈彼此重叠的部分涂以黑色(黑色阴影部分),以表示这两圆重叠部分的道的能量较之经典文本与阅读者在未相遇之前为大。这也说明:无论是经典文本之道或者阅读者对道的理解,都只有通过"阅读"(也即使经典文本之道与阅读者之道发生相遇)才能使道的能量得以提升,这种提升之后的道不仅使阅读者能够理解经典文本之道(已经发生了相遇),更重要的是:这经过提升以后的道(图示中黑色阴影部分)又会成为一个新的道的发生场,这个新的发生场由于同时具备有经典文本与阅读者共同的道,从而,其道的能量也就比原来的经典文本与阅读者之道都要广大。这可以解释为什么阅读经典不仅可以体会经典之"原义",并且可以创造出新的道意(按照诠释学原理,任何阅读都是一种创造性的理解,而且可以丰富经典文本的意义)。因此说,对于优秀的阅读者来说,其对经典文本的研习往往成为他们的创造性思考的源泉,这是由于与经典文本相遇,经过境界交融后,阅读者达到了一种对于道的新的理解(即图中黑色阴影部分)。这种对于道的新理解会形成一种新的道的发射场,而最优秀的或最具有思想原创性的道的新发射场以文本的形式定格下来,又会成为新的经典而被人们传诵与研习。图五表示的是:对于同一个阅读者来说,他在不同情境与状态下阅读经典,对经典意义的理解会有程度上的不同,这是由于阅读主体的境遇不同所致。这种情形说明:对经典之道的理解与把握,不仅决定于阅读者主体对道的理解,而且与其生存的境遇息息相关。对于同一个人来说如此,对于不同的阅读者来说更如此。

当然,以上图形只是为了说明问题,而将经典文本之道与阅读者之道的相遇情况所作的简单化与模式化处理。其实,现实经验世界中经典阅读的情形往往比这些模式要复杂得多。但无论如何复杂，它们都可以视之为这几种模式的延伸或变形。比如说，假如将其加以变形处理，从这些图形中就衍生出一些更为复杂的表示阅读者与经典相遇时的新模式图形（例如不同人阅读同一经典文本时，在不同阅读者之间又会发生新的境界交融的情况，使经典之道的效应更得到放大。这种情况说明：经典共同体共同研读某种同一经典的重要性，它也可以用来说明学派的传承与发扬光大等等更为复杂的情形）。

通感与境遇

以上，我们只是对境界交融作静态的考察与分析，下面，让我们进一步来考察境界交融发生的过程，以对其机制作出说明。

（一）论通感

境界交融，其实是通过"通感"发生作用与产生其效果的。我们看到，同样是阅读经典，有人会感到某种强烈震撼，有人却可能无动于衷。这说明，阅读经典，只是境界交融的前提条件，能否达到境界交融，有赖于通感作用的发生。所谓通感，是指在阅读过程中，阅读者与经典文本之间彼此有了感应。这种通感是我们在日常生活中也可以遭遇到的事实。比如说，当我们看一部喜欢的小说，看着看着，就会不自觉地进入小说中的世界，想小说的主人公之所想，急主人公之急，与主人公产生同样的喜怒哀乐，并最终与小说中的主人公产生精神上的共鸣。又比如，在欣赏一幅画、听一首好的音乐歌曲时，我们也会情不自禁地心动神摇，与艺术作品或音乐产生共鸣和发生共感。还有，当我们观赏大自然风景时，有时忽然也会对这眼前景物若有所悟，不仅为这美好的风光所吸引，而且被其中难以言说的神秘所炫耀与震撼。这时候,我们说,我们与观赏对象之间有了通感。问题是:为什么会出现通感呢? 应当说:通感之所以可能,首先是基于"道通为一"的宇宙终极原理。道通为一,实乃"万物相通,万有相融"。所谓相通或相融,是指不同的事物从终极意义上看无非"道"的表现形式,因此,不同的事物之间,包括人与人,人与物之间,彼此可以相通。相通是指它们在"道"的层次上相通。而这里所谓"通感",正是指阅读过程中,经典文本与阅读者之间在道的层次上相通。也就是说,通过通感作用,我们感应到经典文本的意义。这里,我们用"感应"这个词而不用"获得"这个词,以表示通感是经典文本与阅读者之间的共同参与及彼此进入对方,而非阅读者单方面从经典文本中获得道的意义。

显然,同样是阅读经典,有人可能达到通感,有人未必就达到通感;而且,同一个人,在某种状态下,他会达到通感,在另一种状态下,却未必达到通感。看来,所谓通感有"可遇而不可求"的机缘成分在内。那么,通感的发生具有哪些特征呢? (1)它是排除种种杂念,与道的直接相遇。我们平常阅读书籍往往有各种实际的动机,对于经典文本的阅读有时候也会如此。而阅读出于此种功利或实际的考虑时,经典中的道无法向我们敞开。只有当我们排除各种目的性的考虑去研读经典时,才会与经典中的道相遇。故通感的获得,需要一种自由阅读的精神。(2)这种经典的自由阅读,是"以神遇而不以目遇"。平常我们的阅读过程,往往是先通过视觉器官看文字,然后用大脑去进行理性思考,于是,在经典文本与道意之间难免产生距离。而经典的自由阅读是直接面对道之本体。这种直接面对道之本体的阅读虽然也是一种"阅读",但它已不是单纯以视觉器官与脑力思考去进行的阅读,而是运用全部心力去对道的感知与感悟。这种凭借心力去对道进行的感知,有如《庄子》中所说的"庖丁解牛":这时候,虽然庖丁仍是使用牛刀解牛,但其眼中已无全牛,这就是"以神遇而不以目遇"。(3) 精神的高度专注与投入,并伴之以"创造性思维"。经典文本的阅读既要求精神的高度集中,此即心无旁骛,排除各种外界干扰的情形。然而,这种精神高度集中的阅读,却又是一种思维空前活跃的活动,需要的是发散性思维,其中包括神游八方,与古人神遇等等。因此,这种思维具有创造性。(4) 通感是一种"顿悟"。平常我们虽然用心读书,可是苦苦阅读,也不一定就对经典文本的意义有所了解或有所感悟。而当通感来临时,却突然会有一种"豁然开朗"或"豁然贯通"的感觉,于是心里一片澄明,经典文本的意义似乎突然显露出来。因此说,通感的发生属于一种"顿悟"。

(二) 境遇

从以上可知,通感属于境界交融的发生机制。通感的来临,谓之"境遇"。通感具有一定的神秘性,似乎可遇而不可求,而一旦通感发生,我们会感到心灵的震撼,这是因为阅读主体与经典文本的境界彼此相遇,此种相遇由于共振原理而使阅读主体感受到强烈的精神冲击或震撼。此种精神冲击或震撼不同于一般阅读时从书中寻找到问题的答案时心中涌起的快感与满足,也不是阅读主体的单纯心境对经典文本所作的单向投射或移情时所获得的快乐,而是阅读者与经典文本彼此在道的层次上相遇而随之产生的精神上的极度快感与欢愉,此也即存在心理学所谓的"高峰体验"。在此高峰体验中,阅读者已忘记了他是在阅读经典文本,他只觉得到达了一个前所未见过的世界中神游,就有似于"庄周梦蝶"一般,根本不知道他是阅读者,抑或经典文本是他。这时候,经典文本与阅读者在精神世界中已打成一片,或者两者合而为一。后人所谓的"郭象注《庄子》,实则《庄子》注郭象",说的就是郭象在研习《庄子》时所达到的这种精神相遇的境界。

(三) 共通感或"同情"

通感的发生虽然具有神秘性,而且可遇而不可求,但是,通感之存在却是客观的事实。这是因为:人类具有普遍的共通感或"同情"(sympathy),此乃人类阅读经典时能够产生"通感"的先验根据。伽达默尔在谈到人类的这种"共通感"时说:"人文主义者把共通感理解为共同福利的感觉,但也是一种对共同体或社会、自然情感、人性、友善品质的爱。"[①]他还说:"如果共通感在这里几乎像是一种社会交往品性一样,那么共通感中实际包含着一种道德的、也就是一种形而上学的根基。"[②]伽达默尔指出:这种形而上学的根基,就是人类普遍具有的、可以称之为"同情"的精神品性,它不仅建立了道德学,而且建立了一种完全审美性的形而上学。这种共通感,在经典阅读中,可以用来修正"过度的哲学思辨"。[③] 因此,它对于古典人文学来说,不仅必不可少,甚至成为人文主义传统的基础。然而,共通感这种"不仅是指那种存在于一切人之中的普遍能力,而且它同时是指那种导致共同性的感觉"[④]的东西到底是什么呢? 按照本文的说法,共通感非他,其实就是人类天生具有的一种对于道的直接感受与把握能力。因此,共通感首先是对道而言,是指作为人类对于生活世界中的道的感受具有共通共享的能力。与之相联系的是:人类对于经典文本中的道(按照人文学科的定义,也即人类可以共享的精神世界)也具有一种天然的直觉感受能力。也正是在这种意义上,伽达默尔才重提维柯的传统,将共通感视之为人文主义研习,包括经典文本阅读的重要基础。"维柯认为,那种给予人的意志以其方向的东西不是理性的

---

① 〔德〕伽达默尔:《真理与方法》上卷,第 31 页。
② 同上。
③ 同上。
④ 同上书,第 25 页。

抽象普遍性,而是表现一个集团、一个民族、一个国家或整个人类的共同性的具体普遍性。因此,造成这种共同感觉,对于生活来说就具有着决定性的意义。"①

（四）共通感的养成

虽然共通感是人类普遍具有的天性,但这种共通感要能以通感的方式展示或出现,却有赖于后天的养成。这正如孟子在谈到良知、良能虽然为所有人所具备,但现实中并非人人都会有良知良能的呈现那样。这说明:共通感只是人的通感的潜能或潜在方式,而这种潜能或潜在方式的现实呈现,却是一个后天修养的过程。在如何让共通感得以呈现方面,陆王心学的教法殊有启迪。

首先,陆王心学强调心性即道体。所谓心体即道体,也即人的心体可以与道体合一。陆象山所说的"宇宙便是吾心,吾心即是宇宙",乃此观点的最好注脚。王阳明同样强调心体的重要,认为"心者,天地万物之主,心即天,言心则天地万物皆举之矣,而又亲切简易"②。其次,虽然承认心体即道体,但是,陆王心学更强调的是如何将这心性呈现。这方面,需要道德的修养功夫。王阳明将这种主体修养功夫称为"诚意"。他说:"求复其本体,便是思诚的功夫。"③"诚意只是循天理,虽是循天理,亦着不得一分意。故有好忿懥好乐则不得其正,须是廓然大公,方是心之本体。"④看来,心之良知本来就是诚之实理,因此,随心之良知之发动,便可以诚(道体)。再次,良知乃性情合一。良知的发动有赖于情。王阳明说:"七情顺其自然之流行,皆是良知之用,不可分善恶。但不可有所著,七情有著,俱谓之欲。俱

---

① 〔德〕伽达默尔:《真理与方法》上卷,第 25 页。

② 王阳明:《答季明德》,《阳明全书》卷六。

③ 王阳明:《传习录》上。

④ 同上。

为良知之蔽。然才有著时,良知亦自会觉,觉即蔽去复其体矣。"①就是说:良知固然要通过情去发用,但假如纯然由情去发用的话,可能会有各种"著"(执著);但良知对于情所带来的这些"著"会有所觉,从而自觉去"著"。

结论:人文知识与德性的良性互动

从以上所论可以看到,王阳明的所谓良知,其实就是一种道德主体性。这种道德主体性对于共通感来说相当重要。所谓道的境界是分层次的,它本质上是一个道德理性的概念。因此,阅读主体的道德主体性愈得以发扬,他就愈能与经典发生境界交融。或者说,他与经典发生境界交融时的层次会愈高。反之,道德主体性没有得以确立,他对经典中的道境的感受与体悟能力就低。所以,刘蕺山谈到德性培养对于经典阅读的意义时说:"学者欲窥圣贤之心,尊吾道之正,舍四书六籍,无由而入矣。盖圣贤之心即吾心也。善读书者第求吾之心而已矣。舍吾心而求圣贤之心,即千言万语,无有是处。阳明先生不喜人读书,令学者直证本心,正为不善读书者。舍吾心而求圣贤之心,一似沿门持钵,无益贫儿。非谓读书果可废也。"②然而,对于个体德性与修养的强调,并不能代替经典钻研本身。因为对于"境界交融"来说,经典的阅读在于如何使阅读主体的境界与经典之境界"相遇"而发生交融,而此种相遇,意味着对于经典的阅读自有一套自己的方法,这种方法不能简单地归结为纯粹的心性修养。这种对于经典阅读的方法论,在宋明理学中被称为"道问学"。所谓道问学,就是强调对经典文义的理解;要从弄清经典的文义入手。而要弄清经典

①   王阳明:《传习录》下。
②   黄宗羲:《明儒学案》卷六十二。

的文义,除了熟读之外,还须逐章逐段逐句推敲意思,并且参考他人对于经典的理解,甚至包括一整套考据、校勘与重新整理经典的功夫。这也就是通常被人们称之为"人文知识"的内容。朱熹在谈到经典研读方法时,强调对于经典本身文义的理解与钻研。他说:"学者观书,先须读得正文,记得注解,成诵精熟。注中训释文意、事物、名义,发明经指,相穿纽处,一一认得,如自己做出来底一般,方能玩味反复,向上有透处。若不如此,只是虚设议论,如举业一般,非为己之学也。"①

　　表面上看,陆王心学与程朱理学在如何研读经典的方法上有着诸多距离,即一者强调阅读主体的人格修养,一者重视对于经典本身的钻研。其实,这两者非但不相互矛盾,还相辅相成。因为从究竟义上看,经典研习就是人的道的境界与经典的道的境界发生交融的过程。这种过程,既体现为对于人文知识的学习与增进,同时又是一种道德精神品格的涵容与净化过程。对于一个完整的经典研习活动来说,对人文知识的了解与道德主体性的确立都是需要的。而且,这两者在经典研习过程中会发生交互作用。在这种意义上,我们才可以理解"道问学"与"尊德性"各自的合理性,并且使它们在经典活动中得以合理的定位。道问学与尊德性不仅为经典研习所必需,而且它们在经典活动中必须得到统一。任何真正意义上的经典研习,都是一个追求道问学与尊德性相统一的过程。

（原载《探索与争鸣》2010 年第 9 期）

---

① 《朱子语类》卷十一。

附录二

中国经验：哲学与人文学的沟通何以可能——兼论人文学的形而上学基础问题

一、缘起：语言作为"道之家"

卡西尔认为人是符号的动物。而在人类的种种符号中，语言又是最为重要而复杂的。人们不仅用语言来传递信息，而且用它来表达对于生命意义与形上世界的觉解。因此，对于人类来说，语言不仅具有工具性意义，而且具有价值论意义与本体论意义。假如人由于有对生命意义的觉解以及形上之思而可以被定义为"形而上学的动物"的话，那么，从究竟义上看，人也可以说是语言的动物。这里所谓的语言，是指形而上学的语言，而不同于以指称外部世界事物为特征的工具性语言①。由于人可以用语言来表达其对于形上世界的关怀以及对于宇宙终极实在的看法，因此，在这种意义上，海德格尔才认为"语言是存在之家"。我们知道，中国哲学向来用"道"这个词来指称形上世界以及宇宙终极大全，因此，所谓"语言是存在之家"置于中国哲学语境来说，也就是"语言是道之家"，与"语言是存在之家"相比较，这一说法不仅更具有中国气象，而且也更能揭示语言的形而上学向度。因为当我们说"语言是存在之家"时，关于"存在"到底是什么，会引起许多不必要的讨论甚至争论，这其实是一个"绕弯子"的说法。而当我们说"语言是道之家"的时候，尽管我们不一定能够给"道"下一个很明确的定义，但我们心目中都会明白"道"属于形而上学的领域。

　　然而，当我们说"语言是存在之家"或"语言是道之家"，并且用语言来对形上世界加以表达的时候，要注意中西哲学传统之别。对于西方哲学来说，其所使用的语言是"概念语言"。所谓概念语言，是指可以形式化和符合逻辑规范要求的语言，这种语言要有明确的定义，讲究语言的精确性。严格来说，概念语言是一种科学性很强的规范语言，它适用于科学研究以及构造科学理论。但用概念语言来传

---

① 这里形而上学语言与工具性语言之划分，并非是指这两种语言在语言形式或句式上有何不同，乃指其在表达意义上有本质上的不同。以"鲦鱼出游从容"这一句式为例，对于庄子来说，它是形而上学语言的表达方式，而对于惠施而言，它却只代表工具性语言。这是因为庄子将鱼的出游从容视为"鱼之乐"，也即一种人生最高境界或者宇宙终极本体之呈现，而惠施则有似于一位现代动物学家或生物学家那样仅仅从生物学或行为学的角度来观察鱼的行为性状。具体为何会有这样两种不同的运用语言言说世界的方式，这是我们要探究的主题。

达形而上学的信息，则恒有它的不足。正因如此，维也纳学派宣称：形而上学不是哲学，并且要将形而上学从哲学的领地中清除出去。维也纳学派并非真正要清除形而上学，只不过将语言分析视为哲学之根本特征，当发现传统的概念语言套用于形而上学时会遇到困难，为了避免这种困难，只好采取简单做法了事。在维也纳学派眼里，哲学概念是应当像科学语言一样精确严密的，而形而上学却无法用精确严密的概念语言加以传达。这就是为什么维也纳学派会宣称"形而上学不是哲学"了。

西方哲学试图以概念语言来表达形而上学的致思取向，到海格德尔得以反拨。后期海格德尔有感于用传统的概念语言表述形上世界时遭遇到的困难，转而将目光移向诗歌语言。他宣称：哲学形而上学只能用诗歌语言来表达。

问题在于：假如形而上学只能用诗性的语言来表达的话，那么，形而上学与作为文艺作品的诗歌的区别又在哪里？事实上，后期海德格尔宣称：哲学是诗与思。在他那里，诗歌、哲学与形而上学的界限已经消失。

其实，哲学不等于诗歌，概念语言不适宜表达形而上学，不等于只能代之以诗歌或诗性语言。应该说，诗歌，包括其他一些文艺体裁，甚至艺术作品，都能通过它们的语言形式来表达形上之思，但并非形而上学只能通过诗歌体裁才可以表达。我们发现：中国传统的学术中，无论是诗歌体裁（如《诗经》）、哲学形式（如《易经》），甚至史学作品（如《尚书》），它们都被视为表达道的语言工具与语言运用形式。或者说，中国古典学术自来就有以文学（包括艺术）、哲学、史学作品等诸种人文学术形式明道、传道的传统。那么，中国人文学术传统中的这种明道与传道的语言，究竟有何特点呢？这是我们下面要申论的。

二、中国哲学的意象语言

中国传统人文学术中用以明道的语言,是一种意象语言。说到意象,通常人们只想到诗歌体裁。确实,由于诗歌中大量使用比喻、联想、暗示、想象、象征等文学手法,人们将其作为意象语言的代表,是有充分道理的。但是,广义的意象语言不仅仅是诗歌语言,而是指一种通过现象界中的经验知识来表达形上哲理的语言。这种语言由于包含意与象两个层次,其中,意指形上意蕴,象指感觉经验中的所指。可见,通常的诗歌形式只是意象语言中的一种,而不能将所有意象语言都归并于诗歌式的意象语言。从这种意义上说,一切文学、艺术、史学作品中的语言,都可以称得上是意象语言。正是由于中国人文学术中广泛运用了这种意象语言来"明道",才可以解释中国学术为什么会有文、史、哲不分家的传统。所谓文、史、哲不分家,以及治中国传统学问要文、史、哲兼通,其实说的就是中国人文学术自来就有运用意象语言来表达形上哲理的诉求。通过分析,我们发现:中国人文学术中运用意象语言来表达其形上哲理时,普遍运用了如下几种语言类型。

(1) 本然陈述。本然陈述是中国哲学中意象语言之运用的一种,其句式有似于概念语言中的主宾结构。金岳霖谈在这种本然陈述与概念语言中的主宾结构的区别时说:本然陈述从文法上看有主宾词,而实际上没有主宾词。[1] 之所以从表面上看有主宾词,是说本然陈述对于形而上学的表达采取了一种正面的言说方式,这种正面的言说方式采取了主宾结构的语法形式。但就表达的思想涵义而

---

[1]　《金岳霖学术论文选》,北京:中国社会科学出版社1990年版,第345页。

言,却不应当将它理解为概念语言的主宾结构。这是因为:在概念语言的主宾结构中,主词与宾词会有区别。如"人是动物""老虎吃人",其中的人与动物、老虎与吃人的动作之间会有区别。而本然陈述中的主词、宾词乃同一者(有点像"甲是甲"这样的逻辑命题)。以金岳霖《论道》中的本然陈述"能有出入"为例,其中的主词"能"与宾词"有出入"乃是一个意思①。然而,作为意象语言的本然陈述,其与作为概念语言的普通命题的最大区别,乃在于本然陈述的主词是一个意象,而概念语言的普通命题中的主词却是概念。意象总与具体的形象联系在一起,它是"这一个";而概念则总是抽象的,它表达的是"这样的",而非"这一个"②。从这种意义上说,中国哲学中的本然陈述虽然在句式上采用了概念语言的主宾结构,其中作为主词的却是意象而非概念。以"诚者,天之道也"③(或"天道乃诚")为例,其中的"诚"是不可以视作为一个抽象概念的,它乃是一个意象(表示"这

---

① 《金岳霖学术论文选》,第 346 页。

② 此处对本然陈述中"主词"涵义的理解与金岳霖的看法有所不同。金岳霖认为本然陈述中的主词(如"能有出入"中的"能")没有"个体"("这一个")的涵义,因为它无所指,亦无所谓。我们则认为本然陈述中的主词(同样以"能有出入"中的"能"为例)虽然不是个体,却是经验世界中的"个体"的特殊转化形式,它仍然保留着作为个体的某种具象性,因此将它理解为"意象"更为恰当。本然陈述其实是以作为主词的意象(如"能")来指喻形上本体(相当于《老子》中的"道可道,非常道"中的"可道之道"以及对道的"命名")。但本然陈述中作为主语的"这一个"与一般经验命题中的"这一个"有所不同,后者是纯粹现象界中的所指,而前者(本然陈述中作为"这一个"来看待的主词,如"能中出入"中的"能")却兼有"意"与"象",是形上意蕴与形下具象的统一。金岳霖的看法详见《金岳霖学术论文选》,第 344 页。

③ 《中庸》。

一个"),用来给终极实在"命名"。①

(2) 经验陈述。除了本然陈述之外,中国哲学还大量采用经验陈述来表达其对于形而上学的思考。经验陈述指称的是现象界的经验知识;从文法上看,它与一般的经验命题并无区别,但它对现象世界的经验描述却具有形而上的寄托。为了与普遍的经验命题(即没有形上寄托的纯粹经验命题)区分开来,我们将它称之为经验陈述。以《论语》中"夫子之道,忠恕而已矣"②、"我欲仁,斯仁至矣"③以及"仁者不忧"④为例,从形式与所指看,它们似乎都是对现象界中的人或事作经验叙述或归纳,但将它们视之为"陈述"而非"命题",在于它们是通过日常生活中的经验现象来表达一种人生理想与人生的最高境界,而非仅仅是对于现象界的叙事。

这样说来,从句式上看,并非说有不同于经验命题的另一种经验陈述,而是说:任何经验命题都可以用来表达其形而上的寄托。而一旦用经验命题来表达其形上之思,这样的经验命题就转化为经验陈述,而不能仅仅视之为经验命题。金岳霖谈到经验命题与本然陈述的关系时说:"任何表示事实的命题都是本然陈述所说的一部分的话。例如,'我昨天搬家'这一命题也就部分地是'能有出入'这本然

---

① 表面上看,"诚"这个词表达一种抽象的意思,其实,任何意象都有其抽象的意义,区分意象与概念与否的标准不在于其有无抽象意义,而在于它是如何表达这种抽象意义的。概念只有其抽象意义而无具体所指,而意象除了可以表达抽象意义之外,它还代表一种"象"。对于中国哲学来说,表达形上哲理的象有多种,其中有一种属于"历史意象",它表面上看似乎没有具象性,其实,它是原初具有具象性的意象的一种历史演化形式,本质上仍然属于意象的范畴,"诚"这个意象即是如此。详见拙文《意象理论与中国思维方式之变迁》(《文化与中国》第二辑,北京:生活·读书·新知三联书店 1986 年版)中关于"历史意象"的论述。

② 《论语·里仁》。

③ 《论语·述而》。

④ 《论语·子罕》。

陈述所说的话。"①为何本来作为现象界知识之描述的经验命题会与以形上世界为陈述对象的本然陈述发生关联？此即海德格尔所说的"存在通过存在者呈现自身"的道理,只不过将它以名言方式出之(此乃"存在与思维之同一"也)。但要注意的是:经验陈述只能通过现象界的描述来对形而上的本然世界作部分的表达,而本然陈述"对于经验中的形形色色,什么话都说了"②。

假如细分下去,经验陈述有三种:普遍的(如"凡人皆有死")、普通的(如"清朝人有发辫")、特殊的(如"我今天早上散步")③。它们皆可以用来表达形而上的寄托。以经验陈述来表达形上哲理,是中国哲学惯用的手法。《论语》中有大量这样的例子,如"智者乐水,仁者乐山"④"学而时习之,不亦乐乎"⑤"刚毅木讷近仁"⑥"子在川上曰:'逝者如斯夫,不舍昼夜'"⑦等。

(3) 隐喻陈述。隐喻陈述也是运用意象来表达形上之思的另一种方式。之所以要运用隐喻,乃因为形上之道一方面无法用名言表达,另一方面又必须通过名言来加以揭示。这意味着:名言对道的言说既是对道的开显,同时又是对道的遮蔽。而隐喻方式则是对言与道之间这种既肯定又否定、既开显又遮蔽的复杂关系的最好表诠。与本然陈述与经验陈述不同,隐喻陈述通常采用"比兴"手法来对形

---

① 《金岳霖学术论文选》,第 343 页。

② 同上。

③ 金岳霖将"经验命题"区分为三种,即普遍命题、普通命题与特殊命题。此处认为与这三种经验命题相对应,分别具有三种经验陈述:普遍陈述、普通陈述、特殊陈述。金岳霖关于有三种"经验命题"的看法详见《金岳霖学术论文选》,第 344 页。

④ 《论语·雍也》。

⑤ 《论语·学而》。

⑥ 《论语·子路》。

⑦ 《论语·子罕》。

上本体加以曲折、委婉的表达。所谓"比","比方之物也";所谓"兴","托事于物"也①。而在"比兴"中,"兴"更为重要。朱熹释"兴"为"感发志意"②。这种感兴志意,不是一般的情,而是与天地合一之情志。看来,隐喻正是通过比兴来调动人的个体情志,从而对于存在与最高本体获得某种"先行领悟"。然而,由于在隐喻陈述中出现的是一种具体形象,能否从这种具体的形象中获得超出形象的"象外之象",主要还不是知性的理解力问题,而常常与作为领悟者的主体领悟力有关。因此,同样面对一个隐喻陈述,有人从中获得对于终极存在的领悟,甚至从中获得一种"宇宙与吾合一,天地与吾同一"的感受,而有的人则可能无动于衷。总而言之,对隐喻陈述的存在领会与其说取决于隐喻本身,毋宁说由主体的存在感悟能力所决定更为恰当。

　　在《论语》中,我们可以读到这样的隐喻陈述:"天何言哉? 四时行焉,百物生焉,天何言哉!"③至于《老子》和《庄子》,对"道意"的阐发更是大量地采用隐喻陈述,如"上善若水,水善利万物而不争"④。

　　要注意的是:隐喻不仅是单个的意象,而且可以是整个段落,甚至整篇文章也可以作为一种隐喻出现。换言之,隐喻陈述的语言结构呈现为多种:字、句、篇章等等。而作为意象出现的隐喻也有多种类型:明喻、暗喻、象征等等。例如,《老子》中以"水"为喻的大量象征用法和《庄子》中关于"庖丁解牛"以及"庄周梦蝶"的寓言,皆可归入隐喻陈述的类型。

　　以上就是中国哲学用以表达与诠释形上哲理的三种语言类型。

---

① 孔颖达:《毛诗正义》引。
② 朱熹:《诗经集传》。
③ 《论语·阳货》。
④ 《老子·第八章》。

作为对"道"的陈述来说,它们构成中国哲学文本的基本单元。但在一个完整的中国哲学文本中,这三种陈述往往交替并用。就是说,对同一个哲学文本中既有本然陈述,同时还会出现经验陈述以及隐喻陈述。以《中庸》为例,其中既有像"天命之谓性"这样的本然陈述,同时也有像"君子之道费而隐"这样的经验陈述以及像"《诗》云:'鸢飞戾天,鱼跃于渊。'言其上下察也"这样的隐喻陈述。它们作为表达形上之思的存在陈述,共存于《中庸》这样一个文本之中。

更要注意的是:中国哲学的文本还呈现出一种结构与分层。也即是说:在同一个中国哲学文本中,既有表达形上之思的各种意象语言类型,同时还有对于这些意象的形上意蕴作概念式阐发的概念语言。换言之,对于中国哲学文本来说,表达形上之思的意象语言与解释或诠释这些意象之意义的概念语言又是共存于同一个文本之中的。这样,我们看到:一个中国哲学文本,更多是哲学形上语言(即意象语言)与解释这些意象语言之意义的哲学知识语言(即概念语言)的混杂。这当中,意象语言与概念语言的区别是:意象语言的所指或言说对象是形上世界,而概念语言的言说对象是抽象的概念世界或观念世界(即语言世界中的意象、陈述、陈述系统等)。以《中庸》为例,像其中的"致中和,天地位焉,万物育焉"可以说是意象语言,而像"喜怒哀乐之未发,谓之中;发而皆中节,谓之和"这样的句式则代表解释意象语言("致中和")的概念语言。我们还看到:在先秦时代,中国的哲学文本更多的是以意象语言的形式存在,而后来(秦汉以后),尤其是到了宋明理学时期,出于解说先秦哲学的需要,于是出现了大量以阐发先秦哲学意象之意蕴为宗旨的哲学著作,它们使用的主要是概念语言(著名者如戴震的《孟子字义疏正》)。此外,宋明理学的哲学文本中有相当多的"语录体",它们使用的也是这样的概念语言。

三、从"鱼乐之辩"说起——"本体"的分析

（一）从"鱼乐之辩"说起——"理解"的困惑

以上,我们对中国哲学的文本进行了分析,指出中国哲学使用的是意象语言。而且这种意象的运用在中国哲学的文本中又往往与解说意象语言的概念语言混杂在一起;更重要的是:意象语言与概念语言在语言形式、基本语法方面都无甚区别,它们的分别主要在于功能指向的不同:一个以形下世界为探讨对象,一个是对形上问题的追寻。这就带来一个问题:面对一个中国哲学文本,我们如何去区分意象语言与概念语言? 在关于形下世界的描述中,我们如何判断它们背后是有形上本体问题的追索呢,或者仅仅是提供某种形而下的知识? 即使我们从主观上猜测这是一个讨论形上问题的中国哲学,而且知道它使用了这些意象语言,我们又是如何通过这些意象语言去把握本体的存在? 看来,以上这些问题已经超越了语言本身,它既需要我们对中国哲学文本的存在形态作进一步的分析,也需要对我们自身的哲学立场作进一步的反思。

让我们先从《庄子》的"鱼乐之辩"说起。《庄子·秋水》中有一段关于庄子与惠施的对话:"庄子与惠子游于濠梁之上。庄子曰:'鲦鱼出游从容,是鱼之乐也。'惠子曰:'子非鱼,安知鱼之乐?'庄子曰:'子非我,安知我不知鱼之乐?'惠子曰:'我非子,固不知子矣;子固非鱼也,子之不知鱼之乐,全矣。'庄子曰:'请循其本。子曰,"女安知鱼之乐"云者,既已知吾知之而问我。我知之濠上也。"

对《庄子》篇中这段"鱼乐之辩"可以有不同的解读。这里,我们关心的是:同样面对"鲦鱼出游从容"这个现象,为什么庄子与惠施会有各自不同的感受与理解? 而且,惠施为什么会非难庄子? 而当经

过一番形式逻辑的辩难以后,庄子为什么最后会说出"我知之濠上也"?

其实,站在形式逻辑的立场上看,惠施对庄子的驳难似乎更有道理。首先,按照概念的区分,庄子是庄子,鱼是鱼,这是指两个不同的主体,此一主体为什么能知道彼一主体的心理感受呢? 因此,假如庄子为了说明不同的主体彼此之间能够共感,一定要说出共感的道理,或者对引起共感的原因作出说明。但庄子却顺着惠施形式逻辑的思路反问:"你不是鱼,怎么知道我不知道鱼之乐?"这一反问具有强词夺理的性质,难怪深谙形式逻辑的惠施抓住了把柄,说:"我不是你,所以我不知道你的感受;你也不是鱼,那么,你不也就不知道鱼的感受了吗?"这一说法是在庄子肯定惠施不可能知道庄子的感受的前提下,将它(不同的主体之间没有共同的感受)作为大前提,从而得出庄子也无法知鱼之感受的结论。这里惠施对于形式逻辑三段论的运用十分严密。因此,从形式逻辑的立场上看,惠施应是胜利者,而庄子则显得理屈。

但是,惠施的胜利只是表面的或似是而非的。假如我们承认庄子想与惠施讨论的并非一个形而下的知识问题,即庄子其实并不关心鱼是否真的快乐(从知识的立场上看,这确实是很难知道,或者即使知道,也很难从知性立场上证明),而是想借"鱼之乐"来表达对生命的一种感受的话,那么,我们说,庄子最后那句话,可以说是触到问题的题旨,即我根本不用去感受鱼的那种快乐,因为我不是鱼,是无法感受到鱼的感受的(这里,庄子已放弃了前面借助形式逻辑的办法与惠施辩论的方式,或者说前面采取形式逻辑的论辩方法是想考考惠施在形式逻辑方面的"功底"也未可知,因为他知道惠施是以懂形式逻辑自诩的)。于是,他逗惠施战了几个回合后,才终于亮出底牌:这根本不是什么形式逻辑问题,而是主体的心境与感受问题。

也许，从形式逻辑的角度看，我们始终无法接受庄子的结论，但是，从生活的常理看，我们觉得庄子的说法还是令人信服。所谓信服，是指我们虽无法说出其中的道理，却感到是那么回事。因为我们有时候也会像庄子一样地站在濠梁之上，我们好像也会知"鱼之乐"。那么，为何庄子的说法会显得有信服力，为什么这种说法至少能够感染我们？这是我们下面要进一步讨论的。

（二）自本体思维与对本体思维

其实，要搞清楚庄子的说法为什么会有道理，首先须弄清楚的是：庄子想与惠施讨论的是什么问题。显然，庄子站在濠梁之上，他想对惠施表达的是一种关于存在的看法，一种对于生命意义的理解。这时候，刚好河里出现了游鱼，于是庄子才借题设喻，说"鲦鱼出游从容，是鱼之乐也"。这里，庄子是通过观看到鱼从容出游的神态，而去想象"鱼之乐"的。所以，"是鱼之乐也"，其中的"是"是在对鱼的存在状况作一种主体的价值判断，它由眼前情景所引发的一种"存在感悟"。可见，庄子并非想和惠施讨论什么"假如真的'是''鱼之乐'的话，我是如何知道'鱼之乐'"的这样一种认识论问题。可惜惠施对于庄子的意思难以领会，不仅无法领会，甚至感到莫名其妙。因此，当即与庄子展开了思想交锋。从这场交锋的场面看，一个是运用形式逻辑，一个是诉诸主体感受。而庄子认为：关于存在的感受以及生命意义的领悟，根本就不是什么形式逻辑问题。

这样看来，庄子的"知鱼之乐"，也仅仅是某种语境下的一个设喻而已。假如眼前出现的不是鱼，假如庄子不是站在濠梁之上，而是在林中漫步，这样假如恰恰他头顶上空有两只喜鹊展翅而过，只要有个好心境，他一样会说出"是鹊之乐"的话来。这说明：所谓"是鱼之乐"与"是鹊之乐"，根本就不是一个客观观察事物的经验性问题，而是一个主观色彩非常浓厚的体验性问题。

在面对周遭事物时,到底是采取客观的经验观察方法,还是应当采取主观的体验式方法? 这取决于我们的观物方式。人类观察宇宙间的各种事物与现象,可以有两种不同的观物方式:一种是对本体的观物方式。对本体的方式是我们所熟悉且为我们日常所习用的,这是一种将事物"客观化",并且以"分析"的眼光看待事物的方式。但除了采取对本体的观物方式之外,我们还可以有一种称为"自本体"的观物方式。顾名思义,自本体方式就是从本体自身来观看存在(即古人所谓"以物观物")。这种自本体方式要求人类在观看与思考他周遭的世界时,不是站在这世界的对面,而是"在世界中"来观察世界。在这两种不同的观物方式中,世界或者世界的本相("本体")对人呈现出来的"面相"差别甚大,这就好比庄子与惠施眼中的"儵鱼"所呈现出来的"面相"会有差别一样。

问题在于:人类为什么会有两种不同的看待世界或者终极实在的方式? 答案是:这是由人的生存状态所决定的。人是有限的理性存在物。所谓有限的理性存在物,是指人一方面是有限的,另一方面又是理性的(这里的理性是智慧的别称,或者是指一种价值理性)。所谓人是有限的存在,是说人活在世间,受生物本能的支配,无逃于自然因果律;而最大的自然因果律与生物本能,莫过于维持他作为生物肉体的存活,这使他不得不以客观化的眼光去看待世界万物,这样,他才能取得生物式生存的物质资料,并且在此基础上不仅磨练出生存的本领,而且掌握了生产技能、发展了科学技术;另一方面,人作为理性的存在,又是具有形而上冲动的动物:他不甘心仅仅受自然因果律的支配,他还要追求生命的自由,还追问"我从何处来? 又往何处去"这样的形而上问题。而对于这种关于生命意义以及宇宙终极大全的了解,就不是采取将世界客观化就可以认识的了。反过来,采取客观化、对象化的思维反而会湮没我们对于宇宙、人生真实的理解。对于宇宙终极大全的理解,不能站在世界之对立面,而必须"在世界中"了解。而所谓"在世界中"了解,也就是不要将世界看作为与人相对立的存在物,要消除人将世界作为"对象物"的对象性。这点听来似乎有点神秘,其实,我们每个人都会有这样的体验:有时候,当我们一个人在大自然中独处,或者静静地默视一幅艺术作品的时候,我们对于眼前的大自然、对于这幅艺术作品,忽然间会有一种超出了日常经验中的感受,并从中似乎发现了宇宙以及事物之真相的感觉。这时候,我们就说:我们是"在世界中"观看世界,也就是在对世界进行着"自本体"思维。

应当说,作为有限性的存在物,人们在日常生活中常常进行的对本体思维,这种对本体思维能维持与满足人们的生物性存活的需要,是人作为生物性存在的一种生命本能。但是,这种对本体思维会使世界对人来说仅呈现出它的一种面相,将世界理解为仅仅为了满足人类的生物需要而存在的对象。因此,仅仅限于对本体思维,会使我们无法看清世界的全部面相,尤其是会使人失去对宇宙大全的认识。相反,在日常生活中,自本体思维虽不经常出现,但对于宇宙终极实在的体验,尤其是对于生命价值的终极领悟,却有赖于这种思维。或者说,对于宇宙终极本体以及生命意义的觉解,是属于自本体思维的范畴。只有把握了这种自本体思维的方式,宇宙以及生命才会在我们面前展示它的形而上的真实。从这种意义上说,所谓对本体思维获得的是"俗谛",而关于存在之领悟的"真谛",必须借助于自本体思维。

看来,庄子与惠施之所以会发生是否"知鱼之乐"的争辩,是因为一者采用的是对本体思维,一者采用的是自本体思维。

四、以"在场"烘托"不在场"

（一）"在场"与"不在场"

自本体是对于宇宙终极大全的认识。但是，当我们这样说的时候，并不意味着有一个可以脱离了经验现象界的宇宙大全，也不是说在现象界背后隐藏着一个超验的本体；相反，本体就寓于现象之中，或者说从现象就可以见到本体。但如何从现象中把握本体或者获得关于宇宙终极大全的认识呢？海德格尔提出"在场"与"不在场"的说法，认为本体是既在场而又不在场的。这为我们理解为什么从现象界可以获得关于本体的认识提供了很好的思路。看来，从现象中看见本体，就是要从在场中发现不在场；同样，假如要通过现象来展示本体，就是以在场来烘托不在场。

这种通过在场来揭示不在场的方法，就是一种与对本体思维不同的自本体思维。在对本体思维方式中，世界是以二分法模式存在的，认为在场的只能是现象界，而宇宙终极大全只能是现象界背后的不在场，因此不能出现在经验中。胡塞尔的现象学对此二分法思维方式进行了颠覆，认为存在就是它意向性出场中所呈现的样子，没有不在意向中出场的所谓独立存在。

在谈到在场与不在场的关系时，胡塞尔还认为事物存在是"明暗层次"的统一，谈存在总要涉及它所暗含的大视野。这意味着，感性直观中"出场"（"明"）的事物都是出现于其他许多未出场（"暗"）的事物所构成的视域之中（美国学者萨利士将之称为"视域架构"或"境界架构"；horizontalstructure）。前者以后者为背景，根源或依托（这也是转喻、提喻或讽喻形成之基础，详见下文），这里"暗"的地方不是旧形而上学所讲的抽象本质或独立的自在世界，而是现实的东西(胡塞尔言说至此,而海德格尔加以进一步言说与发展)。

要注意的是:隐蔽于其中的未出场的东西是无穷尽的,所以,每一事物都埋藏于或淹没于无穷尽之中,都见"道"(这也就是为什么说"百姓日用即道","平常心是道"的道理)。因此,所谓"由言见道",实际上是要求从在场的东西(可以用"名言"出之)去达到不在场的东西("意"),从显现的东西去达到隐蔽的东西。海德格尔曾用艺术鉴赏作为例子加以说明。他说:一座古庙的基石显示了那隐藏在背后的未出场的千年万载的风暴威力;梵高的画"农鞋"显现了隐藏在其背后的未出场的劳动者步履艰辛以及与之相联的无穷画面。"艺术品使隐蔽的无穷尽性呈现出来,从而也使最真实的东西显现出来。"①

这里,要提到语言在表达形上本体时所运用的修辞方式。任何语言的运用都是修辞。广义的修辞不是作为文学表达技巧的修辞,而是言说世界的一种思维方式。这是因为在未有人观时,世界是混沌未开的宇宙洪流,这叫作"本然世界";而当人将世界"世界化"时,世界开始向人呈现,这是有人观的自然世界。而自然世界可以用语言表达。但是,当这自然世界以语言方式加以表达时,总是以修辞形式出现,这当中有转喻、提喻与讽喻。一般而言,对本体思维采用的是转喻。所谓转喻,是"以'此'代'彼'",此处"此"为自然世界的现象,而"彼"为形上本体。转喻是将形上本体作"对本体"的理解。其中现象界与本体是一一对应的关系。转喻修辞的例子如:"壶烧开了",本来指壶中的水烧开了,这里却以壶来代替壶中之水,不说水被烧开,而说壶烧开了。而自本体思维普遍采用提喻与讽喻的修辞方

---

① 以上关于胡塞尔现象学的论述以及此处关于海德格尔的有关看法,见张世英:《进入澄明之境——哲学的新方向》,北京:商务印书馆 1999 年版,第 11—14 页。

式加以表达。所谓提喻,是以局部代全体,如"孤帆远影碧空尽,惟见长江天际流"的诗句中,是用"孤帆"指称整条"帆船"。自本体思维就是用现象界中的某个或某些局部的东西或事情来代替或指称形上本体。作为修辞手法,提喻强调形上本体是"大全",而现象界中能经验到的局部事物只是大全的部分或代表,故提喻属于象征范畴。至于"讽喻",亦是以现象界之存在物来表示宇宙之终极大全的一种修辞方式,但它用现象界的事物来指称形上本体时,是以"否定"的方式出之,故是一种"负的方式"。例如在"上德不德,是以有德"[①]句式中,对最高德乃以否定的方式出之。但是,尽管在具体修辞方式上有所不同,转喻、提喻或讽喻都是以在场来揭示(或烘托)不在场的语言表达方式。

(二) 所谓"道通为一"

从以上看到,转喻、提喻与讽喻,都是在场方式来揭示不在场的修辞方式。以在场来揭示不在场之所以可能,乃基于宇宙万物"道通为一"的原理。

所谓"道能为一",是说道作为宇宙之最高实在或整体只有一个,但它却呈现为万物。既然万物都是作为大全之道的化身或呈现,那么,宇宙间任何具体的事物都体现大全之道的本性,既然任何具体事物都体现大全之道的本性,因此,物物皆道,事事皆道。从而,万物相通,万有相融。宋明理学对这种万物相通、万有相融的道通为一思想有很好的表述,称之为"理一万殊"。朱熹解释说:"盖至诚无息者,道之体也,万殊之所以一本也;万殊各得其所者,道之用也,一本之万殊也。"[②]"物物各具此理,而物各异其用,然莫非一理之流行也。"[③]

---

① 《老子·第三十八章》。
② 朱熹:《论语集注》卷二。
③ 同上。

从这种意义上说，"万物相通，万有相融"实为"存在化为万物""万物即是存在"之意。这种存在观不仅是对有所谓超出现象界之外的绝对超验本体的否定，认为万物即存在，存在乃万物，而且宣称：此物即彼物，彼物亦此物。王夫之说："天与人异形离质，而所继者惟道也。"①要注意的是：此处我们用"相通"，而非"相同"。因此在现象界，确实此物非彼物，物物不同，故不能说"物物相同"，不过，物物不同，它们在本性上相通，此所谓本性（不是指本质），是说在道的本性上相通，都体现道，故才能相通。所以，所谓相通是指在自本体（佛教称本体为"空"，道家称之为"无"）的意义上相通，而在现象界（"有"的世界）却仍然不同。而且，惟有在现象界不同，它们才是万物；惟有在自本体世界中相通，它们才齐同或齐一。

在现实世界中，"道通为一"往往以三种方式呈现：（1）转道为一。所谓转道为一，是说现象界中之事物与最高存在（道）是分有与被分有的关系。其中每一种存在者都分有最高存在，因此，可以用此分有的现象界之事物来指代形上本体。此即是转喻虽然是对现象界的某种言说，却可以用于表征形上之道的本体论根据。（2）提道为一。所谓提道为一，是说现象界任何事物都是存在本身之呈现。此也所谓"即道即器"：道即器、器即道。既然道器合一，那么，当我们言说现象界中之事物时，其实也就是在表达对于形上之道的看法。此即是提喻的方式来摹写形上之道的本体论根据。（3）反道为一。所谓反道为一，是说现象界与形上世界是分立的两个不同世界，因此，当试图用现象界之事物来表征形上本体时，也可能造成对形上本体的歪曲或遮蔽。因此，真正想用现象界的事物来言说形上本体时，最好的办法莫过于"正言若反"，也即采取否定的方式。这就是为什么

---

①　王夫之：《尚书引义》。

用现象界之事物来言说形上本体时,常常会采取讽喻这种言说方式的原因。

可以看到,中国哲学在言道时,常常将转喻、提喻与讽喻方式综合起来交织运用。我们很难看到一个是完全采取某种单一的修辞方式来言说道的中国经典文本。这也说明:对于中国哲学来说,言与道的关系其实也就是一达之道与大全之道的关系。大全之道是"四达之衢"的道。而一旦我们去言说这大全之道,无论采取何种言说方式,道就成为一达之道。这就是老子"道可道,非常道"所表示的道理。因此,当用语言去言说道时,应当对语言的这种有限性有所自觉,从而,可以根据不同的境况,采取不同的言道方式。而且,要善于变换视角,将各种不同的言说方式综合融贯。同时,还应当看到:尽管言与道之间永远有着距离,但言道问题的解决不在于如何消除这种距离,而在于将这种距离视之为言道的一种视角。这样的话,由言达道的问题将会呈现出它的开放性与发散性。也就是说:言与道之间的"间隔"并不会禁锢我们对道的认识,相反,却只会给我们带来闻道、达道的更多自由与想象空间。

五、言道的三种叙事风格及其契悟:诗、史、思

以上讨论的是中国哲学中的言道方式,下面我们再来看中国哲学文本本身。

在中国哲学中,虽然经典文本离不开道言,但不能将道言就等同于经典本身。经典文本除了由道言组成之外,它还有篇章结构。这意味着:在经典文本中,道言只是言道的基本单元,经典著作(文本)由大量这样的道言所组成,这种组成不仅不是杂乱无章的,而且呈现为结构。我们发现:同样的一句话,或者说同样的道言,置于不同类

型的经典当中,可以被赋予不同的意义与理解。这说明:经典文本的种类对于理解经典文本中的道言来说,具有牵引与制约作用。这种牵引与作用是如何发生的,它的生成机制如何? 下面以人文学中最具代表性的三种学科:文学(含艺术)、历史与哲学的经典文本为例,来加以说明。

通常,当我们说某种文本是文学著作、历史著作、哲学著作时,首先会注意到它们在体裁上的特点与区别。就是说,将文学、史学与哲学著作区分开来的,常常并非其中的某些句式,而是整个文本的体裁与风格。是这种文体的风格决定了我们对文本中某一句式或者某些语句内容的理解。当然,文本的风格又不是孤立存在的,它们往往就体现于文本的句式表达之中;但无论如何,风格不等于文本中句式的简单叠加,即使将文本中所有句式的特点罗列起来,也无法确定文本的风格。这说明:风格是一个大于句式类型的概念,是它决定了对句式的理解(而非决定运用句式的类型),而句子的意义也通过文本的风格才最终被获得正确理解。

我们看到:就风格而言,文学、史学与哲学的体裁各不相同。

文学:首先,大量采用形象性的描写与摹状,伴之以比喻、夸张、联想等修辞方式的广泛运用。这点为大家所熟悉,此处略而不论。其次,表象的思维方式。尽管文学作品可以用来表达与诠释形上之道,但它对道意的表达与诠释,却以"表象"的方式出之。所谓表象方式,就是将对存在的领悟诉诸现象界的感性意象。这种感觉意象,可以是采用塑造典型(如写实主义的小说)得之,或者呈现为情感交融的心理意象(如抒情诗),或者表现为现象界可感觉到的具象形式(如艺术作品),甚至还可以诉诸音乐之类的听觉意象。但无论这些意象如何多样,它们都一无例外地借助现象界中的感性经验材料。从这种意义上说,表象思维可以说是将存在的"不在场"通过形象的方式来予以在场化。再者,对于文学作品中道意的理解与接受,不是通过阅读者的理性思索,而是诉之于接受主体对于意象的感受能力。因此,就文本意义的解读来说,它更多地要求作为阅读者的个人的主体情感的介入与移情。

史学:虽然是对历史上的人与事的记叙,史学著作也离不开形象描写。但这种形象描述与文学形象伴随有主观体验与感受不同,它主要是通过对"客观"的人与事作"客观的"陈述来表达。因此,它更接近客观的科学语言。其次,提示方式。史学著作虽然是对历史上所发生过的历史现象作客观的描述,但是,它记录与描述什么,不记录与不描述什么,这当中是有很大的取舍成分在内的。再完善与详细的史学著作,都不可能是对过去所发生的历史事件的完整记录,这也不是它的目的。历史著作的目的,是通过选取历史上一些事件,以及通过对这些事件有取舍的描述,告诉我们历史的本质与"真象"。而历史的本质与"真象"也就是作为人类总体的存在意义与价值的真相。历史上发生的事件那么多,而每一种历史事件的细节都无法一一记录,也不必一一记录,那么,历史著作其实是以选取典型(以说明历史"真象"者谓之典型)来表达对于存在的认识与感悟。此外。假如不将历史著作视之为仅仅告诉我们历史上曾经发生过的事实那样的知识性读物,而视之为对于人生意义的追问的存在感悟之文本的话,那么,读史学著作与读文学著作不一样的地方在于:我们除了陶醉于历史上曾发生过的事件,为其中的许多不平凡事迹所感染与感动之外,还会加上一种提问:他们这样做,是好还是坏,是善还是恶,是值得效仿还是不该效仿等等。这是因为:对于历史上的事情,我们假定它们是曾经发生过的真实,而并非像文学作品那样凭想象力的虚构。因此,作为历史上人类生命的延续者,我们试图从生存意义与人生价值论的角度,去对他们作严格的评判,试图考虑与他们认同还是不认同。这样看来,史学作品的阅读除了像文学作品一样需要运用情感,更需要引入一种理性的判断。于是,对于历史著作的阅读,其实具有一种反思的性质,它要求我们通过历史上的具体事实,去发现那历史现象背后的道理。

哲学:首先,研究视野不同。在关注的对象上,哲学明显地不同于文学与史学:文学关注的是现象界中的特殊性,史学关注的是现象界中的普通性,而哲学关注的是现象界中的普遍性①。这在典型的文学语言、史学语言与哲学语言之间造成很大区别:文学语言指向是现象界中的特殊现象,史学语言指向是现象界中的普通现象,哲学语言指向现象界中的普遍现象。故而,文学作品中多是描述特殊现象的形象语言,史学作品则运用能对经验中的普通现象作概括性的陈述语言(如"清朝人有辫子"),而哲学著作更关心现象界事物的普遍性征,故常常采用对现象界事物的本质属性加以揭示的概念或观念。其次,与文学作品或史学著作通常以现象界中之某一事物或某类事件来指代存在不同,哲学文本总是要追问宇宙终极之大全,而任何以现象界的事件来指称宇宙的终极本体总有其偏颇,因此,经典的哲学语言虽然也用现象界之事物来指称或指代形上本体或终极实体,却在肯定的同时,又会予以否定;在否定之后,复又予以肯定。总之,肯定、否定、再肯定,再否定……如此无穷之反复与辩证,常常是哲学文本在诘问宇宙之终极大全时的惯常追问方式。此外,人们对于哲学文本意义的领会,主要不是因为被其中生动的形象描写所感染,也不是由于对其中历史经验作知性的思考与分析,而来源于一种对哲学意象的直观。因此,在阅读哲学文本时,虽然情感的介入或许重要,

---

① 金岳霖认为"经验命题"可以区分为普遍的、普通的与特殊的三种,他谈到这三者的区别时说:"头一种(普遍的)之所断定独立于特殊时空。第三种(特殊的)之所断定为特殊的事实。第二种(普通的)介乎二者之间,它所断定的为历史上的普通情形,例如'清朝人有发辫'。"(见《金岳霖学术论文选》,第344页)我们讨论的哲学、史学、文学作品,在关注对象上则分别对应于这三种经验现象。

知性的思考也不可少,但在其中起决定性作用的,却是对于存在领悟的一种直觉与洞见。因此,哲学文本的阅读往往需要一种超出日常经验的对存在的直觉感悟能力,才能对哲学经典中的义理获得理解并与之发生共鸣。

以上,我们分别对文学、史学与哲学文本在表达形上之思时的特点作了概括,并且对其文体风格以及语言形式的区别作了辨析。应当说,作为人文学,文学、史学与哲学皆是"由言达道"的方式,并且有其共性,这就是通过现象界中的意象来表达与诠释形上本体、以存在者来呈现存在、以在场方式来呈现不在场。但是,在存在着此种共性的前提下,我们要注意的是它们各自不同的言道特点与语言运用方式。在这点上,文本的风格特征往往会与修辞方式发生关联。就是说,假如将文学、史学与哲学作品按照文体类型加以划分,并且将它们各自视为文本类型的话,那么,就修辞类型的运用来说,文学体裁(诗言)接近于提喻,史学(史言)接近于转喻,而哲学(思言)接近于讽喻。它们合而言之,皆可通称为"隐喻",属于隐喻这一范畴中的不同类型。因此,所谓人文学的研习,与其说是通过其文本的阅读而获得与增加关于现象界的知识,毋宁说是借助其文本提供的不同意象而把握其关于宇宙终极实在与生命存在的意义。而这当中,首先要明确的是:人文学首先是一门形而上学,然后才是其他(例如关于现象界的具体经验知识的学问)。①

(原载《社会科学》2010 年第 7 期)

---

①　一般而言,人文学术的文本皆包含着形上智慧与形下知识这两个不同的向度。例如,作为人文学之经典的《诗经》,孔子就说:"诗可以兴,可以观,可以群,可以怨。迩之事父,远之事君,多识于鸟兽草木之名。"(《论语·阳货》)这里的兴、观、群、怨,指的就是《诗经》的形上向度,而"迩之事父,远之事君,多识于草木鸟兽之名"则为形下知识。我们的宗旨是对人文学的形上向度进行分析,故人文学的形下知识学向度不在我们论列范围之内,特在此说明。

附录三

人文性道德如何可能：修礼与践仁

一、社会性道德与宗教性道德

在《历史本体论》中，李泽厚提出有"两种道德"——"宗教性道德"与"社会性道德"。关于"宗教性道德"，他说："康德和一切宗教，也包括中国的儒家传统，都完全相信并竭力论证存在着一种不仅超越人类个体而且也超越人类总体的天意、上帝或理性，正是它们制定了人类（当然更包括个体）所必须服从的道德律令或伦理规则。因之，此道德律则的理性命令、此

'天理'、'良心'的普遍性、绝对性,如'人是目的'、'三纲五常',便经常被称之为'神意'、'天道'、'真理'或'历史必然性',即以绝对形式出现,要求'放之四海而皆准,历万古而不变',而为亿万人群所遵守和履行。这就是所谓绝对主义伦理学,也就是我所谓的'宗教性道德'。"①关于"社会性道德",他说:"所谓'现代社会性道德',主要是指现代社会的人际关系和人群交往中,个人在行为活动中所应遵循的自觉原则和标准。"②"现代社会性道德以个体(经验性的生存)、利益、幸福为单位,为主体,为基础。个体第一、群体(社会)第二。私利(个人权利,humanrights)第一,公益第二。而且,所谓'社会'和'公益'也都建立在个体、私利的契约之上,从而必须有严格的限定,不致损害个体。因为社会本由个体组成,它不能也不应高于个体。相反,社会只能服从、服务于个体(生存、利益、幸福)。但各个个体并不相同,生存、利益、兴趣和追求的幸福、快乐也并不一致,于是才有契约。基于个体利益之上的人际之间的社会契约,是一切现代社会性道德从而也是现代法律、政治的根本基础。"③李泽厚所谓的"社会性道德"乃着眼于"现代社会性道德"的提法,而与各大文明历史上曾有过的各种"社会性道德"有别,这就使他关于"社会性道德"的内容更展现出时代的意义。总之,李泽厚关于"两种道德"的提法,不仅是对世界各大文明传统中各种伦理道德学说的深度把握,而且,这种"两种道德"的区分极富时代特色与现实意义。

　　而且,在进一步追溯两种道德之何以然时,李泽厚采取了一种历史溯源法的思路与观点。他认为:历史上各大文明传统中,早期的宗

---

　　① 李泽厚:《历史本体论》,北京:生活·读书·新知三联书店 2002 年版,第47 页。
　　② 同上书,第 57 页。
　　③ 同上书,第 58 页。

教性道德其实也只是一种社会性规范,这即是"礼源于俗";而历史上各个民族与文明的社会性道德,也常常被宗教性道德所笼罩甚至取代。这样,历史上,宗教性道德与社会性道德其实是相互交融,很难截然区分开来的。他还认为:将宗教性道德与社会性道德严格加以区分,是现代社会的产物,也代表时代的进步。前者(宗教性道德),他称之为"高度道德";后者(现代社会性道德),他称之为"低度道德"。

这里同意李泽厚关于两种道德相区分的观点。我们试图要追问的是:这两种道德的区分究竟有何成立的根据? 换言之,人为什么需要"两种道德"? 它们仅仅只是人类历史进程的偶然产物,还是深刻地反映了人性的内在需要,并且有其哲学形而上学的基础? 与李泽厚在两种道德的起源问题上持一种历史发生学的观点不同,我们认为:两种道德的产生需要从人类学本体论上获得其说明。

关于"两种道德"的说法,是可以从人的本体存在的考察入手来加以分析并寻求答案的。人是二重性的动物。这所谓人的二重性,应理解为人的生存论上的二重性。也就是说,人生在世、人与世界打交道的方式是两个维度的。其中一个维度是:人作为有限性的生物存在,与世界上其他事物、物种,甚至人类成员均处于一种"竞争"地位;由此,人强化了他与其他事物、物种,包括人类社会其他成员的区别。但作为地球上的生物体,人类的生存又不得不依赖于其他事物,包括与社会中其他成员打交道,并且与之结合成一种"伙伴关系"。为了维持这种"伙伴"的合作关系,人类的社会性道德由此而生。就是说,社会性道德,首先是为了满足人类与社会其他成员的合作,以及与自然界的"合作关系"而出现的。尽管是为了保持和发展与其他社会成员,包括自然界的合作与交往关系,但这种交往关系却是建立在以识别人与人、人与物的区别的基础之上;而且,协调彼此之间关系的最终着眼点是"利益"(包括个体的、社会群体的,以及整个人类

的利益）。换言之,现代社会性道德以个体主义为原则,以协调利益
为导向;它强调的是分配正义（包括人际分配正义、代际分配正义、物
种间的分配正义,等等）。

　　但另一方面,人除了是生物性的存在外,他还是具有无限性的精神
存在。所谓无限性的精神存在,是指人作为精神存在,会去思考与
发现生命意义,以及宇宙的终极原理。而这必然会将人的精神引导
到去发现与追求一个无限性的宇宙统一体。在这个宇宙统一体之
中,不仅人与人同一,而且人与宇宙万物同一,人的身心亦合一。换
言之,人只有在这样一个万物合一、我与宇宙合一的世界中,才会获
得一种生命价值之永恒的意义。也就是说,只有承认有这样一个万
物合一、人我合一的世界存在,才说明了人的无限的精神性存在之
有。在对于神圣,尤其是在对于宗教（这里指普遍的宗教,不限于某
种具体或现成的宗教）的追求中,人终会确证有这样一个无限性的世
界存在。通常所谓的宗教性道德,其实就起源于这个无限的世界。
对于有宗教精神性生活追求的人来说,这个世界不仅是真实的,而且
是可以通过宗教实践去证成的。显然,宗教性道德的实践,就是证成
这种超越存在的最普遍与最有效的方式之一。在宗教性道德实践
中,人会体会到一种与终极存在者（可以是上帝、涅槃、梵天,等等）相
通,甚至与之融合为一体的幸福。由于与终极者的相通或融合,这是
一个无差别的世界;在宗教性道德中,人与人之间、人与物之间、人与
宇宙之间一无差别。这是说:种种区分仅只是外在的,属于"表象",
就终极意义上而言,万物平等而且齐一。用庄子的话说,这是一个
"天地与我并生,而万物与我为一"的世界。看来,宗教性道德之成立
的基础,就是这样一个无差别、万物齐同的世界（在不同文明传统中,
宗教性道德对于终极者的表述形式不同,但都以追求无差别的世界
为宗旨）。

二、两种道德的人性论基础

通过以上分析,可以得出这样的结论:社会性道德与宗教性道德之所以存在,是由于人同时面临着两个世界:有分别的世界(人与我别、人与人别、人与物别,物与物别,等等)与无分别的世界(人与人、人与物无差别,等等)。这样两个世界,可以分别称之为"有的世界"与"无的世界"。① 这两个世界之存在不仅导致两种道德的出现,而且使它们在对于道德观念的理解上也殊有差别。现在,让我们再来看这两种道德的人性论基础。

关于道德的人性论基础是一个复杂的问题。这个问题可以分为两个方面来讨论:首先,讨论道德问题是否需要预设某种人性论的基础? 其次,道德问题究竟需要预设何种人性论的基础? 这里要提请注意的是:当我们说道德必须预设某种人性论基础时,是从理论上来谈的。就是说,伦理道德的人性论根据不是来自现象界的经验观察,它不是因果式的说明,而是理论或者说逻辑上的解释。因为从经验现象中,我们既可以证明人性为善,也可以证明人性为恶。虽然从经验中不能证明人性善恶问题,但不等于这个问题不重要,更不等于这个问题不"真实"。所谓真实,有两种理解:一种是经验现象界中的真,这是可以通过经验去"证实"的;还有一种是"道理"上的真实,这种真实服从于理论的需要。也就是说,假如缺乏了这样一种真实,那么,某种理论的建立就不仅缺乏逻辑的起点,而且无法获得理论上的圆融与自洽性。因此,从追求理论的圆融与自洽来说,任何道德理论

---

① 关于"有的世界"与"无的世界"的进一步辨析,详见拙文《从中西哲学比较到中观哲学》,《文史哲》2008 年第 1 期。

都必须有其人性论上的预设。这种人性预设不来自经验上的证实，相反，它对于现实中的伦理道德行为可以提供某种理论上的解释。

历史上，在讨论伦理道德问题或者争论人性论问题时，关于人性的看法有多种，但是，假如从理论的自洽性来看，既然人的伦理道德行为由人的生存二重性所决定，那么，人性其实就应该是兼有善恶。然而，这还只是一种表面上的认识，还不是对于伦理道德问题上人性论基础的终极说明。如上所述，伦理道德理论无非是宗教性的或者是社会性的，所以作为伦理道德理论的人性论基础，其实是针对宗教性道德与社会性道德而言的。即当我们谈论宗教性道德时，应当主张人性善；而当谈论社会性道德时，则应当承认人性恶。而任何主张人性无善无恶，或者兼有善恶的说法，都难以运用到宗教性道德或者社会性道德理论上去，假如要运用的话，也将造成理论上的混淆。

所谓宗教性道德，是强调人与人、人与物之间的绝对平等，以及对人对物的无差别对待。这种无差别的对待其实就是一种"泛爱众生"与"泛爱万物"的观念，因此，从宗教性道德的内容——泛爱众，即可以说明宗教性道德蕴含着人性为善的前提。或者说，宗教性道德之存在本身就是对于人性为善的证明。否则，宗教性道德将不可能。其次，宗教性道德所遵循的道德原则，这也可说明它蕴含着人性为善的前提。道德原则无非两种：自愿原则与自觉原则。前者是指道德行为出于个人内心的愿望，也即个人良知的"呈现"。也就是说，对于道德的自愿原则来说，道德是个体自愿去选择的行为，并且他自己去这样做的时候，获得一种内心的幸福感与满足。而在任何宗教性道德的实践过程中，个体都会伴随着由于遵照自愿原则而带来的内心幸福与满足，而这也就证明宗教性道德建立在人的道德良知之上。而承认人有道德良知，也即说明人性为善。

因此，在道德实践上，宗教性道德强调人的自由意志，认为道德行为只能是出于良知的觉醒;从而,它反对任何道德上的强制,也反对仅仅将道德作为一种社会责任来承担。历史上,我们看到许许多多宗教性道德与世俗性道德发生冲突的例子。就是说:在宗教性道德看来,任何社会伦理道德要求假如与宗教性的道德良知发生冲突时,那么,从自由意志出发,人的道德应当服从的是道德良知,而非具有强制性的外在社会道德规范。

当我们说宗教性道德的人性基础是人性善的时候,首先遇到的挑战恐怕是来自基督教神学。

众所周知,基督教神学是强调原罪说的。然而,基督教教义之所以承认人有原罪或罪性,是以承认有一最高的造物者,以及人可以通过信仰上帝而获得救赎为前提的。所以,基督教教义一方面在对人的看法上主张人有原罪,另一方面,它又极力强调人要通过信仰走救赎之路,而且主张通过道德行为去获得上帝的救赎。它对于人类道德行为以及善行作了如此的强调,这难道不说明:在基督教义中,道德观念是如此之重要,以致成了人获得救赎的唯一之路吗?从这点上说,基督教伦理学之所以提倡爱上帝,是为了替人的伦理道德提供一种超验的说明,而且强调行善是每一个个体的人都能做到且应当身体力行之事。可见,基督教伦理学对于人的为善的自由意志以及道德能力有着极高的期盼,这不恰恰就说明它从思想深处是蕴含着人可以行善、人从本质上是善的这种人性论的预设吗?

其实,不仅仅是基督教,纵观人类各大宗教,它们在看待人类的伦理道德问题时,都无不以人性善作为其基本前提与预设,此点尤以儒家为甚。众所周知,在像儒家这样的宗教传统中,就明确强调人性为善。像孟子提倡"良知说",认为人的道德行为发自于人的"四端"。为此,他还区分"由仁义行"与"行仁义"。所谓由仁义行,是指出于自由意志的道德行为,而所谓行仁义,则是遵照社会道德规范去实践的道德行动。这两者尽管都属于道德行为的范畴,但前者是宗教性道德,而后者则属于社会性道德。

反过来,社会性道德却包含着人性恶的预设。首先,当我们说社会性道德包含着人性为恶的预设时,并非说社会性道德理论在明言的层次上肯定人性一定为恶,而是说:当一种道德学说属于社会性道德时,它必然是以人性恶作为思想前提的,否则,它将无法在理论上自圆其说。所谓社会性道德非他,无非是为了调节个体与个体之间由于利益的矛盾而产生的冲突。而个体与个体之间会由于利益或利害而引起彼此之间的矛盾与冲突,就说明了人性为恶。关于此点,明确主张人性为恶的荀子说得很明白。他在谈到作为社会性道德的"礼"的起源时说:"礼起于何也? 曰:人生而有欲,欲而不得,则不能无求,求而无度量分界,则不能不争。争而乱,乱则穷。先王恶其乱也,故制礼义以分之,以养人之欲,给人之求,使欲必不穷于物,物必不屈于欲,两者相持而长,是礼之所起也。"①

其次,从社会性道德推行的手段与方法看,也可以说明人性为恶。众所周知,社会性道德具有强制性。这种强制性不像法律那样需要借助国家法律来强加执行,但归根到底也是一种社会的强制。这种社会的强制更多是通过社会舆论、社会风俗习惯等等施加于个人。虽然形式不同,但这种社会舆论或者社会风俗习惯的强制给个体施加的强制力量,并不亚于法律的强制。这就说明了人性为恶,否则,它完全可以通过唤起个体的善的良知而达到使社会道德敦厚的目的。

再次,虽然社会性道德不同于法律,是通过社会教化与社会舆论的监督来实现的,而社会舆论与社会教化最终必得转化为个人的实

————————

① 《荀子·礼论》。

践。但同为个体的实践,与宗教性道德相比较,却有强调自觉原则与自愿原则之别。就是说:宗教性道德的个体实践依持个人内在良心的发现,是一种出于人的内在本心的不得不然;而社会性道德虽然也是发于个体的自由意志,但这种自由意志却是像康德所讲的"绝对律令"那样的不得不然。这种不得不然,是基于对道德律令的一种理性认识以后而去自觉选择的不得不然。冯契在比较这种道德的自觉原则与自愿原则的区别时曾指出:"自觉是理性的品格,自愿是意志的品格,二者是有区别的。因此在伦理学说上可以产生不同偏向。"①可见,归根到底,社会性道德基于个体内在的自觉,这种自觉与基于自愿的个体原则不同,是出于对于个体内在的恶的认识与反省,然后在此理性认识基础上运用自由意志将个体的性恶加以压制的结果。对个体中存在的这种性恶倾向,朱熹也有过明确的认识,因此,他才提出所谓的"存天理,去人欲"。假如人性天然为善,那么,他必然一举一动都天然符合社会的道德要求。可见,社会性道德是基于服从道德绝对律令的一种"自由意志",恰恰也说明了人性为恶。

三、两种道德的困境与现代人的道德宿命

由于人的这两个生存世界——有与无的世界彼此差别甚大,人们与之打交道的方式也差别甚大,由此导致两种道德的含义也就不同。换言之,面对有的世界,人们往往以社会性道德来规范与调节自身的道德行为;而在无的世界中,人们则乐意去践行宗教性道德。应该说,这两种道德无论在人性思想、人生态度、价值原理乃至于道德

---

① 冯契:《中国古代哲学的逻辑发展》(上),上海:上海人民出版社1983年版,第50页。

行为准则方面,都会显示出极大的不同。惟其如此,社会性道德与宗教性道德才又可以分别称为"低度道德"与"高度道德"。所谓低度道德,是社会上人人应当遵守的社会道德底线,超过了此底线的行为,则是被社会上大多数人视为不道德的。反之,高度道德则不是对于社会上所有成员的一种普遍性道德要求,却是被视为最高义的理想道德。

看来,低度道德与高度道德的区分,虽然为道德如何能为社会上的人们所履行提供了具有可操作性的方案与行为准则,对社会性道德与宗教性道德的内涵作了更具体的规定,然而,这一说法却也给道德本身带来了困惑与疑难,即在社会性道德与宗教性道德之间制造了矛盾与紧张。因为假如说社会性道德仅仅只是一种所谓低度道德的话,那么,将会出现许多缺陷:(1) 单调性。这种道德的含义不能陈义太高,否则它无法被社会上大多数成员所遵守。而一旦整个社会仅仅被这种所谓低度道德所笼罩,则不仅出于宗教性的高度道德会显得"曲高和寡",而且整个道德的内容也将显得苍白,因为它不可能容纳太多的"道德"内容,仅仅是作为社会上人与人能和平共处以及维持社会稳定的低度要求与原则。这时候,道德将更多地会与个人的权利与人际之间的利益关系相联系,从而道德本身会显得枯燥而失去其绚丽与感动人的色彩。(2) 被动性。低度道德,也是一种被动性的道德,其不良后果是:它无法解决道德理论中"德福一致"的问题。按照康德的看法,真正的道德是作为主体的个体自愿选择的道德行为,在这种主体的自愿选择中,可以体会出自由意志,而通过自由意志与"上帝"或者"天命"的合一,人在道德践履中,可以体会到"德福一致",从而获得道德行为所带来的幸福。而社会性道德作为一种被动性的低度道德,却缺乏这种导致"德福一致"的动力与机制。(3) 消极性。首先是道德情感的消极性。也就是说:道德既然是社会上人人应当遵守而且必然要遵守的,因此,任何个体的自由意志与自我选择在道德中都不再需要或无能为力;道德的履行就仅仅成为社会规范的某种强制与义务,这也就意味着个人的道德选择失却其意义。其次是道德行为的消极性。由于是低度道德,其不良后果是:人们难免于满足这些所谓低度的道德要求与内容,而对超出于这些低度道德的道德行为与美德不再欣赏与践行,从而,整个社会的道德水平不仅难以提高,而且容易导致人与人之间的冷淡与冷漠,即人们不再期待会有超出社会性低度道德之外的更多、更高的道德行为;即便有的话,也会被社会上人们视之为"奇迹",甚至觉得难以理解。

反之,假如认为只有宗教性道德才可以称之为真正的道德,甚至强制性地要求社会成员都去履行宗教性的道德的话,那么,其给社会带来的不良后果将会更为严重。这是因为:正由于宗教性道德是高度道德,这种道德就只能是社会上少数成员所能履行的,难以为社会上大多数成员所自觉或自愿遵守。这种宗教性道德之所以难普及于现代社会大多数成员,首先因为它是出于道德的自由意志或良知。但现代社会是一个重视个人权利与个人利益的社会,更何况,现代社会还是一个利益多元与分层的社会。在这种情况下,要从良知出发来考虑与践行社会道德仅仅只有少数人或者"道德精英"才能做到,而大多数人即使要实践道德,也只能是从个人利益与社会利益相协调的角度来加以考虑。换言之,真正在现代社会中能够贯彻与实行的,还只能是社会性道德。其次,虽然宗教性道德发乎于自我的良知,但这种道德良知的发现,其实还离不开道德的自省。而道德本心的发明并非一蹴而就的事情,它需要经过道德的艰苦修炼。从这种意义上说,宗教性道德亦是重视与强调道德的修养的,而这种修养的形成与培养,其艰难程度一点不亚于社会性道德对于道德规范的灌输,只会有过之而无不及。也正因如此,除了少数个人的天性适合于这种宗教性道德之外,要将宗教性道德强加于整个社会,在现代社会是一个极其艰难的过程。再次,宗教性道德之所以是高度道德,除了其在修养程度上不易达到之外,在道德行为的要求以及范围上,也远比社会性道德要容纳更多、更广的内容,其对于个人的行为规范要求更多与更高。从这点上说,它是一种"积极性道德",其对于道德行为的要求或"准入"也就设定了更高、更难的门槛。更重要的是:它还强调行为的动机,即同样一种伦理行为,在社会性道德看来,可以称之为道德的,但假如它不是出于本然良心,而是出于外在的功利考量或者社会习俗要求的强制,那么,它也就不能被称为道德的。从这点上看,现代社会中许多被公认为符合社会道德规范的行为,则无法被宗教性道德所认可,或者至少认为它是有局限的。最后,现代社会不仅是一个利益多样化的社会,而且是一个价值多元化的社会,而任何宗教性道德的基础,都设定了某种先验的道德价值原理。它认为:只有从这种最高的道德价值原理出发的行为,方才可以被称为道德的。因此,假如现代社会强制性地推行某种宗教性道德,或者从某种宗教的道德价值原理出发,要求社会上所有成员都按照它的道德价值行事的话,可以想见,这将导致道德价值的不宽容,甚至会导致对于个人自由与个人权利的侵犯。这也就是为什么17世纪的自由主义思想家洛克要针对宗教性道德而写作《论宽容》的原因。假如说,在历史上,由于强行推行宗教性道德会引起对于宗教迫害以及对于个人自由的侵犯的话,那么,在现代社会多元价值观树立与普遍深入人心的情况下,这种强行在社会上推行宗教性道德的做法,就只能是一种开历史倒车的"原教旨主义"的做法,它即便借助国家的强力一时行得通的话,也难以为继,更不符合现代文明普遍遵守的尊重个人价值与自由的原则。

通过以上分析,可以看到,无论是社会性道德或者宗教性道德,都有其天然的局限性;在现代社会中,仅仅是强调社会性道德或者宗教性道德,都有其不足与困难。这就是为什么李泽厚会提出有两种道德,并且认为这两种道德彼此无可取代,而可以相互补充的道理所在。

看来似乎是:社会性道德是社会上所有成员都应当遵守的基本行为准则,而宗教性道德则是人们的一种期待或希望;后者不要求社会上所有成员都去遵守或践行,而只可作为一种道德理想加以鼓励与提倡。

然而,问题就此解决了吗? 可以看到,将两种道德加以区分并且"划界"处理的办法,作为一种"现代性话语",它原本是面对"祛魅化"导致的道德世俗化这一现代社会历史进程在道德观念方面作出的主动适应与调整;然而,假如将这两种道德的划分加以绝对化,并且将两者的关系予以割裂的话,却也会给人类的社会道德生活带来新的困惑。这时候,在现代社会条件下,占主流的,或者在社会上真正能够实行的,其实还只能是社会性道德。而所谓宗教性道德由于陈义过高,仅仅流为少数特立独行的道德高尚之士的个别行为。其结果,是用社会性道德取代或湮没了宗教性道德。——这也正是现代人在道德问题上的尴尬或普遍宿命。

四、超越有与无的对立:人文性道德何以可能?

社会性道德与宗教性道德的分裂,是现代社会的不得不然。两种道德的区分与划界处理方式,固然属于一种社会的进步。它从道德层次上肯定了个人权利,个人自由也从而获得了极大保证,然而,却也带来了道德问题的新困惑。人们会问:难道道德的存在就是为了或者仅仅是为了调整社会中人与人之间的利益关系吗？假如仅仅如此的话，那么，在社会中以法律的形式将这种处理与调整人际之间利益关系的方法予以规定与颁布，其做法不是更简单易行吗？看来，社会上需要道德，不仅仅是为了调整人际之间的利益关系，其中更重要的一个方面，还在于通过道德来加强人与人之间的沟通与联系。而这种道德的社会沟通功能要发挥作用，必借助于人们之间的情感联系。换言之，道德的本质说到底，其实就是一种人际之间情感的交流与沟通。① 从这点上说，现代社会需要以社会性道德为主导，但无论如何，宗教性道德由于重视人际之间情感的交流与互动，却依然发挥着不可替代的社会功能与作用。甚至应该说，即使承认社会性道德是以调节人际之间的利益关系为主要内容，但它对于人际之间利益关系的调整之不同于法律等其他形式，就在于它首先是"道德"而不是其他。而一旦承认对于人际之间利益关系的调整也属于道德范畴的话，这说明对于人际之间利益关系的调节将不能是基于利害关系而是其他，否则这将是同义反复；而假如对于人际利益关系的调节不能是基于利害原则的话，那么，根据道德的定义，它就只能是一种超出利害关系而用之以调节人际之间利害关系的更高原则。现在要问的是：这种用之调节人际之间利益关系，而又高于利益关系的更高原则要向何处寻觅？

在上面所论中，假如我们说调节人际利益关系的最高原则不能是利益原则的话，这说明仅仅从有的世界中无法演绎出用以调节人际利益的原则，而只能从无的世界中去寻求给有的世界中的人际利益关系提供的最高原理。这也就说明：对于道德理论而言，无的世界

---

① 舍勒认为道德的基础乃人类共通的"情感体验"。参见〔德〕舍勒：《同感现象的差异》，载《舍勒选集》（上），上海：上海三联书店1999年版。

高于有的世界。在社会性道德背后,其实还寄寓着超越人际利益关系的一种最高原理,而这种最高原理则来自无的世界。

无的世界是一个无差别的世界。在这个无的世界中,人们感受与体验到的是一个人人平等、物物平等、物我平等的状态,从而会获得一种内在的宁静与幸福。这种体验带来的一种内心的平和与满足,也就是人们所说的在宗教皈依以后所获得的内心宁静与满足。所以说,所谓宗教性道德无他,就是在体验与领略到这种宗教的幸福感以后,试图长久地保留它而去进行的一种道德实践。而这种道德实践既然是建立在将世界理解为无差别的基础之上,因此,它的道德含义就是"爱"——爱一切人、爱一切物,等等。舍勒认为:爱在本质上是一种在世界之中的营造行为和构建行为;人早在他是思维生物或意欲生物之前,就已经是爱的动物了。[1] 可见,爱是人们在无差别世界中自然而然地产生的一种情感;而人由于有了这种爱的情感,又反过来使他更能体会与领略到世界中万物的平等感,也即庄子所说的"天地与我并生,而万物与我为一"。[2] 总之,在无的世界中,人由于体会到万物平等而会去泛爱万物,而通过泛爱万物又反过来加深了他对于万物平等的体验,从而获得一种与宇宙合一的内心平和与幸福,这就是宗教性道德的实质。

然而,我们作为人,毕竟生活在两个世界当中。也就是说,尽管我们知道甚至能体验到在无的世界中的宗教性道德,但同时,我们又生活于有的世界当中,不得不正视有的世界中万物之不平等以及以利益关系作为联结纽带这一事实。但如上所述,我们又希望在有的世界中,人们之间的关系不仅仅是利害关系,而且是通过道德来对这

---

[1]　参见叶秀山、王树人主编:《西方哲学史》第 7 卷,南京:江苏人民出版社 2004 年版,第 399 页。

[2]　《庄子·齐物论》。

种利害关系加以调整。所以,虽然是社会性道德,其背后也寄寓着宗教性道德。现在我们要追问的是:无的世界中的宗教性道德如何对有的世界中的社会性道德产生作用?

本来是作为在无的世界中存在的宗教性道德,要在有的世界中发挥其作用与影响,是通过"感恩"这一形式实现的。感恩这一用语来源于基督教,它的原初含义是人对于上帝创造世界表示感激,它具体体现为对于上帝的祷告中。然而,这个词的更普遍意义在于:它是一种在感受到对方的恩宠以后的一种报答。从而,感恩不仅仅是一种情感,更是一种行为实践,是在感念到对方给予自己恩典以后的一种感激"行为"。在这种意义上,感恩作为一种实践行为与道德发生了关系。以下我们看到:真正的道德行为,无论是宗教性道德还是社会性道德,其实都是一种感恩行为。

宗教性道德要报答的是"神恩"。所谓神恩,是说造物主(在基督教中是上帝,在儒家传统中是"天",在佛教中是"佛性",在印度教中是"梵天")创造了一个无差别的世界,而我们人类以及人类中每一个个体,都是这无差别世界中的一个成员。由此,我们应当感谢造物主的这种恩典,因为是它赋予了我们以一个生活于无差别世界中的生命形式。因此,所谓报答神恩是报答造物主创造了这样一个无差别世界,其中也包括我们每一个个体与宇宙万物无差别的生命形式。这种报恩作为一种宗教实践,是让我们去履行造物主的意志,去泛爱众生与万物,从而与宇宙合一。①

除了报答神恩之外,道德实践还要求我们去报答"人恩"。假如脱离了有的世界,其实也就没有了人的世界。从这种意义上说,有的

---

①　关于如何报答神恩,无论是基督教还是儒家思想中都有大量论述,此处仅仅点出这点,不作申述。

世界与无的世界其实是人的世界的一体两面。因此,所谓报答人恩,从终极意义上说,也就是对于有的世界的报答:正因为有这个有的世界,我们每个生命个体的无的世界才有了挂靠处,才不至于成为"空中楼阁"。因此说,对于人恩的报答不是仅仅说我们从某人那里获得帮助与好处以后,需要给予回报,而是说:只要我们生活于有的世界之中,我们就是对于赋予我们有的生命形式的宇宙万物都给予回报与感恩,从而使我们的本来是无的世界可以在有的世界中得以展开。从这种意义上说,报人恩其实是报神恩的另一种方式,是报神恩在有的世界中的体现。

通过以上分析可以说明:为什么在世俗的社会性道德中可以而且应当寄寓宗教性道德。反过来,宗教性道德的践行也必须而且可以在世俗世界中进行。这个问题从中观哲学可以很好地得到理解。按照中观哲学,人面对的虽然是有与无这两个世界,但这两个世界的出现是由于人有观,即我们既可以对世界持一种"有观",也可以从"无观"的角度来看待世界。这也就说明:所谓关于两个世界的区分其实是一种"观"。既如此,作为分别运用于两个世界的道德——社会性道德与宗教性道德,其实也来源于我们看待世界的两种观。而中观哲学认为:无的世界与有的世界的划分是相对的。也就是说,无的世界不能脱离有的世界,有的世界也涵容着无的世界。

一旦以这种中观哲学的观念来看待道德问题的话,我们发现:以往所说的社会性道德与宗教性道德的界限并非那么泾渭分明的,它们的关系其实是相辅相成,即社会性道德为宗教性道德提供了在有的世界中实践的现实可能,而宗教性道德为社会性道德提供了超越单纯用于调节人际之间利益关系的维度。这样看来,社会性道德与宗教性道德其实是整个人类道德的一体两面。其中,社会性道德强调的是人类道德的现实性与经验形式,而宗教性道德则强调人类道德的超越性与理想层面。将它们合而观之,方才是人类可欲的道德。

五、人文性道德如何可能

关于社会性道德与宗教性道德的合一,不应当只成为理论的玄谈,而应当成为现实中切实可行的道德实践。那么,这两种道德的合一,究竟如何可能呢? 这个问题,可以分别从两个方面来加以考察:(1) 社会性道德能否转化为宗教性道德? (2) 宗教性道德能否体现为社会性道德? 前者,我们称之为道德的"下学上达"问题,后者,可以称之为"上智下移"问题。

道德的下学上达之所以可能,首先在于:社会性道德虽然是用以调节人与人之间的利益关系,但其作为"道德"得以确定的前提,却仍然是作为宗教性道德核心观念的爱。因此孔子在提到作为社会性道德的"礼"时,一方面主张"爱有等差",另一方面,却强调礼的精神实质是"仁",而仁的含义是"爱人"。这样看来,所谓社会性道德要向宗教性道德转化,首先是看宗教性道德的泛爱观念是否作为范导性原理能在社会性道德中发挥作用。

其次,社会性道德要向宗教性道德转化,还必须确立一条重要的实践原则:"推己及人"。这也就是孔子所说的"己所不欲,勿施于人"[①]以及"己欲立而立人,己欲达而达人"。[②] 从而在人与人、人与自然的关系当中,贯彻公平与公正的原则,乃至于最后达到无差别对待。推己及人究竟是否可行呢? 对此,我们的回答是:推己及人的前提是人需要有"同情心"。所谓"同情心",不是日常生活中的怜悯

---

① 《论语·卫灵公》。
② 《论语·雍也》。

心,而是指对某事或某物的共同感受心理,是一种主体间性的情感经验。而按照舍勒的说法,这种"同情心"是人所普遍具有的情感之一。[①]这其实也是孟子所说的道德所赖以产生的"四端"或"良知良能"。

最后,除了在实践中贯彻"推己及人"这条道德的现实原则,社会性道德向宗教性道德的转化,还有赖于道德的熏陶与教化。所谓道德的熏陶与教化,是将道德理解为一种人之所以为人所应当有的"礼仪"。有人说:"人是一个礼仪性的存在。"(aceremonialbeing)[②]礼仪可以视之为人的道德情操的外化。在现实生活,我们可以观察到这样的情况,即一个有道德教养的人,往往可以通过其外在的言谈举止,甚至风度、气质表现出来;因此说,道德的形式与内容,是具有内在联系的。正因为如此,假如要培养人的道德行为,最有效的方法,莫过于模仿与学习。人是会学习的动物,对于道德的学习尤其如此。也许,正因为我们日常生活的世界是一个有的世界,我们才更需要在生活实践中学习与培养我们的礼仪,从而渐渐地养成自觉追求道德的行为。这就说明:礼仪的学习与操练,为社会性道德向宗教性道德转化提供了具有可操作性的方法。而社会性道德之转化为宗教性道德,就是在这种日常性的礼仪熏习中,通过"下学上达"的过程逐渐完成的。

按照中观哲学,社会性道德向宗教性道德转化是一回事,反过来,宗教性道德也必须下贯于社会性道德。宗教性道德之所以能下贯于社会性道德,一方面是由于宗教性道德本身就包含着在有世界中的道德实践。比如说,基督教的宗教性道德本身就有关于在世俗社会中如何履行人伦道德的教诲。另一方面,在有的世界中实践人

---

① 舍勒在《同感现象的差异》一文中曾考察了作为人类道德生活之基础的"同情现象"的四种形式。详见《舍勒选集》(上)。

② 〔美〕芬格莱特:《孔子:即凡而圣》,彭国翔、张华译,南京:江苏人民出版社2002年版,第14页。

伦道德,本来就是宗教性道德的内在要求。比如说,基督教宗教性道德的核心观念是"爱上帝",但它同时强调,爱上帝在世俗界的重要表现是"爱人"。也就是说:根据基督教的教义,由于爱上帝,所以必须爱人。

　　然而,社会性道德毕竟不是宗教性道德,因此,宗教性道德要下贯于社会性道德,需要对以往的以利益为联系纽带的社会性道德来一番改造,此即所谓宗教性道德的"转世"。所谓"转世",不是说用宗教性道德来代替社会性道德,而是说:宗教性道德因袭了社会性道德的形式,但其内容或意向已经转变:将世俗性的人际关系取代世俗间以仁爱为纽带的情感联系。这时候,从形式上看,在世俗社会中,我们虽然处理的仍然是社会性道德面对的人际之间的利益问题,甚至着眼于世俗利益的角度来处理与调解问题,但其解决问题的思路却已经改变,是以仁爱为引导来达到利益问题的解决。此即孟子所主张的"义高于利",并由此赋予了社会性道德以宗教性道德的爱的含义。

　　如同社会性道德向宗教性道德转化并非空谈一样,宗教性道德下贯于社会性道德,也是一个不断实践与修炼的过程。这当中,仁心的包容与扩充是最重要的。所谓仁心的包容,是指仁心不只是高度道德,它也体现为低度道德。这正如孔子在界定仁的含义时所说的:仁一方面极其高远:"回也,其心三月不违仁;其余则日月至焉而已矣。"[1]而另一方面,能做到"不迁怒,不贰过"[2]的话,也可以是仁的行为与表现。故衡量是否为仁的标准,不仅仅在其行为方式,更在其姿态与立场。一个人只要有宗教性道德的仁心,那么,哪怕他是在按照社会性道德行事,也可以有仁的行为。所谓仁心的扩充,是指将宗教性道德落实于社会性道德。这也就是说:宗教性道德的泛爱原则不

---

① 《论语·雍也》。
② 同上。

仅仅适用于无差别的世界,即使在世俗社会的有的世界中,我们也有
实践与表现泛爱原则的机会,而一旦这样的机会出现,我们当义不容
辞地将它加以实践。总之,无论是仁心的包容还是扩充,它都要求我
们在日常的世俗世界中将本来属于无的世界中的无差别原则加以践
行与灵活运用,此也即儒家所说的"极高明而道中庸"。它要求做到
宗教性道德与社会性道德的贯通。然而,这只能是一个在有的世界
中不断进行道德磨炼实践的过程,它强调的是宗教性道德的人间性
与现实可行性。诚如舍勒在谈到上帝之爱与人格爱这两种不同的爱
之间的关系时所说:"在各种共感中,生命性的万物同一感恰好跟植
基于上帝之爱的人格爱'两极遥遥相对'。其形式的感受都介于这二
者之间。那些想要登上爱的最高阶者,非得循序而上不可;逾阶而
上,势必无法如愿。"①这段话移用于社会性道德与宗教性道德的关
系,是说假如处于较低层次的社会性道德得不到发展,那么,较高级
的宗教性道德也就无法得以开展。

　　通过以上分析,可以看到:社会性道德与宗教性道德其实是可以
贯通的。也就是说:社会性道德可以"上达"于宗教性道德;同样地,
宗教性道德也可以"下移"于社会性道德。这种将社会性道德与宗教
性道德贯通起来的道德,我们可以将它称为"人文性道德"。②"人文
性道德"承认道德分别具有两个维度:社会性与宗教性;同时,它还通

---

① 转引自叶秀山、王树人主编:《西方哲学史》第 7 卷,第 415 页。

② 人们一般将道德与伦理这两个词语不作区分地使用,如称之为社会性道
德或社会性伦理,以及宗教性道德与宗教性伦理。本文也在这种意义上采用"社会
性道德"与"宗教性道德"的说法,并认为其中的伦理与道德两词可以互换。其实,
这只是一种广义的用法。严格来说,道德与伦理虽有联系,却又有区别。由于伦理
着重人与人之间的关系,故社会性伦理这一说法成立,而社会性道德的说法则不太
准确;反过来,道德主要指一种个体人格,故宗教性道德的说法成立,而宗教性伦理
的说法则欠准确。而人文性道德兼有道德与伦理双重含义,故人文性道德与人文
性伦理的说法可彼此替换。

过"人文"来对道德的社会性与宗教性加以整合。那么,人文究竟是什么含义呢? 这里,人指人性,文指文化修养(包括"文化"的学习以及历史传统的继承等等)。总之,所谓人文性道德,就是强调要通过"人文教化"与历史传承来对人性加以栽培与塑造,从而使人达到自觉与自愿地去追求道德的目的。

为什么通过人文教化与历史传统的熏习,就可以培养起人的道德来呢? 这里涉及对于道德的中观理解。按照中观哲学,道德不仅仅是社会上必须遵守的一套社会性规范,而且还是人自我实现的一种追求。换言之,它是社会性道德与宗教性道德的结合。既如此,从适应道德的本性的要求出发,人们自然会试图去发明与创制一种如何将这两种道德完美地加以结合的道德,它就是人文性道德。

对于人文性道德来说,它的目标是实现社会性道德与宗教性道德的合一,这也意味着,它希望人的道德行为既符合社会规范要求,而又基于人心的自觉与自愿。而要做到这点,其中关键一点是:要使人心的内在要求自然而然地符合外在的社会性规范要求。对于人文性道德来说,它是通过人文教化来达成这一目标的。由于人文教化要借助历史传统,以及人文教育等一整套文化的学习功能来培育人的内在的道德情感才能使道德行为成为人的内在要求,因此说,人文性道德的实践其实就是一种道德人格的建构过程。

对于人文性道德来说,这种道德人格的建构不是采取道德说教,而是通过一些具体的礼仪实践来进行的。换言之,具有人文性内容的礼仪,才是实践人文性道德的方法与方式。所谓人文性内容,指向道德的意义与目标,它视道德实践为一种精神境界的追求,即人之所以实践道德是为了自我实现的需要;这里寄寓着道德的宗教性要求;所谓礼仪,是指符合社会性道德规范的行为举止以及各种仪式活动;将它称为礼仪,而不称为社会道德规范,乃是因为它虽然容纳了社会道德规范的内容,然而,它却还有其作为礼仪的一整套形式。而这些礼仪形式,它来自历史传统以及文明的教养,并且在习礼中使人感受到一种快乐,从而,它是"寓教于乐"的。因此,礼仪作为人文性道德的实践形式,又简称为"礼乐"。

六、人文性道德的一个范例:儒家人文性道德

综观世界各大文明,尤其是在各大宗教传统中,都十分重视以"礼乐"作为实施道德教化的手段。而在此问题上,中国的儒家有相当多的论述,并有许多的道德教化经验可供借鉴。可以认为,儒家主张通过礼乐教化的形式来达到"人文化成",从本性上说,它就是一种"人文性道德"。它典型地体现了道德的超越性与现实性的合一,或者说报神恩与报人恩的合一。

儒家人文性道德的超越性,首先在于它提供了一种道德形而上学。这种道德形而上学将"仁"视为宇宙万物的运行原理,而仁的根本特征就是"无差别"地看待世界万物。所以宋儒程颢称"学者须先识仁。仁者,浑然与物同体"。① 其次,儒家还认为:仁不仅是宇宙万物的运行原理,而且人还能感应这种宇宙万物原理,从而自觉地去践行仁。故而,对于儒家,践行仁就是宇宙之最高原理与人的道德实践行为的合一,是天命与人的内在的道德良知的合一。《中庸》将这种天命与人的内在良知的合一用"诚者,天之道也;诚之者,人之道也"来表述,而孟子也有类似的说法,称之为"诚者,天之道也;思诚者,人之道也"。② 对于儒家来说,所谓道德实践其实就是一种追随与实践

---

① 《二程遗书》卷二上。
② 《孟子·离娄上》。

"天道"（诚）的行为,它为人的道德实践提供了超越纯粹适应现实性生存的维度。从这种意义上说,儒家之强调道德实践,首先是为了报答上天创造了生生不息的这个宇宙世界的恩典。

然而,儒家人文性道德虽然具有超越或超验的维度,它毕竟是一种道德践行而不是其他。因此,儒家的这种道德超验之维必贯彻落实于人间社会,这就是儒家提倡的"礼"。对于儒家来说,礼作为一种可以现实化的道德规范与实践,才真正实现了道德的超越性与现实性的合一、报神恩与报人恩的合一。

礼的超越性内容体现在:礼是一种"天理"。所以《礼记》云:"礼者,理也"①,朱熹说"礼者,天理之节文,人事之仪则也"。② 由于礼体现了天的绝对律令,因此,人们在践礼过程中,必须怀有对于天的谦卑与敬畏之心。换言之,礼尽管是对于社会人伦秩序的种种规定,但在执行这种人伦秩序的过程中,其旨向不仅仅是为了协调人与人之间的关系,而且是为了"事天"。也因为如此,对于儒家来说,这种礼往往与"礼仪"连在一起。也就是说:在这种礼仪形式中,作为事天的超越性道德内容与作为协调人际关系的现实性内容是密不可分的:事天既体现为对于人间伦理的遵行,而任何人间伦理也是为了事天。

然而,礼作为调节人际关系或整合社会秩序的道德规范,毕竟具有强烈的现实践履性。这种所谓现实践履性不仅是指它在现实生活中的实践品格,而且是指它必须适应现实社会的实际。换言之,由于现实社会环境与历史条件的不同,礼作为道德规范的内容与含义也会有不同。这就是为什么孔子认为"三代之礼"不同于"三代以后"之礼,并且强调礼有"损益"的缘故。但综观现实社会条件,可以看

---

① 《礼记·仲尼燕居》。
② 《论语集注·学而》。

出：人类历史上所有的现实社会，都是一种有的世界。而按照本文的说法，有的世界其实就是一个有差别甚至强调差别的世界。既然如此，儒家的礼假如要适应这个现实的世界的话，也就意味着它必须正视这个有差别的世界。事实上，为了适应现存的社会现实条件，儒家的"爱有等差"就是这样一条现实原则。故而，儒家不仅讲爱有等差，甚至对于老幼尊卑等等社会等级秩序都有一整套规定。

问题在于：儒家既承认甚至肯定这种现存的社会秩序是有差别的，而它的超越性维度又要求一个无差别的世界。这两者到底如何衔接？换言之，爱有等差与泛爱众生和泛爱万物是否有结合的可能？对此，孟子提出："老吾老以及人之老，幼吾幼以及人之幼。"①可见，儒家将社会性伦理向宗教性伦理的过渡，正是应用了"推己及人"这条原则。而这条原则之所以能适用于现实生活，是因为对于儒家而言，爱有等差仅仅是对于现存社会秩序的一种承认，但它只是一个前提条件或逻辑起点，而儒家人文性道德的逻辑终点，却在于泛爱万物，成就一个无差别的世界，也即仁的世界。

从爱有差别出发，过渡到无差别的泛爱众生与泛爱万物的世界，这既是礼作为儒家人文性道德所欲达成的目标，也是它作为一种道德实践的根本内容。作为道德实践，儒家人文性道德固然主张"上智下移"，另一方面更强调"下学上达"。对于儒家来说，所谓礼乐教化一方面植根于现实的种种社会秩序，但它却要求通过礼乐教化的形式使人超越现实的有差别的世界，而指向一个无差别的世界。因此，儒家往往礼乐并提，礼包含着乐。在礼乐中，假如说礼更重视现实的差别性原则的话，那么，乐则强调超越现实的无差别原则。而礼与乐合一，则是礼的差别原则与无差别原则的统一、礼的现实性品格与超

①　《孟子·梁惠王上》。

越性品格的统一。而礼仪作为这种现实性与超越性统一的形式,其内在的精神品格则在于道德的超越性一面;礼的内容之必须借助于礼乐的形式,就在于通过礼仪来达到施行道德的潜移默化。故孔子说:"礼云礼云,玉帛云乎哉? 乐云乐云,钟鼓云乎哉?"①

以上我们以儒家道德思想为例,对于人文性道德何以可能作了讨论。应该说,在历史上,以礼作为现实载体的儒家人文性道德本来是儒家的一种道德理想,但由于历史与社会条件的限制,在社会现实的实践过程中,它更多地表现为道德的理想性对于道德现实性的适应,或者说道德的现实性对于道德的理想性的强制。甚或,在某种历史情境中,它还曾沦为"以理杀人"的禁锢人性的工具。然而,这并非儒家提倡人文性道德之错,更非儒家人文性道德的必然宿命,而只能归结为儒家人文性道德在当时历史上还缺乏其实现的现实条件。自近代以来,由于人的工具性理性的过度伸张,人类愈来愈将自己视为驯服宇宙万物的主人,而将人类之外的万物,包括自然视为可以任意征服与榨取的对象,于是,本来作为人类生存世界之一面的无的世界退隐了,人类愈来愈生活于一个有的世界之中。而作为道德思想理论,人类也愈来愈强调其作为调节人际之间利益关系的一面,于是,道德的宗教性一面也退隐了,人类的道德完全被社会性道德所取代。从人类的生存境遇看,以社会性道德取代宗教性道德,其实就是以有的世界来取代无的世界,也即以人的有限性来取代人作为理性存在的无限性。然而,这一历史过程是从近代才开始的,从人类的进化来看,它也将只是一个历史的短暂过程。假如将人类近代的历史置于整个人类进化的长河来看,此有限性也终有一日会被克服与超越。原因在于:人的存在从本性上说,终究是有限性与无限性的统一;而

---

① 《论语·阳货》。

且,随着历史有限性的克服,人类会逐渐走向或趋近于无限性。这是因为:从生存来说,人的生物性需求是有限的,终有一日会达到或满足;而人的精神性(非历史性的一面)需求却是无限的;在历史过程中,随着人的生物性需求的逐渐或逐步得到满足,人会将愈来愈多的时间(例如闲暇时间的延长)与精力(随着精神文化层次的提升)用于去追求精神性的一面的满足。此即在历史中逐渐地或逐步地去迫近那无限性。黑格尔曾将历史视为"绝对理念"逐渐实现的过程,抛开其欧洲中心论的价值取向不论,这一说法其实揭示了这样一种真谛,即人类的生物性既然是有限的,它的实现或达到也是必然的;而唯有人的精神性存在是无限的;因此,当有限性的生物性追求愈来愈接近其极限时,人离那精神性的存在也会愈来愈近。而在这时候,人们会发现:儒家的人文性道德经过历史的冲刷与洗礼以后,其受制于历史社会条件的局限性的一面将逐渐褪色,而愈来愈显示出其适应与符合人性本然要求的光辉。因为作为一种道德实践的思想原则,它提出了人的有的世界与无的世界的合一、人的有限性与无限性的合一这个问题,并且试图加以解决。

(原载《复旦大学学报》2009 年第 3 期)